林业文苑

第四辑

绿色经济发展研究
第 2 版

张春霞　著

中国林业出版社

图书在版编目（CIP）数据

绿色经济发展研究/张春霞著. −2 版. −北京：中国林业出版社，2008. 12
（林业文苑. 第 4 辑）
ISBN 978-7-5038-5386-9

Ⅰ. 绿⋯　Ⅱ. 张⋯　Ⅲ. 环境经济-经济发展-研究　Ⅳ. X196

中国版本图书馆 CIP 数据核字（2008）第 193282 号

出版　中国林业出版社（100009　北京市西城区刘海胡同 7 号）
网　址　www.cfph.com.cn
E-mail：forestbook@163.com　电话：（010）83222880
发行　中国林业出版社
印刷　北京林业大学印刷厂
版次　2002 年 12 月第 1 版
　　　2008 年 12 月第 2 版
印次　2008 年 12 月第 1 次
开本　880mm×1230mm　1/32
印张　12.5
字数　380 千字
印数　1~2 000 册
定价　45.00 元

内容简介

　　生态环境问题已成为当今世界最为关心的热点问题之一，如何协调生态环境保护与经济发展的矛盾是解决这一问题的关键和难点。本书以绿色经济的发展为切入点，以可持续发展理论为指导，把人与自然的关系纳入经济学的研究范围，系统探讨了绿色经济这一融生态环境保护于经济发展中的新模式，初步构建了绿色经济的理论框架；并从理论与实践的结合上，从绿色生产、消费、营销和市场等方面分别阐述了绿色经济的现状、运行机理、约束因素和应对策略；运用系统论、协同论的方法把绿色经济看成是一个由点、片、线、面组成的复杂的网络体系，分析了这一网络体系的发展趋势及演进规律；应用发展经济与制度经济学的原理，对绿色经济发展的支撑与保障体系进行了理论探讨，并突出了绿色文化对绿色经济发展的重要作用。可供从事绿色经济研究的相关专业人员和高等院校有关专业师生参考。

迎接绿色经济新时代

——再版前言

本书获得了福建省第五届社会科学优秀成果一等奖，受到福建省人民政府的表彰。作为非主流经济学的绿色经济能够获此殊荣，反映的是时代的要求。在本书出版后的短短几年中，绿色化的浪潮以不可阻挡的趋势席卷了全球，它预示着一个崭新时代的到来。正如联合国秘书长潘基文所说的：我们在过去的一个世纪中目睹了三次经济转变，第一次是工业革命，随后是技术革命，之后是我们所处的全球化时代，我们现在正面临着另一次巨大变革：绿色经济时代。

一、国际社会推进绿色化进程的行动

1. 来自科学家的推动

科学研究的成果揭示了人类非绿色的活动所产生的严重后果，促使人们进一步认识到发展绿色经济的必要性和紧迫性。

分享了 2007 年诺贝尔和平奖的联合国政府间气候变化专门委员会（IPCC）20 年研究结果证明：气候变暖并非天灾，而是人祸，是人类非绿色的发展方式的结果。IPCC 是由联合国环境规划署和世界气象组织于 1988 年创建的，汇集了 130 多个国家的 2500 多名专家，前后发表了四次有关气候问题的权威报告，每一次都比上一次更为明确地表明了人类的非绿色活动与气候变暖之间的密切关联度：IPCC于1990年发表的第一份全球气候评估报告，指出了气候变暖的严重危险，这一报告推动了《联合国气候变化框架公约》，促进可持续发展思想上升为各国政府的发展战略；1995年的第二份报告就明确指出，"证据清楚地表明人类对全球气候的影响"，该报告促进了《京都议定书》的通过；2001年的第三份报告对于人类同气候变暖的关系就更为明确了，有"新的、更坚实的证据"表明人类活动与全球变暖有关，全球变暖"可能"由人类活动导致，"可能"表示66%的可能性；在综合了全世界科学家6年的研究成果，IPCC于2007年2月2日在巴黎发表了第四份权威的报告称，全球气候变暖已是"毫无争议"的事实，认为过去50年全球气温上升有超过90%的可能与人类使用石油石燃料产生的温室气体有关。在前后四份的权威报告中，对于气候变暖与人类活动的关系，从第一份的警示，第二份的"证据表明"、第三份的66%的可能性，到第四份的超过90%的可能，其措辞是一次比一次确定。气候专业委员会不仅用科学证明了气候变暖是人类行为的结果，并且还论证了阻止气候变暖是可行的，可能只需要耗费全球国民生产总值的0.1%，正如潘基文所说的，"科学家已尽责，现在看政治家了"。

2. 挽救《京都议定书》的命运和开创后京都时代的努力

联合国的权威报告表明，人类对于气候变暖的原因达成了共识，并且也进一步认识到气候变暖对于人类社会的严重威胁。早在2006年，美国五角大楼就向布什总统报告："今后20年，全球气候变暖对人类构成的威胁将胜过恐怖主义。"联合国秘书长潘基文也多次强调，气候变暖对人类的威胁同战争一样严重。因此人类必须采取共同的行动，改变自己非绿色的活动方式，只有发展绿色经济，人类才有可能阻止气候变暖的趋势，才能避免由此带来的灾难。推动《京都议定书》生效就是国际社会的一个重要的共同行动。虽然温室气体的第一排放大户美国在2001年3月宣布退出了《京都议定书》，拒绝履行减排的义务，澳大利亚也随后宣布退出。但由于许多国家的共同努力，《京都议定书》最终达到了预定的条件，于2005年2月16日正式生效了，这是推动绿色化进程的重要成果。

另一方面，由于"京都议定书"的期限是2012年，所以国际社会正在积极努力，为新协议的产生为开创后京都的绿色经济新时代而进行艰难的谈判。

3. 各个国家推动绿色经济发展的途径和政策的不断创新

在《京都议定书》的推动下，各个国家采取了节能减排促进绿色经济发展的积极政策措施，如税收、保险、信贷等，以推动绿色化进程。如瑞士对排放 CO_2 征税，西班牙制定了一系列的政策以促进可再生能源的发展，欧盟在年初通过了应对气候变化和促进可再生能源使用的一揽子方案，单方面承诺在2020年前将温室气体总排放量在1990年的基础减少20%。全球商业环境首脑会议也于2008年4月在新加坡召开，这是一个促使企业走上绿色经营道路、推动全球经济绿色化的又一重要的国际会议。

4. 日益红火的世界碳交易，形成了推动绿色化的市场机制

《京都议定书》催生了碳市场的形成和快速发展。根据议定书的规定，发达国家需要减排约50亿~55亿吨的 CO_2，其中的50%可以通过同发展中国家进行碳交易来实现，如向发展中国家提供先进的技术来开发新能源、进行技术改造实现减排

目标。由于这种交易需要通过国际机构的参与才能进行，所以除了世界银行等组织以外，在议定书生效后，国际上就成立了许多专门从事碳交易的机构，名目繁多的国际"碳基金"、碳交易所和公司应运而生，同时还成立了国际碳贸易协会（I—ETA），这些都有力地促进了全球的碳交易。当然世界银行以其特殊的优势成为全球碳交易的最大买家。市场机制是推动世界经济绿色化的重要力量。

二、树立科学发展观，促进绿色发展

应对气候变暖，我国具有特殊的双重身份——既是发展中国家，又是第二排放大户，这就决定了我国的绿色化行动的特殊重要性和艰巨性。作为发展中国家，我们必须坚决捍卫发展中国家的发展权，按照"共同而有区别的责任"原则，坚决奉行"发达国家在减排上负主要责任"的原则立场，反对发达国家要求发展中国家同他们一样负减排责任的企图；而作为第二大排放大户，中国必须以负责任大国的积极态度，坚定地推进经济绿色化的进程。

1. 积极参加国际气候谈判，特别是后京都时代的规则谈判

虽然《京都议定书》没有要求发展中国家履行强制性的减排义务，但，由于绿色化已经是不可抗拒的历史潮流，作为发展中国家也必须顺应这样的潮流，才能走上可持续发展的道路。而在后京都时代，发展中国家在约束性条款上的空间大小，取决于 2012 年前的谈判。因此气候问题上的谈判直接关系到各个国家的利益，谈判的实质是分配气候资源，它的重要性和难度都不亚于 WTO 的谈判。

当然气候谈判又区别于我国加入 WTO 的谈判，后者是在游戏规则已经确定的前提下，我国作为后加入者，要受到规则的制约和先加入者的阻挠。而正在进行的气候谈判，是制定后京都时代的规则谈判，因此作为发展中的大国，我国始终以积极的态度参加规则的制定过程，坚决维护发展中国家的利益。事实已经证明，我国在气候谈判中已经发挥了积极的作用。

2. 以科学发展观为指导，促进绿色经济的发展

改革开放以来，我国的经济以两位数的速度持续增长，这不仅创造了中华民族发展史的奇迹，也创造了世界发展史的奇迹。但快速增长的经济所耗费的资源环境的代价也是十分惨重的，经济与相对滞后的社会、资源环境之间的矛盾随着时间的推移而不断积累，并日渐成为制约经济持续增长的瓶颈，严峻的现实迫使人们认识到非绿色的经济增长方式已经走到了尽头，转变经济发展方式，走科学发展的道路是必然的选择。

因此，科学发展观也是被严峻的现实逼出来的，是对改革开放 30 年的发展经验教训的总结。正是在 SARS 的总结会议上，胡锦涛第一次提出"科学发展"的概念，而后在江西考察时又进一步明确为"科学发展观"。科学发展观的提出在社会上引起强烈的反响，很快就上升为中央的战略决策。十六届五中全会把节约资源确定为新时期的又一个国策，并提出要大力发展循环经济，努力构建资源节约型、环境友好型社会；在制定"十一五"规划确定奋斗目标时，除了常规的 GDP 的增长目标外，第一次把节能减排也确定为"十一五"的奋斗目标，而且明确了这两个目标的不同性质：GDP 增长的目标是预测性，而节能减排的目标是约束性，到 2010 年，单位 GDP 能耗要比 2005 年末下降 20%，同时可再生能源占能源的比重提高到 10%，这是必须完成的目标；把科学发展观的确定为全党工

作的指导思想，这就从宏观的最高层面上确定了绿色化发展的战略。

3. 进行绿色制度建设，促进绿色经济发展

绿色经济的发展需要绿色制度的保证，科学发展观需要通过一系列的绿色制度来落实和实施，这也是促进绿色经济发展的长效机制和稳定的推动力量。近几年来绿色制度的建设有了长足的进展，包括节能减排的有关制度、绿色信贷、绿色保险、绿色证券、绿色贸易等一系列的制度相继出台，绿色税收制度也将出台，这些都有力地推动了绿色经济的发展。

三、迎接绿色经济新时代需要加快绿色制度建设

在迎接绿色经济新时代推动绿色化进程中，中国已经做出了很大的努力，也得到国际社会的认同和支持，我国"十一五"规划中确定的单位 GDP 的能耗减少 20% 的目标，实际上同得到高度评价的欧洲所承诺的到 2020 年前排放温室气体减少 20% 具有相同的内容。目前各地正在进行的落实科学发展观的活动，也将有力促进绿色经济的发展。

当然推进经济的绿色化进程仍然是一个长期的而又艰巨的任务，特别是绿色制度的建设，仍然任重而道远。

如绿色食品制度的建设任务就十分艰巨。近年来频繁发生的食品安全和环境污染的重大事件就证明了这一点。刚刚从阜阳奶粉的恐慌中走出来的人们，马上又面临着三聚氰氨的更大恐惧，由此一方面是引起了国人的食品安全信心缺失，另一方面是引发了国际社会对中国的绿色贸易舆论壁垒，一些国家还借机对我国进行外交施压。重建食品市场秩序，提高国民的信心和国际竞争力，就必须进行绿色制度的创新。因为原来的食

品管理的制度还带有计划经济时代的思维和烙印，面对严重的食品安全问题，人们多是诉诸企业家的良心与道德，诉诸企业的社会责任，这些都是重要的。但是更根本的是包括法律在内的制度建设，建立起符合市场经济要求的政府监管的制度体系，以制度引导和规范企业的行为，以防止和制约企业为追求利益最大化而走上不法经营的道路。因此民众对食品安全信心的缺失，实际是政府监管职能的缺位，是监管制度的缺失。

资源管理制度建设也是十分紧迫的任务。节约资源虽然被确定为新时期的基本国策，但矿难频繁的背后，是资源管理制度的混乱，而不完善的管理制度也是权钱交易官商勾结的土壤，也是不合理的出口产品结构的重要原因。目前对外贸易的经济顺差和环境逆差已经形成了鲜明的对比，因为我国出口产品中的高资源消耗、高污染的多，有的甚至是掠夺性的资源出口。近来备受社会关注的稀土问题就是一个典型的例子，素有"工业维生素"、"工业的牙齿"之称的稀土本是我国的最大的优势，但开采与出口的失控，加工环节的利用率低（仅10%），导致了资源储量和出口价格的双双急剧下降。一方面是，在1988年我国的稀土资源储量占世界的80%左右，到2005年就下降到58%；另一方面是，从1990年到2005年，稀土出口量增长了10倍，价格却降到原来的64%。在2005年，世界市场的需求量约10万吨，我国的产量就接近12万吨，各地的竞相出口，必然压低了价格，更失去了定价的话语权。而正如徐光宪等院士所担心的，按照现在的速度，不到30年，中国将彻底告别稀土大国的历史，而沦为稀土进口国。非绿色的生产方式和出口贸易方式急需制度的建设。

迎接绿色经济新时代需要政府的作为，当然也需要社会各界的共同努力。作为一名高校的教师也应当身体力行，在本书出版后的几年中，一方面是继续致力于绿色经济的理论研究，主持了国家科技部有关循环经济方面的研究课题，并结合地方的实际情况，进行了绿色经济模式的研究；另一方面致力于绿色人才的培养，努力建设绿色经济的研究队伍。几分耕耘就有几分收获，备感欣慰的是，早期的学生现在已经成为绿色教育和研究的骨干，努力在各个高校播种绿色，并在绿色研究领域逐渐崭露头角。学生所取得的成就是对老师的最好激励，在分享学生成长喜悦的同时，也深感老师责任的重大，为了培养更多的绿色人才，决定再版此书，希望能为绿色经济新时代贡献自己的绵薄之力。

张春霞

2008 年 11 月 13 日于福州金山

序

　　西方工业文明的发展史是人类征服自然的历史，它在促进经济发展和社会财富增加的同时，也带来了严重的资源和环境问题。属于发展中国家，而又人口众多、资源相对贫乏的我国，现代化建设不能重蹈西方工业化的老路。探索一条既有利于资源节约和环境保护、又能实现高速发展的新路，是摆在我们面前的紧迫任务，是全面建设小康社会的重要问题，也是在激烈的国际经济竞争中取胜的关键。

　　张春霞教授的新作《绿色经济发展研究》是进行这一探索的理论成果。作者以其独特的理论视角，以"绿色"为切入点，深入研究了适应可持续发展要求的现代经济的内涵和实质，她把"绿色经济"定义为是有利于资源节约和环境保护、有利于促进人与自然关系的和谐、经济与资源环境协调的发展模式。作为一种新的经济发展模式，它同传统经济有着本质的区别。进而研究了绿色经济的运行机制、发展机理、支撑与保障体系，构建了绿色经济的理论框架。

　　绿色经济的研究是中国实施可持续发展战略的实践总结。改革开放以来，快速发展的中国经济一直吸引着世界的目光。我国成功解决了被认为是世界难题的温饱问题之后，逐渐富了起来，并且在经济全球的进程中不断提升了"中国制造"的市场影响力。在创造这一世界奇迹的同时，我们也探索了一条不同于西方工业化的新路——绿色发展之路：从越来越多的绿色产品市场，到日益高涨的绿色消费；从层次不断深化的绿色生产、绿色营销理念，到不断涌现的绿色企业、绿色产业、绿色区域等等。绿色经济是对广泛存在的绿色实践的理论总结。这样的理论探讨，对于解决资源、环境危机，实现可持续发展有着十分重要的意义。绿色经济发展模式对于广大的发展中国家的现代化建设，也有模式示范的重要意义。

绿色经济的理论研究也是一种创新。它构建了一个融资源节约、环境保护于经济发展中，把经济的外部性进行内部化的新的理论框架。这个理论不仅具有很强的科学性、前瞻性，而且还具有很强的可操作性。以这样的理论为指导而建立的发展模式，就为实施可持续发展战略提供了微观的基础和实现形式，因而解决了可持续发展的实践性问题。此外，书中还有一系列新颖的思想。例如：作者从大系统观出发，把人们的经济活动置于社会经济-自然生态的大系统中，把人与自然的关系也纳入了经济学研究的视野，以协调发展观作为贯穿全书的主线；而由于拓展了研究的空间，就需要多学科的知识支撑。作者吸收了各相关学科的最新研究成果，从新的视角来探索经济发展问题。从系统动态方法出发，作者把绿色经济看成是一个由点、片、线、面组成的网络体系，揭示了其"由点扩散成片，连成线，再发散成面"的演化过程；并研究了绿色文化这一非正式的制度及其对于绿色经济发展的重要作用，这在一定程度上填补了该领域研究的空白；书中将绿色制度变迁的模式分为强制供给型、政府导向型、需求诱致型三种模式，提出渐进式的绿色经济变迁是我国较为现实的选择等等。作者以全新的视野展示了绿色经济的理论、实践形式以及发展规律，提出了一些具有原创性的理论。

综观全书，这是一本系统研究现代经济发展的内容翔实、结构严谨的新书。大力发展绿色经济是实施可持续发展战略的核心内容，也是解决生态环境问题的根本方式和现实选择。这样的研究，对于推进我国经济的绿色化进程，以提高我国的国际竞争力，提高人民生活质量，都具有十分深远的意义。

陈绍

2002.11.21.于紫红书屋

前　言

　　自 1992 年联合国环境与发展大会通过了《全球 21 世纪议程》以来，可持续发展的思想已为世界各国所广泛接受。我国则是第一个实施《全球 21 世纪议程》行动纲领的国家，于 1994 年 3 月就批准了《中国 21 世纪议程》。在实施可持续发展战略的过程中，全国各地和各行各业都身体力行，推广绿色理念，发展绿色经济，崇尚绿色生活——"绿色"成为了世纪之交的社会潮流，"绿色"更是 21 世纪的必然趋势。

　　绿色经济是绿色潮流的核心，也是绿色化社会的物质基础。它是实施可持续发展战略中出现的新生事物，一经产生就得到了社会各界的共同关注。首先是得到了各级政府的关心和支持。国务院的几个相关部、委联合组织了"绿色经济工程中心"以领导这一工作；各地方政府也积极行动，在实践中探索发展绿色经济的途径与形式，有的省提出了要建设绿色经济大省，有的省则是在建设生态省的实践中发展了绿色经济。其次是企业界的积极参与和示范。其三是理论界的重视与推动。许多专家敏锐地抓住这一新生事物，从不同的侧面，以各自独特的视角对绿色经济的内涵和实质及其发展规律提出了许多见仁见智的理论观点，对绿色经济的发展起到了积极的指导和推动作用。

作为厦门大学的经济学学子，于20世纪80年代初幸得著名经济学家陈征导师的悉心指导，90年代初又作为高级访问学者到国外研修西方经济学理论，在那里受到了不少学术界同仁"绿色"思想的熏陶，于是便一直关注着环境问题及其对社会、经济发展的影响，并加强对博士、硕士的绿色教育，也在几部专著以及部分学术论文中进行了不同角度的探讨。因此，对于"绿色经济"这一新生事物的出现就备感振奋和亲切，决定选择这一课题进行深入的研究。于是一方面深入实践，掌握了大量的研究资料，另一方面又努力运用中外经济学理论以及各相关学科的知识，如生态学、系统论、协同论、生态哲学、生态经济学、环境伦理学、环境经济学等指导绿色经济的研究。力求以实践与最新成果和各相关学科的前沿理论来丰富绿色经济的概念，力求从理论与实践的结合上揭示它的发展规律。

本书共分为四篇十九章。第一篇共五章，以可持续发展理论为指导，提出应把人与自然的关系纳入经济学研究范围之内的理论观点，分析了传统经济学在这方面的缺陷，从这一新的角度论述了绿色经济的内涵和特征，建立了绿色经济的理论框架。第二篇运用西方产权理论和制度经济学的最新成果，探索了绿色经济的运行形式与机理，共分四章分别研究了绿色生产、绿色消费、绿色营销和绿色市场。第三篇分五章以应用系统论、协同论和生态文明观的原理分析了绿色经济的发展趋势，把绿色经济作为一个由点、片、线、面组成的网络体系，它的发展也是由点、片、线、面组成的立体的复杂的网络形态，力图揭示绿色经济的发展规律，并在各章附有案例。第四篇共分五章，分别探讨了对绿色经济发展起重要支撑和保证作用的绿色科技和制度。绿色经济作为实现可持续发展的新模式，它需要绿色科技的支撑，同时绿色经济又是一个复杂的社会系统工程，也需要有制度的保障。这里的制度既包括了法规、政策等正式制度，如绿色规范制度、绿色监督制度和绿色评价制度等，也包括了意识形态的非正式制度，如绿色的哲学思想、绿色的道德观念和风俗习惯等，它们可以统称为绿色文化。特别强调了绿色文化对于绿色经济发展的重要作用，并着重把它作为一个创新点来研究。

本课题的研究始于1999年，由于担任一定的行政工作，这种研究只能在8小时之外以及节假日进行，所以历经4年才得以完稿。在本书的写作过程中，研究生苏时鹏帮忙做了大量的文字处理和资料收集的工作，在感激之余，对于他在工作中所表现出来的认真和勤奋的精神，也深感欣慰，这是成就事业的必要素质，衷心地祝愿他学有所成，更上一层楼。

发展绿色经济是提高人民生活质量和应对绿色壁垒的需要，它对全面建设小康社会，对提高国际竞争力都具有十分重要的现实和长远意义。但是，由于绿色经济是一个新的研究领域，也是一个挑战性的课题，虽然在研究的过程中经过艰难努力的探索，还是感到力不从心。尽管如此，还是将初步探索的成果奉献给读者，错漏之处在所难免，敬请批评指正。

著 者
2002年11月

目 录

第 一 篇
绿色经济的内涵和实质

第一章

绿色经济的内涵

近几年来，随着可持续发展战略的推进，"绿色"观念已日渐深入人心，社会对于绿色产品、绿色消费的追求日益高涨，极大地推动了绿色经济的发展，绿色食品、绿色电器、绿色营销、绿色消费等日渐增多。"绿色"一词已超越了它的原始词义，成为生产者、消费者、管理者共同追求的目标。这一个个绿色产品汇成了"绿色经济"的广泛存在，且有继续扩大的趋势。"绿色经济"已经成为使用频率比较高的一个词汇，但它的内涵是什么，却还是一个需要认真探讨的问题。

一、绿色经济的概念

由于绿色经济的广泛存在，人们早就开始对它的内涵进行多方面的探讨，并给了它以不同的含义和不同的理解。

张叶在《绿色经济问题初探》一文中指出："关于绿色经济的概念，目前还没有统一的定义。"他给的定义是："我们从发展绿色经济是为了经济社会可持续发展这一目的出发，将其解释为在生产、流通、分配、消费过程中不损害环境和人的健康并且是能盈利的经济活动。"（张叶，2002）

崔如波认为："绿色市场经济是一个崭新的概念，它不是局部的经济现象，也不是狭义的环保产业或生态农业，而是一种环境合理性和经济效率性在本质上相统一的市场经济形态。"（崔如波，2002）

廖福霖在《生态文明建设的理论与实践》一书中给绿色经济下的定义是："现实告诉我们，被称为'绿色经济'的是那些有利于资源节约和环境保护的经济，它是和绿色技术和绿色管理相联系的经济。绿色经济或以不污染人们生存环境为目标、或以节约资源的耗费为内容，以此来改善人与自然、环境的关系，也为后代留下更多的资源和更好的环境。因此绿色经济是符合可持续发展要求的经济，它把资源的节约和环境改善的要求实现在生产过程和生活方式中，而不是置于生产过程之外，它是力求以一种新的发展模式来协调资源、环境的保护与经济增长的关系，因此成为可持续发展现实形式。"（廖福霖，2001）

上述几种定义从不同角度或侧面对"绿色经济"做出了不同的解释，但他们对"绿色经济"核心内容的理解是基本一致的。他们都认为：绿色经济是一个新的概念，目前还没有统一的定义；它是一个内容涵盖面比较广泛的概念，并不限于某一个领域或某一个产业；其核心内容也是相似的——经济与环境的协调统一。然而，"绿色经济"的实质到底是什么，是一种"经济活动"，一种"经济形态"，还是一种"经济"？在这一点上他们仍有一定的分歧，这需要进一步深入探讨。

我们认为"绿色经济"是一种经济发展模式。所谓绿色经济是一种以节约自然资源和改善生态环境为必要内容的经济发展模式。它是以经济的可持续发展为出发点，以资源、环境、经济、社会的协调发展为目标，力求兼得经济效益、生态效益和社会效益，实现三个效益统一的经济发展模式。

二、绿色经济概念的特点

绿色经济这一概念具有宽泛性的特点。首先，绿色经济的内容广泛。显然，这里的"绿色"已超越了它的原始词义，已不仅仅局限于"绿色植物"的范畴。绿色经济也不再局限于某一个产业或社会生产的各个部门，还包括了社会生产的各个环节。凡是在生产、消费、分配、交换的各个环节上节约了资源、减少了污染、保护了环境的经济，都可以称之为绿色经济。其次，绿色标准的起点不是太高，允许度的范围相对比较宽。它强调要在经济发展中节约自然资源、改善生态环境，虽然有定量的标准，但又不是绝对要求"零"排放

"零"污染；它强调经济发展要以自然资源节约和环境保护为基础，强调了经济的发展在取得经济效益的同时，要兼顾生态效益、社会效益，但兼顾的度没有非常严格的要求；它强调经济发展要考虑到经济与自然、环境的关系，要在协调中发展，要以可持续发展为出发点，但没有对协调度、可持续发展的目标有明确和严格的规定，等等。再次，绿色方法和途径的宽泛性。对于所要求的自然资源的节约和生态环境的改善，不管用什么样的方法，采取什么样的方式，只要能达到资源节约或环境改善的目的即可。绿色经济的实现形式有的采用清洁生产的技术，有的则是在新的观念指导下，选择绿色的消费方式或生活方式等，如绿色家庭、绿色社区的建设就主要是通过绿色消费方式来实现"绿色经济"目标的。

绿色经济概念较为宽泛的特点，不仅不是它的缺点，反而成为它的优点。因为这样的特点使它比较容易为广大民众所接受，具有较强的可操作性和广泛的社会基础。20世纪90年代以来，特别是1992年联合国环境与发展大会之后，可持续发展的思想已经逐渐深入人心。我国政府也制定了实施可持续发展的战略，一方面是人民对于生活质量的要求已经逐渐提高，另一方面是社会对资源与环境的关注程度日益提高，人们积极地寻找着可持续发展的实现形式。"绿色经济"因其较强的通俗性与可操作性，容易为民众所接受，近年来得以迅速发展。

绿色经济内涵的这一较为宽泛的特点，正是现实中广泛存在的绿色经济的准确反映。从绿色产品到绿色企业，从绿色家庭到绿色社区，都具有广泛和宽松的特点。绿色产品包括"绿色家电"、"绿色玩具"、"绿色的食品"等多种形式，而同一种类的绿色产品，又分为不同的层次，绿色要求也有较大差异。如绿色的食品就分为"有机食品"、"绿色食品"等形式，"有机食品"的标准就比"绿色食品"的高得多。"绿色食品"的标准是农业部制定的，分为A级和AA级两种。A级绿色食品的要求是：合乎标准的生态环境质量、产地，生产过程中允许使用限量的有害化学合成品，按规定的操作规程生产、加工，产品质量经检测，符合特定标准的食品；AA级绿色食品则不允许在生产过程中使用任何有害的化学合成品。而"有机食品"的生产还要求具有高标准的土壤，即便是等级较高的 AA 级的绿色食品，其标准也比"有机食品"的标准低。这些不同层次的要求可以满足不同层次企业的绿色发展需求，使绿色经济具有较大的广泛性，因而具有较强的适应性。至于绿色企业、绿色社区、绿色家庭等，它们的标准也是比较容易达到的。如广州市政府在 2001 年底制定的"绿色社区"的考核标准，包括了社区管理、环境质量与污染控制、绿化美化规范化、自然环境保护、绿色生活、环境宣传与环境意识、社区特色 7 个方面 23 个具体考核指标。这里虽然也强调了硬件的建设，但更注重绿色意识、绿色生活方式的培育。而作为广州市的绿色社区先进典型的"绿色家庭"就更是以选择绿色生活方式为内容：节水光荣；保护水源，减少水污染；养成节电的良好习惯；争做公交族或自行车族；使用再生纸、绿色产品和绿色食品；少用一次性制品；做好垃圾分类回收；爱护动物，保护自然；参加植树造林等环保活动〔中国环境报，2002.3.21（3）〕。又如北京市规定的绿色企业的标准是：企业污染物达标排放率在 95% 以上；排放总量逐年减少；厂区环境整洁、绿化面积、厂界内噪音达到有关规定；单位产值能耗低于行业标准；企业通过 ISO9000 质量管理体系认证等〔中国环境报，2001.7.1（1）〕。

尽管绿色经济具有内容较为广泛和启动比较低的特点，但它毕竟有自己特有的内容：绿色经济所强调的是发展而并不仅仅是增长，而且是一种以资源与环境为基础，协调经济、资源、环境关系的发展，体现了协调发展的思想。它把"节约自然资源和改善生态环境"作为经济发展的必要内容，兼顾了经济效益、生态效益和社会效益，以实现三个效益的统一为内容，提出了经济发展要以自然资源和生态环境为基础，与可持续发展的基本要求相一致。正是这些特定的内容，使它成为一种新的经济发展模式。

三、绿色经济发展模式的特征

绿色经济这一经济发展模式具有可持续性、三大效益的现实统一性、相对性和动态性的特征。

绿色经济具有可持续性。物质资料的生产过程并不是创造物质的过程，而只是改变了物质存在形式的过程，生产过程需要耗费一定的自然资源是不言而喻的，但自然资源是有限的。如果不加限制地滥用人类的能力，依靠日新月异的科技无限地把自然资源纳入社会经济周转，就会导致资源的枯竭和环境的恶化，反过来影响了经济的发展，这是不可持续的经济发展模式。绿色经济则不同，它是以资源的节约、环境的改善以及经济与资源、环境的协调发展为核心内容的，因而是可持续的发展模式。

绿色经济具有三大效益统一性的特征。绿色经济作为一种经济发展模式，追求经济效益是理所当然的，这一点同其他的经济发展模式没有多大区别。区别在于，是以什么样的代价来取得经济效益的，是追求单一的经济效益，还是同时追求社会、生态效益。绿色经济追求的经济效益并不是以牺牲资源、环境为代价，而是以资源的节约和环境的改善为基本条件，因此它所追求的是以社会效益、生态效益为基础的经济效益，是以三种效益的内在统一性为内容的。

绿色经济具有相对性。相对性有两层含义：一是指它是相对合理的经济发展模式，而不是一种绝对合理的理想化模式，它不可能做到零消耗和零污染。二是它是相对于现实，以现在为起点的"绿色"，是对现在的资源利用情况和环境状况的改进、改善。因为环境的改善和资源的节约是相对的，今天的改善与节约总是相对于昨天的情况而言的，是以一定时空下的一定标准为参照物的，是超越了现有的环境指标和资源消耗量指标要求的发展。这种发展虽不是一步到位的理想最优，却是相对于现状、相对于可持续发展的理想状态的次优，是现有生产能力和科技水平下的最优。

绿色经济发展模式还具有动态性的特征。一方面，随着社会的发展和进步，人们对于生活质量的要求不断提高，对于环境的需求日益强烈，对环境质量的要求也是会越来越高；另一方面，随着科技的进步和人们治理与改善环境问题手段的不断改进，不断推动绿色经济的内容更新与发展，在这样的过程中，使绿色经济以其量的不断积累，从而积聚到质的提升，逐渐向可持续发展的目标逼近。

四、绿色经济是一种新的经济发展模式

发展是人类永恒的主题，但如何发展，在不同的社会及不同的历史时期是不相同的。尤其是在对待人与自然、经济与资源、环境的关系上，有着不同的模式：以人类依附于自然为特征的、环境优良而经济不发展；以人类统治自然为特征、牺牲了环境来发展经济。绿色经济是一种新的经济发展模式，它是以人类与自然和谐为特征的经济与自然、环境的共同发展。

第一种类型存在于人类初期。在人类的生产能力还不是很高的情况下，人类的生存与发展都在很大的程度上依赖于自然。初期的人类，对自然界了解甚少。此时，自然对于人类来说常表现为一种神秘莫测的超凡力量，因此人们十分崇拜自然，对自然进行顶礼膜拜，产生了图腾崇拜，形成了自然神论。这时，与不可知的因而是强大无比的自然相比，人类是渺小的、无能为力的。这时的人类与自然之间，虽然也是一种和谐的关系，但这种是以人依附于自然为特征的，是经济不发展的低层次的和谐。

第二种类型是近代的经济发展模式。随着人类生产能力的提高，人类有能力把更多的自然资源纳入经济周转，并对环境造成较大的影响。但在一定的限度内这种影响还没有危及人类生存的环境，而且，人类在长期与自然和谐相处的实践中，形成了朴素的自然观，如我国古代许多思想家就有"天人合一"等朴素的生态伦理观。工业革命爆发后，科学技术广泛应用于生产过程，有效地提高了人类的生产能力，人与自然的关系发生了根本性的变化：原来依赖于自然的人类，现在反过来要征服自然，统治自然。生产能力的提高，使人们不仅能够把更多的自然物质纳入社会经济周转，而且可以借助科技的力量来消灭一些暂时对人们无用或有害的物种，并大量地向大自然排泄各种废弃物，甚至是有毒的废弃物。无节制地向自然索取的人类，把自然放在对立的位置上、作为人类征服的对象，并把自然界当作是可以无限度地接纳生产和生活排泄物的大垃圾桶，导致了资源与环境的危机。

自然资源和生态环境的危机，实际上是人类的危机，是人类生存与发展的危机。因为人本身也是自然的一部分，人类的生产、社会经济的发展也离不开自然与环境。人作为自然的一部分，首先是自然人。不管人类的生产能力达到什么样的高度，他都离不开自然，再高的生产力也割不断人类和自然之间的密不可分的内在关系。如果人类无视自然的存在、破坏了这种内在的依存关系，就会给人类自身的安全与发展带来灾难。事实正是如此，工业革命后，尤其是第二次世界大战后，人类社会的发展表现出两大显著特征：科技创新和生产能力的不断积累，显著提高，人类经济飞速发展，物质财富极大丰富；与此相对应的是资源与环境危机的积累，最终导致了社会、经济发展与资源、环境之间的尖锐矛盾，资源与环境的危机制约了人类社会和经济的进一步发展。这是人类在自食其果，是人类片面地把征服自然作为生产能力主要内容的结果，也是以牺牲自然环境为代价的经济增长方式必然带来的结果。到 20 世纪 60 年代，这一结果已经严重地威胁到人类自身的生存与生产，这是"以人类统治自然为特征、牺牲了环境来发展经济的模式"的典型。

绿色经济是一种新的经济发展模式，是人类在对第二种发展模式的积极思考和反思中产生和形成的。20 世纪 60 年代，经济的快速发展和自然与环境之间的矛盾逐渐尖锐，使人们认识到自然、环境问题已经成了人类社会与经济发展的关键问题。对如何解决经济与自然、环境之间的矛盾，曾经有一种极端的思路与方法：牺牲经济发展来保护自然环境，即所谓的"零增长"甚至是负增长，如环境主义者和自然主义者就是这样主张的。实际上，这种思路和方法并不能很好地解决自然环境问题。首先是它不能为社会各界所接受，因为发展是人类的根本利益之所在，牺牲发展搞纯保护或消极的保护是不可行的。必须进行思路的调整，因为当今的自然环境的危机实际上是由发展引起的，归根到底是不恰当的发展方式所造成的。"解铃还须系铃人"，由发展引起的自然与环境问题也必须由发展来解决。这就是把解决问题的关注点从"自然与环境"转到"发展"上，转变到"发展方式"的变革上。以发展为落脚点，通过转变发展模式、改变经济运行方式、改变人们的活动方式和对生产过程的管理方式，来引导环境向良性方向转变，由发展引起的环境问题才能得到根本的解决。由此可见，人类在后工业化时代所面临的突出问题是"自然环境"，但解决问题的关键却在"发展"上；关键不在于要不要发展，而在于如何发展上，提出或牺牲环境来求得经济发展，或牺牲经济发展来保护环境，这种非此即彼的思想与方法是不能真正解决问题的。实践使人们认识到，必须要找到一种能把经济与环境的外在矛盾内部化的新的发展模式，能实现经济与资源环境协调发展的模式，"自然环境"问题才能得到根本解决。这就是绿色发展的模式，是有利于资源节约和环境保护的发展，是协调发展的模式。因此绿色经济的本质特征是协调，是"以人类与自然的和谐为特征的、经济与自然、环境共同发展"的新的发展模式。

五、绿色经济模式与传统经济模式的区别

这种以"协调发展"为本质内容的绿色经济，与传统的发展模式有着根本性的区别：

1. 自然观不同

绿色经济同传统经济模式的自然观存在着根本性区别，特别是在对人类和自然与环境的关系的认识上，集中体现在对"生产力"这一基本经济概念的内涵的理解上。传统经济模式中的"生产力"就是一般教科书上所定义的"是人类征服自然的能力"。这里，人类是把自然当作自己的对立面，当作被征服的对象，它必须服从于人类的意志，任由人类去主宰，人类成了高高在上的统治者。这样的概念反映的是人类中心主义的思想，它忽略了人与自然之间的真实关系，忽略了人本身也是自然的一部分，忽略了经济系统与自然生态系统之间有着密不可分的内在联系，割裂或破坏了这一种内在的关系，影响了经济系统的运转，甚至危害了人类自身的生存。正是在这一点上，绿色经济概念的提出具有革命性意义。

而绿色经济模式中的生产力是以人类与自然和谐共处为基础的共同发展的能力。因为绿色经济把有利于环境改善和资源的节约作为经济发展的必要内容，这也就把人与自然的关系纳入了经济学的研究范

围，把人们的经济活动置于人类生态系统中，把经济系统作为人类生态系统的子系统来看待。作为子系统，它受到大系统的制约，必须与大系统的其他子系统保持和谐的关系，与自然生态系统保持协调的关系。人类的经济活动离不开自然生态系统，一方面是生产必须从自然界汲取各种原料进行加工；另一方面是生产过程及生活的排泄物又必须回到自然界中去。正是在这种生生不息的循环中，形成了人类生态系统的能量流。这种能量的流动有它的规律性，如果人类违反了这一规律，不加节制地从自然界索取，或过量地把排泄物返还给自然界，都将造成资源匮乏、环境恶化等严重后果。虽然破坏人类生态系统内在联系的直接受害者是自然，但最终会影响到人类自身的生产和生活的环境。人类自身不能离开自然而存在，社会经济活动也不能离开自然而孤立地发展，人类可以且只能在与自然的和谐共处中才能得到发展。协调就是发展，协调才能发展。

2. 对增长源泉的认识不同

绿色经济模式与传统经济模式的区别还表现在对于增长源泉的不同认识上。虽然能量守恒规律是社会经济发展的基本规律，任何社会生产都需要有生产投入，投入是产出的前提，但在不同的经济模式中，生产投入的内涵是会有不同的。在传统经济模式中只有资本品才是生产投入，也就是说投入了从市场上购买来的生产资料和人力，才算是生产投入。除此以外，进入生产过程的其他公共资源，包括自然物质和环境，都不是生产投入，因为生产者并没有为这些资源支付成本。那些存在于自然界，可用于人类社会活动的自然物质或人造自然物资，主要包括自然资源总量、环境自净能力、生态潜力、环境质量、生态系统整体效用等内容，对于社会与经济的可持续发展来说是至关重要的，它们是社会经济发展的必不可少的要素，应该都是生产的要素，是经济增长的源泉。无视生态资本的存在，不把生态资本当作生产要素，就会使社会和经济遭到严重的伤害。据统计，仅1998年，我国的灾害损失就达到4 000亿元，约占GDP的5%，据世界银行的估计，我国每年因环境污染的损失就达到1 000亿美元，相当于每年的经济增长额。

而绿色经济则把自然资源的节约和环境的改善作为经济发展的必

要内容，这就把那些非资本品的自然资源和生态环境也纳入经济发展的"资本"范围内。在不增加投入的情况下增加了产出，就是"生产"了；同样，在取得同量的产出时，减少了投入也是"生产"了；减少了资本品的投入是"生产"了，减少了非资本品的自然资源与生态环境的投入，也是"生产"了。与传统经济模式明显不同，在绿色经济中，资本品（物质资本）和自然生态资本都被作为经济发展的重要源泉而纳入生产资本的核算范围内。

3. 评价指标不同

绿色经济的评价指标也不同于传统经济模式。传统经济模式既然以资本品为生产要素，那么对其微观经济的最主要的评价指标就必然是资本投资效率；而对于个别资本总和——社会总资本而言，宏观经济的评价指标也主要是 GDP 或 GNP、总量规模及增长速度等。至于这个总量和规模耗费了多少非资本品，则不加计量和评价。绿色经济则不同，它更关注自然与环境持续发展的需要，强调的是有利于自然环境的经济发展，因而它需要的是一整套全新的评价指标。绿色经济把自然资源与环境纳入经济发展的考核指标内，对生产过程中消耗的资源、生产过程对环境的影响等状况都进行考核和评价。目前，国际组织和一些国家已经开始实行"绿色账户"，把自然资本也纳入国民经济的核算体系中去。特别是 1992 年联合国环境与发展大会后，越来越多的人们认为，自然资本将成为测度一个国家国力的最重要的指标之一。当然，"绿色账户"的全面实施和推广尚需假以时日，而绿色经济的推广与发展则是身体力行，从实际行动上把自然资源的节约以及环境的改善纳入到微观经济的考核指标中，为今后逐步实施"绿色账户"、"绿色会计"打下坚实的思想和方法基础。

4. "人"的假设不同

绿色经济模式的"人"和传统经济模式中的"人"也有不同。传统经济模式中的"人"是"经济人"，把追求经济利益最大化作为其行为的唯一目标。但绿色经济中的"人"则是现代的社会人、自然人，是饱受了环境灾害苦难的个人，是增强了生态意识的个人。同经济人追求经济利益最大化的目标一样，社会人和自然人在追求直接的经济利益的同时，也追求社会发展与生态环境质量改善的目标。而且，工业化以来严重的生态环境的灾难使现代人逐渐认识到，人类只有与自然和谐相处，经济与自然资源环境只有协调发展才能取得长远的整体的经济利益的最大化。例如，全国最大的淡水湖——鄱阳湖区的人们，在经历了 1998 年的特大洪水之后，痛定思痛，终于认识到长期以来的围湖造田，发展抗洪农业，以至造成了家园被毁，经济损失惨重的恶果，现在他们正在退耕还湖，通过生态移民，利用沼气等有利于资源环境的新技术，并根据湖区和长江汛期的规律，避开洪水期，采用早熟的早稻新品种、退田养鱼，创造了新的模式，发展了绿色经济，实现了人与自然的和谐与发展。

实际上，传统经济模式中的"人"与绿色经济模式中的"人"的区别，反映的是经济学中的有关"人"的理论假定的历史性变化。古典经济学"经济人"是追求个人利益最大化的个人；社会主义政治经济学中则是以"政治人"来取代"经济人"，否定了经济利益原则，并以此为基础建立了不讲经济核算和经济效益、吃大锅饭搞平均主义的经济体制。

在绿色经济模式中，传统经济学中的"经济人"的假定需要由社会人和自然人来补充。因为绿色经济是把经济活动和经济系统置于人类生态系统中，并且是以自然生态系统为基础的。在这样的系统中，人不仅是经济人，而且是社会人和自然人。就完整意义上说，人是自然人、经济人和社会人的统一。尤其是不能忘记人首先是自然人，作为自然人，他只是自然生态系统中的一个单元，他的一切活动都不能破坏他所在的系统的结构和功能，破坏了他所在的系统，就是毁了他自己。而作为社会人，他是这一系统中唯一具有思维能力的主体，是系统中唯一有主观意识的生态单元。因此，人是唯一有能力对这一系统、对自然负责的主体，是一个有能力用自己的行为去影响自然环境，起积极主动和主导作用的主体。他们可以用自己的有意识的行为来引导自然生态系统向好的方向发展，也可以引导其向坏的方向发展。可见，人类对他们生活及活动在其中的人类生态系统，对自然界负有不可推卸的责任。绿色经济模式就是人类能够引导自然环境向好的方向发展的现实模式。

第二章

绿色经济与可持续发展

绿色经济作为一新的经济发展模式，它与可持续发展有着密切的内在联系：一方面，可持续发展思想孕育着绿色经济的产生；另一方面，绿色经济又为可持续发展战略的实现提供了具有可操作性的现实的、具体的形式，它的发展必然会推进社会、经济的可持续发展。

一、绿色经济是在可持续发展思想的
形成过程中产生的

绿色经济这一以协调发展为核心内容的发展模式是可持续发展思想的产物，它是伴随着可持续发展思想的形成而产生的。

1. 可持续发展思想的萌芽

可持续发展的思想萌芽于20世纪60年代，它是人类对自然资源和环境危机进行积极反思的结果，也是人类对自身行为、对经济发展模式进行反思的成果。《寂静的春天》《只有一个地球》《增长的极限》等经典著作是这一成果的集中反映，它们从不同的侧面揭示了资源环境与经济增长之间的矛盾，人们在反思中终于认识到不顾资源与环境的发展是不可持续的。关注经济发展过程中的资源与环境问题正是可持续发展思想的萌芽，也是绿色经济的基本思想。

美国生物学家卡逊夫人的力作《寂静的春天》（1968年出版），是世界上第一部产生广泛影响的环境科学著作。随着现代工业的产生与发展，一方面是人们的生产能力大大增强，导致自然资源的大大减少；另一方面是人口的增加及工业发展造成大量的严重污染。这两方面的因素交互作用，破坏了自然生态系统，使人与自然环境的关系出现了不协调。矛盾不断积累，一直到第二次世界大战后趋于恶化，频

繁的自然灾害，使人类自身的生存受到严重威胁，人类为自己的行为付出了高昂的代价。书中深刻揭露了工业文明带来的严重后果，尤其是滥用农药造成对人体、对生物的严重危害。作者用生动的语言描述了本来生机盎然的春天现在变得寂静了，指出由于环境污染自然生态系统的失衡对人类社会造成的影响。这本书向陶醉于征服自然的胜利中的人类敲响了警钟，它开创一个时代。

《只有一个地球》是英国经济学家 B·沃德和美国微生物学家 R·杜博斯为联合国人类环境会议提供背景材料而写的，写作过程中得到了由 58 个国家的 152 位专家组成的通讯顾问委员会的协助与支持。该书以整个地球的前途为出发点，从社会、经济、政治的角度研究环境问题。

1972 年梅多斯等人的《增长的极限》则是从另一角度研究并向世人提出了环境问题的。它指出了在资源存量已基本查清和技术进步作用有限的假定前提下，人类的发展已面临困境，如全球铅的储量将在 2003 年耗尽，黄金储备只能维持到 1981 年，由此得出的结论是人类必须控制增长。如果说前两本书只是揭示了人与自然的矛盾，呼吁人类要善待自然，重新审视自己与自然的关系的话，《增长的极限》则以两个假定为前提，指出了经济增长与资源环境的矛盾："如果在世界人口、工业化、污染、粮食生产和资源耗费方面现在的趋势继续下去，这个行星上增长的极限有朝一日将在今后 100 年中发生。最可能的结果将是人口和工业生产力双方有相当突然的和不可控制的衰退。"并提出解决矛盾的思路：均衡发展。"改变这种增长趋势和建立稳定的生态和经济的条件，以支撑遥远未来是可能的。全球均衡状态可以这样来设计，使地球上每个人的基本物资需求得到满足，而且每个人有实现他个人潜力的平等机会。"

上述三本绿色经典之作从不同的侧面揭示了由于经济的发展所带来的严重的自然资源与环境危机，他们看到了现实中存在的问题，但发现问题并不等于解决问题，因为要解决问题，还必须找到解决问题的切实可行的途径。同前两本书相比，《增长的极限》在揭示问题的同时，就试图提出解决问题的途径：通过控制增长来解决经济增长与资源环境的矛盾。这标志着可持续发展思想的产生。

2. 可持续发展思想的形成

可持续发展的思想形成于 20 世纪 80 年代。这一时期明确提出了解决经济增长与资源环境之间矛盾的途径：摒弃那种以牺牲资源、环境为代价的经济增长方式，走经济与资源、环境相互协调的可持续发展道路。这种协调化的发展模式，就是绿色经济。另外，在这一时期提出了可持续发展的概念，并为各国的政治家、经济学家及社会各界所接受，在世界范围内形成广泛的共识，形成了可持续发展的理论体系。这一时期的绿色经典之作《我们共同的未来》标志着可持续发展思想的形成。

虽然在第二次世界大战后，环境问题已成为全球的普遍问题，但环境危机在发达国家和发展中国家有不同的产生原因和表现形式，也就产生了不同的认识。在发达国家，经济的高速增长消耗了大量的自然资源，工业的飞速发展也造成了严重的污染问题。而在发展中国家，人口增加对自然资源产生巨大的压力，加上经济落后，资源利用效率低下，人与自然资源关系的恶化。面对日益突出的环境问题，瑞典政府于 1968 年提议在斯德哥尔摩召开联合国关于人类环境问题的大会。这一建议得到联合国的同意，并于 1970 年正式开始筹办，要求各与会国须提供该国的环境状况报告，概述其森林、水、农田等自然资源的状况。两年后，会议在斯德哥尔摩歌剧院召开(1972.6.5)，共 113 个国家、地区的代表参加。这是历史上第一次由政府代表参加的研究环境问题的国际会议，意义十分重大。在这次会议上，各国对于环境问题意见分歧很大，特别是发达国家与发展中国家之间意见针锋相对。发达国家认为，人口过剩是污染、自然保护的最主要问题；而发展中国家则认为，环境仅是次要问题，首要的问题是解决贫困，贫困是破坏环境的首要原因，不能因环境而放弃发展。印度的英·甘地说："贫困是最大的污染者"。经激烈的争论，会议最终还是达成了共识：必须保护环境，经济才能持续下去；发展要以环境保护为基础。同时这次会议还取得以下两个成果：一是环境问题被列入世界各国的议事日程，各国进行大量的宣传，为环境问题得到社会的共同重视提供了良好的社会基础；二是会议决定成立联合国环境规划署，负责执行大会达成的协议，规划署采用"只有一个地球"作为徽标。

这次会议后的十年,环境问题虽得到世界各国及社会各界的关注,但实际收效并不大,世界范围内的环境恶化势头并未有效地得到遏制,究其原因在于没有找到解决环境与发展的矛盾的恰当方式,推进这一工作的关键在于寻找能协调环境与发展矛盾的新的发展模式。为此,联合国于1983年决定成立环境与发展委员会专门负责这一工作,制定跨世纪的长远发展战略,协调人与自然环境的矛盾,实现持续的协调发展。并组织专门班子进行专题研究,为制定这样的发展战略准备背景材料。这个专门班子是由挪威首相布伦特兰德夫人主持的,1983年12月联合国秘书长召见她,委托特别委员会探讨环境与发展问题。经过四年的研究,于1987年提交了《我们共同的未来》的报告。该报告对可持续发展的概念进行了科学的界定,详细论证了为了人类的共同未来,环境与发展是必须协调一体化的,也只有协调一体化,才能有持续的发展;另外,它还论证了这一协调的可行性,这种可行性不仅存在于发达国家,也存在于发展中国家;并指出,在保证共同的未来持续发展上,发达国家负有更大的特殊责任。

二、绿色经济是可持续发展战略的实现形式

可持续发展的思想是在90年代才被确立为世界各国的发展战略,绿色经济则是可持续发展由"思想"到"战略"转变的产物,是可持续发展战略的实现形式。

1. 可持续发展战略的确立

可持续发展这一社会各界共识的"思想"必须为各国政府接受,才得以确立为各国的发展战略,才能完成由"思想"到"战略"到共同"行动"的转变,1992年召开的联合国环境与发展大会是完成这种升华与转变的重要会议。

在《我们共同的未来》问世之后,如何协调环境与发展的矛盾便成为人们进一步关注的热点问题,但还没有转变成共同的行动。因此联合国于1989年12月决定召开由各国政府首脑和非政府机构共同参加的环境与发展大会,来促成这种行动。会议于1992年在巴西的

里约热内卢召开。这次由政府首脑与民间机构共同参加的会议，已经把会议关注的重点由原来的"环境"转到"发展"上，强化了这样一种认识：严重的环境问题是由不当的发展方式引起的，但是，就环境论环境，单纯地关注环境，是不能解决环境问题的。在经济发展与环境保护的关系上，不同的学科和学派有不同的观点，如以国际自然保护联盟为代表的一派就认为：为了保护要停止发展；传统的经济学则是以资源无限、环境不存在为前提，认为人类的能力将随着科技进步而不断增强，因此在资源耗尽时，人们就有能力发现新的能源和治理环境。这些都与可持续发展观不相容。只有经济与环境的协调发展，才能解决由发展带来的环境问题。即通过发展模式的转换，改变经济运行方式和生活方式，来引导环境向良性的方向转变。这正是可持续发展的本质内涵。在这次大会上，各个政府在《里约宣言》上签了字，承诺了共同实施可持续发展战略。

综上所述，可持续发展思想虽由环境问题而产生，但问题的根本却在发展上，这一思想的产生过程是人们对环境问题认识的深化过程，是人们从关注"环境"到关注"发展"的思想转变过程，是可持续发展战略的确立过程。这同时也是绿色经济发展模式的内在要求。绿色经济是可持续发展从"思想"到"战略"的转变的产物。

2. "可持续发展"的不同定义和表述

由上述可见，可持续发展的思想从产生到形成理论体系经历了一个不断完善的过程，直到 90 年代初才得以确立。在其形成发展的 20 年时间中，不同的人们从不同的角度给予它以不同的概念："生态发展""合乎环境要求的发展""在无破坏情况下的发展""连续的发展""持续的发展""环境合理的发展"等等，一直到 1992 年联合国召开的环境与发展大会，才得以统一为"可持续发展"的概念。人们给予的定义也是多种多样的，世界上共有 100 多种定义，具有代表性的有以下几个：

最早由联合国环境规划署、世界自然保护基金会、国际自然保护联盟三者于 1983 年共同发布的《世界自然保护大纲》中将可持续发展定义为：改进人类生活质量，同时不要超过支持发展的生态系统的能力。

1987 年世界环境与发展委员会发表的报告《我们共同的未来》一书中对可持续发展的定义为：持续发展既满足当代人的需要，又不对后代人满足其需要的能力构成危害的发展。

1991 年世界自然保护同盟、联合国环境规划署和世界野生生物基金会共同出版的《保护地球可持续性生存战略》中对可持续发展定义为：在生存不超过维持生态系统涵容能力的情况下，改善人类的生活品质。

1992 年世界银行在《世界发展报告》中阐述了其对可持续发展的原则，并定义为：可持续发展是自然资本和人造资本总和的非负数增长。依此观点，自然资源的减少并不等于不可持续发展。

1992 年联合国环境与发展大会通过的《里约宣言》中对可持续发展定义为：人类应享有的以自然和谐的方式，健康的富有成果的生活权利，并公平地满足今世后代在发展和环境方面的需要。

近几年来，中国的学者从不同的侧面对可持续发展进行深入研究，并做出不同的定义。叶卫平等人在《资源、环境问题与可持续发展对策》一书中对可持续发展定义为：以不断增加人类共同的经济社会福利为目标，在经济增长和技术进步的基础上，通过形成一种更为协调均衡自然社会系统，使人类社会形成有序的进步过程。该书还引述了其他几个学者的不同定义。叶文虎、栾胜基等人认为比较完整的可持续发展定义是：不断提高人群生活质量和环境承载力、满足当代人需求又不损害子孙后代满足其需要能力的，满足一个地区或一个国家的人群需要又不损害别的地区或别的国家的人群满足其需要能力的发展。钱润、陈绍志等人的定义是：特定区域的需要不危害和削弱其他区域满足其需求能力，同时当代人的需要不对后代人满足其需求能力构成危害的发展。张坤民认为可持续发展是一个涉及经济、社会、文化、技术与自然环境的综合概念，既包括自然资源与生态环境的可持续发展，也包括经济的可持续发展与社会的可持续发展，是以自然资源的可持续利用为基础，以经济可持续发展为前提，以谋求社会的全面进步为目标的全面发展。

曾珍秀等人在《管理世界》双月刊 1998 年第 2 期上撰文，列举不同学科对可持续发展的不同定义（曾珍秀，1998）。

（1）从生态、资源和环境保护的角度定义。1991 年，国际生态学联合会（INTECOL）和国际生物科学联合会（IVBS）联合举行的有关可持续发展的专题研讨会给出的定义为：保护和加强环境系统的更新能力。

美国生态学家 R. T. Forman 认为可持续发展是寻找一种最佳的生态系统和土地利用的空间构形以支持生态的完整性和人类愿望的实现，使一个环境的持续性达到最大。

显然从生态学的角度定义的可持续发展侧重于生态环境的保护。

（2）从经济学角度定义的可持续发展。经济学以社会福利最大化及资源配置的效率最高原则来理解和定义可持续发展概念。

1993 年，英国环境学家皮尔斯和沃福德在《世界无末日》一书中对可持续发展的定义是：当发展能够保证当代人的福利增加时，也不应使后代人的福利减少。

Edward B. Barbier 在《经济、自然资源不足与发展》的著作中定义的可持续发展的概念为：在保持自然资源的质量和其能提供服务的前提下，使经济发展的净利益增加到最大限度。

（3）从技术角度定义。《世界资源研究》的 1992 年提出的定义为：可持续发展是建立极少产生废料和污染的工艺或技术系统。

从技术角度，许多学者先后提出了温和技术、中间技术、替换技术等。

（4）中科院地理所的龚建化从更广的涵义上来理解可持续发展。他认为可持续发展的外延包括了人类所有的物质和精神领域，它包含高层次（"天人"关系）、中层次（"天地"关系）、低层次（"人人"关系）的内容。高层次的"天人"关系即着眼于人类和整个大自然的关系，保持人与自然的共同协调进化，达到人与自然的共同繁荣；中层次的"天地"关系即着眼于地球与人类的关系，既满足当代需求又不危及后代满足其需求能力的发展；低层次的"人人"关系即在区域内实现资源、环境、经济和社会的协调发展。

以上各学科从不同的角度定义了可持续发展的概念，这有助于我们全面理解它丰富的内涵。

3. 绿色经济是可持续发展的现实形式

以上列举了有关可持续发展的一些有代表性的定义，理解可持续发展思想须把握以下几点：

（1）导致可持续发展思想产生的直接原因是工业化后的人类面临严重的环境危机，因而环境污染和资源的枯竭是可持续发展思想产生的起点，也是始终不变的关注点。

（2）因环境问题而产生的可持续发展思想，其真正的落脚点、着眼点却是发展。发展是人类社会永恒的主题，严峻的环境问题是需要解决的，但不是为了保护环境而保护，而是为了更好的发展而关注环境，解决环境与发展的矛盾，因而可持续发展的要旨是发展。可持续发展是从发展的角度来关注环境的。

（3）事实上，可持续发展思想的形成经历过从关注发展到为了发展而关注环境的历史性过程。也正是这一转变，使可持续发展成为全球的共识——上升为世界各国政府的发展战略，逐渐付诸于实践。这也是发展思想的质的转变过程，完成这一历史性转变之时，便是可持续发展的思想得以确立之日。因为只有在这一历史性转变中，重视环境，为发展而保护环境的思想才得以由原来的少数学科和学派（如生态学、自然保护主义等）的观点转变成为社会各界的共识，尤其是为发展经济学及关注发展的政治家所广泛接受，最后才能上升为各国政府的发展战略。

（4）可持续发展强调的是整体发展，是社会、经济、自然生态的整体持续发展，是建立在人与自然关系和谐的基础上的发展。这种整体发展是以生态资本的可持续发展为基础；以经济的持续发展为主导；以社会的持续发展为目的。经济的持续发展之所以成为这一整体的主导，主要是因为：一方面，经济仍是人类生存发展和社会持续发展的物质保障；另一方面，人类发展经济是在大自然的生物圈中进行的，因而会不断地影响和改造自然。这种对自然生态系统的人为干预只有遵循客观规律，维护而不是破坏自然生态系统的有序与稳定，才能保证人与自然之间的协调关系，才能实现整体的协调发展。

（5）可持续发展思想与其说是一种理想，不如说是一种权衡或妥协。从可持续发展思想形成的历史过程可以看出，可持续发展战略实质上是人类社会发展到一定阶段出现的环境保护与经济发展之间矛盾的产物。它是这一矛盾的双方在一定区域间的权衡，是双方相互妥协的结果，是以经济发展和环境保护为坐标的选择集中的最优解。

（6）既然可持续发展是作为一种权衡、妥协，那么重要的是如何在现实中寻求其优化的发展模式。通过这一优化的发展模式，把可持续发展的思想和战略固化下来，实现为现实的经济。绿色经济便是可持续发展战略的实现形式。

三、绿色经济是可持续发展的现实基础

绿色经济是以可持续发展为出发点和目标的发展模式，它具有可操作的现实性，使可持续发展有了可靠的现实基础。

1. 绿色经济是对现实改良的模式，是实现可持续发展目标的必要过渡形式

由于绿色经济的内容的广泛性、标准的起点不太高，允许度的范围相对宽松，因此它并不是一种纯而又纯的、实现了"零"污染"零"排放的理想模式，它同理想化的模式还有相当大的差距。但它的不理想却是立足于现实，是以现实的可操作性和实施的广泛性为出发点和着眼点。因此这是一种以可持续发展为目标的，力求对现实的经济发展模式有重大改进的发展模式，是一种改善型或改良型的经济发展模式。作为过渡性的模式，正由于它的并不理想，不是纯而又纯的，才具有更宽的包容性和广泛的现实性。它虽然不是理想的，却是为了实现可持续发展目标这一千里之行所必须积累的跬步。

2. 绿色经济是可持续发展的具体的、直观的实现模式

对于每一个企业和单位来说，他们在日常的每一个具体的经济活动中是否采用了新的科技来节约自然资源的消耗，或减少污染、保护环境，所发展的是不是绿色经济，关系到国家的宏观战略能否实现。如果每一个企业都能着力于绿色经济的发展，它就推动了可持续发展向前迈进了一步；反之，国家的宏观战略就成了空中楼阁。可见，绿色经济创造了一种适合于环境与经济这一矛盾运动的新形式，是实现可持续发展的、具有可操作性的现实形式。

3. 绿色经济是可持续发展从思想到行动的现实选择

长期以来，人类在享受工业文明的丰富物质成果的同时，也历经了由此而来的生态灾难和环境危机。这是人类自身的行为造成的，是人们对自然的无节制的索取和浪费，才导致了资源的枯竭和环境的恶化，是人类采取的不可持续生产方式，造成了人与自然的关系的不协调，以至于出现了资源环境与经济发展的矛盾。解决这一矛盾的根本途径是改变人类自身的行为方式。

改变不可持续发展的生产方式，就是要解决经济发展与自然环境之间的矛盾。面对矛盾冲突的现实，既不能逃避也不能幻想以矛盾的一方来吃掉另一方，解决矛盾冲突的现实方法是创造一种适合于矛盾运动的新模式。在环境与经济、保护与发展的矛盾中，不顾经济以至牺牲经济增长来进行单纯的保护并不难，反之不顾环境并以牺牲环境为代价的发展也不难，但这都不是可持续的发展。可持续发展即是在这样的矛盾双方冲突中进行艰难的选择，唯一可行的是保护与增长的绿色经济形式。这是有利于环境、资源的发展，是以保护为基础的发展。可持续发展思想是协作发展观，实质上是在承认并直接面对环境与经济、保护与发展的尖锐矛盾基础上的一种妥协，是权衡利弊的解决办法。可持续发展的思想要求的是既要保护环境又要发展经济，是使矛盾双方在一定区间的权衡与妥协。

既然可持续发展是一种权衡和妥协的战略，那么重要的是在实践中寻找一种使双方协调发展的模式，通过这一模式把可持续发展实现为现实的经济。绿色经济就是这样的一种模式，它协调了环境与经济的矛盾，实现可持续发展的要求，因而成为可持续发展的微观基础。

第三章

绿色经济与环境、环境经济

　　绿色经济是环境革命的产物，是人类在经受了深重的环境灾难之后，所找到的解决环境问题的根本途径，是人类采取的全球性的共同行动之一。从全球环境问题的凸现，到环境意识产生，再到环境革命的爆发，再到环境行动的采取，最终到可持续发展道路的选择和绿色经济战略的实施，经历了一个漫长的历史过程。探寻这一过程，可以加深对绿色经济内涵与实质的理解，并正确把握它同环境经济之间的区别与联系。

一、20 世纪严重的环境问题是工业化的副产物

　　18 世纪中叶的工业革命在给人类带来工业文明的同时，也给人类带来了严重的环境危机。以蒸汽机的发明和广泛应用为起点的工业革命使人类的生产能力得到大大提高，这对自然环境造成了双重不利影响：一方面是随着人类向自然索取能力的提高，引起了资源的枯竭，自然生态系统的平衡受到严重的破坏（如为了发展工业、农业、交通运输业而大规模地砍伐森林，使森林资源大大减少，从而破坏了陆地上最大的生态系统），给人类带来严重的后果；另一方面，随着大规模的工业生产的发展，人口逐渐集中，使得生产和生活的废弃物大量增加和集中，对土地、江河、海洋、大气造成严重的污染。环境问题是工业化进程的伴生物。当然，工业污染和城市污染有一个积累的过程，积累到一定的程度时，就产生了环境危机。从历史现实看，在整个 19 世纪，环境问题日趋严重，一直到 20 世纪，环境问题终于酿成危及人类生存与发展的危机。在 20 世纪 60 年代前，许多工业发达的国家都先后发生了触目惊心的环境灾难，生态灾害频繁发生。下

面列举近 100 年来严重的生态灾害事件：

1902 年 5 月 8 日	加勒比海东部马提尼克岛培雷火山喷毒气，死 3 万人
1930 年 12 月 1 日～12 月 5 日	比利时马斯河谷有毒气体事件，死 60 人
1942 年	日本滨名湖畔哈中毒事件，死 114 人
1952 年 12 月 5 日	英国伦敦烟雾事件，前 4 天死 4 000 人
1954 年 3 月 1 日	美国在太平洋比基尼珊瑚岛进行代号"布拉沃"氢弹试验，受灾人员 290 人
1960 年	日本富士镉污染事件，死 34 人
1961 年	日本四日市二氧化硫烟雾事件，中毒 500 人
1983 ～1985 年	巴西圣保罗以污染取名"死亡之谷"，每年因中毒死 150 人
1962 年 12 月 3 日～12 月 7 日	黄色大雾在伦敦上空三天三夜，死 136 人
1968 年 3 月	日本九州多氢联苯污染中毒，中毒上万人，死 30 人
1970 年	美军在越南喷洒落叶剂危害延续 23 年，越南妇女受害者数千人
1975 年	北美成为世界最大的酸雨降落区，该地区半数以上湖泊无鱼
1977 ～1987 年	地中海遭严重污染，共发生 94 起石油泄漏事件，海水中焦油含量为 $0.5g/km^2$
1983 年 3 月 14 日	美国埃克森石油公司阿拉斯加原油污染，6 个月内 3.3 万只海鸟死亡
1983 年 9 月 11 日	中国引滦入津工程从开始便受到污染，共有 55 个重点污染源
1984 年 12 月 3 日	印度博帕尔市剧毒化学物质泄漏，死 2 500 人
1986 年 4 月 26 日	前苏联切尔诺贝利核电站惨案，死 31 人，危害至少 30 年
1986 年 8 月 21 日	喀麦隆尼奥斯火山湖喷发毒雾，死 1 000 人
1987 年 7 月 25 日	中国长江黄磷污染事故，中毒 100 人
1990 年	西班牙人吞烟吐雾危害健康，每年有 4 万人死于与烟草有关疾病
1990 年以来	酸雨侵蚀中国重庆，因酸雨造成的损失达 4.5 亿元
1994 年 7 月	中国淮河"九四·七"特大污染事故，整个流域面临威胁
1996 年 2 月 28 日	中国福建"安福"号油轮泄油污染海面，污染持续 2 年

从以上资料中可以看出：①20 世纪 60 年代前的生态灾害主要发生于发达国家，即工业化国家，且这些灾害都直接同工业污染有关，尤以大气污染最为严重；②20 世纪下半叶，生态灾害向发展中国家转移，这种转移既有发达工业国人为或非人为的因素，如越南战争及

酸雨等通过大气流而扩散的环境危害，也有发展中国家自身的因素。不管哪一种情况，都是人类毫无节制地"征服"自然的结果，灾害是自然对人类的报复，是人类自食其果。

上面所列举的这些都是影响较大的事件，还不包括日常生活中发生工业和农业污染所造成的危害，如过量的化肥、农药污染以及气候变暖等。美国海洋生物学家 R·卡尔逊（1907～1964）在她的经典著作《寂静的春天》中就反映了这样的情况。该书于 1962 年出版。这是第一本环境科学的著作，作者以大量的事实揭示了滥用农药与化肥的危害。特别是滴滴涕，曾经获得诺贝尔奖的滴滴涕，虽然是一种很有效的杀虫剂，但它对于人类的健康危害极为严重，它的残留量不仅不会随着食物链的传递而消失，相反它会在传递的过程中累积起来，沉淀在脑部并增加浓度，它将给人类带来可怕的灾难。该书是在克服了很大的阻力之后才得以出版的，而且在刚问世时，还受到相关经济部门特别是农药生产商的猛烈抨击，连医学界也不支持她的观点。R·卡尔逊以无可辩驳的事实唤醒了人们的环境意识，在社会与民众中产生了强烈的震撼和巨大的影响。该书开创了一个时代——环境时代，这是一个环境保护由意识到开始行动的时代，是政府开始把环境保护的问题提到议事日程上来的时代。因为在这一本书出版以前，"环境保护"一词的使用频率很低，社会上流行的是"征服大自然"的信念和口号；政府不设立有关环境保护的部门，不介入环境事务；社会上也没有环境保护的组织。正如美国副总统戈尔在该书中译本前言中所说的："《寂静的春天》播下了新行动主义，……，她试图把环境问题提上国家的议事日程，而不是为已经存在的问题提供证据。……《寂静的春天》的影响可以与《汤姆叔叔的小屋》相媲美。……《寂静的春天》的出版应该恰当地被看成是现代环境运动的开始。"美国环境保护署于 1970 年成立，这在很大程度上是由于《寂静的春天》唤醒了社会的环境意识。实际上，这一本绿色经典所惊醒的不但是美国，而且是整个世界；它所唤醒的不仅是环境意识，而且是环境行动，是一个崭新的时代。

二、环境行动及环境时代

在遭受 20 世纪上半叶频繁发生的生态环境灾害后，人们开始反思自己的行为，重新审视人与自然的真实关系。灾害逐渐唤醒了人们的环境意识，公众渐渐提高对环境的关注，《寂静的春天》的出版标志着环境行动时代的到来，觉醒的人们开始采取一系列的环保行动，如建立环保组织，举行环保游行等，同时各种各样的环境组织也相继成立。

1. 环境组织

早期有影响的环保组织有"罗马俱乐部"和"绿色和平组织"等。

"罗马俱乐部"是一个非正式的国际组织，被称为是"无形的学院"。1968 年 4 月，来自十几个国家的 30 多人，聚集于罗马召开会议，讨论共同关心的环境问题。就是在这次会议期间成立了"罗马俱乐部"，该组织的目的是帮助人们真正认识全球系统（这个系统包括经济、政治、自然、社会等部分）的各个组成部分之间的相互依赖关系，促进人们对多样性的认识，尤其是致力于促进决策者制订新的政策和行动，以改善环境。该组织现已有来自 25 个国家的 70 多名成员。

该组织成立后便开始了对人类困境的研究。他们认为，人类的困境在于：人类已经看到贫困、环境、通胀、金融等世界性的问题，但对于这些问题之间的相互依赖关系还没有足够的认识和理解。为了研究这一问题，他们于 1970 年举行了一个专门的会议，确定了第一阶段的研究内容，并组织一个由米都斯领导的国际小组对影响增长的五个因素（即：人口、农业生产、自然资源、工业生产和污染）进行研究，1972 年出版的绿色经典《增长的极限》便是这一研究的成果。

"绿色和平组织"也是一个与环保有关的非正式的国际组织，成立于 1971 年，成立时的主要目是为阻止太平洋地区的核实验。但随着时间的推移，该组织实际上已成为世界上有影响的环保先锋。它是由加拿大的一位工程师发起并筹建的，很快就得到了美国及其他国家的有关人士的响应。该组织在环保宣传方面做了大量的工作，影响也日益扩大。如它的成员常常冒着生命危险，驾着小船在惊涛骇浪中去拍摄那些在公海上滥捕鲸鱼的镜头，以阻止这种行为。他们的行动始终坚持着非暴力的策略，然而，他们的非暴力的环保行动却受到一些国家和组织的反对，甚至受到暴力的威胁。1985 年法国间谍就炸毁了"绿色和平组织"的"彩虹勇士"号船只，炸死了摄影师费尔南多·佩雷拉。这一恶性事件不仅激怒了绿色和平组织的成员，而且引起了国际社会的众怒，在某种程度上扩大了"绿色和平组织"的影响，推动了环境运动的发展。

2. 环境游行

人类历史上第一次为环保事业而进行的大规模示威游行发生于1970 年 4 月 22 日，2 000 多美国市民举行游行，要求政府采取措施保护环境。这一方面说明环境意识已深入人心，另一方面也说明了环境问题已经成为一个严重的社会问题。这次群众性的示威游行不仅有力地推动了美国的环保事业的发展，也对世界的环保事业的发展产生了积极的影响。

3. 国际环境机构与环境公约、协议

在各国环境意识不断高涨的背景下，国际社会开始采取协调一致的环境行动。这些行动是在联合国的组织和协调下进行的。1972 年 6 月 5 日至 16 日，联合国在瑞典的斯德哥尔摩召开了人类历史上第一次国际环境会议——"人类环境会议"。这次会议成效显著，一是把 6 月 5 日确定为"世界环境日"；二是决定成立联合国环境规划署。该机构于 1973 年 1 月正式成立，它作为联合国的常设机构，对全球范围内的环保行动进行统一协调与组织，为推动世界环保事业提供组织保障。

联合国环境规划署成立后进行了卓有成效的工作，有力地推动了全球一致的环境行动，制订了有关环境问题的国际公约和协议。目前，涉及环境和环保问题的国际公约已有 180 多项，其中对国际贸易有直接影响的环境公约有：1973 年签订的《濒危野生动植物物种国际贸易公约》；1989 年 3 月通过的《控制危险废物越境转移及其处置巴塞尔公约》；2000 年 1 月在蒙特利尔通过的《卡特赫纳生物安全议定书》，确定了对转基因产品的越境转移的各个方面；还有 WTO 中的环境条款。就全球的环境保护而言影响较大的公约有《保护臭氧层公约》《气候变化框架公约》《生物多样性公约》。其中《生物多样性公约》参加签约的国家最多，《保护臭氧层公约》的实施最为顺利，《气候变化框架公约》是最麻烦的公约，它遇到的阻力最大，实施也最为困难。

三、臭氧层问题及《保护臭氧层公约》

1. 臭氧层的由来

自 20 世纪 70 年开始，世界各国开始关注臭氧层问题，尤其是在 80 年代初，科学家发现南极的臭氧层空洞后，这一问题更是成为世界性的环境热点，各国科学家共同对臭氧层的形成及影响等问题进行了不懈的深入研究，各国政府也采取了积极的行动，20 多年来保护臭氧层的运动在世界各国轰轰烈烈地展开了。

科学研究表明，南极臭氧洞产生的根本原因是氯和溴。美国科学家莫里纳和罗兰德认为，含氯或溴的人工合成物质是造成南极臭氧洞的元凶，最典型的是氟氯碳化合物（CFC，氟利昂）和含溴化合物（Halon，哈龙）。南极臭氧层空洞的形成是一个十分复杂的过程，现在科学研究已经能清晰地演示这一过程。研究的结果还表明：由人类产生的破坏南极臭氧层的物质，具有很长的大气寿命，如氟利昂的生存时间在 120 年以上，这些物质一旦进入大气就很难除掉。因而人类若不能有效地减少氟利昂和哈龙的生产量，随着这些物质在大气中的不断累积，会破坏臭氧层，进而对人类造成巨大的威胁。

2. 臭氧层空洞的危害

南极臭氧层空洞给人类带来了许多不良的后果。首先，臭氧层的空洞会使太阳紫外线得不到过滤而对地球表面的辐射增强，直接影响到人类的健康：会导致皮肤癌、白内障的发病率提高，人体免疫力下降；其次，科学家还认为，强紫外线会给地球上植物生长带来长久的重大危害：紫外线不仅会破坏叶子中的叶绿素，阻碍植物的生长，还会遗传给后代；第三，臭氧层空洞还会间接地引起气候变化，使地球变暖，影响到人类的生产和生活。

3. 解决臭氧层的途径和行动

科学家的努力为解决臭氧洞问题提供了依据和思路：既然消耗臭氧层的最主要物质 ODS 是来自制冷设备使用的氟利昂（CFC）和消防器材用的哈龙，而且这些物质进入大气层后就很难清除掉，这就意味着，臭氧层空洞一旦形成就只有扩大而没有缩小的可能。因此人类所能做的就是减少消耗臭氧层的物质，以减少对臭氧层的破坏。正是基于这样的共识，国际社会采取了一致的行动，——在保护臭氧层，减排 CFC 和 ODS 等方面达成一系列的协议，并付诸实施：

（1）1985 年 3 月，21 个国家和欧共体签订了《保护臭氧层维也纳公约》，这个公约只是原则性的协议，它只是建立了各国在这一问题上进行合作与交流的基础，并没有涉及具体的行动内容。

（2）1987 年 9 月联合国环境规划署在加拿大的蒙特利尔召开了"保护臭氧层公约关于含氯氟烃议定书全权代表大会"，各国进一步就保护臭氧层问题达成一致的认识，把《维也纳公约》的原则意见变成共同的行动，24 个国家于 9 月 16 日签署了影响深远的《关于消耗臭氧层物质的蒙特利尔议定书》，这一天因此被定为"国际保护臭氧层日"。《蒙特利尔议定书》是十几年来全球六大国际环境公约中执行得最好的一个。当然，执行的过程也是各利益集团之间的斗争和协调的过程，尤其是发达国家和发展中国家在许多方面存在着重大分歧意见，几经修订之后才逐渐解决了双方的分歧，使其实施成为了可能。

（3）1989 年 5 月，缔约国第一次会议在赫尔辛基召开，就《蒙特利尔议定书》的实施进行讨论，南北分歧很大。按《蒙特利尔议定书》的规定，要对 5 种 CFCs 和 Halons 的生产和消费进行控制，并采用统一的治理费用，统一的时间表。这些条款表面上公平合理，实际上，它对发展中国家来说是不公平不合理的。因为历史上发达国家早已从 ODS 的生产和使用中获利，而发展中国家在此方面都刚刚才起步，还没获利就要受到限制和支付费用。1986 年，全世界 ODS 的消费量达 120 万吨，仅占世界人口 23% 的发达国家消费了其中的 84%，当时美国人均消耗 ODS 达 1.2 千克，中国仅为 0.03 千克。这种有区别的生产和消费情况，应当分担有区别的责任和行动。因此，中国在会上提出了一个提案，主要内容为：发达国家和发展中国家在淘汰时间表上应有区别，发展中国家的淘汰过程应得到发达国家的资金支持。对此，发达国家不同意，特别是美国，坚持各国都应按统一的标准：每千克1美元的治理费用建立基金；并同步于1997年1月1日停止ODS的生产和使用。这次会议因双方分歧太大而没有达成协议。

（4）1990年《蒙特利尔议定书》缔约方第二次会议在伦敦召开，中国政府在第一次会议上提出的两个原则性问题不仅得到发展中国家的大力支持，也得到一些发达国家的支持如日本、北欧，联合国环境规划署执行主任也是全力支持的。这次会议最终取得一致的意见：在保护人类生命安全的大前提下，确定了"共同而有区别的责任和义务"的原则，从而通过了《伦敦修正案》，对不利于发展中国家的条文进行了修改，并建立了基金机制，向发展中国家提供财务和技术的支持，为协议的实施创造了必要的物质条件。中国在这次会议上表示参加《蒙特利尔议定书》，并于1991年6月在内罗毕第三次缔约国会议上加入经伦敦修正案的《蒙特利尔议定书》。

（5）1992年8月20日，《蒙特利尔议定书》缔约国再次在丹麦哥本哈根开会，进一步确认受控物质的淘汰期限。

（6）1995年，在维也纳召开缔约国第七次会议，具体制订了淘汰消耗臭氧层物质的时间表：发达国应于2010年停止使用和生产甲基溴（必要用途除外），2020年淘汰氟氯烃物质；发展中国家2010年淘汰哈龙和氟氯化碳类物质，2040年淘汰氟氯烃类物质，2002年甲基溴的生产和使用冻结在1995～1998年的水平上。经过10多年，现在已有130多个国家签署了协议，参加了保护臭氧层的世界性的大行动。科学家估计，如果《蒙特利尔议定书》实施顺利的话，人类可望在2050年左右扭转南极臭氧层空洞扩大的趋势。

4. 中国的淘汰ODS行动历程

（1）淘汰ODS的国内行动：中国是生产和消费ODS的大国，也是发展中国家在淘汰ODS活动中得到国际资助项目最多的国家。在中国，淘汰ODS涉及化工、哈龙、泡沫、清洗、家用制冷等众多的行业。1993 年 1 月 15 日，我国首批保护臭氧层多边基金项目文件签字仪式在国家环保局进行，首次签署的是丹东、大连的两个项目，开始了我国单个淘汰项目的正式实施。首批单个项目的执行并不顺利，原因是当时采取的是国际执行的方式，即项目由多边基金国际执行机构（世界银行、联合国发展计划署、联合国工业发展组织）委派国外专家去撰写文件，负责管理，中国政府、行业部门均被排除在项目管理之外。对此，国际组织与中国政府之间产生了分歧：外方指责项目进展不顺利的责任在于中国政府；我方则认为中国政府既不能参与管理，就无法履行责任，并提出改进办法——中国政府负责执行。几经周折，最终获得同意，首开了发展中国家自行管理多边基金赠款项目的先河，既保证了项目的进程，又节约了管理费用［中国环境报，2001.9.13（1）］。

我国在淘汰消耗臭氧层物质的过程中，除了在上述项目管理体制中作了改革外，还在建立行业机制上做出了贡献。多边基金项目原来是单项的，但由于市场变化，申请手续也较复杂，有的项目获批准时，企业早已破产关闭了，浪费了前期的工作和费用。为此，我国建议采取行业机制：按行业整体淘汰，在有限的时间里实现既定的目标。这一设想得到基金执委会的认同，并开始在哈龙行业试行。

经调查，全国生产哈龙灭火剂和灭火器的企业共有 100 多家，哈龙的生产量 1995 年为 13 000 吨，1996 年为 11 000 吨，比当时上报给多边基金会的 4 600 吨和 6 800 吨高出许多，增加了工作的难度，我国将此情况如实向执委会汇报，得到了执委会的谅解。1997 年 11 月《中国消防行业哈龙整体淘汰计划》得到批准，获赠款 6 200 万美元，这是基金会批准的第一个行业整体淘汰项目。从 1993 年到 2001 年 7 月，我国共获得多边基金全球赠款 6 亿美元，约占多边基金总额的 40%。这 40% 的基金赠款将淘汰多边基金全球淘汰 ODS 量的 60%，包括消费行业淘汰 7 万多吨消耗臭氧层物质，生产行业拆除 51 321 吨 CFCs 生产线和 10 568 吨哈龙生产线。

目前，化工、哈龙、汽车空调、清洗和烟草等行业正在执行行业淘汰计划，塑料发泡、工商制冷、化工助剂、制冷压缩等行业也在编制行业整体淘汰计划。为了使基金赠款发挥最大的效益，使受赠企业在淘汰行动中得到发展而不是消亡，各行业在制订行业淘汰计划时，都灵活地使用赠款，进行替代品的开发，保障 ODS 淘汰工作的顺利进行。

（2）加强进出口管理：为更好地履行《蒙特利尔议定书》，我国除了在按时淘汰 ODS 物质方面采取有效的措施外，还加强了对消耗臭氧层物质进出口的管理。国家环保总局，对外贸易经济合作部和海关总署于 1999 年 12 月 3 日联合颁发《消耗臭氧层物质进出口管理办法》，制订并发布《中国进出口受控臭氧层物质名录》，对受控物质实行进出口配额许可证制度管理。凡从事《中国进出口受控臭氧层物质名录》中所列物质进出口的企业，必须于 2000 年 1 月 31 日前，将本企业已签订的有关《中国进出口受控臭氧层物质名录》中所列的物质的进出口合同报送消耗臭氧层物质进出口管理办公室，这些合同必须于 2000 年 3 月 31 日前履行完毕。2000 年 4 月 1 日起，除四氯化碳禁止出口外，对《中国进出口受控臭氧层物质名录》中所列的其他物质：三氯氟甲烷、二氯二氟甲烷、三氯三氟乙烷、二氯四氟乙烷、氯三氟甲烷、溴氯二氟甲烷、溴三氟甲烷将实行进出口配额许可证管理制度，这是国家公布的第一批受控物质名录。国家环保总局、对外经济贸易合作部和海关总署又于 2001 年 3 月公布了第二批受控物质名录，要求对作原料和反应剂用的 CTC（四氯化碳）和 TCA 的出口实行许可证管理；对用于清洗的 TCA 的进口实行配额许可证管理；禁止用于清洗剂的 CTC 和 TCA 出口，禁止 CFC-113 作为清洗剂进出口（中国环境报，2001.3.13）。

（3）政策培训：为了更好地宣传保护臭氧层的知识和政策法规，国家环境保护总局启动了"中国臭氧层保护政策地方培训战略"，并于 2002 年 3 月举办了教员培训班，为进一步的地方培训班做好教师的准备。根据调查，200 多个国家的受调查的居民中，对"你最关心哪一种环境污染"的问题，只有 15% 的人关心臭氧层污染，这个数字远低于对其他环境污染项目的关心程度。举办这样的培训班对于加大宣传的力度是很有意义的。

四、生物多样性问题及《生物多样性公约》

1. 公　约

1992 年来自世界各地的 3 500 多名科学家签署了《全球科学家对人类的警告》：我们对地球上的生物圈的巨大干预——与森林采伐、物种减少和气候变化密切相关——可能引起广泛的副作用，甚至会导致一些至关重要的生态系统突然崩溃等。我们对这些生态系统的相互作用及其动态只是略知一二。这是全人类中最优秀、最理智的一部分群体为了人类的未来而发出的呼吁，表明了全球环境问题的严重性，而解决这一国际性问题，必须依靠全球的共同行动。在这样的背景下，联合国在巴西首都里约热内卢召开了环境与发展大会，签订了《生物多样性公约》和《气候变化框架公约》。这次会议堪称是超历史的盛会，规模之大，规格之高都是史无前例的，虽然采用了开放性的签字方式，但形成的两个公约签约国之多（达 153 个），批准的国家之多，都是超历史的。

1994 年 11 月，《生物多样性公约》缔约国第一次会议在巴哈马召开。会议确定了每年的 12 月 29 日为"国际生物多样性日"。最近在生物多样性保护方面的国际协作又有了新的进展，来自拉丁美洲、非洲、亚洲的 12 个国家（中国、印度、印度尼西亚、肯尼亚、秘鲁、南非、委内瑞拉、巴西、墨西哥、哥斯达黎加、哥伦比亚、厄瓜多尔）在墨西哥的坎昆市成立了生物多样性联盟集团，并发表了宣言——《坎昆宣言》，其内容包括支持各国对其生物资源拥有主权，并表示愿意在 WTO 和知识产权等国际多边论坛中积极对生物多样性问题进行讨论［中国环境报，2002.2.23（4）］。

2. 人类的干扰对生物多样性的威胁

生物多样性问题是一个沉重的话题，在过去的 400 年中，全世界共灭绝 58 种哺乳动物，平均每 7 年就灭绝一种。且灭绝的速度呈不断提高的趋势：在 20 世纪的 100 年中，全世界灭绝的哺乳动物 23 种，约 4 年灭绝一种［光明日报，1999.11.8（4）］。

中国的情况也不例外，据国家环保总局提供的数据：中国的被子

植物中有珍稀濒危物种1 000 种, 极危28 种, 已灭绝的或可能灭绝
的达7 种, 裸子植物濒危和受威胁的63 种, 极危14 种, 已灭绝1
种; 脊椎动物受威胁的有433 种, 已灭绝和可能灭绝的达10 种。这
种物种灭绝的加速现象, 显然是由人类的干扰所致。在过去的2 亿年
中, 自然界物种的自然演化, 平均每100 年有90 种脊椎动物灭绝,
平均每27 年有1 种高等植物灭绝。人类的侵犯, 使鸟类和哺乳动物
灭绝的速度提高了100 ~ 1 000 倍。其中森林面积的减少, 是人类施
于自然界的最大干预, 它对生物多样性的威胁最大。据测算, 近400
年间, 生物生活的环境面积减少了90%, 物种减少了一半, 仅热带
雨林的减少, 对生物多样性的影响就非常大。

3. 高科技与生物多样性保护

生物多样性问题已经引起世界各国的共同关注, 各个国家在这方
面的研究和实际行动都在不断地深入。许多国家设立了多种多样的生
物多样性的保护区, 此外, 高新技术在生物多样性保护中正在发挥越
来越大的作用。如运用卫星定位系统来绘制森林地图, 测出适宜熊猫
生活的气候和环境; 利用最先进的水下"耳朵", 跟踪鲸的活动路
线, 找出保护鲸的海洋通道等; 运用卫星跟踪标签可以研究出大象的
生活习性, 并找出保护的途径和办法等。

4. 外来物种的入侵与生物多样性

外来物种的入侵对生物多样性的影响也是不可低估的。有些外来
物种的入侵会导致本地的某些物种的灭绝, 对生物多样性造成威胁,
这种威胁还会是十分长久的, 甚至危害当地的社会经济的发展, 也给
当地带来严重的直接经济损失。据统计, 美国每年因为外来物种入侵
造成的经济损失达到1 500 亿美元, 印度为1 300 亿美元, 我国仅仅
几种主要入侵物种造成的经济损失就达到574 亿元, 其中, 对付美洲
斑潜蝇的防治费用就需要4.5 亿元。近年来危害严重的还有紫茎泽兰
(又称飞机草)、大米草、水葫芦等。

近20 年来, 在南方天然草地上泛滥成灾的紫茎泽兰就是一个典
型的例子。这种草原产于美洲, 根系发达, 生命力很强, 耐瘠薄与干
旱, 在各种土壤都可生存。自21 世纪初从东南亚传入云南省后, 以
每年30 千米的速度由南向北推进迅速在南方蔓延, 很快地侵占了农

田、草地与林地等,现在正在霸占西双版纳,造成了严重的后果。而且这种草有毒,会引起过敏性皮肤疾病。目前,它正迅猛地在四川各地蔓延成灾:自 1990 年传入凉山地区,仅 10 年时间,就侵占了各类草地 43.9 万亩,每亩产量可以达到 2 500 千克,而可以食用的牧草仅有 9.2 千克,因此一年就减产 6 万多头羊,造成经济损失达 2 100 万元。凉山彝族自治州各县中仅 2 个海拔在 2 500 米以上的县没有受害,其他 15 个县均深受其害。更可怕的是目前人们还没有办法阻止其蔓延的势头。因为有毒,人们不能长时间地靠近它,而且它是越拔长得越快,专家们对此也无计可施 [中国环境报,2001.1.14;中国绿色时报,2002.6.6]。

生物入侵的实例远不止紫茎泽兰,福建宁德的大米草也是一例。大米草是 20 世纪 60～80 年代分别从英美引进来的,原意是用来保护滩涂,现已在 80 多个县市种植。在宁德,它的密度太大,已构成生态灾难:大片的红树林消失,诱发赤潮,堵塞交通,影响水产养殖,使闽东 6 县农民因此年减收数亿元。在云南,水葫芦也已蔓延成灾,覆盖了 1 000 公顷的滇池,使滇池原有的 16 种水生植物绝迹,68 种鱼灭绝。珠江三角洲则受到薇甘菊的入侵,它原产于中南美洲,属于草质藤本,会攀缘缠绕,使其他植物死亡。这种草 80 年代从香港进入深圳,在深圳国家级自然保护区伶仃岛上蔓延成灾,使岛上生活着的 600 多只猕猴和其他重点保护动物断了粮,人们不得不用人工喂养猕猴。目前它正向珠江三角洲进发,已有 4 万多亩的森林深受其害 [中国环境报,2002.2.22 (2)]。

当然,也有生物外侵的例子,生于我国的葛藤,可以在贫瘠地上生长,可作饲料,葛根可入药,被称为"大地的医生"。但这种植物越洋到日本、美国后,就在这两个国家横行霸道,酿成了一场可怕的生态灾难。生物入侵已经成为一个国际性的问题,原来没有兔子的澳大利亚,于 1859 年从英国引进 24 只,为打猎而放养了 13 只,由于没有天敌,现在已经繁衍到 6 亿多只,除了糟蹋庄稼外,还危及其他野生动物的生存。世界自然保护同盟于 2002 年 2 月在瑞士通过了《防止因生物入侵而造成的生物多样性损失》指出:"千万年来,海洋、山脉、河流和沙漠为珍稀物种和生态系统的演变提供了隔离性的天然屏障，在近几百年间，这些屏障受到全球变化的影响已变得无效，外来入侵物种远涉重洋到达新的生境和栖息地，并成为外来入侵物种。"在经济全球化、贸易自由化的今天，每一次航班，每一艘轮船，每一个旅行者，每一笔交易，都可能成为外来物种入侵的潜在载体，从而导致外来物种入侵的严重后果（中国绿色时报，2002.6.6）。

5. 基因污染

在生物多样性方面，另一个值得重视的新问题是基因污染。随着农业生物技术的不断发展，基因工程在解决全球粮食安全中发挥了巨大的作用，可以生产出传统的农产品所不可能具有的高产又具有某些特性的新基因产品。但基因工程也可能给生物多样性带来一些负面影响，含有转基因的花粉随风飘到或通过动物传播到其他同类作物上，就可能产生"基因污染"，改变了物种演变的缓慢进程及自然规律，如转基因玉米中的抗除草剂基因，飘到周围的野生植物上，会产生"超级杂草"。人为设计的基因工程，可能会打破各物种之间的原有屏障；或是改变物种自身的变异的生物学规律，导致传统的农作物品种难以保存下来；或是使天然物种被同化；或是使生态平衡遭到破坏，如害虫被灭，可能造成生态链的变化。因而基因污染问题是一个尚待引起人们重视的新的环境问题（中国环境报，2001.12.21）。

6. 中国的行动

我国在保护生物多样性方面的行动，除了已经签署的《国际保护生物多样性公约》这一重要的公约外，还采取了其他许多有力的措施，来保护和恢复野生动植物资源。

（1）法制建设。改革开放以来，我国陆续颁布了有关的法律法规。如《森林法》《野生动物保护法》《陆生野生动物保护实施条例》《国家重点保护野生动物名录》《野生植物保护条例》等。

（2）建立各种自然保护区。至 1999 年全国已建的自然保护区有900 多处，面积超过 7 000 万公顷（光明日报，1999.11.8）。在实施天然林保护工程之后，各地自然保护区建设更是快速增长。据国家统计局颁布的 2001 年国民经济和社会发展统计公报的报道，全国自然保护区已达 1 551 个，面积 14 472 万公顷，占国土总面积的 14.4%

[经济日报，2002.3.1（2）]。据国家林业局周生贤局长在全国林业厅局长会议上所说的，我国的野生动植物保护及自然保护区建设工程"工程范围"已跃居世界第一。

（3）依法打击破坏生物多样性保护的行为。我国的有关法律中都已对这类破坏行为明确规定了处罚方法，并进入《刑法》的条文。近几年的加大力度宣传及打击，已取得了明显的效果，以至于在有些地方野生动物伤人时，人们也不敢轻易打死动物。

（4）用科学手段增加保护方式，延续物种生命。据1996年颁布的《中国的环境保护》白皮书统计，我国共有612种国家级珍稀濒危动植物被列为重点保护对象，其中野生动物258种，植物354种。要很好地保护这些动植物，仅靠自然保护区是不够的，科学家已着手用建立濒危野生动植物基因库的方法来进行科学保护。据悉，这个基因库资源将建在浙江大学内，有10位中科院院士参加了这项工作（中国环境报，2001.4.21）。

五、全球环境问题及《气候变化框架公约》

《气候变化框架公约》（以下简称《公约》）是在1992年的联合国环境与发展大会上签署的，《公约》虽然只提供了框架性的条文，但重要的是它确立了两条基本原则：一是发达国家与发展中国家在解决气候问题上负有共同的，但有区别的责任；二是公平的原则。这两条原则是在解决全球气候问题上各个国家之间，特别是发达国与发展国之间长期斗争的结果。因为今天的气候问题，是长期的历史形成的，发达国家是温室气体的主要排放者，发展中国家则是气候变化不利后果的主要受害者。在解决这一严峻的气候问题上，发达国家负有主要的责任，当然发展中国家也应共同努力，积极参加对付气候变暖的行动中去，采取各种措施，减排温室气体，这样对于发达国家和发展中国家都是公平的。按1990年的统计：温室气体的排放大户的顺序为：美国36.1%；欧盟22.4%；俄罗斯17.4%；日本8.5%。前两个大户合计排放了全球温室气体的58.5%，前四个大户合计则为84.4%。发达国家温室气体的排放量仍以每年1.5%的速度在递增，如不采取有效的措施，到 2010 年，发达国家温室气体的排放量将比 1990 年增加 15%。因而全球共同行动，尤其是发达国家减排温室气体是解决气候变暖的关键性途径。

1. 气候变化的影响

全球气候变暖会造成北极冰川融化，海平面上升，会给地球带来灾害性的后果（纽约和孟加拉国可能会因此被淹没），生态环境会进一步恶化。早在 1995 年，国际气候变化小组预测，如果按这样的趋势继续下去，21 世纪的气温将上升 1 ~ 2℃。海牙会议期间，与会者发出警告：如不采取措施，在下一个 100 年内，气温将上升 1.5 ~ 6℃，海平面将升高 15 ~ 95 厘米。据"国际应用系统研究所"（总部设于澳大利亚，专门研究可持续发展的非政府组织）的研究报告《二十一世纪全球农业生态评估》表明，全球变暖的后果在 80 年后才会展现，预计位于北半球的发达国家是赢家：芬兰、挪威、新西兰等会从中受益，中亚、南美洲的一半国家及南非都是潜在的受益者。变暖的气候虽会使发达国家的谷物收获量从现在的年产 19 亿吨降至 2080 年的 18.85 亿吨，但由于冰川融化，加拿大和俄罗斯可以因此增加耕地，可以获得 1 300 万吨的年作物收获。而欠发达国家则只能是受害者，65 个（按 1995 年计）欠发达国家（其人口占发展中国家总人口的 50% 以上），谷物年收获量下降 2.8 亿吨，按 200 美元/吨的价格计算，则年损失 560 亿美元，相当于这些国家 1995 年 GDP 的 16%。印度受害最为严重，谷物年收获量到 2080 年会下降 1.25 亿吨。英国历史学家戴维·基斯在他的新书《灾难》中，从历史的角度对气候变暖的过去危害进行描述，并对未来进行预言。他认为全球变暖对贫困国家影响最大，在过去 3 年中，气候变暖至少杀死 10 万人以上，更严重的是由此可能导致全球的大规模移民、瘟疫和战争，他因此提出了"碳侵略"的概念。由于温室效应破坏了气流循环，导致干旱、暴雨、飓风等自然灾害。1997 年委内瑞拉的暴雨导致了 3 万人死亡，1998 年印度在洪水中丧生 1 400 人，巴基斯坦在洪水中死亡 1 000 人，台风使菲律宾死亡 500 人。3 年中各种灾害不但使全球死亡达 10 万人以上，还造成了 3 亿人流离失所，碳排放量只占总量 1/5 的发展中国家却承担着最重大的灾难。

我国已经出现连续 16 年的大范围暖冬，气候持续变暖对我国的影响是非常严重的。气象专家预测了这一影响的严重程度：到 2030 年，因为全球变暖我国的种植业的布局和制度都将受到影响，种植界限北移西延的风险加大，种植业总产量可能会减少 5% ~ 10%；黄河及内河地区的蒸发量可能增大 15% 左右，水资源系统不稳定和水资源供需矛盾将更突出；气候变暖还将使高温热浪增加，引起与热有关的疾病增加；在水资源短缺的同时，环境问题也将因为高温而更加突出。据统计，在过去的 40 年中，全球变暖的经济损失平均上升了 10 倍（羊城晚报，2002.4.7）。

2. 艰难的谈判历程

由于减排温室气体直接关系到技术产业结构的调整，会影响到经济的发展，因此《公约》的实施存在着现实的阻力和技术的难题。而这些问题又需要通过国际社会的共同努力才能解决，《公约》是在缔约国之间一次次的协商过程中才逐步细化、深化和具体化的。

（1）缔约国第一次会议。1995 年 3 月，缔约国第一次会议在德国柏林召开，共有 117 个缔约国，53 个非缔约国的近 3 000 人参加。这次会议的规模与规格仅次于 1992 年的环境与发展大会，说明气候问题已成为世界性的热点问题，是各门学科共同关心的课题。有资料表明，生态学和环境科学在 80 年代引频率最高的 13 个领域中，受高度重视的是污染（包括环境毒理学）和种群生态学（包括行为生态学），而到 90 年代，引频率最高的是全球性环境变化（如污染，包括顶层臭氧层消失；紫外线照射的危害；温室效应，碳沉降等；海洋大气环流格局等），生物多样性的控制因素和保护途径（康乐，1998）。在社会各界的共同努力下，《气候变化框架公约》得到各国的重视，到 1996 年 7 月，已有 159 个国家批准了该公约。

（2）缔约国第三次会议——《京都议定书》。1997 年 12 月缔约国第三次会议在日本东京召开，这是一次里程碑式的会议，制定了防止全球变暖方面的实质性协议——《京都议定书》。该议定书在履行《公约》进程中迈出了重要的一步：对各国减排温室气体的义务进行了明确的规定，对"议定书"的实施设定了具体的内容和步骤：从 2008 年起的几年中，发达国及实行市场经济的 38 个国家，CO_2 等温室气体的排放量必须比 1990 年削减 5.2%，具体是：日本为 6%，欧盟为 8%，美国为 7%，俄罗斯不必削减。本次会议还建立了"京都机制"，它是由三个灵活机制组成的：发达国之间的"排放权交易机制"、发达国家与发展中国家之间的"绿色开发机制（CDM）"和发达国家与前苏联东欧经济转型国家之间的"联合实行机制（JI）"。但京都议定书的内容还有一些不够明确的地方，为以后的实施埋下了潜在的障碍。如"议定书"规定必须得到 55 个发达国家批准时，该协议才有法律效力，且要求这 55 个发达国家排放的温室气体占发达国家总量的 55%。

（3）缔约国第四次会议。1998 年 11 月，缔约国第四次会议在阿根廷的布宜诺斯艾利斯召开，制订了发展中国家如何削减温室气体排放量的"行动计划"，希望能在 2002 年前使"京都议定书"生效。事实上，这次的会议是以 1998 年 11 月 17 日缔约国的环境部长在日本东京的非正式会议为基础的。这次非正式会议是对制定具体的削减计划达成一致意见，这一问题正是"行动计划"的关键点。因为在这一问题上，以中国为首的发展中国家和以美国为首的发达国家的分歧很大：中国等发展中国家提出要"以发达国家达成目标为先决条件"，"如果中国经济发展到发达国家的程度，那么就准备接受削减的义务"；而美国等发达国家则强调"只要发展中国家不提出明确的削减目标，美国就不会批准'议定书'"。在这次非正式会议上，与会各国未能达成一致意见，没有制定出削减的具体措施。

（4）缔约国第五次会议。1999 年 11 月 5 日，为期 2 周的第五次缔约方会议在德国波恩召开，共有 160 多个国家的 4 000 多名代表参加。会议的主要任务是推动"京都议定书"的实施，共达成了 22 项具体决议，大多为技术性的，制定了有关监督协议实施情况的细则，像如何测量气体排放控制情况等具有难度的技术。在这次会上，东道主德国态度积极，总理格哈德·施罗德在开幕式上呼吁与会各国要争取在 2002 年前批准一项旨在减排的国际协定。美国成为这次会议的焦点：美国是最大的污染者，又是最发达的国家，因而美国的态度是"京都议定书"能否生效，对付气候问题的共同行动能否实施的关键。然而美国的态度不能令人满意，不仅与发展中国家的意见相左，与其他发达国家的立场也难以一致，主要的分歧是：美国这一最大的排放国，不愿意承担起自己的责任，希望用购买排放权的办法来解决气候变暖问题，这一意见得不到其他国家的支持。会议中有的国家还对俄罗斯、乌克兰在 1997 年的《京都议定书》中分得了过多的排放权配额不满，认为这样的协议使俄、乌两国不但无须减排，还能出售配额。沙特阿拉伯的代表出于石油出口国的利益，采取了阻挠谈判进展的态度。

　　（5）缔约国第六次会议。2000 年 11 月 23 日在荷兰海牙召开了联合国《气候变化框架条约》的第六次缔约国会议，共有 150 多个国家 2 000 多名代表参加。这次会议原定计划是在波恩会议已解决技术性问题的基础上强硬解决一些具有争议的重大问题，主要目的是使减少排放温室气体指标的具体措施得到切实执行，履行 1997 年《京都议定书》关于减排的承诺，达成"海牙议定书"。到海牙会议召开时，一共有 38 个发展中国家和地区批准了《京都议定书》，但减排问题，关键是发达国家，特别是美国，以种种理由推卸责任，在京都会议后，发达国家缺乏实际有效的行动，其温室气体的排放量不但没有减少反而增加了 2%（中国环境报，2000.11.28），美国 2000 年排放的 CO_2 的数量比 1999 年增长了 3.1%，增长的幅度是 20 世纪 90 年代中期以来较高的〔中国环境报，2001.11.17（4）〕，日本在过去的 10 年中 CO_2 的排放量大约增加了 17%〔中国环境报，2002.1.9（4）〕。会上的三大焦点问题是：植物能否作为碳"吸收器"、协议的履行、灵活的机制。由于各国对此存在过多的分歧，会议没能完成预定的任务。会议主席团最后决定，第六次缔约方会议于 2001 年 7 月 16 日在德国波恩重开，会议分成四个工作组，直接讨论《气候变化框架公约》和《京都议定书》的重要问题，进一步落实，促进其尽快生效，预期能达成一个高级别的谈判协议。然而由于布什政府于 2001 年 3 月决定拒签《京都议定书》，理由是该条约有损美国经济，可能导致数百万美国人失业。致使会议进展艰难，会议主席普龙京提出一项一揽子的建议：允许发达国家用更多的森林植被等抵消温室气体减排指标，在此基础上，达成一致意见，签订一项妥协性协议。协议受到 77 国集团的欢迎，认为这是"多边主义对单边主义"的胜利，中国代表对此也持积极的态度［光明日报，2001.7.24（4）］。

（6）缔约国第七次会议。2001年10月29日联合国《气候变化框架公约》第七次缔约方大会在摩洛哥中部历史名城马拉喀什开幕，包括中国在内的180多个国家和地区的代表出席了这次会议。会议的主要目标是继续加强协调，完成"波恩政治协议"的后续谈判工作，以确保《京都议定书》能够在2002年9月于南非约翰内斯堡举行的第二届"地球首脑会议"时正式生效。日本、欧盟等发达国家受美国影响态度尚不明朗，但在没有美国的谈判桌上，协商过程似乎进展得更为顺利。

3. 争论的焦点

从各次的缔约方大会的进展情况来看，各国之间的意见很不统一，其中以中国为首的发展中国家和以美国为首的发达国家之间展开了激烈的争论。争论的焦点主要表现在：减排的额度、履约时间和履约方式三个方面：

（1）在减排的额度安排上，以中国为首的发展中国家认为发达国家的工业化过程是以世界的资源和环境为代价的，目前的发展水平较高，具有较强的科技水平，且目前是温室气体的主要排放者（占世界温室气体排放总量的4/5），应承担起更大的作用。2001年7月在加拉加斯召开的社会债务峰会上专家学者们提出了"生态债务"的概念，指出生态债务是发达国家在长达几百年的发展过程中对落后国家的生态掠夺，其途径有不平等的生态贸易、对环境的不合理利用等。但以美国为首的发达国家认为《京都议定书》所确定的减排额度不合理，认为中国等发展中国家在减排问题中所承担的责任与发达国相比是不公平、不合理的。布什强调说，美国的温室气体排放量占世界总量的20%，但经济总量占全球的25%，中国温室气体排放量占世界总量的14%，经济产出却远低于美国。中国与印度却没有减排限制，这是不合理的，还倡议放慢减排的速度，2008~2012年的发达国家温室气体排放量仅比1990年减少4%，而不是《京都议定书》规定的5.2%。日本认为它的削减排放量指标应为2.5%，却被定为6%，认为把过多的份额强加给产业界是困难的。我国学者认为这种观点是站不住脚的，如按人均计，中国人均能耗约等于世界平均水平的 60%，是美国的 1/8。美国消耗的能源占世界总量的 23.4%，温室气体排放量占世界总量的 23.4%，为高消费、高能耗的消费方式和生产方式。美国无视历史，要求发展中国家和发达国家承担同样的责任是不公平的，其实质是以此为借口剥夺发展中国家的发展权（邹骥，中国环境报，2001.7.12）。

（2）在履约时间上，中国等认为发展中国家减排计划应以发达国家达成目标为先决条件，而美国强调"只要发展中国家不提出明确的削减目标，美国就不会批准'议定书'"。

（3）在履约方式上，发展中国家及欧盟等认为减排义务的承担方式应严格按照制度的配额进行，可以适当地应用排放权交易来购买配额，对没有履行的义务采取惩罚性措施。而美国认为，对没有完成的义务不应"惩罚"，只能采取"一般性告诫"，这使得协议可能成为没有约束力的条文。同时提出要以援助发展中国家植树造林和发展无热污染的方式来抵消美国的温室气体的排放，排放权交易可以无限制地应用，这些建议遭到了包括欧盟在内的其他国家的反对，其实质是美国不想为减排而放慢自身经济发展的速度。

4. 各国的态度

由于《气候变化框架公约》特别是《京都议定书》直接影响到产业结构调整等经济发展的重要方面，各国的具体情况不一样，对这一条约和议定书的态度差别很大，甚至同一个国家在不同时期的态度也不一样。

（1）美国对此的态度变化很大。虽说美国一直在和发展中国家讨价还价，但其已在《京都议定书》上签过字，直到 2001 年 3 月初，在八个工业国环境部长意大利会议上，美国环境部长惠特曼女士还在会上承诺：美国愿在温室气体排放问题上和其他国家共同努力，批准并落实《京都议定书》［中国环境报，2001.7.18（4）］。但 3 月13 日，布什在给查克·哈格尔等 4 位共和党参议员的信中公开宣称，美国反对《京都议定书》，也不打算限制 CO_2 的排放，认为批准协议的经济代价太大，限制会使能源价格上涨。3 月 14 日布什放弃了一项强制电厂限制 CO_2 的计划。3 月 28 日美国环保局长在新闻发布会上再次宣布《京都议定书》已经死亡，同日白宫发言人宣布白宫将放弃《京都议定书》，并为自己的行为找出 2 个借口：《京都议定书》未对发展中国家（如中国、印度）减排做出具体的规定，这样对美国不公；美国国内经济滑坡，对气候变暖的科学知识还不完备等。并提出必须修改《京都议定书》，用新的方案来取代它。迫于国际和国内的压力，布什政府 2002 年 2 月提出了一项鼓励企业、农场主和个人自愿减少温室气体排放的税务刺激措施：对减少排放的公司给予税务方面的鼓励、寻找替代能源、加强自然资源的保护以及加强对减少污染技术的开发研究等［羊城晚报，2002.2.14（A11）］。但国际社会对此并不满意，国内的民主党和环保组织也对此进行批评，欧盟仅表示了谨慎的欢迎，认为新方案是"积极的一步"，"但不令人满意"，国际多边合作才是应对这一巨大挑战的最佳途径［中国环境报，2002.2.20（4）］。

（2）日本的态度经历了一个明确－暧昧－明确的过程。在京都会议上，日本的态度相当积极，当时众议院已通过环境厅提出的落实《京都议定书》的法案。准备采用国内限制和国际购买相结合的办法，在国内限制战略、协定战略、原子战略、呼吁战略的基础上，不足部分由政府出钱到国际市场上去买（参考消息，2000.8.31）。但随着美国的态度逐渐强硬，加上国内产业界的压力，日本的态度变得模糊，在海牙会议上，伙同美国坚决反对《京都议定书》的落实，甚至在美国放弃"议定书"后提出修改"议定书"，以迎合美国。然而欧洲和其他一些支持批准"议定书"的国家称，如果日本不批准"议定书"，日本的产品将可能在这些地区受到抵制［中国环境报，2001.11.10（4）］，使得日本不得不在排除美国上迈进了一步，在波恩会议上，日本的态度也渐渐明朗起来，并制定了执行《京都议定书》抑制全球变暖的议案［中国环境报，2002.2.9（4）］。

（3）欧盟的态度一直很明确，它作为"议定书"的执行单位，虽说总体上要达到"议定书"规定的减排8%的目标，但其成员国内部可以调剂，特别是可以利用捷克、匈牙利和保加利亚的剩余配额来弥补发达工业国的不足。欧盟作为一个整体，在谈判中有相当的分量，对推动"议定书"的进一步落实起了较大的作用。今年3月初，欧盟15国环境部长会议做出决定，在未来两个月内批准《京都议定书》，并要求美国在减排问题上向前迈进一步［中国环境报，2002. 3. 9（4）］。

（4）中国等发展中国家对此一直持积极的态度，并以实际行动来支持"议定书"。批准了"议定书"的发展中国家和地区到1999年就有14个，到海牙会议期间就增加到38个。同时也大力开展了有利于抑制全球气候变暖的活动，如中国大力发展人工林，现有人工林面积5 273多万公顷，位于世界首位；实行计划生育，少增人口近3亿，既节约了能源，也大大减少了温室气体排放；国内倡导绿色经济，推行清洁生产，加大环境管理力度，推行 ISO14000 认证制度，促进有机产品、绿色产品的认证与管理等。

5. 影响"公约"及"议定书"命运的因素

"公约"和"议定书"只有生效后才能产生较强的生命力，才能发挥较大的作用，在美国退出后，主要有三个因素影响着"公约"及"议定书"的命运。

（1）其他发达国家的态度。《京都议定书》的生效条件是：发达国家中批准《京都议定书》的排放量应占发达国家排放总量的55%以上。美国的排放量占发达国家的总排放量的36.1%，目前美国的强硬态度十分明确，已正式宣布放弃"议定书"，不可能再回到谈判桌前。要想在剩下的63.9%中获得55%的份额，日本、俄罗斯、加拿大、澳大利亚和欧洲等国的态度就显得很重要。欧盟15个国家于2002年5月集体批准了《议定书》，俄罗斯表示将于2003年批准，由于日本的态度转变，使"议定书"的前景可能乐观些。因为欧盟的温室气体排放量占全球的24.2%，加上已经批准的罗马尼亚和捷克的2.4%，总量达到26.6%，如果日本和俄罗斯都批准的话，就可以达到《议定书》要求的最低生效标准。在这一问题上，坚定追随美国的是澳大利亚和加拿大，澳大利亚明确表示，只有在美国批准《议定书》的前提下，它才会考虑批准。加拿大则提出了批准《议定书》的前提条件是：它是唯一一个与美国相邻、向美国出口清洁能源的国家，它的减排指标应降低。

（2）发展中国家的合作显得格外重要。发展中国家只有联合起来才有谈判的优势，而发展中国家恰恰是气候变暖的最大受害者，因而发展中国家应该而且必须联合起来，才能给一些发达国施加压力，进而促进"议定书"的生效。

（3）非正式的国际组织也具有较大的影响力，这些组织通过参政议政给政府施加影响，在敦促政府批准"议定书"方面起到了一定的作用，如绿党组织。这是一个以生态主义哲学为指导思想的政治组织，第一个绿党于1972年在澳大利亚的坦斯马尼亚成立，目前全世界共有80多个国家成立了绿党。它在29个国家议会里占了不少席位，还是德国、法国、意大利、比利时、芬兰、斯洛文尼亚等国的联合执政党之一。曾在2001年1月中旬召开首届国际绿党大会，共有60多个国家的700多名绿党代表参加，抗议美国政府抛弃《京都议定书》，并宣布采取一致的行动来抵制世界石油大公司及其下属的子公司，以此来迫使美国政府兑现竞选时关于削排的承诺［羊城晚报，2001.4.17（A6）］，收到了一定的效果。

6. 与"议定书"相关的争议问题

（1）地球变暖、气温上升是祸是福？地球变暖的速度在加快，在我国，主要以北方冬季变暖的形式出现，尤其以北京最为明显，按常规，每10年上升不到1度，而2001年就上升2.5度，这是过去是需要50～60年才能达到的。

多数人认为这是一个巨大的灾祸，如上所述。但也有少数人认为这并不是祸。美国《读者文摘》月刊（中文版）1999年10月发表了题为"气温上升有什么不好"的文章，认为气温上升也可能导致湿度上升：两极的温度低而干燥，气温升高点，会有更多的冰融化，雨水会变得更多，气候变得更加湿润，而且气温上升不会导致气候异常，赤道与两极温差降低，出现异常气候的概率变小；气温上升是缓慢的且幅度较小，科学家预测21世纪气温仅会上升1.6℃，可能会形成公元900～1300年间（中古最佳时期，当时农业兴盛；死亡率下降，环境更加清洁，传染病的发生率降低；经济的繁荣奠定了人类文明的基础，艺术、建筑业得到长足的发展；北非的撒哈拉沙漠缩小。）的宜人气候；且气温上升会促进树木成长，利于野生动物繁殖。

中国的专家也有各种不同的认识。北京气象台的高级工程师张明英认为，暖冬带来的影响是多方面的：一方面，气温变高可以节约能源，从而可减轻环境污染，对农业种植、交通、建筑、旅游业的发展也有利；另一方面，暖冬会使空气干燥，可能加剧干旱的灾害，也会容易引发人类的疾病和动植物的病虫害的发生。

（2）CO_2 是不是气温升高的罪魁祸首？一种观点认为，温室气体可能使地球变冷而不是变热。比利时列日大学对生活在浅海中双壳动物进行分析，据获取的 5.7 亿年来的演变数据表明地球变暖的原因不是 CO_2，可能是别的因素。美国航天局戈达德航天研究所所长詹姆斯·汉森博士认为气温上升的主要因素并非是 CO_2，可能是其他温室气体，如甲烷、氯化烃、内燃机等产生的黑色颗粒及一些可以形成烟雾的臭氧化合物等，并认为这些要比 CO_2 对人体更有害且消除费用更高。其他学者对此表示反对，如哈佛大学环境科学与公共政策教授约翰·霍尔德伦指出："这不是一个非此即彼的问题，这是一个需要二者兼顾的问题。"

（3）森林的贮碳能力及其阻止气温升高的作用问题。在对气温升高问题上，森林的贮碳功能始终处于重要的位置上，但对于森林有什么样的贮碳功能则存在着分歧。科学早已证明森林在生长过程中会吸收 CO_2，但在森林的吸碳作用是暂时的还是长久的，进而对气候变暖有多大的作用等方面均存在着分歧。

世界野生生物基金会气候变化运动负责人珍妮弗·摩根女士认为：森林的贮碳能力只是暂时的，且很不稳定，这种"碳仓库"可能因意外情况如野火、干旱等原因而突然把碳释放出来，给气候带来十分不利的影响。美国和巴西的一些研究人员认为，全球热带雨林并不像人们所想像的那样，是 CO_2 的吸收者，相反它是 CO_2 的制造者。他们认为，全球热带河道地区每年排放 9 亿吨的 CO_2，相当于人类活动所制造的 CO_2 的 1/5。

我国科学家、北京大学城市与环境系方精云教授等的研究则表明，森林是"碳银行"，能固定 CO_2 并能阻止大气 CO_2 浓度升高。他们利用建国以来的森林资料，描述了 50 多年来我国森林碳存储量的动态变化情况。此前的研究表明，人类产生的 CO_2 有一半增加了大气中的 CO_2 浓度，一部分被海洋吸收，但还有近 1/3 的 CO_2 的去处无法说明。方教授的研究解决了长期以来困扰人们的"碳谜":这部分去向不明的 CO_2 是被森林吸收,并固定下来,贮存于森林中。如果我们砍伐了森林,这部分的碳将会被释放出来。研究还表明 20 世纪 70 年代中期前,我国森林吸收的碳小于它所释放的碳;70 年代中期后则相反,平均每年吸收了 2 600 万吨的碳,相当于工业排放量的 5% ~ 8%,20 年来森林共吸收了 4.5 亿吨碳,相当于 90 年代中国工业排放量的 1/2,其中人工林固定了 80% 的碳。这是与我国的林业政策紧密联系的,70 年代中期前毁林开荒使森林减少,释放的碳增多,后来的 20 多年中,大力发展林业,增加了林业资源,使之吸收的碳大于它所释放的碳 [中国环境报,2001.7.13(4)]。

另有资料表明:森林生产 1 立方米木材,可吸收 850 千克的 CO_2,折合成 230 千克的碳,全球森林每年固碳 1 000 亿 ~ 1 200 亿吨,占大气总贮碳量的 13% ~ 16%,其他植物固碳是暂时的,而森林则是长久的(周晓峰,1995)。但当森林被砍伐后,它所固定的碳会以 CO_2 的形式向大气中排放,据估计 1850 ~ 1980 年间,化石燃料向大气排放 1 500 亿 ~ 1 900 亿吨碳;同期森林因砍伐释放出 900 亿 ~ 1 200 亿吨碳,仅次于化石燃料。据美国环保署估计:大气中的 CO_2 有 70% ~ 90% 是由化石燃料产生的,由 10% ~ 30% 是森林破坏带来的。

(4)气温上升对森林的影响及由此对气候的影响问题。气候变暖促进森林更长地生长已被科学实验证明,但人们对气温上升时树木生长加快的原因及因此对气候产生的影响有着不同的看法。

对气温升高会促进树木生长的原因有以下几种观点:一是空气中的 CO_2 含量增加促进了光合作用,气温升高延长了树木的生长期,这已被依利诺大学植物系 Lucia 教授在野外进行的自然 CO_2 环流实验所证实。它以不同的 CO_2 浓度环流对林木生长进行影响,2 年后,试验的优势条件下的生长率比普通条件高 26%,落叶量与须根同时增加,放碳高 1%,净增加初级生产量 25%。另一观点认为温室气体增加时,汽车等排出含氮的污染物为树木所吸收,进而促进其快速生长。

对树木的快速生长是否会减缓气候变暖也存在着分歧:一种意见

认为树木的快速生长对减缓有利，由于树木生长加快，其吸收的 CO_2 增多，而释放的碳变化不大，总体上表现为净吸碳量增加。另一种意见认为，气温高，CO_2 浓度增加，会影响幼苗成长，也可能会导致干旱，不利于植物生长（周晓峰，1995）；另外生长加快并不等于健康，气温上升可能导致病虫害增加，不利于植物生长（法国《世界报》，2001.9.29，《温室效应使森林遭殃》）。这种对植物的不利影响则会降低森林吸收碳的能力，增加其放碳量，进而不利于减缓气候变暖。

六、绿色经济与环境科学、环境经营

从上述可以看到，环境问题的产生是人类行为的结果，为了解决这一问题，人类采取了一系列的全球的共同行动。在这样的过程中，各个学科也从各自的角度和各自的领域去探讨环境问题，并提出解决该问题的方法和途径。对于环境恶化的研究，自然科学家和社会科学家的关注点不尽相同，在这样的过程中，也产生了一些新的学科和交叉学科，环境科学和环境经济学就属于这种情况。人们对环境问题进行反思，并采取各种行动以解决环境问题，包括防止污染和治理环境。而在全球的环境意识不断增强、环境法律不断强化的情况下，人们就开始进行环境的经营，在环境经营中出效益。绿色经济作为一种新的经济发展模式，它和环境问题、环境科学、环境经济学都有联系，也有区别。

环境科学的产生是以 1962 年出版的《寂静的春天》和 1972 年出版的《只有一个地球》为标志的，它产生于 20 世纪的 60～70 年代，是一门非常年轻的学科。它是以人类生存的环境为研究对象，即把人类放在人类生态系统中，以揭示人类同其他生态单元之间的关系的规律。同这一学科相近的生态学，比它早 100 年。生态学也是研究生物的生存环境的，它是以生物学为基础的；环境科学则是侧重于人的生存环境，是由多学科的交叉而形成的新学科。环境科学的产生与发展催生了绿色经济，并促进其发展。

环境经济学也是在近 30 年才产生的年轻的学科，它是在环境问题成为社会共同关心的问题，人类做出理性思考、采取了理性的行动，如各国都相继制定了相关的环境制度与政策的情况下产生的。随着环境科学的发展，人们认识到环境问题是由人类的活动引起的，与人类生产活动的外部性有关。因而，解决环境问题应该考虑如何解决这种外部不经济的行为，如"谁污染谁治理"是各个国家和地区制定的基本环境政策。如此一来，生产者就必然会考虑为污染而付费的经济问题，进而对生产活动进行环境评价，对那些为了改善环境所采取的技术改革的投资进行经济核算，这就产生了环境经济学。环境经济学是经济学的一个分支，它是以环境与经济的相互关系为对象，以兼顾经济发展与环境保护为中心课题，对环境问题进行经济学的分析与研究。环境经济学以资源稀缺理论和效用价值理论为基础，从经济学的角度提供一个解决环境问题的方法和途径，应用经济学的思路和分析工具来研究自然环境发展与保护问题的理论问题；研究环境恶化的经济根源；研究经济行为的外部性；研究如何将环境经济行为的外部性进行内部化的问题；研究环境资源的选择理论等。环境经济学的基本观点是：环境和经济是不可分割的，它们同属于一个更大的系统，二者之间是相互影响的。

环境经济学在微观的领域里得到了广泛的应用。因为当人们的生产活动的外部性行为需要由生产者负责，生产者必须为污染而支付费用时，生产者就必然要关心自己的生产活动对环境的影响，相应地，就产生了环境经营和环境会计的概念。既然环境问题已经同企业的财务有关，它就同产品开发能力、市场活动能力等一样，成为影响企业市场竞争力的决定因素之一。这样，企业必然会像经营产品和市场一样，把环境纳入了经营的范围，从而开始了"环境经营"的时代。而在环境经营中，就产生了环境会计：用货币的形式，对企业的环境影响和环境投资进行经济核算和评价，对环境措施的成本和效益进行计量和核算。

绿色经济作为一种新的经济发展模式，它需要吸收和应用环境经济学这一新学科的最新的研究成果，需要有环境经营的新理念，需要有环境会计的新的核算方法。

第四章

绿色经济与生态规律、生态经济

　　绿色经济这一以协调人与自然、经济与环境的关系为内容的新的经济发展模式，是建立在深刻理解、把握人与自然、经济与环境真实关系的基础之上的。因此绿色经济就必然同那些研究人与自然、经济与环境的各相关学科有着密切的关系，它包容并吸纳这些相关学科的最新成果，用绿色化的理念来指导社会经济活动，并通过绿色发展逐渐形成循环型的社会。绿色经济不仅要遵循经济规律，而且要遵循生态规律。

一、从浅生态学到深生态学

　　在环境问题日益严重的情况下，研究生物之间及生物与非生物环境之间相互关系的生态学也在不断地发展。这种发展既表现在它的研究内容的不断深化上，也表现在它的研究范围的不断扩展上，不仅揭示了生物之间的相互联系，而且揭示了人类与其他生物之间的密切联系。由浅生态学到深生态学，就反映了这样一个过程，因此可以说，深生态学已经把研究的领域从自然科学扩展到社会科学的领域，成为绿色理念的一个组成部分。

1. 生态学的产生与发展

　　生态学是一门古老的学科。早期的生态学是以研究生物与其环境相互关系为对象的科学，是一门揭示生物的生存状态以及为何是这种状态的学问。

　　生态学知识的积累可以说是从人类之初就开始的。因为生产能力低下的人类为了生存，必须了解周围的自然环境，也只有在充分了解周围动植物生活习性的情况下，人类才能解决自己的衣食住行，才能生存。并在这样的过程中积累了生态学的知识，如我国的神农氏以尝百草的形式来了解植物。在国外也是如此，很早就有人研究植物与季节的关系和生物与环境之间的相互依存与竞争。

生态学作为一门学科，是在经过了许多科学家的长期共同努力和推进的基础上形成的。达尔文在他的经典著作《物种的起源》(1859) 中就已经表达了相当成熟的生态学意识，书中揭示了猫、老鼠、植物等动植物之间的密切联系，指出了各个物种之间的数量与质量的关系，可以说这是生态学的奠基之作，他的进化论对生态学的学科形成有重要意义，达尔文因此成为生态学的先驱和奠基人。而生态学这一概念的提出则是在 1866 年，由达尔文的信徒，德国的生物学家 E·郝克尔（Haeckel）在他的专著《有机体的普遍形态学》中提出的。

"生态系统"概念的提出促进了生态学的发展。1930 年前，生态学主要研究生物对不同环境的反应，虽然研究的是生物同环境之间的关系，但仍没有整体的概念，也没有系统的概念。英国的植物生态学家坦斯列（Tansley）于 1935 年提出了"生态系统"的概念，促进了生态学的突破性进展。"系统"本来是物理学上使用的关于整体性的基本概念，"生态系统"把生物和环境看成为一个系统整体，是生命系统和环境系统在特定空间的结合。任何一个具有一定地域的生态系统经常地同周围的环境进行物质的循环和能量的流动，从而形成了一个有内在联系的有机整体。这样就扩大了生态学的视野，也大大丰富了生态学的内涵，促进了这一学科的繁荣与发展。

近代，随着环境问题的日益严重，生态学的研究范围又进行了再一次的扩展：从原来的以生物为主要的研究中心扩展到以人类为研究中心，从原来的主要研究自然生态系统扩展以人类生态系统为主要研究对象。近代的生态学在围绕着人类的生存环境方面进行了大量的研究，如 20 世纪 60 年代的"国际生物学规划（IBP）"，70 年代的"人与生物圈规划（MAB）"，80 年代开始的"国际地圈规划（IG-BP）"。显然，这三个规划都具有阶段性的意义，第一个规划是以自然系统的物质循环、能量流动为主要对象的；第二个规划强调了人类活动对自然生态系统和生物圈的作用；第三个规划是以人类与自然界的关系为主要对象，研究人类活动对整个地球的影响，这包括了生物圈、水圈、地圈。相应地，生态学研究的前沿领域也同样发生了变化。80 年代，在生态学和环境科学的前沿领域中，受高度重视、引频率最高的领域是污染（包括环境毒理学）和种群生态学（包括行为生态学），而群落生态学等方面的引频率明显下降。90 年代，引频率最高的是全球性环境变化，如污染、包括臭氧层消失、紫外线照射的危害、温室效应、碳沉降、海洋大气环流和生物多样性等。

从上述可以看到，生态学在它产生的一个世纪中，不断地更新研究内涵和扩展研究范围。在这样的过程中，生态学的定义也相应地有了变化与发展。由于后来的生态学已经把研究人与环境的关系也纳入了自己的研究范围内，因此就定义为是研究人与生物和环境之间的相互关系、研究自然生态系统和人类生态系统的结构和功能的学科，这显然是同初期的生态学的定义是不同的。

2. 浅生态学与深生态学

生态学的发展还表现在它的思想和理念的发展变化上，在世界观的这个层面上，如何看待人与自然的关系，对自然的价值的判断，以及采取什么样的途径来处理和解决人与自然环境的矛盾等方面的问题，现代生态学同初期的生态学有着完全不同的世界观和方法论。为了区别不同时期不同发展阶段的生态学的根本不同的思想与方法，也为了使生态学能够在解决全球环境危机中发挥自己应有的作用，推进生态学的发展，"深生态学"应运而生，生态学就从浅生态学发展为深生态学。浅生态学是传统意义的生态学，而深生态学则是于 20 世纪 70 年代才产生的，它是由挪威著名哲学家阿恩·纳斯（Arne Naess）创立的，代表作是他在 1973 年发表的《浅层与深层，一个长序的生态运动》，1985 年发表的《生态智慧：浅层和深层生态学》。他的代表作系统阐明了深层生态学的内容和特点，并指出它同浅生态学的区别和联系，从而创立了深生态学。

纳斯认为，浅生态学运动同深生态学运动的区别是：浅生态学反对污染和资源枯竭，中心目的是发达国家的人民健康和（物质上的）富裕；深生态学运动的特点是：不仅反对污染和资源枯竭，而且深生态学运动要承当起伦理的责任；深生态学以互相关联的全方位思维为出发点，反对人在环境中的随意想像，强调任何有机体都是生物圈网络中的一个点，没有万物之间的联系，有机体就不能生存；强调了生物圈的三个原则：生物圈平等原则、多样性共生原则、反对等级的态度。浅生态学和深生态学的另一个区别在于自然价值观上：浅生态学认为自然界的多样性价值是对于人类而言的价值，是资源的价值，除此之外，自然界并没有自己的独立价值；深生态学则认为，自然界的多样性有它独立的内在价值。可见，深生态学是一种和浅生态学不同的世界观、价值观和方法论，浅生态学反映的是"人类主宰自然""自然环境是属于人类的资源"等价值理念和世界观；深生态学则是现代环境伦理新理论，是一种整体主义的环境伦理思想，它的基本的价值观是"自然有它的内在价值""人类要与自然和谐相处"，因此它实际上是一种生态哲学。

深生态学是西方环境运动的产物，更准确地说，它是西方环境运动转折点的产物。因为从20世纪70年代起，西方的环境运动目标从原来具体的环境保护转变到关注整个生态系统的稳定，而这种稳定受到政治、经济、社会、伦理等多方面因素的影响。深生态学正是以生态科学的最新成果为依据，形成了整体主义的环境伦理观。它继承了生物中心论和生态中心论的一些重要思想，又借鉴了现代人类中心论的一些观念，形成了具有自己独特内容的环境伦理思想。生物中心论认为，自然界的每一个生命或具有潜在生命的物体都具有内在的价值，都应当受到同样的尊重。生态中心论则是在肯定自然界内在价值的同时，对于自然的内涵有了不同的理解：自然是一个整体，而不是生物中心论的个体，是整体主义，而不是个体主义。这个整体就是生物圈，它包括了物种、人类、大地、生态系统。从这样的认识出发，生态中心论提出了它特有的生态伦理观：不能把自然环境看成为是提供给人类享用的资源，而应该看成是价值的中心，因此，人类的社会良知应当从人类扩大到生态系统和大地。在解决全球环境危机的途径上，深生态学摒弃了浅生态学的狭隘的技术主义思想，认为这种单纯依靠技术手段来解决人类环境危机的途径是不能奏效的。深生态学因此提出了自己的理念：人类面临的环境危机，实际上是文化危机，所以解决危机的根本途径是人类必须改变自己的价值观和世界观，必须确立人与自然和谐相处的新观念，并且改变人类的生活方式、消费模式和社会制度。

深生态学的世界观有它的合理之处，因为它强调了人类必须与自然和谐相处；自然具有自己的内在价值；生命物种之间的平等；地球的供给是有限的，等等。反映了现代的环境价值观的内容。同时，深生态学也有它的局限性，这是一种过于理想化的思想体系，它在强调人类应当善待自然的同时，却完全否认了人类是一特殊的生物，具有主观能动性，否认了人类在整体中主体的地位。

从浅生态学到深生态学的发展，实际上是生态学从原来纯自然科学，转变为自然科学和社会科学的结合，是对社会科学领域的入侵。生态学的研究范围和内涵的这种扩展过程，同经济学的发展有许多相似之处。自从亚当·斯密创立了经济学以来，经济学的研究领域和范围也经过了不断的扩张的过程，具体说来可以分为三个阶段：开始时用经济学的思维、工具来分析研究物质生产领域的各种经济结构和经济关系，是仅限于研究物质生产和消费领域的经济学；以后的经济学的理论范围扩大到非物质领域，研究了包括服务产品在内的所有经济关系和结构；近几十年以来，经济学又进一步扩大它的研究领域到人类的全部行为结构，它的研究实际上已经入侵到原来是属于历史学、社会学、政治学等学科的传统领地，如运用经济学的原理和工具来分析历史发展、家庭关系、犯罪与惩罚、政府行为等，不断形成了新的经济学分支，如家庭经济学、犯罪经济学等。这样的扩展过程是必要的和合理的，且受到多方面的鼓励，包括诺贝尔奖。从某种程度上可以说，经济学诺贝尔奖主要是用于奖励那些不断开拓经济学疆域的勇士。这种说法是不无道理的，因为有不少的经济学家是因此而获奖的。不管是生态学还是经济学，它们的研究内涵和领域的不断扩大，是该学科革命性的表现和开放性的结果。

二、生态学的基本规律及其经济学意义

生态学在它的发展的过程中，虽然它不断地扩大其研究范围和深化其研究内容，但它主要是从自然科学的角度来探讨人类生态系统的

运动状态和规律的。即使是作为新的环境伦理观的深生态学，也是以生态学的最新研究成果为依据的。这些主要反映自然生态系统内在联系的生态学的基本规律同反映社会生态系统内在关系的规律在许多方面是相通的。也就是说，有些规律是自然科学和社会科学通用的规律，有些则不是。发展绿色经济，需要从经济学的角度来理解生态学的基本规律和它们的含义。

1. 生态系统的内在联系的规律

这里包含着如下几个方面的内容：生态系统是一个由许多个体组成的复杂的整体，当然这里的整体并不是各个个体的简单的代数和，而是由各个个体之间的有机联系组成的，各个个体之间的相互依存、相互制约的联系构成了整体，各个体之间的联系表现为"物物相关""相生相克"的关系，或称之为"物物相关规律"和"相生相克规律"。

生态学的这一基本规律，也是社会经济系统的基本规律。马克思在《资本论》中有非常精辟的论述，马克思在他的再生产理论中阐述了社会总资本的概念就是一个社会生态系统的概念，社会总资本是一个由各个个别资本的有机联系组成的整体或系统，每一个个别资本，如采矿的、炼铁的、炼钢的、机器制造的、生产粮食的……，这些个体之间是互相依存又互相制约的，也是一种"物物相关"的关系。不同的是，生态学中的各个个体是生物，是通过食物链建立的联系；社会经济系统中的个体是经济主体，他们之间的联系是通过产品的买卖关系建立起来的。二者相同的是，这种联系一旦被破坏，就会产生"相生相克"的情况，即如果相互关系协调，就能共同发展；相反，如果内在的关系受到破坏，则再生产就会受到破坏。

绿色经济的发展既然是把自然和环境纳入了经济发展的框架内，以协调人与自然、经济与环境的关系为目标，那就要把自然生态系统和社会生态系统所共有的规律应用来解决人与自然、社会经济系统和自然生态系统之间的关系。人们在生产中，不能够为了人类暂时的眼前利益，而滥捕滥杀野生动物，乱砍滥伐森林，或盲目引进物种，这样都会破坏了自然界的内在的有机联系，从而破坏了系统的整体性。

2. 能量流动和物质循环规律

由众多的相互联系、相互依存的因子之间的联系构成了系统的整体，联系的具体内容是物质流、能量流和信息流的传递。生物之间的能量传递的渠道是食物链，能量在按照绿色植物到草食动物到肉食动物的方向中传递，同样遵循热力学第一定律和第二定律。第一定律即是能量守恒定律；第二定律是对能量的传递过程而言的，由于能量在传递中会产生损耗，损耗的这一部分能量以热能的形式耗散出去了，因此是按照递减的形式进行传递的，能量的传递呈现出递减性的特点，能量转换率平均只有10%，即后者只能获得前者所含能量的1/10，被称为"十分之一定律"。此外还具有单向性的特点，因为食物链的各个营养级之间的能量传递是不可逆转的，草不能吃兔子，兔子也不能吃老虎等。在生态系统中，除了能量流动外，还有物质的流动。物质元素是生命的基础，它具有存储、运载能量及维持生命活动的双重作用，没有物质的流动，就没有能量的流动，就没有系统的存在。而生态系统内部的物质交换，也同样遵循着物质不灭的能量守恒定律，但它不同于能量的单向的传递，而是呈现出循环的特点。生态系统中的物质只能在生物之间、生物与非生物之间及非生物之间进行循环，它不能创造也不能消灭，改变只是它的存在形式。各种生物不断地从大气圈、水圈、土壤岩石圈中吸收各种物质，在经过一系列的食物链之后，又返回到大气圈、水圈和土壤岩石圈中。正是这生生不息的物质流和能量流的运动推动着生物的进化和世界的进步。

人们在社会经济活动中也是遵循着能量守恒的规律，现在的问题不在于社会经济系统和自然生态系统各自的内部关系，而是在两个系统之间的关系问题上。人们必须正视自然生态系统和社会生态系统之间的内在联系，并应用这些规律来解决两个系统之间的关系。因此自然生态系统中的这些规律的经济学的意义在于，要真正认识到这两个系统之间实际存在着极其错综复杂的物质和能量的流动过程。一方面，人类不能无限度地把自然物质和自然资源纳入社会经济系统，或过量地向自然界返还废弃的物质，破坏了能量流和物质流的循环。另一方面，人类在社会经济活动中，要遵循能量流动的递减性、单向性、不可逆转性等规律和物质流动的循环性规律来组织生产，才能兼得多种效益。

3. 生态系统的平衡调控规律

生态系统作为一个由各个因子的内在有机联系构成的整体，各个因子之间的能量和物质流动是否能使系统内部的各种生物之间、生物与非生物之间保持一种协调和互相适应的平衡状态，是关系到这个系统能否成为一个整体的关键。反之，如果不能保持这种平衡，就会使系统的统一性受到破坏，使系统处于混乱状态。

一个纯自然的系统，它具有自调节、自控制和自发展的能力，系统的各个因子有能力自己实现这种平衡。然而，人类活动实际上参与了自然生态系统的运动，以人工参与了对自然生态系统的调控。如果人类的行为不当，就会破坏生态系统的平衡。因此现代经济学需要考虑的是人类应该有什么样的行为来调控生态系统使之达到平衡。此外，不能片面地理解生态平衡，一方面要认识到，生态平衡是动态的而不是静止的。在林区，许多人就把"生态平衡""生态利用"理解为不能采伐森林，实际上人工林，特别是工业用材是在动态中，通过人工的干预来实现生态平衡的；另一方面是不能孤立地理解生态平衡，要知道生态平衡不是一个子系统的平衡，而是大系统的平衡，是整体的平衡。因此，人类的生产活动要控制在生态平衡的阈值内，而对于已经失去平衡的子系统，人类要控制自己的行为，并施加积极的影响，以调控生态系统，使之逐渐达到平衡。

三、绿色经济与生态经济

环境危机教育了人们，在寻求解决环境问题的途径中，各个学科也得到了发展。由生态学和经济学相结合而形成的生态经济学，就是这样的一门新兴的边缘学科。它以研究人类与自然环境之间关系为对象，为绿色经济的发展提供了思想指导，另一方面绿色经济又成为生态经济的实践形式。

1. 生态经济学的产生与发展

生态经济学作为一门学科产生于 20 世纪 60 年代，在中国，则是在 70 年代末 80 年代初从兴起的，它一开始就得到经济学、生态学、社会学、环境科学等各个学科的共同关注，并由各个学科共同参与它的形成过程，应该说整个 80 年代是它发展的黄金时期。生态经济学作为经济学的一个分支，理所当然得到经济学界的特别关注和重视，著名经济学家许涤新就是中国生态经济学的这一全新学科创建工作的组织者和领导者，1980 年 8 月召开的第一次生态经济座谈会就是由许涤新发起的。以后他还组织了多次的科学讨论会，并于 1984 年 2 月成立了中国生态经济学会，并亲自担任会长，一直到许老逝世时，仍然表示应当关心和支持生态经济学的研究工作。

　　生态经济学作为一门新兴的学科，它的一些基本的概念和范畴是在 80 年代形成的。有关它的研究对象和定义，虽然人们各有不同的表述，但基本的含义是比较一致的。马洪、孙尚清主编的《经济与管理大辞典》把生态经济学界定为是研究人类经济活动与自然环境之间的相互关系的一门学科，它是研究把经济系统的运动置于生态系统运动的基础上，考察经济活动与生态环境相互作用的规律，是生态学与经济学相结合的一门新兴的学科（马洪、孙尚清，1985）。马传栋在他的《生态经济学》中是这样表述的："生态经济学是研究使社会物质资料生产得以进行的经济系统和自然界生态系统之间的对立统一关系的，……生态经济学是一门从经济学角度来研究由经济系统和生态系统复合而成的生态经济系统的结构及其运动规律的学科（马传栋，1986）。"

　　生态经济学在它产生以来的短短 20 年时间中，完成了这一门学科的三大任务：探索现代生态经济系统的基本矛盾，指出了社会经济与自然生态的协调发展是现代经济社会发展的一条怎样的规律；阐明了生态经济学的基本范畴：生态经济协调发展的现实形态是生态经济系统、生态经济关系、生态经济结构、生态经济平衡、生态经济利益、生态经济效益、生态经济目标；提出了生态经济学的基本原理：生态经济两重性理论、生态经济有机整体的理论、生态经济生产力理论、生态经济全面需求理论、生态经济再生产理论、生态经济价值理论、生态经济循环理论，以人的两重性理论为核心的生态经济两重性理论是这一理论体系的基础（刘思华、徐志辉，2000）。

　　生态经济学的发展在 90 年代后逐渐进入实践阶段。特别是近几

年来，各级政府大力推动生态区域、生态产业的发展，如各地的生态
村、生态县、生态市和生态省的建设，正在全国各地普遍展开。

2. 生态经济学与经济学的发展

经济学是一门相当开放性的学科，它的分支越来越多，因为它不
断地从其他学科的进步与发展中吸取营养，有时是把经济学的原理和
工具应用到原来并不属于经济学的研究领域，扩展自己的研究范围，
创立了新的经济学分支，如家庭经济学就是这样的例子；同时也不断
地充实自己的工具箱，增加分析的工具，深化自己研究的主题，经济
学吸收了数学的分析工具，从而促进了经济学的革命性的变革，近来
经济学又成功地把原来是属于军事学的博弈论引入经济学，使经济学
成为博弈论的一个最成功的应用领域。生态经济学作为经济学的一个
分支，是经济学在吸收了生态学的最新研究成果的基础上形成的，它
填补了经济学的研究空白，开辟了新的研究领域，这是原来的经济学
所忽略或还没有涉及的领域——经济系统与自然生态系统之间的关
系。因此，生态经济学的产生丰富和推动了经济学的发展。

发展是人类永恒的主题。探索经济发展的原因始终是经济学的一
个重要内容，从物质资本说、到技术创新说、到要素禀赋说、到人力
资本说、到制度原因说，人们对于经济发展原因的探索，不断地从对
外生变量的探讨转向内生变量，并在这样的探讨中深化与发展。经济
学对环境危机的研究，集中在对环境危机的产生原因和解决危机的经
济学途径上，由此产生了生态经济学。

经济学和生态学，这两门分别属于社会科学和自然科学不同领域
的学科能走到一起，交叉形成新的学科，是因为它们同时关注着同一
个问题：环境与发展，并且在一些重要问题上形成了共识。以下两个
重要的共识为两个学科的交叉构筑了平台：第一，经济系统的动态变
化不能独立于组成环境的生态系统的动态变化，这二者是互相影响、
不能分开的；第二，经济增长不仅依赖于环境，而且会影响生态系统
和经济系统之间关系的动态变化，膨胀了的经济系统已经使环境容纳
废弃物的能力接近极限（石田，2002）。然而，这两个学科都有一个
在各自的研究领域里所无法解决的问题：生态学关注的是受人类活动
影响的生态系统如何演化的问题；经济学关注的是已经接近环境容量

极限的经济如何发展的问题。实际上，这两个问题是一个问题的两个方面，其实质是一个问题。它们共同关注又无法解决的问题，既是推动生态经济学产生的动力，也为生态经济学这一新的学科提供了它特有的活动空间。

生态经济学既然是经济学的一个分支，它在研究方法上同传统经济学有相同的地方：在对于保护生物资源的问题上，它们都关注资源配置的效率与公平，都以价格为资源配置的主要手段，都力求解决资源的公共属性所带来的相关问题。它们之间的区别在于：传统经济学强调发展，而生态经济学则更强调预防性原则，即把人类的经济活动限制在一定的限度内（石田，2002）。

生态经济学不仅是经济学与生态学的联姻，而且还是经济学同生态哲学的联姻。它是以现代的环境伦理观为指导的。

经济学这一门学科的革命性不仅表现在它与时俱进地不断扩大自己的研究领域，不断产生新的经济学分支上，而且还表现在它自身的研究内容的不断创新上，传统经济学已经不断地把自然环境也纳入了自己的研究框架内。因此，一方面是由于生态经济学的发展成果被传统经济学所吸收，促进了经济学在创新中实现了现代化；另一方面则是传统经济学在现代化的过程中逐渐地包容了生态经济学。那么，这里就产生一个值得人们关注的问题：生态经济学是否被现代经济学所同化？

3. 生态经济学与环境经济学、可持续发展经济学

20 世纪 90 年代以来，随着可持续发展战略的实施，可持续发展经济学也应运而生，同属于新兴交叉学科的生态经济学、环境经济学和可持续发展经济学等学科之间出现了相互渗透又相互交融的情况，如何在这样的交融中使各个学科都得以发展，是每一个学科都需要重新审视的问题。

生态经济学同环境经济学之间是既相互交叉又彼此独立。这两个学科都与研究经济、环境的关系有关，但二者的研究对象还是有差别的：环境经济学是以环境与经济的相互关系为研究对象；生态经济学则是以两个系统的关系为对象，研究生态系统和经济系统的复合系统——生态经济系统。两个学科在基本的研究方法上也有所不同：环境

经济学的基本方法是一般经济学的成本效益的分析方法；生态经济学则是应用系统的分析方法，研究生态经济系统的结构、功能、平衡和调控，揭示这个系统的运动规律，以实现系统的协调为中心课题（吴玉萍、董锁成，2002）。

近年来，随着可持续发展经济学的逐渐发展，人们关注着它与生态经济学之间的关系，以及它的发展对生态经济学的影响等问题，关心着生态经济学是否会因为可持续发展经济学的发展而失去自己的独立范围和活动空间的问题。生态经济学和可持续发展经济学关注的焦点是一致的：经济系统和自然生态系统的协调，以及在这样的协调基础上实现经济、社会的可持续发展。可持续发展的落脚点是发展，是社会、经济、自然环境在相互协调的基础上发展。环境危机实际上是这两个系统不协调的结果，是不协调这一矛盾长期积累的结果。因此，是自然、环境的不可持续发展，导致了社会、经济的不可持续发展，改变这种状况的根本途径是调整经济系统和生态系统的不协调。在这些问题上，可持续发展经济学同生态经济学一样，都把生态环境与资源由经济活动之外的外生变量转化成内生变量，把自然生态系统的可持续发展作为经济可持续发展的前提和基础。可见，在这些关键性的问题上，生态经济学没有能保持自己特有的研究空间。

在研究范围上，可持续发展经济学远比生态经济学大。因为可持续发展经济学是以三种资本的可持续发展为研究内容的，它把人力资本、自然（生态）资本和物质资本的可持续性作为经济可持续发展的内生变量，从而把自己的研究范围扩大到人口与社会制度。从这一点上说，可持续发展经济学已经包容了生态经济学。

综上所述，经济学作为社会科学领域中最活跃和最具革命性的学科，它在发展的过程中不断创新和分化，产生了许多新兴的学科，为绿色经济的发展提供了更加丰富的思想和方法指导；另一方面，这些新兴学科之间，以及它们同现代经济学之间相互交融、互相同化和整合的趋势正在不断地加强。

第五章

发展绿色经济是中国实现
可持续发展的选择

中国是一个发展中国家，也是一个负责任的大国。在 1992 年的联合国环境与发展大会上，李鹏同志代表中国政府在《里约宣言》上签了字，郑重地向世界承诺：中国要实施可持续发展战略。10 年来我国采取了一系列的有力措施，推进可持续发展的进程。大力发展绿色经济，就是其中的重要举措之一，也是中国实现可持续发展的现实选择。

一、发展绿色经济是中国实现可持续
发展战略的必经之路

中国的国情决定了中国必须走可持续发展的道路。中国的基本国情是人口众多，人均资源的占有量十分贫乏，且又处在初级发展阶段上，我们在实施可持续发展战略中将遇到一些特别的困难。中国的资源占有量与美国差不多，但人口却是美国的 4.5 倍，占世界人口22% 的中国只占有世界7% 的耕地、3% 的森林、7% 淡水和2% 的石油。这是我们的资源与人口现状，我们的发展必须建立在这一基础上。

自改革开放以来，我国的经济以较快的速度发展，经济规模几年就翻一番，这是以大量的资源消耗为代价的，也带来了一定的环境问题。从发展的趋势来看，资源短缺将成为我国经济持续发展的严重阻碍。目前我们的处境总的来说包括两个方面：一方面，我们需要快速发展经济。当今世界各国之间的竞争，实质上是经济实力的竞争，我国作为人口大国，只有成为经济强国，才能在国际社会中争得自己应有的地位。几十年的计划经济使我们丧失了发展的时空，作为发展中国家，我们必须加快经济发展的步伐。另一方面，我们又不能以牺牲资源环境来换取经济的高速增长。实际上，以牺牲资源与环境换取的经济增长，并不是真正的发展，不是可持续的增长。这样的国情和处境决定了我们实施可持续发展战略是非常必要的和紧迫的。

中国的国情还决定了我们必须走自己的可持续发展道路与模式。由于各国的国情不同，所处的发展阶段的不同，各国应当也必须选择不同的可持续发展的道路和模式。中国的国情决定了我们既不能照搬国外的模式，也不能走西方走过的道路。西方的发达国家，他们大多走过了"先破坏后治理"的道路。另外，他们可以依靠"先发达"的先发优势，把世界的自然资源都纳入自己的经济周转中，甚至不惜用战争手段来对后发展国家的自然资源进行掠夺，这是我们不能做也不可能做到的。同那些自然资源比较丰富的发展中国家相比，我们更需要认真选择自己的可持续发展的模式。由于各国资源的丰厚度不同，解决环境问题的途径也会有所不同。如果说在那些资源丰厚的国家，解决环境问题的途径可以侧重于保护自然生态系统的话，那么，在我们这样的国家，解决环境问题就不能走"纯保护"的路子。在中国，消极的纯保护的呼声要比在国外弱得多，这也同中国资源贫乏的具体国情有关。中国必须走保护与建设并重的路子，在发展中进行保护，又在保护中发展，以此来实现发展和保护的辩证统一。因而，我们的可持续发展之路包括两个方面：一方面，在经济建设中节约自然资源和保护环境；另一方面，通过人工的努力对已经退化的自然生态系统进行改善和重建。正如宋健同志在"中国21世纪国际研讨会"的闭幕式上所说的，"实现可持续发展的主要措施，应是广泛推广和应用环境无害化技术和清洁生产技术，把经济发展与环境保护两者统一起来，把经济建设置于资源保护和发展的方向上。"

发展绿色经济，是有中国实现可持续发展战略的现实选择，是中国特色的可持续发展道路。"绿色经济"是中国首先提出的，是根据我国国情的现实选择。如，在国际上通行的是"有机食品"的标准，"绿色产品"是中国的叫法，是中国的标准。当然，只有达到了"有机食品"标准的食品，才能在国际市场上获胜，但面对现实，先达到了绿色食品的标准，才能进一步问津更高标准的有机食品。可见，具有广泛可操作性的绿色经济是通向可持续发展的必经之路，通过每一个企业和每一个单位发展绿色经济的具体活动，使经济与资源、环境统一于绿色经济的现实形式中。

二、发展绿色经济也是企业生存
与发展的现实选择

可以预见，21 世纪必将是绿色的世纪，绿色产品、绿色经济将是新世纪的主导。只有取得 21 世纪的入门券——"绿色"的身份，企业才有生存权，因为只有绿色产品，才能有市场，并使企业获得较高的经济效益。反之，那些与"绿色"无缘的企业与产品，都将被淘汰。这也是近几年"绿色"备受人们推崇和青睐的原因。不仅是企业在追求绿色的环境和绿色的产品，其他社会单位，也在为创造绿色环境而努力，如清华大学的领导提出要创建绿色校园，而一些存在了几十年甚至上百年的企业，由于成了污染大户、能源消耗大户而无力整治，不得不被迫停产关门。近几年被关闭的小造纸厂、小炼钢厂就更是不计其数。形成鲜明对比的是，市场上打上绿色标签的产品身价百倍，价格会比同类产品高得多，有的绿色产品在生产的过程中还会因节约原料而降低成本，使企业的效益大增。正是这样的利益驱动引导了企业追求绿色的时尚，汇成了绿色经济的大潮。云南省就适时地打出了"大力发展绿色经济，争创绿色大省"的旗号。

中国是世界上第一个制订可持续发展行动计划的国家，在 1992 年联合国环境与发展大会后，中国就依据可持续发展的原则，参照这次大会通过的《21 世纪议程》的内容，提出了新的十大环境政策，这些新政策的出台，表明了中国的环境政策由过去的以防治为主转向防治与建设相结合，第一次把"提高能源效率，改善能源结构"、"推广生态农业"、"植树造林和保护生物多样性"、"大力推进科技进步，发展环保产业"等有关环境建设内容写进了十大环境政策中。显然，这对于实施可持续发展战略来说是非常有意义的。在这样的基

础上，我国政府又率先于 1994 年制定了《21 世纪议程》。但政府的这一决策和微观的实际情况还有相当大的差距，要把《21 世纪议程》的计划和可持续发展的战略变成每个企业和单位的实际行动，还面临巨大的挑战。绿色经济正是着眼于微观层次，要求国民经济的微观单位和政府的宏观决策在行动上保持高度一致，并以微观的经济行为来实现政府的行动计划，使企业的每一个具体的生产过程都能以资源节约和环境保护为基础。

发展绿色经济是企业参与国际大市场的激烈竞争的重要举措。在经济全球化的今天，在我国已经加入 WTO 的大背景下，我们的企业必须面对国际化的大市场，就是你不想出去，人家也要进来，企业必须去同各国的企业同场竞技，这是无法回避的事实，是一个摆在每一个企业面前的现实而又严峻的问题。绿色将是企业进入国际市场的"通行证"，发展绿色经济将是企业求得生存与发展的根本，是企业提高自己竞争能力的重要途径。因为在竞争异常激烈的国际市场上，"绿色"成为各发达国家最有效的贸易壁垒，只有走进"绿色通道"，企业才能赢得发展的机会。为此，我国已经采取了一系列有效的措施来加快与国际认证工作的接轨进程。1997 年，国务院批准了由国家环保总局牵头、33 个部委组成的中国环境管理体系认证指导委员会，专门负责并积极开展这一方面的工作，已取得成效。中国环境管理体系认证机构认可委员会、中国认证人员国家注册委员会、环境管理专业委员会已先后成为该国际组织的正式成员，中国环境管理认证委员会还加入了太平洋地区认可组织。到目前为止，已有 15 家认证机构获得了环境认证委员会的认可资格，1 370 名审核员获得环境注册委员会的认可资格。这说明这方面的管理已经规范化，为企业取得"绿色通行证"创造了必要的外部条件。这样，能否取得"绿色通行证"，关键就在于企业自身的努力了。想在国际市场上生存与发展的企业，除了去领取"绿色通行证"之外，已别无选择。据报道，黑龙江的绿色食品已经成功地打入国际市场。经过 10 年的发展，黑龙江垦区已经有 8 个农垦分局的 40 个农场获得绿色食品标志的使用权，因此可以批量生产绿色食品，现在垦区内已经建立绿色食品基地97.5 万亩，加工绿色食品的企业 40 家，有"绿色"标签的产品 50

个，年产值达到 11 亿元，其产品成功地打入欧美和日本市场，受到消费者的欢迎。

三、发展绿色经济，是应对绿色壁垒提高竞争力的需要

适应日益强劲的绿色化浪潮，绿色壁垒的产生有它客观必然性；而绿色壁垒是根据 WTO 以及国际协议的相关规定而制定的，因此是合理合法的，它成了国际贸易中的真正的壁垒，我们应当大力发展绿色经济以应对绿色壁垒。

1. 绿色壁垒的出现具有客观必然性

经过艰难的谈判，我国终于加入 WTO。这是我们期盼已久的事，同时也意味着我们在享受相应权利的同时，必须接受世贸组织的游戏规则的制约。WTO 中的有关绿色贸易的规定已经成为发展中国家进入国际市场的最大约束。

促进国际贸易的自由化是 WTO 及其前身 GATT 的宗旨。为了推动贸易的自由化的进程，GATT 从它产生之日起，就以不断拆除各种壁垒为己任。GATT 是适应第二次世界大战后各资本主义国家不断拓展国外市场的需要，是为了解决各国已高高筑起的关税和非关税的壁垒而产生的。第二次世界大战后，经济迅速发展的各资本主义国家，都要求拓展国外市场，同时，各国也都为了保护国内的市场而高高地筑起关税的和非关税的壁垒，以抵制外国的产品进口。结果是国际市场上关卡林立，国与国之间的贸易困难重重，因此使各个国家的利益都受到损害。正是为了解决这样的问题，主要是由发达国家发起，得到 23 个原始缔约国的响应，建立了 GATT，为国际贸易确定基本的规则和制度。GATT 在它成立之初就拆除了一些关税和非关税壁垒，为国际贸易确定了基本的规则和制度。而 GATT 的发展过程，也是不断拆除各种壁垒、促进贸易自由化和经济全球化的进程。在 GATT 成立后的几十年中，前后经历了八轮的多边谈判，每一次谈判，每一个回合，都拆除了一些阻碍贸易自由化的壁垒。从内容上看，前几轮谈判主要是解决有形商品贸易中的障碍，拆除了非关税壁垒，同时也减

低了关税的水平，而乌拉圭回合则主要是解决服务贸易以及跨国投资中的贸易障碍，再次减低了关税的水平。这样，GATT 在它自身的发展过程中，一方面是削弱了非关税的手段对于国际贸易的限制，不断拆除非关税的壁垒；另一方面由于大幅度地降低了关税水平，并确立了符合市场经济要求的国际贸易的基本原则，使关税的壁垒作用也大大下降。

这样，GATT 在它自身的发展过程中，形成了一系列有利于推进贸易自由化的原则和规定，促进了经济的全球化。而由于大幅度地降低了关税水平，确立了符合市场经济要求的、体现了商品等价交换、有利于实现公平交易的原则，在这种情况下，那些非关税的行政手段和关税的经济手段对于国际贸易的限制就越来越小，这方面的壁垒也越来越少。而在国家存在的情况下，尤其是南北之间的差距还相当大的情况下，零壁垒的绝对自由化的国际贸易是不可能的，因而取代原来的关税和非关税壁垒的是绿色壁垒。在这样的进程中，绿色壁垒已经成为今天的国际贸易自由化的主要障碍之一。绿色壁垒是今天的国际贸易必须面对的壁垒，是 WTO 规则允许的壁垒，是国际贸易中尚未拆除的壁垒。

绿色壁垒的产生有它的客观必然性，国际贸易中的绿色化倾向是各国日益发展的绿色化浪潮的必然要求。绿色化潮流正在席卷全球，尤其是发达国家，一方面，随着经济的发展和社会的进步，人们都在追求健康的产品和服务。为满足国内居民的绿色需求，发达国家早已在国内推动绿色生产、绿色营销和绿色消费，实施绿色管理。他们有必要，也有能力率先占据绿色化的先机。另一方面，为了保护国人的利益，他们也必然要尽可能地在国门上高高地筑起绿色的壁垒，制定相关的法律与政策来约束和限制外国的非绿色产品的进口，以免伤害本国国民的利益，当然也包括限制外国的投资，因此他们是千方百计地把国内的绿色化的行动推广到国际贸易中去。

既然国际贸易的绿色化倾向有其客观必然性，那么绿色壁垒的产生也是客观和必然的。为了推进和规范国际贸易中已经出现的"绿色化"倾向，WTO 及其前身 GATT 也在他们制定的条款中不断增加了这方面的内容，其他的国际组织也相继制定了许多保护环境的文件。这些规定和文件使各国的有关环境保护和促进国际贸易绿色化的法规与政策取得合法的地位，从而成为当今国际贸易自由化中真正的壁垒。虽然发展中国家在绿色化浪潮中是处于相对劣势的位置上，发达国家的上述行动也是从本国的利益考虑的，但这毕竟是符合世界发展趋势、符合世界人民利益的潮流，是符合可持续发展要求的潮流，因而是客观和必然的。

2. 绿色壁垒

绿色壁垒是进口国以保护国内的环境、人民和动植物的健康与安全为理由而采取的各种措施，这些根据 WTO、GATT 的相关协议和国际协议的相关规定的条款制定的措施成了限制和约束国际贸易的真正的壁垒。国际贸易中有关环境保护的限制条款可以分成以下几类：

（1）WTO 和 GATT 中的例外条款。在 GATT 第 20 条中就有这样的内容，"为保障居民、动植物的生命或健康所必需的措施"以及"为有效保护可能用竭的天然资源的有关措施"；此外，在《建立世界贸易组织的协议》的序言中写着，缔约方应在可承受的发展速度的前提下，合理利用世界资源，——以求既保护和保存环境，又增强保护和保存的手段。在这些条款中实际上就把环境问题当作不受任何约束的、可以由各国自行定义的领域。这些例外条款经常成为许多国家，特别是发达国家的尚方宝剑，他们经常高举环境保护的旗帜，把一些他们认为与本国的环境法律和政策不相符的外国产品拒之于国门外。卫生、防疫等方面都可以成为进口商品市场准入的限制。

（2）其他有关环境方面的贸易协定。《技术性贸易壁垒协定》《关于卫生与植物检疫措施的协定》《服务贸易总协定》《贸易与环境的马拉喀什决定》，这些有关贸易方面的权威性文件中都有关于环境方面的内容。如《技术性贸易壁垒协定》指出，不应妨碍任何国家采取必要措施保护人类、动植物的健康以及环境；《贸易与环境的马拉喀什决定》中把贸易政策、环境政策和持续发展这三者之间的关系作为 WTO 的一个优先项。

（3）有关环境方面的国际协议、公约。如关于保护臭氧层的国际公约、协议，《控制危险物品越境转移及其处置的巴塞尔公约》、《濒危野生动植物物种国际贸易公约》等，这些协议和公约都是具有约束力的文件，它们将在国际范围内强制执行。关于保护臭氧层问题，是国际社会较为关心的一个问题。科学使人们了解到，臭氧层的破坏对地球上的生命会产生严重的后果，因此为了保护臭氧层，国际社会经过长期努力，制定了一系列的文件。1985 年有 43 个国家和 7 个国际组织共同参与制定《关于保护臭氧层的维也纳公约》。科学又证明，氯氟烃的排放是导致臭氧层破坏的重要原因，因而保护臭氧层就必须减少氯氟烃的使用。1987 年在联合国环境计划署的主持下，制定了减少氯氟烃使用的《蒙特利尔议定书》，后来又于 1989 年的 4 月召开了议定书缔约国的第一届会议，通过了《赫尔辛基宣言》，宣言的内容是要求各国最迟于 2000 年全部废除氯氟烃的生产与使用。我国按照这一宣言的要求，已经宣布按时全部废除氯氟烃的使用。这些公约和协议都成了各国构筑绿色壁垒的依据。

（4）还有一类是已经制定，但目前尚未强制执行的国际公约或规定，如有关气候方面的公约与规定，国际环境管理体系系列标准（ISO14000），绿色标志制度，木材认证制度，等等，这是一些代表发展趋势的公约或规定。气候问题是人类生存环境的一个重要的问题，也是国际社会关注的重大问题。1992 年联合国召开会议缔结了《联合国气候变化框架公约》以后，国际社会为减少温室气体的排放进行了不懈的努力，1995 年开始了有关这一问题的具体谈判，于 1997 年在日本通过了《京都议定书》，就减少温室气体排放方面确定了具体目标，希望在 2002 年前使这一议定书能得以生效。当然这一议定书能否如期生效，主要取决于发达国家的态度，因为发达国家是二氧化碳的主要排放者，尤其是美国，人口只有中国的 1/5 左右，它的碳排放量却是我国的 2 倍多，美国 1990 年的碳排放量占世界总量的 36.1%，欧盟是第二大户占 22.4%。目前，发达国家除了德国等个别国家外，多数国家还没有承诺批准这一议定书。而且主要是由于美国缺乏诚意，使联合国《气候变化框架公约》第 6 次缔约方大会（2000 年海牙会议）无果而终，因为美国坚持要求发达国家可无限制地用森林和植被、用对外援助来换取排放指标，欧盟只同意在一定限度内可以实行这种换取指标的做法，即必须规定换取指标的最高限：50%，这样才能迫使发达国家在国内也要努力减少碳排放，结果是各国意见不一，难以达成协议。海牙会议的这一结果令世人感到担忧，科学家以计算机模型表明，在国际社会的共同努力下，保护臭氧层的工作已经取得明显的效果，如果各国都仍朝着这一方向努力下去，臭氧层的空洞有望在50年内完全修复，但全球变暖则会抵消这一工作，使臭氧层的修复计划流产，其后果是十分严重的。根据最新的数据，由于气候变暖，南极臭氧层空洞的面积已经达到美国国土面积的3倍，在20年内北极也将出现一个同样大小的臭氧层空洞，解决气候变暖问题已是当务之急。因此在国际社会的压力下，发达国家最终也必须批准限制碳排放的议定书。其他的，如绿色认证制度的实施也是迟早的事。而随着这些国际公约和制度的生效，绿色壁垒将更为严格。

3. 发展绿色经济以应对绿色壁垒

绿色壁垒是适应绿色化的浪潮而产生的。虽然，由于各国所处的发展阶段不同，各国的环境状况以及解决环境问题的能力和手段都不相同，但市场是不相信眼泪的。如不采取积极的措施以应对绿色壁垒，在国际市场上就只能是寸步难行。目前各国主要采取以下几种做法：

（1）政府提供绿色补贴，以增强本国产品的竞争能力。由于绿色壁垒是出口产品难以逾越的外部障碍，因此各国都把注意力转向国内，即千方百计地练好内功。许多国家为了鼓励出口，由政府提供绿色补贴，包括对环保企业及环境治理、对绿色技术的政府补贴、低息贷款或无息贷款等，这类补贴不属于非关税壁垒的范围。虽然在世界贸易组织修改后的补贴与反补贴的有关规则中，已经对非关税壁垒的政府补贴有了更为严格的规定，但这种绿色补贴属于不可申诉的合法的补贴范围，因此为越来越多的国家所采用。

（2）推广绿色认证制度。绿色认证包括地区的认证、企业的认证和产品的认证。经国际社会的长期努力，有关认证的标准和范围已经有了明确的规定，也形成了一整套完整的制度。虽然这些制度目前还不具有强制性，但许多国家都自愿推广。因为这些国家认识到，推行绿色认证制度是提升地区、企业竞争力的有效途径，当然也是扩大出口的重要措施。因为绿色制度的标准是国际通用的，打上绿色的标签，就提高了企业的身价，产品的质量有了保证，就等于是领到一张绿色通行证，这样的企业和产品就可以在国际市场上畅通无阻，可有效地扩大出口，提高经济效益。

（3）制定较高的绿色标准，并严格执行，以阻止外国商品进口。这里主要是依据国际上的有关规定，制定相关的技术性标准，对进口商品和设备进行市场准入的卫生检查。实际上，随着人们对环境的日益关注，一些已经订有标准的国家正不断提高标准，另一些原来还没有标准的国家又会相继制定标准，因此就会使这一类的技术性标准越来越高，也越来越普及。这对于出口国来说，尤其是对发展中国家来说，必将成为市场准入的极大的限制。不仅是商品本身，就是商品的外包装材料，也都必须符合环境保护的要求。据报道，美国和加拿大分别发布法令，要求从中国进口货物的木质包装必须进行熏蒸处理后才能进口。理由是中国的木质包装箱中带有天牛类害虫，这将给他们国内的林业造成严重的危害，他们还估计由此会造成 1 300 亿美元的损失。而美国和加拿大的这一法令对中国的企业来说是一个沉重的打击，因为一只 20 英尺的集装箱 24 小时的熏蒸费用在 400 元左右，如果每年出口 500 万只集装箱，就得花费 8 000 小时的时间和 10 多亿元人民币。实际上，由于环境方面的市场准入标准问题，使我国的农产品出口处于非常困难的境地，如茶叶、水果、粮食、水产品等，能够达到出口要求的并不多，尤其是出口到发达国家就更难了。但发达国家对绿色产品的需求很大，尤其是对绿色食品的需求特别大，靠他们国内的生产根本不能满足旺盛的绿色需求，因此需要大量进口，如英国的绿色食品需求的 80%、德国的 90% 是依靠进口来满足的。近几年，发达国家的食物污染事件频繁发生，"疯牛病""二恶英"等污染事件都掀起了轩然大波，更增强了发达国对进口的依赖。这对于发展中国家来说是一个很好的机遇，能抓住这一机遇的企业就能得到很好的发展。从"二恶英"事件后，内蒙古的伊利集团等一些绿色乳品生产企业就迅速行动起来，积极进入国际市场，取得很好的效果。

（4）为了保护国内的资源与环境而限制出口。当人们越来越认识的生物多样性对于生态系统稳定性的重要意义，当科学使人们认识到森林在环境建设中的重要地位，当人们越来越认识到不可再生资源对于可持续发展的重要作用的今天，各国对于这些产品的出口给予高度的重视，开始限制出口。除了珍稀动植物外，近几年来，许多国家已经开始限制原木出口，我国也应当采取相应的政策。

四、启动绿色补贴，促进绿色经济的发展

如上所述，适应绿色化的浪潮，绿色壁垒的出现不仅是客观必然的，而且是合理合法的，因为它们都是根据国际社会和国际组织的相关文件而制定的。虽然由于各国所处的发展阶段不同，各国的环境状况以及解决环境问题的能力和手段都不相同，但这些都不能成为回避绿色壁垒的理由。如不采取积极的措施以应对绿色壁垒，在国际市场上就只能是寸步难行。

发展绿色经济是应对绿色壁垒的根本。应对绿色壁垒，目前各国主要采取两个方面的措施：一方面是制定较高的绿色标准，并严格执行，以阻止外国商品进口。如依据有关的规定，制定相关的技术性标准，对进口商品和设备进行市场准入的卫生检查。例如，1998 年日本就对从我国进口的大米进行 104 项残留物的检验。实际上，随着人们对环境的日益关注，一些已经订有标准的国家正不断提高标准，另一些原来尚未制定标准的国家又会相继制定标准，因此就会使这一类的技术性标准越来越高，也越来越普及。这对于出口国来说，尤其是对发展中国家来说，必将成为市场准入的极大的限制。另一方面，则是大力发展绿色经济，以提升各国产品的竞争能力。这两方面的措施都是必要的，是相辅相成的。但相比较而言，后者是应对绿色壁垒的更为根本的措施。因为绿色经济是有利于资源节约和环境保护的经济，是适应可持续发展要求的经济。由于绿色经济的发展过程是不断以新技术来武装和改造企业的过程，因而会有效地促使产业素质的提高和结构的改善、升级，这样就会提升经济实力，提高企业和产品的竞争能力，因而成了应对绿色壁垒的根本途径。

发展绿色经济，需要政府的支持和培植，当然这种支持和培植必须符合国际惯例。按照 WTO 的规定，只有绿色补贴才是不可申诉的

补贴，才是国际惯例允许的补贴，这方面恰好是我们过去所忽视的地方。现在，如何在国际惯例允许的范围内，启动绿色补贴，来促进绿色经济的发展，扩大绿色经济在整个国民经济中的份额，是我们应该认真研究的问题。可着重在以下几个方面启动绿色补贴：

（1）启动绿色补贴以改善环境，重点是进行环境建设的补贴，这样才能营造出一个适合于绿色经济发展的大环境，这也是引进绿色外资的重要条件。在环境建设中，防治与建设都是需要的，在1992年联合国环境与发展大会前，我国的环境政策是以防为主。在1992年后，特别是在1994年，我国首先制定了世界上第一个实施可持续发展战略——《面向21世纪的行动计划》，这时我国的环境政策也发生了历史性的变化：从以防为主转变为防治与建设并重。而由于这一历史性的变化，环境治理的主体和资金渠道也必须有相应的变化：过去所实行的"谁污染谁治理"的政策决定了环境治理的主体和资金的主渠道是污染者，而不是政府，只有大范围的环境整治才需要政府的补贴。但现在则不同，由于现在实行的是环境治理与建设并重的政策，不仅大范围的环境治理需要政府的支持与补贴，而且，环境的建设更需要政府的主导。在环境建设上，没有政府的政策支持与资金补贴是不行的。如已经实施的"天然林保护工程""三北防护林工程"以及沿海防护林工程，都需要政府的支持与补贴。加大绿色补贴的力度，是发展绿色经济的必要举措

（2）启动绿色补贴以促进绿色科技的发展及应用。绿色经济是以绿色科技为支撑的，因此我们一方面要加大力度对绿色科学研究的经济支持，另一方面则必须支持绿色科技向生产力的转化。例如，要彻底消灭白色污染，就需要加大这方面的研究力度，或研究出可降解的新的包装材料以取代塑料，或研究出降解塑料的有效的方法。在这里，政府对于绿色科技的支持与补贴是需要的，也是合法的。

（3）启动绿色补贴以扶持绿色产业、绿色企业、绿色产品的发展。绿色经济和绿色产业并不是完全等同的概念，绿色经济是一个泛产业的概念，它可以存在于各个产业中。而绿色产业则不同，它指的是某一个产业的存在能对环境的改善和资源的节约起着重要的作用，例如林业就是这样的产业，它的经营对象森林是陆地上最大的生态系

统，森林的存在对保持生物多样性、净化空气、削减温室气体有不可替代的作用，林业是同时能够提供经济、生态和社会等三大效益的产业，因此是最主要的绿色产业。此外，在其他产业中也可以有绿色企业和绿色产品，它们都是绿色经济的重要组成部分。政府启动绿色补贴支持这样的产业、企业、产品的发展，是促进绿色经济的重要措施。在国外，几乎所有的发达国家都给林业以特别的优惠政策。

（4）启动绿色补贴，推广绿色认证工作。虽然绿色认证制度目前尚未强制推广，但它代表着未来发展的方向，是一个国家或地区是否具有竞争力的表现。有一些地区已经开始启动绿色补贴来推进绿色认证工作，取得了良好的效果。例如，江苏省通过 ISO14000 认证的企业有 43 家，占全国的 16%，其中有 12 家企业是在苏州新区内，而这 12 家企业年节约资源的直接经济效益就超过 1 500 万元，这样就有效地提高了企业和地区的竞争力。如常州声龙电子音响有限公司在 1999 年通过认证后，产品成了国际市场上的畅销货，还成为美国最大的电话机厂商的合作伙伴。而苏州新区则成为全国第一个通过 ISO14000 认证的地区，这样的认证工作大大提高了苏州地区的招商引资的竞争力，许多外商得知该地区已通过绿色认证，纷纷到苏州落户。绿色认证工作的顺利开展，是同江苏省大力推进分不开的，他们采取了一系列的措施，包括绿色补贴在内，如对那些拟实施绿色认证而又缺乏资金的企业，从排污费的环保补助资金中优先安排经费；又如从各级政府的污染防治基金中给予这类企业以补贴和贴息，并享受一系列的优惠政策。

第 二 篇
绿色经济的运行形式与机理

第六章

绿 色 生 产

绿色经济作为新的经济发展模式，涵盖了社会生产的各个方面和各个环节，实际上就是以实现社会生产过程的绿色化为目标，以如何推进这一绿色化的进程为特定内容的。由于生产是整个生产过程的起点，生产决定了消费、交换和分配的内容和规模，绿色生产是绿色经济重要的运行形式。它作为绿色经济的现实形式，是一种以实现环境与经济的协调为核心内容、以实现可持续发展为目标的新生产模式。

一、绿色生产是实现可持续发展要求的生产模式

绿色生产是把绿色化的理念贯彻到生产的全过程和所有的生产行为中，以实现对资源的节约和环境的改善，它包括了从绿色决策到绿色管理、绿色设计、采用绿色能源、使用绿色原材料、采用绿色技术和绿色工艺流程、绿色包装等各个方面。企业通过这样的绿色化运作，兼顾了经济的发展和环境的保护，实现了经济效益和社会效益、生态效益的统一。

绿色决策是绿色生产的灵魂。它要求以可持续发展的思想来指导生产经营活动的决策过程。生产者在制定发展规划、选择研发方案、决定生产的规模和产品的种类时，都必须把资源的节约和环境的影响纳入规划方案的内容。也就是说，在企业制定决策的过程中既要考虑企业的近期利益，又要考虑企业的远期利益；既要考虑企业的经济利益，又要考虑生产过程对资源和环境的影响，考虑社会的利益。绿色决策就是要求企业要权衡三种效益的得与失；在追求经济效益时，不能把污染留给社会，留给子孙后代；在生产满足当代人需要的产品时，不能对社会造成不利的影响；企业的发展不能对后代满足其需要

的能力构成危害。以可持续发展理论为指导，就要求企业必须摒弃过去粗放的增长方式，采用集约式的增长，着眼于未来和长远利益，优化资源的配置，使经济发展限定在资源与环境可承受的范围内，从而为社会实现人口、资源、环境和经济的协调发展提供必要的微观基础。

绿色管理是实现绿色生产的必要手段。它是把生态环境保护的观念融入企业的整个经营活动中，纳入企业的经营计划中：采用新技术新工艺以节约能源、减少污染排放；对废弃物进行处理和回收，变废为宝；增强环境意识，积极研究环境对策，包括对员工的环境教育，争取认证等；加强环境管理的经济核算工作，进行环境评价，并逐步实施环境会计制度。

用绿色的理念来指导企业的技术活动，也就是在产品设计中，以环境资源保护为核心，把产品的基本属性同环境属性结合起来，生产出无害化无污染的绿色产品；在技术路线的选择上，要力求使用绿色原材料和绿色能源，采用少或无污染的技术；在产品外观的包装上，要尽量采用绿色的材料，等等。

采用绿色生产模式是企业谋求发展的根本途径。企业是以自己的产品来满足社会需要的，并通过它来实现自身的价值，进而获得发展。在当前关注环境关注健康已经成为社会时尚的情况下，企业必须顺应这样的潮流，推行绿色生产，以绿色产品满足社会需要，以绿色的工艺赢得社会的信任，树立良好的企业形象，才能在激烈的竞争中赢得优势，立于不败之地。在实施可持续发展战略的今天，企业必须兼顾社会效益、生态效益，才能获得自己的经济效益。我国早在20世纪80年代就把环境保护确定为一项基本的国策，20多年来，环境政策和环境法规逐渐健全，环境管理力度日渐加强。这就从企业的外部营造了一个迫使企业必须兼顾社会效益、生态效益的社会环境，也成为企业必须采用绿色生产模式的外部压力。如果企业的生产行为不考虑环境的改善，不仅谈不上长远的发展，就是目前的立足都将受到影响。绿色生产模式可以促使企业把三个效益统一于生产过程中。

二、绿色生产是环境治理模式的根本性转变

第三次技术革命带来了社会生产力的极大提高和经济规模的不断扩大，人类在创造辉煌的工业文明的同时，也造成了严重的环境问题。频繁出现的公害事件和自然灾害，日趋短缺的自然资源打破了以经济增长为核心的现代工业文明的神话。面对严重的环境危机，西方发达国家走过了一条"先污染，后治理"的道路。这里的"治理"，也是先在生产过程之外，对生产排放的污染物进行处理，采取治末的方法，即末端治理。经过长期的实践之后，才转向对生产的全过程进行污染控制，实施绿色生产的模式，这是治本的方法。从治理污染到实行绿色生产，是环境治理模式的根本性转变。

我国的环境政策也发生过这样的历史性变化。最早的环境政策"32字方针"是在为1972年斯德哥尔摩人类环境会议做准备工作的过程中形成的，其内容是：全面规划、合理布局、综合利用、化害为利、依靠群众、大家动手、保护环境、造福人民。这"32字方针"在1973年全国第一次环境保护会议上得以正式确立。到80年代，环境保护工作受到政府和社会的进一步重视，于第二次环境保护会议前就提出了把环境保护确定为我国的一项基本国策，并在会议期间形成了"三大政策"：预防为主；谁污染谁治理；强化环境监督管理。此后，在1989年的第三次全国环境大会上，又形成了"八项制度"：环境影响评价制度；三同时制度（同步规划、实施、发展）；排污收费制度；环境保护目标责任制度；城市综合整治定量考核制度、排放污染物许可制度；污染物集中控制制度；限期治理制度。从70年代到80年代，环境政策的内容呈现出逐渐深入和细化的过程，"八项制度"的内容包括了比较具体的环境治理措施，当然这些措施还主要体现在"治理"上，属于"末端治理"的范畴。到90年代，环境政策有了进一步的变化，在1992年联合国环境与发展大会后，依据可持续发展的原则，也参照了环境与发展大会通过的《21世纪议程》的内容，我国提出了"中国环境与发展的十大对策"，其内容是：实施可持续发展战略；防治工业污染；深入开展城市环境综合整治；提

高能源效率，改善能源结构；推广生态农业，植树造林和保护生物多样性；大力推进科技进步，发展环保产业；运用经济手段保护环境；加强环境教育，提高全民环境意识；健全环境法制，强化环境管理；参照环境与发展大会精神，制定我国的行动计划。显然，这"十大对策"的内容已经从过去单纯的"末端治理"转向了源头治理为主，在环境政策中第一次提出了进行生态环境建设的内容要求，如植树造林和保护生物多样性，同时对生产过程绿色化提出了要求，如推广生态农业；大力推进科技进步，发展环保产业；提高能源效率，改善能源结构等。另一方面可以看到，在"十大对策"中，虽然包含了从生产过程的源头治理的内容，但还没有明确提出实施绿色生产的要求，一直到1994年，由国务院第16次常委会通过的《中国21世纪议程》明确提出了"清洁生产"的概念和要求。

　　环境政策从"治标"到"治本"的历史性变化，是人类在实践过程中不断地总结经验教训，以不断加深对环境系统变化规律的认识的过程。在此基础上用人类有意识的行动去影响和调控环境与经济的关系，把人类的生产活动对环境的影响限制在环境承载力的限度内。环境承载力是指一定时期、一定环境状态下，某一地区环境对人类社会经济活动的支持能力的阈值。环境承载力因人类对环境的改造而变化，其大小可以用人类活动的方向、强度、规模等来衡量，具有以下特点：①客观性。因环境承载力是环境系统结构特征的反映，在一定时期内，区域环境不会在结构功能方向上发生质的变化，因而环境承载力在环境系统结构不发生质的变化前提下，其在质和量两方面的规定性是可以把握的。②变动性，因环境系统结构的变化而变化，在质上表现为环境承载力指标体系的变动，量上表现为指标值大小的变化。③可控性，人类在掌握环境系统运动变化规律和环境——经济辩证关系基础上，根据生产和生活的需要，可以对环境进行有目的的改造，使环境承载力在质和量两方面向人类预定的目标变化。

三、绿色生产模式的表述

　　绿色生产并不是指绿色植物的生产。在实施可持续发展战略的今天，绿色化的浪潮正在席卷全球，人们对于绿色的研究在不断地深入，也对"绿色生产"进行多种角度的研究，因而就有了不同的理解和表述：

1. 从可持续发展的角度阐述

杨云彦认为可持续的生产模式应是生产活动与自然环境高度统一，按生产力合理布局原则使宏观经济活动与微观经济活动都符合其所在区域的要求；生产目标与生态经济要求相符合，力求用少量的资源代价来获取最大的物质福利；生产资源主要依靠科技力量，以智力资源来替代物质资源，在生产中逐步用可再生资源所产生的自然力来替代不可再生资源产生的自然力（杨云彦，1999）。

曹凤中等人对可持续生产的定义是"力求满足消费产品需求而不危及子孙后代对资源和能源的需求。"其主体思想是：对每一种产品的设计、材料选择、生产工艺、生产设施、市场利用、废物产生和利用、售后服务和处置都要有可持续发展的思想。可持续生产主要包括：环境设计、毒物使用减量化和寿命周期分析三个方面。这样的生产模式是"源头控制"概念的补充和完善（曹凤中，1998）。

2. 从对产业分类方面探讨

刘思华在回顾世界产业分类方法的建立、发展，并评论其局限性的基础上，提出五大产业分类法，即将国民经济的各产业分为五大类：广义农业、广义工业、广义服务业、广义知识业和广义生态产业（或环保产业）。将生态产业（即第五产业）从第一、二、三、四产业中分离出来，以加强生态环境建设，解放和发展生态生产力，帮助或加速自然再生产即生态产品（包括共享生态产品和共享生态资源两部分）、增加生态资本存量，从而维持和巩固人类生存和经济社会发展的生态基础。生态产业的本质是利用生态技术体系，通过物质和能量多层次分级利用或资源循环利用把投入生态系统的资源尽可能地转化为生态产品，实现废物最少化，从而保证生态产品能够创造更多的物质和能量，促进生态产品与经济良性循环，实现生态环境与经济社会相互协调和持续发展。所以他认为生态产业是新世纪的战略产业、技术产业与新世纪经济的增长点（刘思华，2000）。

叶文虎、王奇等人重新审视传统产业结构，补充以维持与改善环境为目标的第零产业和以减少废物排放为目的第四产业。第零产业指环境建设产业，是以维持环境可持续性为目标的，通过投入物质产品和人力资源以恢复与改善自然环境状况或增加其产出的过程。第四产业指广义的废物再资源化产业，包括废物再资源化和废物无害化两大部门。他们认为合理配置第零、第四产业与第一、二、三产业间的数量与质量，是关系到能否真正实现可持续发展的重大战略举措。

3. 从工业生产发展方面探索绿色生产模式

曲格平认为生态持续性工业发展模式至少包含以下要求：以充分利用能源和资源的生产工艺替代能源利用率较低下的生产工艺过程；采用无废或少废的生产技术，淘汰污染严重的落后技术；对不可避免的废弃物采取回收利用措施；工业生产布局要充分考虑当地环境容量的长期潜力，同时要在保持环境不受害的前提下合理利用环境净化能力；对任何可能导致环境危害的工业产品必须在充分的环境影响评价和使用条件的情况下才能投入生产和使用；建立、倡导和鼓励一种以保护环境为己任的、全新的工业道德和工业文明，并通过法制化过程使这种道德上升为一种义务和责任；扩大广大公众对工业发展过程的参与程度，改变公众单纯接受和消费既成品的状况。持续性的工业发展必须考虑到在一个经济体系内与农业等其他产业部门之间的平衡发展，保证这些部门向工业提供持久、稳固的资源基础。在传统工业结构中增加和发展环保产业，为防治工业污染提供有力的物质和技术支持手段。大力开发可更新能源。在兼顾经济效率同时，较大幅度增加环境保护的投资数量。

4. 从生产力发展角度探讨

孟庆琳认为现有的环境和发展理论存有根本性缺陷，不能胜任解决环境发展这一迫切任务，提出"生产力发展的绿色道路"，即"绿色生产力"之说。绿色生产力的出发点是从整个"社会"的视角研究人类生产活动的规律。环境产权、政府政策、个人、社会、政府、国家之间的利益冲突和协调，上层建筑与意识形态都是绿色生产力的制度前提和内容。他认为"绿色生产力"必须具有以下条件：均衡发展，避免发展过程中收入的两极分化，否则在强烈反差激励下"攀比效应"会迫使穷人阶层，不发达地区只讲发展不顾环境；环境技术优先；赋予环境的金融价值，用古典的对污染收"庇古"税的办法间接赋予环境价值及通过减少"公共领域"的范围，直接赋予某些环境和资源以市场价值；绿色政府；绿色意识形态，让绿色作为文化和行为准则广为人们接受（孟庆琳，2002）。

5. 其他角度的论述

从投入要素角度，有的人认为进行绿色生产不仅要把物质资本、人力资本当作生产要素，而且要把生态资本当作生产要素。从长远观点看，生态资本不仅是生产力之父，还是更基本更重要的生产要素。

有的人认为绿色生产就是清洁生产。

从上面的论述可以看出，绿色生产实际上是实现可持续发展要求的生产模式，它是以满足社会日益增长的绿色需求为中心和出发点，在生产过程中进行绿色化的实践，把生产活动的外部性的边际费用逐渐内化于绿色生产过程中，以最大限度地谋求经济、社会和生态环境的统一。

四、绿色生产的关键环节——清洁生产

1. 清洁生产的概念

清洁生产的概念是在 20 世纪 80 年代末 90 年代初由发达国家提出来的，它是为解决"末端治理"的问题而产生的。在我国，则是在 90 年代开始重视和研究这一问题的，1994 年在制定《中国 21 世纪议程》时，就把清洁生产作为其中重要的内容之一。《中国 21 世纪议程》中清洁生产的定义是指既可以满足人们的需要，又可以合理使用自然资源和能源，并保护环境的实用生产方法和措施，其实质是一种实现物料和能源最少的人类生产活动的规划和管理，将废物减量化、资源化和无害化或消灭于生产过程之中。这样，对人体和环境无害的绿色产品的生产将随着可持续发展的深入而日益成为今后产品生产的主导方向。这一定义是把清洁生产作为一种兼顾经济发展和环境保护的"实用的生产方法和措施"，它因此成为绿色生产模式的关键环节。

对清洁生产的概念有许多不同的描述：

1992年联合国环境规划署对清洁生产的描述：清洁生产指将一种一体化的预防性环境战略不断运用于工艺和产品上，以降低对人体和环境的风险；清洁生产技术包括材料和能源技术，消除有毒材料和削减一切排放和废弃物的数量和毒性等技术；产品的清洁生产战略侧重于削减产品整个寿命周期内（从原材料提取到产品最终处置）的环境影响；它是通过专门知识，改进技术和改变态度来实现的。

1995年经合组织对清洁生产的定义：是一种一体化的预防性环境战略不断运用于工艺和产品，以期减少对人类和环境的污染物最小化和废物削减。

美国环保局对废物最少化技术定义是：在可行的范围内，减少产生的或随之处理、处置的有害废弃物量。它包括在产生源处进行的削减和组织循环两方面的工作。这些工作导致有害废弃物总量与体积的减少，或有害废物毒性的降低，或两者兼而有之，并与使现代化和将来对人类健康与环境威胁最小的目标相一致。

欧洲专家倾向于下列提法：清洁生产为对生产过程和产品实施综合防治战略，以减少对人类和环境的风险。对生产过程来说包括节约原材料和能源，革除有毒材料，减少所有排放物的排放量和毒性，对产品来说则要求从原材料到最终处理的产品整个生命周期对人类健康和环境的影响最小化。

王仲成、上官秀玲认为，清洁生产是将综合预防的环境策略应用于生产过程和产品中，以减少对人类和环境的风险性。它的核心是废物的最小量化和再生资源化。实施清洁生产的方法是在清洁审计的基础上，通过设备和技术改造，工艺改进，原料替换，产品的重新设计，强化内部管理、人员培训等，把污染物消除在生产过程中。

我国研究清洁生产的专家席德立在综合国内外清洁生产定义基础上，认为清洁生产是从生态经济大系统的整体优化出发，对物质转化的全过程不断采取战略性、综合性、预防性措施，以提高物料的利用率，减少以及消除废料的生产和排放，降低生产活动对资源的过度使用以及对人类和环境造成的风险，实现社会的可持续发展。

以上对清洁生产的定义大多侧重于从环境管理思路方面进行描述，即是为了解决环境问题，从生产设施到环境审计，进行工艺改革以削减废弃物，达到节省成本提高经济效益的目的。在 90 年代，全球的环境问题日益成为人类共同关注的中心议题，特别是臭氧层、温室效应等全球的气候问题更是为社会各界和各个学科所共同关心。在这样的情况下，人们更多地从能源管理的角度来探讨解决全球气候问题的途径：通过合理使用能源以及采取预防性措施来削减污染物的排放，即关注能源的节约和高效使用；通过实施能源审计评估每一件在用设备所消耗的能源及其能效，计量每一单位能源消耗的生产率，并提出改进方案。而提高能效不仅能使企业获得直接的经济效益，而且能大量减少能源消费给环境带来的不利影响，特别是能够大大减少温室气体（CO_2，CH_4，N_2O 等）的排放。因此，清洁生产的内容也有了相应的变化：特别关注能源效率问题成为清洁生产的重要内容，从能源管理的思路上积极探索清洁生产的方法和措施。

2. 实施清洁生产的 7 个方向

（1）资源的综合利用是推行清洁生产的首要方向。如果原料中所有成分通过工业加工过程的转化都能变成产品，这就实现了清洁生产的主要目标，资源的综合利用不但可增加产品的生产，同时也可减少，降低工业污染及其处置费用，提高工业生产的经济效益。因此，有些国家已将资源综合利用定为国策。

（2）充分利用科学技术来改革工艺过程和设备是推行清洁生产的重要方向。日益发展的科学与技术为实施清洁生产提供了无限的空间和多样的途径，如简化工艺流程，变间歇操作为连续操作，装置大型化；适当改变工艺条件，改变原料，配备自动控制装置；采用新技术，开发利用现有的废料，化害为利等。

（3）组织厂内物料循环利用也是实施清洁生产的方向之一。美国环保局就把"组织厂内物料循环""能源削减"并列为实现废料排放最少化的两个基本方向。物料再循环作为宏观仿生的一个重要内容，可以在不同的层次上应用。在企业层次上的物料再循环，也可以是多层次的，如工序之间、流程中、车间之间。当然，再循环的范围越大，实现的机会越多。

（4）在企业管理中突出清洁生产的目标。从着重于末端处理向全过程控制转变，使环境管理落实到企业的各个层面上，分解到生产过程各个环节，贯穿于企业的全部经济活动之中。

（5）改革产品体系，注重产品的环境性能，在产品的设计开发过程中兼顾产品的环境功能和经济功能。以满足绿色需求为导向，在产品设计中贯彻绿色的理念，在生产中使用绿色的技术，通过对产品进行全生命周期分析，实行全面的质量管理，以形成一个能够兼顾经济和社会、生态效益相统一的产品体系。

（6）必要的末端处理。清洁生产的末端处理不同于传统的末端治理，这里的末端处理并不是处于优先考虑地位，而是一种在采用其他措施之后的把关措施。实现完全彻底的零污染的无废生产固然是十分理想的，但在目前的技术条件和经济发展水平下，这种理想还不可能完全实现。因此就需要对生产过程产生的废弃物进行必要的处置，使其对环境危害降到最低。当然，随着技术和管理水平的不断提高，应当逐渐缩小末端处理的规模，最终以全过程控制措施来完全替代末端处理。

（7）实现清洁生产的区域化。即在一个地域范围内，以资源的循环再利用为纽带，将各个专业化生产单位有机地联合成一个综合生产体系，实现资源的充分利用和无害化、减量化排放。创办生态工业园是一种实现区域化的清洁生产的有效可行的途径。这是根据当地的资源条件，将性质不同的各种生产单位组织起来，通过协同管理资源与环境，使整个系统对原料和能源的利用达到最高的效率，以求得环境、经济和社会效益的统一。

3. 清洁生产与末端治理的比较

如上所述，清洁生产是针对末端治理的不足而提出来的，这两者之间既有联系，又有区别。它们代表着不同的治理模式，反映的是不同的环境保护战略。

首先，这二者的环境责任主体是不同的。末端治理模式的环境责任是由环保人员承担的，是少部分的环境研究和管理人员对生产过程产生的污染物进行事后的处理；而清洁生产是把环境治理的工作提前到生产的全过程，由生产过程的全体人员承担环境责任，包括管理与决策人员、生产一线的人员、市场营销人员等。这里是全员负责和少数人负责的不同治理模式的区别。

其次，这是兼顾经济与环境的生产模式和单一的环境效益的治理模式的区别。清洁生产是把污染控制同生产过程的控制密切结合起来，使资源和能源的节约和环境的治理结合起来，因此它既能够尽可能地把污染消灭在生产过程中或者是减少污染物的排放，在获得环境效益的同时，又能够因节约了资源、能源而获得经济效益；而末端治理是事后的治理，往往需要有更大的开支又不一定能够彻底治理污染，只能得到单一的环境效益。

第三，这是不同的环境治理战略的区别。清洁生产属于整体性的预防性的环境战略，是源头的积极的治理；末端治理则是事后的消极的治理模式。

清洁生产和末端治理虽然是不同的环境治理模式，但它们都是解决环境问题的重要途径，二者之间还是可以相容的。在大力推广清洁生产的今天，仍然需要有末端治理作为解决环境问题的补充手段。

五、我国清洁生产的实践与发展趋势

1. 现　状

自 1994 年《中国 21 世纪议程》提出了实施清洁生产以来，各级政府和社会各界共同大力推动其向法制化和实践发展。

在法规的建设上，《中华人民共和国清洁生产促进法》已经于 2002 年 6 月 29 日由第九届全国人民代表大会常务委员会第 28 次会议通过，规定国家对清洁生产的表彰和激励制度，包括税收优惠、财政政策、技术政策等内容。该法律规定：对利用废物生产产品的和从废物中回收原料的，可以享受减收或免收增值税的优惠；凡是实施国家清洁生产重点技术改造项目的，列入同级财政的技术进步专项资金的扶持范围；各级政府要在中小企业发展资金中安排适当数额用于支持中小企业的清洁生产；企业用于清洁生产的审核和培训费用，可以在企业的成本中列支等等。此外，在这部法律中明确规定了强制实施清洁生产审核的范围：污染物排放超过国家和地方规定的标准或者超过地方政府已经核定的污染物排放量控制指标的企业；生产中使用或者排放有毒有害物质的企业，都应当定期进行清洁生产审核。法律中还规定了在工业、农业、商业、运输业、采矿业、建筑业等各个行业中，新建设的项目包括改造和扩建项目、新生产的产品及其包装的设计等都应当采取相关的清洁生产的措施。由此可见，这部法律对清洁生产的各个方面都进行了明确的规定，并对清洁生产的操作方式、技术服务、审核、培训等进行了规范，形成了一个制度体系，将有力地推动我国清洁生产的有序发展。

同时，国家环境保护总局也正在进行清洁生产的标准建设，污染比较严重的制浆造纸行业、电镀行业、啤酒行业的标准已经制定；此外，一个包括造纸、皮革、烟草加工业、塑料、橡胶、化学农药、纺织服装、食品饮料业、地质勘探、水利管理业、有色金属冶金加工业等国民经济的各个行业的清洁生产技术标准在内的指标体系正在建设的过程中。清洁生产的技术分成三级：一级的标准要求企业的生产行为要符合可持续发展思想，要求的各项标准均须达到国际上同行业的先进水平；二级的标准要求企业的生产行为能够比较好地符合可持续发展的思想，各项的技术指标要达到国内同行业的先进水平；三级的标准是，企业的生产行为要基本符合可持续发展的思想，各项指标要达到国内同行业的平均水平。

在实践方面，我国于20世纪90年代后期开始了清洁生产的试点工作。如大连市就有13家企业于1999年开始试点，于2001年底完成了清洁生产的审计工作。这13家企业中有国有大型企业、军工企业、乡镇企业、民营企业，从行业上看，涉及冶金，铸造、化工、医药、轻工、建材、电器制造等不同行业。这些企业的试点工作取得了较大的成效，实现了环境和经济的双赢。13家企业共提出清洁生产的方案378个，无低费的方案占284个，在已经实施的188个方案中，无低费方案占173个。这173个无低费方案共投资不到50万元，各种污染削减10%～20%，每年光节约原材料和能源就可获得直接经济效益3 000万元。在无低费方案实施的基础上，有的企业又继续实施高费用方案，进一步解决了重大的污染问题。这13家企业通过清洁生产的审核，不仅使这些企业从中看到它的成效，进一步提高了对清洁生产的认识，而且也向其他企业提供了很好的示范，2002年初，大连市又有近10家企业主动要求实施清洁生产。2002年3月，国家环保总局在全国确定了 46 家清洁生产审核单位进行以点带面的规范化试点工作，要求试点单位按照"行业清洁生产审核指南编写大纲"和"行业清洁生产技术要求编写大纲"的要求，编写行业的清洁生产审核指南和技术要求，并以这 46 家试点单位为实施清洁生产工作的咨询服务机构。(中国环境报，2002.7.22)

在推动清洁生产的工作上，虽然我国比发达国家起步较晚，但进展顺利。特别是政府的态度积极，很快就制定出具有中国特色的法律和政策，也在实践中探索了具有中国特色的实施途径，这些都将有力地推动我国的清洁生产工作。

2. 发展趋势

(1) 与 ISO14000 环境管理体系相结合的趋势。清洁生产和ISO14000 环境管理体系之间虽然是有区别的，但它们之间是可以相互结合，互相促进的。一方面，这是两种内容不尽相同的体系，它们的侧重点、考核的方法和作用都有不同的地方。ISO14000 是环境管理体系，实行的是国际标准化组织的标准，它的侧重点是管理，考核的方法是企业自我管理，审核的内容是企业的各种文件、现场和记录等；而清洁生产则是一种生产体系，它的侧重点是生产本身，是从节约物料、提高其利用率的角度对工艺流程进行技术改进。另一方面，清洁生产与 ISO14000 环境管理体系有相互促进的关系。在现在的条件下，企业的经济和环境管理一体化已经成为企业发展的必然，这就从客观上要求可以也应当把这两种体系结合在一起。企业一旦建立起符合 ISO14000 环境管理体系并经过权威部门认证，向外界表明企业在环境方面的承诺和良好的环境形象，它就要从企业内部开始实施一种全过程科学管理的系统行为，这当然也就把生产过程包括在内了，这就有助于清洁生产的实施。所以 ISO14000 与企业的清洁生产战略是相辅相成的。ISO14000 环境管理体系可以成为实现清洁生产的思想准备和基础，支持着清洁生产的持续实施并且不断丰富着清洁生产的具体内容；而清洁生产则可以不断向 ISO14000 体系提供实质性内容和更具战略性的方向。

(2) 清洁生产具有向第三产业延伸的发展趋势。清洁生产最初关注的是生产过程，现在正逐渐延伸到有形产品和无形产品 – 服务，扩展到第三产业，逐渐同金融投资、运输、商业、通讯等行业联系起来，成为一种不断改进产品、服务和工艺以减少环境影响和推进生态与经济可持续发展的战略。

（3）清洁生产关注的重点具有从工艺流程向生态产品设计转移的倾向。在产品设计上正在兴起一个新的理念：使产品的寿命得以延长、没有或少污染、容易回收、产品可以循环再利用等，关注可持续产品设计和产品集成化管理体系。产品生态设计是指产品在原材料获得、生产、运销、使用和处置等整个生命周期中密切考虑到生态、人类健康和安全的产品设计原则和方法。产品生态设计被认为是最高级的清洁生产措施。

（4）清洁生产与可持续性消费的结合。人们日益认识到可持续消费方式是可持续发展的一个先决条件，清洁生产是可持续消费的一个重要的组成部分。国际消费者联合组织主席认为清洁生产对可持续性消费的贡献是通过以下途径进行的：帮助发展中国家建立生态产品基准和改进生态消费基准；帮助发展中国家通过清洁生产技术进入北方市场的通道；广泛传播清洁生产方法论和思维过程。

（5）清洁生产与生态效率的结合。工商业可持续发展理事会（the Business Committee of Sustainable Development，简称 BCSD）认为生态效率是"通过提供能满足人类需要和提供生活质量的竞争性定价商品与服务，同时使整个寿命周期的生态影响和资源强度逐渐降低到一个至少与地球的估计承载能力一致的水平来实现的。"因此生态效率要求实现零排放、零填埋和零（能耗）增长三个战略目标。生态效率指导准则被视为在评估和改善一种产品从原材料到最终废弃物的全寿命周期中必不可少的，也是衡量清洁生产效果的一个重要指标。

（6）清洁生产与生态工业园建设相结合。随着清洁生产活动的深入开展，人们逐渐认识到推广清洁生产不能停留在解决生产过程的"跑冒滴漏"的问题上，要进一步谋求将工业体系纳入生物圈之中，效仿生态系统的演进方式推动工业体系向生态化方向演进，运用系统论、代谢分析等方法，组织生态工业园。这就要求清洁生产从早期企业层次上的活动上升到区域范围内、宏观经济规划和管理的层次。进行生态工业园的建设，以达到工业群落的优化配置，达到节约土地，互通物料，提高效率的目的，在区域或更大的范围内，最大限度地谋求经济、社会和环境三个效益的统一。

（7）清洁生产与绿色文明相结合。要大力推动清洁生产这一绿色生产的关键环节，需要克服各种障碍，如思想观念的障碍、体制的障碍、知识的障碍、技术的障碍等等。根据调查，实施清洁生产的障碍有60%来自思想观念，只有10%是来自技术，因而实施清洁生产首先是克服思想的障碍。

第七章

绿 色 消 费

在社会经济循环中，消费既是生产过程的终点，又是另一个生产过程的起点。因此，消费作为社会生产过程的终点和起点的辨证统一的环节，它引导着生产发展的方向，成为推动社会生产的重要力量。在世界经济绿色化的大潮中，"绿色"已经成为一个具有时代特征的词语，从抽象变成具体，逐渐进入人们的日常生活。绿色消费已渐渐成为消费的潮流与趋势。我国将"绿色消费"作为新世纪第一年的消费主题，意味着"绿色消费"将会成为新世纪的消费主流。绿色消费将有力地推动社会、经济的绿色化进程。

一、绿色消费的概念和内涵

1. 绿色消费的概念

绿色消费是一种以绿色的理念为指导，有益于身体健康、有利于环境改善的新的消费方式（赵敏，2002）。

绿色消费是人类对工业文明时代的生产方式和消费方式进行深刻反思的产物。工业文明为人类创造了丰富的物质财富，正如马克思所说的，资本主义在它初期的100年中所创造的生产力，就已经大大超过过去历代的总和。但工业文明在促使社会财富极大丰富的同时，也给人类带来资源枯竭和生态环境恶化的结果。恶化的环境已经严重影响人们的生活质量，甚至威胁到人类的生存。在这样的情况下，一方面消费者从自身健康的角度出发，从人类自身的安全出发，要求企业进行绿色生产以减少对环境的危害，生产、销售那些对环境影响最小的绿色产品；另一方面，消费者也开始对自己的消费行为和消费方式进行绿色化的检讨，绿色消费由此而产生。

　　绿色消费是以协调人与自然的关系为目标的新的消费方式。与农业社会的生产力水平和生产方式相适应，它的消费方式也是以简单和朴素为特点的。进入工业社会后，大大丰富的物质财富，是人们的消费水平得以提高的物质基础，同时也改变了人们的消费方式，从宽裕型的消费转变为享乐型的消费，甚至又进一步转变为炫耀型的消费，以挥霍为荣。这种片面追求高额的物质消费的行为，必然给环境带来巨大的压力，从而破坏了人与自然之间的内在关系，结果是，人们的物质需要得到了满足，而追求健康的需要和人类自我发展的需要都受到了威胁。绿色消费是坚持以人与自然的和谐统一为基础和前提，将保护生态环境与个人的消费利益结合起来，在消费过程中尽量减少资源浪费、防止环境污染，使人类的各种消费需要都能得到全面的满足。由此可见，绿色消费从表面上看是消费方式和消费水平的问题，但它的本质是人与自然的关系问题，是人与自然的关系在消费领域的表现（廖九如，2001）。

　　绿色消费是现代的人们所追求的消费方式。因为消费的过程既是人们消耗了产品和服务的过程，同时也是人们在消费中再生产自己的过程。在污染问题日益突出，并逐渐威胁到人们健康的今天，绿色的消费是越来越多的人们的自愿选择。在社会上，已经不是人们愿不愿意选择没有污染的绿色消费品的问题，而是人们能不能享受到没有污染的消费品的问题，因为没有受到现代工业污染的生活消费品越来越少了。

2. 绿色消费的内涵

绿色消费有广义和狭义之分。

　　狭义的绿色消费主要指直接与消费者消费安全、健康有关的一些产品的消费，如绿色食品、绿色化妆品与绿色建筑装饰材料等的消费。这里的"绿色"主要是从消费者自身的健康、安全来要求的，而并没有把消费对于环境的影响，对于他人的影响考虑在内，没有把消费方式考虑在内。

　　广义的绿色消费则不同，它不仅以消费者自身的健康与安全为出发点，而且以环境的安全、他人的安全为出发点，包括当代的他人及后代的他人的安全与利益，即是说，它是实现可持续发展要求的消费。绿色消费的内涵包括：消费的对象物应当是绿色的产品，真正意义上的绿色产品，是质量合乎安全、健康要求的产品，而且在生产、使用和处理处置过程中，也符合环境保护要求，如低毒少害、节约资源，可回收利用，产品具备环境性能；消费的方式也必须是绿色的，要求节约资源，减少浪费，把对环境的影响降到最低的限度，它包括物资的回收利用，能源的有效使用，对生态环境，生物多样性进行保护等。广义的绿色消费是指那种不仅能够满足当代人的消费需求和安全、健康需要，而且还能够满足后代人的消费需求和安全、健康需要的消费过程。这是一种兼顾了消费者个人、社会以及后代人的绿色消费权利的消费方式。由此可见，这种绿色消费所包含的内容极为广泛，不仅包括绿色产品，还涵盖了消费行为的方方面面。一些环保专家把它概括成"5R"原则，即：节约资源，减少污染（Reduce）；环保选购（Reevaluate）；重复使用（Reuse）；分类回收，循环再生（Recycle）；保护自然，万物共存（Rescue）。

　　正如绿色消费宣言所说的，绿色消费是一种权益，它保障后代人的生存和当代人的安全与健康；绿色消费是一种义务，它提醒我们：环保是每个消费者的责任；绿色消费是一种良知，它表达了我们对地球母亲的孝爱之心和对万物生灵的博爱之怀；绿色消费是一种时尚，它体现着消费者的文明与教养，也标志着高品质的生活质量。它有三层含义：一是倡导消费者在消费时选择未被污染或有助于公众健康的绿色产品。二是在消费过程中注重对垃圾的处置，不造成环境污染。三是引导消费者转变消费观念，崇尚自然、追求健康，在追求生活舒适的同时，注重环保、节约资源和能源，实现可持续消费。

二、绿色消费的意义

1. 绿色消费是促进可持续发展的根本措施

　　可持续发展要求社会、经济的发展同自然、环境的发展相互协调，如果这种协调的关系遭到破坏，社会、经济的发展也就不可持续了。长期以来，建立在人类中心论基础之上的工业文明，崇尚的是物质至上的功利主义，表现在消费上就是极端的享乐主义，这种毫无节制的非绿色消费，对于自然、环境产生两方面的影响：一方面是导致了生产规模的无限扩大，在市场经济中，消费需求是推动经济发展的火车头，是决定生产规模的重要因素。为了满足这大量的非绿色消费，就需要无限度地掠夺自然，而这大量非绿色的生产过程，对生态环境造成了极大的破坏。另一方面是非绿色的消费直接影响到自然生态环境，消费的过程也同时成为一系列污染环境的过程，如一次性饭盒的使用、废旧电池的随手丢弃、塑料购物袋的大量使用、生活垃圾的产生等都造成了严重的环境污染问题；又如人们贪婪的食欲，使许多濒危动物面临灭顶之灾。因此非绿色的消费方式是导致自然生态环境危机和人类生存危机的主要根源（叶文虎、邓文碧，2001）。

绿色消费就是通过转变人们的消费观念和消费方式来协调人与自然、经济与环境的关系，从而实现可持续发展的。人们的消费观念和消费方式，一方面同社会生产方式密切相关，另一方面又同自然、环境紧密相连。绿色消费将有利于自然、环境与社会、经济系统的和谐运行，并朝着协同演进的方向发展。

2. 绿色消费是促进绿色经济顺利发展的重要力量

绿色经济这一新的经济发展模式，需要有绿色消费来引导和推动。虽然绿色经济作为新生的事物和代表未来发展方向的新模式，它的顺利发展也需要政府行政手段的调节，甚至进行行政的干预。但这不是根本的和有效的。传统的非绿色的经济发展模式有很强的惯性，绿色经济要完全取代它，是需要时间和一定力量的推动。在新旧经济模式演替的漫长的过程中，需要政府的强力推动。然而，完全地依靠政府干预，不但各种监督成本非常之大，而且政府干预也有其先天的信息不足的弱点，会产生有限的理性，并且难以协调各种复杂的利益关系，最终影响其效果。近年来，我国在环境污染的治理方面出现大量的反弹现象，就是一个例子。就是国务院重点整治的淮河地区，也经常出现污染反弹的情况。专家认为淮河已经丧失了自净能力，这已经严重地影响到沿岸人民的生产和生活。但在国务院已经严令治理的情况下，一些企业和地方政府仍然没有重视环保问题，使整治的各种措施几乎功亏一篑。国家环保总局等四部委 2001 年的专项查处行动发现，企业环境违法污染的反弹率高达 17.8%，这还不包括一些人为降低和掩盖的反弹现象，结果令人深思（课题组，2002）。这些例子说明了环境的治理及绿色经济的发展需要有市场的机制，需要有相对稳定的制衡力量，才能是有效的。

促进绿色经济顺利发展的更为根本和有效的途径是经济的手段和经济的力量。在市场经济中，消费是经济活动的起点和终点，它对于经济的发展具有十分重要的作用和意义。企业是为利润而生，并以利润为中心来组织其经济活动的，从产品的设计、生产到销售等，都围绕着利润的中心而展开。因此，消费就成了引导企业经济活动的方向盘和最重要的力量源泉。消费需求的改变可以很好地引导企业的产品结构和市场经济结构的变化，进而导致产业结构及生产过程的变化。绿色消费的这一引导作用是通过价格的调节作用才得以实现的。随着绿色消费的普及，人们更愿意选择绿色，绿色的产品、绿色的服务等都具有较强的竞争优势。这样的绿色偏好是推动绿色产品价格上涨的决定因素，而相对较高的价格就为企业创造了一个较大的市场空间和超额利润，这对企业来说具有最大的诱惑力；绿色消费的大力发展，消费者会进一步将视线从最终产品转向产品的整个生产过程，用消费这张有力的选票来对企业的清洁生产过程及营销过程进行选举。这样，同单纯的行政干预相比，市场的力量更为神奇。一方面它更能有效地降低社会监督成本，形成一个约束非绿色的市场行为的制衡力量；另一方面，它将有力地促进企业更加重视自身的绿色形象，生产更多的绿色产品，绿色经济会因此而得到更大的发展，这都将大大减少对自然生态环境的破坏。

3. 保障消费者自身健康安全的需要

绿色消费不仅能产生巨大的社会效益，对消费者自身来说也具有很重要的意义，特别是对消费者自身的健康安全。现代工业所带来的污染已渗透到世界的每一个角落，而很多污染物可以在体内残留、聚集，并能通过食物链扩散到整个生物系统，有很多具有很大副作用的工业物质在目前的技术条件下还不能确定其危害，这些都对人类的健康构成潜在的威胁，如日本的"痛痛病"和"水俣病"等，就是由工业污染物的缓慢积累所造成的。近年来，我国也出现了各种各样以前从未有过的古怪病症，特别是居住在受污染的河流两岸的居民，得了一些难治的疾病，有的还因此而失去了生命。

在消费的安全问题上，最引人关注的是药品和食品的安全，因为它直接影响到人们的健康。在食品消费上，农药残留已经成为人类健康的一大威胁，DDT 这一曾经使它的发明者获得诺贝尔奖的农药，早就因为它对于人体的严重损害而被各国所禁止，但科学家在考察南极时却从企鹅体内发现了 DDT 的残留物。在绿色食品的消费上，一些无污染或少污染的天然食品就备受人们的青睐。

只有绿色消费才能创造一个良好的生态环境，使绿色产品的生产成为可能，才能确保人类自身的消费健康与安全。

4. 绿色消费将创造出新的需求以促进绿色市场的形成与发展

市场是由生产者和消费者构成的，此二者之间的商品交换关系是影响市场形成与发展的主要因素。绿色市场的形成与发展既依赖于绿色生产的发展，也依赖于绿色消费的发展，绿色消费将创造出新的绿色需求，推动需求的高级化和多样化，从而促进绿色市场的发展。

马斯洛的需求层次理论表明，人的需要是有层次的，在人类生存的需要得到满足的情况下，他才可能有更高层次的需要。我国目前已基本上解决了温饱问题，人们最低层次的生存需要已经基本得到了满足，大众的需求正在向求健康和发展的更高层次演进，个人需求多样化趋势也表现得越来越明显。而内容相当广泛的绿色消费，可以同时满足人们多样化的和多层次的需要，如安全消费本身既是生存的需要，也是发展自己的需要。又如生态旅游，可以给人以健康，可以给人以知识，可以满足人们的多种精神需要。而且，绿色消费在满足这样较高层次的、多样化的需求中，还会创造出新的需求。生态旅游在近几年的快速发展，就是一个很好的例子。没有需求的生产是短命的，没有需求的市场是不成为市场的，因此，绿色消费推动了绿色生产的发展，推动了绿色市场结构的进化和优化。

绿色消费的不断扩大，还将促进绿色市场的规范发展。因为市场作为生产者和消费者之间的联系，它的规范与有序，除了需要政府加大管理的力度外，还需要市场当事人双方的力量制衡。只有当绿色消费逐渐成为气候，绿色需求足够强烈，绿色消费的市场力量达到一定的水平时，才能够对市场的非理性行为进行抵制和抗衡，这样才有利于市场的健康发展。

三、绿色消费的类型和表现形式

根据绿色消费的内涵可以将绿色消费分为五类：资源节约、污染减量型、环保选择型、重复利用型、循环利用型、自然友好型。每一种类型都有它在现实生活中的具体表现形式。

1. 资源节约、污染减量型（Reduce）

这种类型的绿色消费指的是在消费中尽量节约使用相关的自然资源，特别是那些不可再生的自然资源，同时在使用的过程中，尽量减少对环境产生污染。

节约不只是从经济上考虑，不单是经济行为，它还是一种社会责任，是人类对于地球的责任：人类只有一个地球，地球正面临着生态危机；是个人对社会整体、对子孙后代的责任，无节制地消耗地球资源将使人类的生存无法持续。无论是穷人或富人，都无权挥霍地球资源，因为地球是我们从后代手中借来的，当代人的经济尺度根本无法体现生态环境资源的真正价值。节约应当成为现代社会的道德观念。人人都应当关心地球，关怀未来；挥霍与浪费，不应当受到社会的鼓励，社会的每一个成员都有责任倡导和实施节约资源的生活方式。

提倡资源节约型的绿色消费，首先要求节约水、电等资源。

（1）节约和保护水资源就是保护生命之源。人们的生产和生活都离不开水，淡水资源尤为稀缺和宝贵。虽然地球表面的70%是被水覆盖着的，但其中有96.5%是海水，剩下的虽是淡水，但其中一半以上是冰、江河湖泊等。人类可直接利用的水资源，仅占整个水量的0.003%左右。

在我国，淡水资源不足是基本国情之一。我国是世界上12个贫水国家之一，淡水资源还不到世界人均水量的1/4。在全国600多个城市中，有半数以上缺水，其中108个城市严重缺水。由于地表水资源的稀缺又造成了对地下水的过量开采。20世纪50年代，北京的水井在地表下约5米处就能打出水来，现在北京的4万口井平均深达

49 米，地下水资源已近枯竭。节约用水已经成为可持续发展的基本要求。

保护水源就是保护生命。《中华人民共和国水污染防治法》规定：一切单位和个人都有责任保护水资源，并有权对污染损害水环境的行为进行监督和检举。据环境监测，全国每天约有 1 亿吨污水直接排入水体；全国七大水系中一半以上河段水质受到污染；35 个重点湖泊中，有 17 个被严重污染，全国 1/3 的水体不适于灌溉；90% 以上的城市水域污染严重，50% 以上城镇的水源不符合饮用水标准，40% 的水源已不能饮用，南方城市总缺水量的 60% ～70% 是由于水源污染造成的。而保护水资源要从日常生活的一点一滴做起。如慎用清洁剂，尽量用肥皂，就可以减少水污染。因为大多数的洗涤剂都是化学产品，大量的含有洗涤剂的废水排放到江河里，会使水质恶化。长期不当的使用清洁剂，会损伤人的中枢系统，使人的智力发育受阻，思维能力、分析能力降低，严重的还会出现精神障碍。清洁剂残留在衣服上，会刺激皮肤发生过敏性皮炎，长期使用浓度较高的清洁剂，清洁剂中的致癌物就会从皮肤、口腔进入人体内，损害健康。

（2）节约用电，使用清洁能源，减少对大气的污染。能源结构的合理与否，会对大气的质量产生直接的影响。人类目前使用的能源 90% 是石油、天然气和煤。这些燃料的形成过程需要亿万年，是不可再生的资源。太阳能、风能、潮汐能、地热能则是可再生的，被称为可再生能源。人们把那些不污染环境的能源称为"清洁能源"。尽量地节约用电、利用可再生资源，是绿色消费的要求。

因为大量的煤、天然气和石油燃料被用在工业、商业、住房和交通上会释放出大量的有害气体，严重污染大气。全球大气监测网的监测结果表明，北京、沈阳、西安、上海、广州五座城市的大气中总悬浮颗粒物日均浓度分别在每立方米 200～500 微克，超过世界卫生组织标准 3～9 倍，被列入世界十大污染城市之中。我国是以火力发电为主、以煤为主要能源的国家，煤在一次性能源结构中占 70% 以上。而燃煤对于大气的污染尤其严重。煤炭在燃烧的过程中会产生大量的含有碳和氮的氧化物的气体，这会产生二重的结果："温室效应"和酸雨。过量二氧化碳就像玻璃罩一样，阻断了地面热量向外层空间散发，将热气滞留在大气中，造成了温室效应。这些氧化物与空气中的水蒸气结合后形成高腐蚀性的硫酸和硝酸，它们又同空气中的雨、雪、雾一起回落到地面，这就是被称作"空中死神"的酸雨。

"温室效应"和酸雨都会给人们的生产和生活带来严重的后果。"温室效应"使全球气象变异，产生灾难性干旱和洪涝，并使南北极冰山融化，导致海平面上升。科学家估计，如果气候变暖的趋势继续下去，海拔较低的孟加拉国、荷兰、埃及等及若干岛屿国家将面临被海水吞没的危险。我国南方地区已经同美国和加拿大地区、北欧地区一样，成为全球的三大酸雨区之一。酸雨不仅会强烈的腐蚀建筑物，还使土壤酸化，导致树木枯死，农作物减产，湖泊水质变酸，鱼虾死亡。我国因大量使用煤炭燃料，每年由于酸雨污染造成的经济损失达200亿元左右。我国酸雨区的降水酸度仍在升高，面积仍在扩大。

采用绿色的消费方式是十分必要的。在日常的生活中，随手关灯省一度电，少开一次空调，就少一份污染，就为减缓地球变暖出了一把力；又如支持绿色照明，也是降低能源消耗的途径，"九五"期间的"中国绿色照明工程"是我国节能重点之一，使用了节能灯，也就节省了相应的电厂燃煤，就减少了二氧化硫、氮氧化物、粉尘、灰渣及二氧化碳的排放。

特别要强调的是，交通方式的选择也是消费方式的选择。汽车尾气已经成为一个重大的污染源。使用含铅汽油的汽车会通过尾气排放出铅，这些铅颗粒随呼吸进入人体后，会伤害人的神经系统，还会积存在人的骨骼中；这些铅颗粒落在土壤或河流中，会被各种动植物吸收而进入人类生态系统的食物链，进而进入人体。铅在人体中积蓄到一定程度，会引起贫血、肝炎、肺炎、肺气肿、心绞痛、神经衰弱等多种疾病。我国已经制定的《中华人民共和国大气污染防治法》规定了机动车船向大气排放污染物不得超过规定的排放标准，对超过规定排放标准的机动车船，应当采取治理措施。污染物排放超过国家规定的排放标准的汽车，不得制造、销售或者进口。但法律的真正实施，还需要各方的共同努力。我国首都北京有近 120 万辆机动车，仅为东京和纽约等城市机动车拥有量的 1/6，但是每辆车排放的污染物浓度却比国外同类机动车高 3 ～ 10 倍。北京大气中有 73% 的碳氢化合物、63%的一氧化碳、37%的氮氧化物来自于机动车的排放污染。北京尚且如此，更不用说其他城市和地区了。因此，尽量使用无铅汽油，减少尾气排放，这是有车族的责任和应有的选择。在欧洲，很多人为了保护大气，减少因驾车带来的空气污染，或者是自愿骑自行车上班，或者当"公交族"，以乘坐公共交通车为荣，这样的人被视为环保卫士而受到尊敬。美国的报纸经常动员人们去超级市场购物时，尽量多买一些必需品，减少去超市的次数，以便节省汽油，同时减少空气污染。颇有影响的美国自行车协会一直呼吁政府在建公路时修自行车道。在德国，很多家庭喜欢和近邻用同一辆轿车外出，以减少汽车尾气的排放。为洁净城市空气，伊朗首都德黑兰规定了"无私车日"，在这一天，伊朗总统也和市民一道乘公共汽车上班。在我国上海，一些公司职员经常合乘一辆出租车，名曰："拼打"。这些都是在日常生活中提倡绿色消费的实际行动。

（3）节约用纸，保护森林。纸张需求量的猛增是木材消费增长的原因之一，全国年造纸消耗木材 1 000 万立方米，进口木浆 130 多万吨，进口纸张 400 多万吨，这是以砍伐森林为代价的。我国是少林国家，森林覆盖率只有世界平均值的 1/4。据统计，我国森林在 10 年间锐减了 23%，可伐蓄积量减少了 50%，云南西双版纳的天然森林，自 20 世纪 50 年代以来，每年消失约 1.6 万公顷，当时 55%的原始森林覆盖面积现已减少了一半。纸张的大量消费不仅造成森林毁坏，而且因生产纸浆排放污水使江河湖泊受到严重污染（造纸行业所造成的污染占整个水域污染的 30%以上）。因此珍惜纸张，节约用纸，就是珍惜森林与河流。使用再生纸，就能减少森林的砍伐。如替代贺年卡，就能减轻地球负担。就是礼节繁多的日本人，近年来也在逐渐改变大量赠送贺年卡的习惯，一些大公司登广告声明不再以邮寄贺年卡表示问候。我国的大学生组织了"减卡救树"的活动，提倡把买贺卡的钱省下来种树，保护大自然。

2. 环保选购型（Reevaluate）

这是指在选购消费品时，尽量选择有利于身体健康与环境保护的产品，用自己消费选择来推动绿色经济的发展，从而对于自然与环境施加积极的影响。

消费者在市场上的购买行为，实际上是对市场上的产品进行选择的过程，手中的钞票就成了"选票"。如果消费者选择的是绿色的产品，则是投了绿色经济的赞成票。这样的购买，一方面是给了绿色产品的生产者以经济利益的鼓励，另一方面是向社会、向生产者提供了一个信息，一个将引导生产发展方向的有益信息。这样的信息将推动绿色市场的扩大，迫使非绿色产品市场的缩小，并逐渐地被淘汰，引导着生产者和销售者走向可持续发展的道路。

这一类型的绿色消费的具体表现有：

（1）购买绿色用品。绿色产品的种类很多，如有"环境标志"的产品就是其中的一类。"环境标志"是经过中国绿色标志认证委员会认证的，符合环保要求的产品，一经认证，就在产品上贴有"中国环境标志"的标记。该标志图形的中心结构是青山、绿水、太阳，表示人类赖以生存的环境，外围还有 10 个环是表示公众共同参与保护环境的意思。这样的产品包括低氟家用制冷器具、无氟发用摩丝和定型发胶、无铅汽油、无镉汞铅充电电池、无磷织物洗涤剂、低噪声洗衣机、节能荧光灯等。使用这些产品，将对环境的改善产生积极的影响，如无氟制品的使用，能有效地保护臭氧层，保护人和动植物免受伤害。

又如选择无磷洗衣粉，可保护江河湖泊。我国生产的洗衣粉大多数含有磷，年产洗衣粉 200 万吨，按平均 15% 的含磷量计算，每年就有 30 多万吨的磷排放到地表水中，给河流湖泊带来很大的影响。据调查，滇池、洱海、玄武湖的总含磷水平都相当高，昆明的生活污水中洗衣粉带入的磷超过磷负荷总量的 50%。大量的含磷污水进入水源后，会引起水中藻类疯长，使水体发生富营养化，水中含氧量下降，导致水中生物因缺氧而死亡，水体也由此成为死水、臭水。

（2）选绿色包装，减少垃圾灾难。生活垃圾已经成为重要的面源污染，特别是城市，垃圾的处理更是环境保护的一大难题。有资料表明，每个人每年丢掉的垃圾重量超过人体平均重量的五六倍，有 13 亿人口的大国，每年产生的垃圾量就是一个天文的数字。北京年产垃圾 430 万吨，日产垃圾 1.2 万吨，人均每天扔出垃圾约 1 千克，相当于每年堆起两座景山。另外，不少商品特别是化妆品、保健品的包装费用已占到成本的 30% ~ 50% 。过度包装不仅造成了巨大的浪费，也加重了消费者的经济负担，同时还增加了垃圾量，污染了环境。

（3）选购安全食品，保障自身健康。与人们的健康息息相关的食品，正在受到来自各个方面的污染：一是工业废弃物对农田、水源和大气的污染，导致有害物质在农产品中聚集；二是化学肥料、农药等在农产品中残留；三是一些化学色素、添加剂在食品加工中的不适当使用；四是储存加工不当导致的微生物污染。这些污染会对人体健康产生直接的危害，残留于食品上的污染物侵入人体后，轻的会通过免疫系统、激素分泌系统及生殖系统的紊乱表现出来，重的会导致癌症或其他的不治之症。选择经过认证的绿色食品、安全食品就是选择健康。近几年来，绿色食品的生产规模的不断扩大，按照绿色食品标准开发生产的绿色食品达 500 多种，产品涉及饮料、酒类、果品、乳制品、谷类、养殖类等各个食品门类。这些绿色食品，如新鲜的五谷杂粮、豆类、菇类等对人体健康是很有益处的。

3. 重复利用型（Reuse）

这一类型的绿色消费是指在日常生活中，将自身的安全、卫生与方便与环境改善及资源节约结合起来，尽量做到重复使用各种物品，充分发挥产品的使用价值。

提倡绿色消费，就要在现实生活中尽量少用一次性制品，以实现节约资源改善环境的目的。一次性用品会给人们带来短暂的便利，却加快了地球资源的耗竭，同时也增加了垃圾，给生态环境带来了灾难，如"白色污染"问题。那些给人们带来莫大方便的塑料袋已经成为一个严重的环境难题。我国每年塑料废弃量为 100 多万吨，北京市如果按平均每人每天消费一个塑料袋计算，每个袋重 4 克，每天就要扔掉 4.4 克聚乙烯膜，仅原料就扔掉近 4 万元。如果把这些塑料袋铺开的话，每人每年弃置的塑料薄膜面积达 240 平方米，北京 1 000 万人每年弃置的塑料袋是市区建筑面积的 2 倍。大量使用塑料用品，不仅造成了资源的巨大浪费，而且使垃圾量剧增。因为塑料的不可降解性，无法进行填埋处理，丢入农田还会破坏土壤的结构，进行焚烧又会产生"二恶英"等有毒气体。

因此改变消费方式是很重要的。在德国，就形成了不用或少用塑料袋的良好风气。许多超市里提供的塑料袋不是免费的，这是从经济手段上来减少塑料袋的使用；旅馆也不提供一次性的牙刷、牙膏、梳子、拖鞋；饭店里都使用不锈钢刀叉，高温消毒后再重复使用。在环境浪潮的冲击下，有的国家已淘汰使用塑料，而用特种纸包装代替。一些发达国家的生产一次性产品的行业正在走下坡路，开发生产可降解塑料或其他替代品的行业应运而生；很多国家提倡包装物的重复使用和再生处理，如丹麦、德国就规定，装饮料的玻璃瓶使用后经过消毒处理可多次重复使用，瑞典一家最大的乳制品厂推出一种可以重复使用75次的玻璃奶瓶；一些发达国家把制造木杆铅笔视为"夕阳工业"，开始生产自动铅笔。

又如少用一次性筷子，也是保护森林资源的重要途径。一次性筷子是日本人发明的，但环保意识比较强的日本人，却是靠进口，而不是靠砍伐国内的树木来做一次性筷子，使日本的森林覆盖率可以保持高达65%的水平。相反，森林覆盖率还不到14%的我国的，却是出口一次性筷子的大国。我国北方的一次性筷子产业每年要向日本和韩国出口150万立方米，这就需要消耗200万立方米的森林蓄积量。

4. 循环利用型（Recycle）

这是指对一些尚有利用价值的物品，进行分类回收，循环利用，减少污染和资源浪费。

全球性的生态危机使人们不得不考虑放弃"牧童经济"，而接受"宇宙飞船经济"观念。前者把自然界当作随意放牧、随意扔弃废物的场所；后者则非常珍惜有限的空间和资源，就像宇宙飞船上的生活一样，周而复始，循环不已地利用各种物质。在一些发达国家，还在大学和社区可以经常组织物品交换捐赠会，将各人不用的物品集中起来，互相交换，达到重复利用的目的。

人类每天都会制造大量的垃圾，如果进行分类回收，不但可以减少污染，还可制造新的资源。垃圾回收是一个重要的环保产业，也是循环利用的重要环节。如回收废塑料，就等于是开发了"第二油田"。废弃塑料不仅可以还原为再生塑料，而且所有的废塑料、废饭盒、食品袋、编织袋、软包装盒等都可以回炼为燃油。1吨废塑料至少能回炼600千克汽油和柴油，回收旧塑料成为名副其实的"第二油田"的开发。

从人类健康和环境保护的角度，回收废电池就更具有紧迫性了。日常生活中使用的普通电池是靠化学作用，即是靠腐蚀作用来产生电能的。而其腐蚀物中含有大量的重金属污染物镉、汞、锰等。这些重金属被废弃在自然界中，其有毒物质会慢慢地从电池中溢出，进入土壤或水源，再通过农作物进入人的食物链，并在人体内长期积蓄下来，会损害人的神经系统、造血功能、肾脏和骨骼，有的还会致癌。电池对于环境的危害是很大的，它的生产量就是废弃量，是集中生产而分散污染，是短时使用而长期污染。这种污染对于人类的健康危害极大。引起世人关注的发生于日本的"痛痛病"和"水俣病"就是由镉或汞的污染引起的，是由于含镉或汞的工业废水污染了土壤和水源，进入了人类的食物链所产生的恶果。"水俣病"是汞中毒，患者由于体内大量的积蓄甲基汞而发生脑中枢神经和末梢神经损害，轻者手足麻木，重者死亡。"痛痛病"是镉中毒，全身各处都很容易发生骨折，患者手足疼痛难忍，一直到死去，所以被叫做"痛痛病"。

又如回收废纸，实际上是再造了森林。回收1吨废纸能生产好纸800千克，可以少砍17棵大树，节省3立方米的垃圾填埋场空间，还可以节约50%以上的造纸能源，减少35%的水污染。每张纸至少可以回收两次，办公用纸、旧信封信纸、笔记本、书籍、报纸、广告宣传纸、纸箱纸盒、纸餐具等在第一次回收后，可再造纸印制成书籍、稿纸、名片、用纸等，还可以二次利用生产再生纸。

在绿色消费的观念下，所有的垃圾都能变成资源进行回收利用。实行垃圾分装就是把垃圾当成资源；混装的垃圾被当作废物或者送到填埋场，侵占了大量的土地，或者是进行焚烧都会污染土地和大气，还增加了环卫和环保部门的工作。分装的垃圾就不同，它被分送到各个回收再造部门，不占用土地，进行无害化处理，变废为宝。如在北京的生活垃圾中，每天约有180吨废金属可回收。铝制易拉罐再制铝，比用铝土提取的铝少消耗71%的能量，减少95%的空气污染；废玻璃的再造，不仅可节约石英砂、纯碱、长石粉、煤炭，还可节电，减少大约32%的能量消耗，减少20%的空气污染和50%的水污染。回收一个玻璃瓶节省的能量，可使灯泡发亮 4 小时。因此推动垃圾的分类回收，采用这种绿色消费方式成了战胜垃圾公害的重要举措。

回收再生是世界性的潮流和时尚，分类垃圾箱在许多国家随处可见，回收成为妇孺皆知的常识。欧盟各国自 1990 年以来都为推行"零污染"的经济计划而努力：德国开始实施循环经济和垃圾法，旨在要从"丢弃社会"变成"无垃圾社会"；法国要求回收 75% 的包装物，规定只有不能再处理的废物才允许填埋；瑞典的新法规要求生产者对其产品和包装物形成的废物负有回收的责任；美国一些州政府从 1987 年开始制定了回收的地方法规。

5. 自然友好型（Rescue）

这是指在消费过程中，在满足自身需要的同时，要重视自然生物的权利，要把自己的消费建立在与自然和谐相处的基础上，以保持良好的生态环境。

世上万物之间都具有普遍的关联性是自然界的基本规律。人只是地球生物的一种，任何一个物种的灭绝，都会影响到整个生物链的平衡，都会影响到人类的生存与发展。保护生物的多样性，就是保护人类自己。然而，人类毫无节制的消费享受，通过"消费者→偷卖者→偷猎者"，导致大量的野生动植物受到了威胁，甚至灭绝。提倡绿色消费就必须从改变人们的生活方式开始，如果每个人都拒食野生动物，拒用野生动植物制品，那些偷卖者才会失去市场，偷伐、偷猎者也才会销声匿迹。

因此拒食野生动物，拒用野生动植物制品，是绿色消费的基本要求。野生动植物资源正在急剧地减少。在恐龙时代，平均每 1 000 年才有一种动物绝种；20 世纪以前，地球上大约每 4 年有一种动物绝种；现在每年约有 4 万种生物绝迹。近 150 年来，鸟类灭绝了 80 种；近 50 年来，兽类灭绝了近 40 种。近 100 年来，物种灭绝的速度超出其自然灭绝率的 1 000 倍，而且这种速度仍有增无减。野生动植物资源的不断减少将危及人类自身的生存与发展。而系统越是具有多样性就越稳定，因此保护生物多样性就是保护人类生态系统的稳定和平衡。所谓生物多样性：一是指生态系统多样性，如森林、草原、农田等；二是物种多样性，即自然界有上千万种生物，是丰富多彩的；三是遗传多样性，即基因多样性，是指在同一种类中，又有不同的个体或品种。

我国是最早的国际生物多样性公约缔约国之一也是《濒危野生动植物种国际贸易公约》的成员国之一，保护生物多样性也是我们应尽的责任和义务。《中华人民共和国野生动物保护法》规定，禁止出售、收购国家重点保护野生动物或者产品。还规定，禁止收购和以任何形式买卖国家重点保护动物及其产品（包括死体、毛皮、羽毛、内脏、血、骨、肉、角、卵、精液、胚胎、标本、药用部分等）。

四、绿色消费的现状及存在的问题

1. 国外绿色消费现状

早在 20 世纪 80 年代，一些发达国家就开始大力提倡绿色消费，采取了一系列有效的措施，取得了很好的效果。如进行了环境标志体系建设（如德国蓝天使标志，北欧白天鹅标志、日本生态标志、欧共体环境标志等），来为绿色消费保驾护航。目前世界上绿色消费的总量大幅度上升，据联合国的一项统计表明，2000 年全球绿色消费总量已达到 3 000 多亿美元。这还只是狭义的绿色产品的统计，实际的数字应当是更大的。另外，绿色消费理念深入人心，经济发达国家有一半以上的人愿意购买绿色产品。据有关民意测验统计表明：77%的美国人表示，企业及其产品的绿色形象会影响他们的购买欲，尽管绿色产品的价格要高出 5% ~ 15%，但愿多付 5% 的消费者达 80%，愿多付 15% 的达 50%；80% 的加拿大人愿多付 10% 的价格来购买对环境有益的产品；85% 的瑞典人和 94% 的德国人会在购物时考虑环保问题；日本和韩国的国民也对绿色消费表现出极大的兴趣。

2. 我国的绿色消费现状

我国的绿色消费兴起比发达国家要晚好多年，于 20 世纪 90 年代初期才开始起步，但发展速度很快。

首先，绿色消费是在各级政府的大力推动下迅速发展的。江泽民总书记在第四次全国环境保护会议上指出"环境意识和环境质量如何，是衡量一个国家和民族文明程度的一个重要标志"；"十五"计划纲要则明确提出来要"提高全民环保意识，推行绿色消费方式"。1999 年开始在全国范围内全面实施的"三绿工程"是由国家经贸委、国家环保总局、卫生部、铁道部、交通部、国家工商总局、质检总局等部委联合实施的。它是以保障食品安全为基本目的；以"提倡绿色消费，培育绿色市场，开辟绿色通道"为主要内容的；以提倡绿色消费为切入点的系统工程。自实施以来，已经取得了明显的成效。如已经初步形成绿色产品的市场准入机制，配备了基本的检测设备，也开通了铁路和公路的绿色通道，建立了一些相关的法规等。

其次，绿色消费的氛围已基本形成，绿色观念逐步深入人心，传统的"价格优先"的消费观念正在向"价格与质量并重"的消费观念转变。中国消费者协会也适时地将"绿色消费"确定为 2001 年的消费主题，这也有力地促进了绿色消费观念的普及。该协会于 2001年 3 月至 6 月份在全国进行的"千万个绿色消费志愿者在行动"的大型调查活动结果显示：95% 以上消费者认可和支持绿色消费。对全国 36 个副省级以上的城市的调查也表明：98.9% 的消费者愿意为推动绿色消费而尽力；97% 以上的消费者愿意将垃圾分类投入，并进行节约用水；97.4% 的受调查者愿意选择绿色家居和环保装修，支持发展公共交通，拒绝野生动物制品；有 95% 的人赞同尽量不用塑料袋、一次性筷子和餐具。另外，到 20 世纪末，我国绿色产品贸易额已达到 400 亿元人民币，已有 40 多个产品大类，500 多种品种获得了中国环境标志认证。

其三，各地政府积极推绿色消费的活动。许多地方政府注意发挥自身的生态优势来发展绿色经济，以求在未来的绿色竞争中抢先一步。如海南、吉林、辽宁、福建等省都先后打出了绿色的招牌，提出了进行生态省建设的战略。黑龙江省把绿色食品开发作为农业和农村经济结构调整的核心，目前全省已开发出具有绿色食品标志的产品达281 个，成为全国绿色食品第一大省。

其四，企业成为推动绿色消费的重要力量。很多绿色生产企业为了自身利益和促进绿色消费而联合起来，对一些假冒的绿色产品进行打击，使绿色市场有了新的制衡力量。2002 年 6 月 5 日，广东省 70

多家获得绿色产品资质的企业在广州向社会庄严承诺：持续改善企业环境，推行清洁生产工艺，为建立一条和谐的绿色产业链而不懈努力。2001 年，广东省 24 家企业联合发动了广东省乃至全国规模最大的"绿色消费战"，以保护自身的绿色产品不被假冒，引导消费者进行绿色消费。有关部门日前对广州、天津、上海、北京、重庆五地的市场进行调查，其结果显示：假绿色空调、管材和日用化工产品已从市场上逐渐消失，三者比重分别从原来的 13.5%、10.2% 和 21.7% 降至 0.62%、0.21% 和 0.17%，而涂料的假冒行为则仍然居高不下，占所有假冒产品的 83.5%。

3. 存在的问题

绿色消费总量增长很快，但分布很不均匀。主要表现在以下几个方面：

（1）世界绿色消费主要集中在发达国家。据统计，欧盟各国有机食品的消费量目前约占世界有机食品消费总量的 3/4。发达国家经济发展水平较高，消费层次相应较高这是理所当然的，但在许多发展中国家，特别是像非洲这样的地区，由于温饱问题还没有得到解决，为了生存而不得不进行着非绿色的消费。这对于全球的环境来说是十分不利的；还有一些发展中国家，正在重复发达国家曾经走过的"先污染，后治理"的道路。南北的消费方式和水平形成了极大的反差。

我国的国内情况也是如此，东南沿海及一些大中城市的绿色消费需求占据国内绿色消费需求总量的绝大部分，1999 年的统计数据表明，西部 10 省区，生产绿色产品的企业个数、产品种类分别只占全国 15%、18%，进行绿色产品消费的比例就更小了。

（2）绿色消费的保障体系不完善。这主要表现在市场监督与管理不力，大量的假冒伪劣"绿色产品"充塞市场，严重影响了绿色消费的发展。由于绿色产品已经成为消费者的首选，消费者也愿意为绿色多支付，这些较高的价格自然可以为企业带来较好的利润，因此企业大量地进行假冒。这就给绿色消费带来很大的负面影响：一方面是由于市场比较混乱，真假绿色消费品混杂，消费者难以分得清，不敢轻易选择价格比较高的绿色消费品。另一方面是假冒的绿色产品会使消费者失去信心，需求减少，阻碍了绿色产品的生产发展。

市场监督与管理体系不完善表现在：认证机构众多，而信誉得不到保证。众多的绿色产品认证机构分散在各个地方和各个行业，有的地方的认证机构同申请认证的企业之间有着千丝万缕的联系，为了自身的利益，他们会放松标准，让申请者容易通过。而且对于认证之后产品又疏于监督，使认证的产品质量难以保证，影响了绿色消费的发展。

（3）绿色产品的规模小，质量不高。国内进行绿色生产的大部分都是小企业或是一些零散的农户，产品结构单一，技术水平较低，生产的规模比较小。这一方面影响了产品质量，另一方面难以形成规模经济，使绿色产品的价格居高不下，降低了其市场竞争能力。而且由于企业规模小，也没有能力去拓展销售渠道，难以形成知名品牌以替代其他的非绿色产品。据一项调查表明，绿色食品目前在各大中城市的商场、超市上架率也不超过10%。

（4）绿色通道还有待于进一步拓展。首先，体制性的通道还需要建设。如绿色认证问题，繁杂的程序，昂贵的费用，增加了产品的成本，降低了产品的竞争能力，为绿色产品进入市场设置了障碍，不利于绿色消费。其次，绿色产品市场仍没有建立起来。部分地区进行了相关的试点，但许多地方仍然是有市无场，或者是有场无市。绿色产品与非绿色产品鱼目混珠的情况仍然存在。

可见，推动绿色消费，需要多方的努力。一方面是要加强绿色教育，以提高消费者的社会责任心和绿色鉴别能力；另一方面的重要工作是要加强市场制度和政策建设，以形成支持绿色消费的支持与保障体系。

第八章

绿 色 营 销

现代工业的大规模发展为人类创造了前所未有的财富，极大地丰富了人们的物质生活，进而推动了人类文明的进步。但人类赖以生存的环境遭受到了空前的污染和破坏，自然资源因过度消耗而锐减，人类社会、自然环境与经济的持续发展受到严峻的威胁和挑战。危机促使人们对自身的生产和消费行为进行积极的反省，人们终于认识到消费需求的内容是多方面的，它不仅仅包括物质需求，还包括精神、生态等多方面需求。尤其是在环境恶化的今天，消费者的"绿色消费意识"日渐觉醒，导致了"绿色需求"的产生，而绿色需求又进一步催生了绿色营销，并推动其发展。

一、绿色营销是现代的营销理念

绿色营销是现代的营销观念，它是适应可持续发展的新营销理念。

营销实际上是企业的市场经营活动，它贯穿于企业经营活动的全过程，是一个包括产品的设计、定价、推销、配送及其他服务的整体性和系统性活动。显然，企业进行营销的目的是获取最佳的效益，通过对现在的和潜在的消费者进行系统的营销活动，把企业的产品和服务销售给消费者以最大限度地满足消费者的需求。而绿色营销是以满足消费者的绿色需求为目标，通过一系列的绿色营销活动：设计出绿色的产品、采用绿色的包装、加强绿色宣传、推行绿色的物流配送方式，为消费者提供绿色的产品和服务。企业在最大限度地满足消费者绿色需求的同时，获取了适度的利润和绿色的发展。

绿色营销体现了可持续发展的思想，是一种新的营销理念。传统的市场营销是以满足消费者的物质需求为目标，它忽视了人们的其他需求，甚至是为了满足少数人的物质贪欲而不惜破坏环境和浪费资源。而绿色营销则着眼于人们的绿色需求，把注重自然生态环境的理念引入营销活动中，以企业的绿色行动来减少环境污染，保护和节约自然资源，实现自然生态平衡，维护人类社会长远利益及其长久发展。所以绿色营销是将环境保护视为企业生存和发展的条件和机会的一种新型营销观念和活动，其最终目的是维持人与自然的和谐，避免因人的消费导致环境的破坏，从而实现社会、经济可持续发展的目标。

绿色营销代表着市场营销发展的新阶段，它营销的是一种新的生活方式。市场营销的发展经历过由以生产为中心向以消费者为中心的历史性转变。早期的营销观念是以生产为中心，以生产决定销售，这是同市场经济的较低发展阶段相适应的。工业化初期，城市人口的增加促进了市场的扩大，产品供应不足，基本上还处于"卖方市场"，在市场上是供给的一方占主导地位，企业营销的中心是生产，生产是企业经营的起点和中心环节，这是生产导向型阶段。随着市场经济的发展，市场情况发生了很大的变化，商品过剩，这时企业经营的中心问题不是生产，而是如何推销产品，销售能力决定了企业的生产能力，销售成为企业经营的中心环节，这是销售导向型阶段。20 世纪50 年代，由于科技的发展促进了生产能力的大大提高，市场竞争异常激烈，企业不能等待产品生产出来后再来推销，而是必须以市场的需求来决定生产，市场成为企业经营的中心和起点，这是市场导向阶段。20 世纪 60 年代以后，随着环境问题日益引起人们的共同关注，特别是随着可持续发展思想的产生，企业的经营活动也不能无视严重的环境问题，绿色营销阶段应运而生。绿色营销是企业营销观念的一次革命性的变革。因为绿色营销实际上是企业参与了人们生活方式的设计，是企业主动地指导消费的过程。企业的绿色营销满足了人们提升生活质量的要求，引导了绿色生活方式的推广。所以说绿色营销所营销的是一种新的生活方式，这是生活方式的营销阶段。

二、绿色营销的特征

绿色营销是在权衡消费者需求、企业自身经济利益和保护环境资源关系的基础上，以协调局部利益服从整体利益、眼前利益服从长远利益为原则，在产品设计、生产、定价、分销、促销等市场营销组合中以保护环境、减少污染、变废为宝、充分利用资源为根本出发点，倡导绿色消费，并尽量满足消费者的绿色需求，从而实现企业的社会营销目标（熊毅，1999）。同传统的市场营销相比，绿色营销具有以下几个方面的特征：

1. 统一性

绿色营销的目标是实现企业经济利益、社会公众利益与生态环境利益相统一。传统营销活动是以企业经济利润最大化为目标，重点是通过刺激和满足消费者购买欲望来获得经济利益。而绿色营销则不同，虽然企业也注重经济效益，但同时也重视企业在生产经营活动中的社会责任与环境责任，力求将社会效益、生态效益与企业经营利润都纳入企业的经营核算范围。相对于传统营销来说，它把保护环境、节约资源放在更加重要的位置，有意识地发掘绿色需求，引导人们进行绿色消费，进而影响人类的生活方式，在满足消费者绿色需求的过程中，推广绿色生活模式，实现企业自身利益与社会生态利益的有机结合。

2. 整体性

绿色营销的内容贯穿于企业的整个经营活动过程和产品的整个生命周期，它是一种应用绿色理念对企业的经营和发展进行事前的设计和控制的营销方式。绿色营销不仅要求企业采取各种措施以减少企业产品销售过程中的环境污染，而且要求企业在产品设计和制定企业发展战略时，就要把各种可能产生的环境影响纳入规划范围，把绿色的理念贯穿于生产的全过程。从产品的"摇篮"到"坟墓"，每个环节都要进行绿色分析，并进行绿色选择，以防患于未然。这种营销方式是以"绿色"为主线，强调的是绿色需求——绿色设计——绿色产品——绿色生产——绿色价格——绿色市场开发——绿色消费等的整体规划与组合（胡延华，2001）。因此它实际上是企业绿色发展的一种整体性战略。

3. 外部性

绿色营销战略的实施不但可以给企业自身的发展带来一定的利益，更为重要的是，企业在实现经济效益的同时减少了环境污染和资源消耗，为社会做出了贡献。环境是一种公共品，这种由企业绿色营销带来的生态环境效益被其他企业或社会公众所分享，也就是说，企业的绿色营销具有"正外部性"。当然，这种"正外部性"是相对而言的，当其他企业不必为他们的经营所造成的环境"负外部性"而支付费用时，进行绿色营销的企业的成本相对上升，这不利于企业的竞争，进而会降低企业进行绿色化转变的积极性。

4. 综合性

绿色营销观念是一个综合性的观念，它综合了市场营销、生态营销、社会营销和大市场营销等观念的内容。市场营销观念的中心是满足消费的需求，"一切为了顾客需求"是企业经营的出发点和落脚点，这也是企业一切工作的中心；生态营销观念要求企业把市场要求和自身资源条件有机结合，要求企业的发展要与经济、社会、自然和环境相协调；社会营销则要求企业不仅要根据自身资源条件来满足消费者的需求，而且还要符合消费者及社会的近期需要和长远需要，倡导健康的消费方式，以促进人类社会的进步与发展；大市场营销是在传统的市场营销组合四要素（即产品、价格、渠道、促销）的基础上，加上权力与公共关系，采取经济、心理、政治和公共关系等手段，以求得社会公众及政府等有关方面的合作和支持，使企业能成功地进入特定市场并保持某种竞争优势。

绿色营销观念要求企业在满足顾客需要（市场营销）和保护生态环境（生态营销）的前提下取得利润，协调三方利益和关系，营造一个良好的社会营销环境（大市场营销），实现可持续发展（社会营销）。

5. 效益的长期性

绿色营销更加重视长期利益。

从短期看，企业进行绿色营销并不一定是经济的，因为绿色化的生产和流通都需要增加成本支出，如需要为绿色生产购置一些更加先进的生产设备或环境污染治理设备等。况且，目前的绿色市场体系还不够完善、绿色制度还不健全，在这样的情况下，一方面是企业还比较容易逃避生产经营活动的环境责任，在环境问题上可以"搭便车"；另一方面是企业进行绿色营销的额外支出难以在短期内得到补偿，在经济上并不一定是合算的。

而从长期来看，企业进行绿色营销是必然的选择。目前，企业经营的社会环境正在日益发生变化，绿色需求日渐旺盛，政府对环境的管理工作也逐渐加强，企业的绿色形象对消费者的购买决策起着越来越重要的影响。企业实施绿色营销战略，可以树立企业良好的绿色形象，为企业在未来的竞争中创造更大的优势，进而可以使企业获取更多的长期收益，以弥补短期的利益损失。因此，只有从长远发展的利益出发，企业才愿意实施绿色营销，这是企业提升自己的形象、提高竞争优势的有效途径。绿色营销实际上是企业的一种长远发展战略。

6. 多向性

绿色营销具有多向性的特点。绿色营销不但需要企业的积极努力，还需要消费者和政府的共同参与和支持。首先，绿色营销是以绿色消费为前提的，它不仅要求企业树立绿色观念、开发绿色产品，同时也要求广大消费者树立绿色观念、购买绿色产品、自觉抵制非绿色产品。其次，绿色营销是以健全的绿色市场体系和合理的绿色制度为保障的，它要求政府树立绿色意识，倡导和推动绿色营销，并建立健全绿色市场体系和法律法规来约束非绿色营销活动，确保绿色营销的合理收益，特别是保护绿色营销带来的环境收益。只有国家、企业和消费者三者共同努力，树立绿色意识并付诸实施，绿色营销才能蓬勃发展。

三、绿色营销的意义

绿色营销是可持续发展战略在企业经营活动中的现实体现，在促进社会、经济与生态环境协调发展，推动适度消费、保护消费者的利益，推动企业的绿色发展等方面都具有重要的现实意义。

1. 绿色营销对企业经营的意义

（1）有利于发现和创造新的商机。首先，绿色营销可以发现新的商机。目前，可持续发展战略已深入人心，社会、政府等各个方面都要求企业关注环境，走绿色发展之路。这些对企业的经营行为来说，已经成为新的、潜在的约束条件。当然，这种约束对那些非绿色的企业和产品来说才是存在的，而对于已经实现了绿色化转变的企业来说，则是提供了新的市场机会，提供了新的市场切入点，尤其是那些同质性较强的产品，就更是如此（杨梅，2000）。实施绿色营销战略就是针对这些约束条件，结合企业自身的情况，对企业面临的市场环境进行综合的分析，从中发现新的商机和寻找市场的过程。如海尔集团推出的无氟环保冰箱，无疑是在竞争异常激烈的家电市场中，找到了属于自己的市场和发展机遇。其次，绿色营销的发展可以形成一系列新的产业，如生活废弃物、工业废料的分类回收再利用；绿色产品开发、消费的技术咨询；绿色信息及策略咨询和服务；绿色公证评估服务；绿色行业保险、信贷的开发；生态旅游的兴起；治污器械、替代材料、新型工艺设备的开发和研制；清洁生产及绿色技术的创新等造就了新的行业类型，亦拓展了行业的边缘分支。第三，没有需求的生产是没有生命力的生产。绿色营销一方面可以进一步刺激绿色消费的发展；另一方面，绿色需求的扩大又会有力地拉动绿色生产的发展，这就为企业经营提供了更多的市场发展机遇。

（2）促进企业节约资源，降低成本、增加利润。绿色营销战略是一种事前规划法，在产品设计时，就考虑到了该产品的各种成本和环境影响。这种整体和发展的分析视角可以更有效地帮助企业发现自己经营中薄弱环节，从而找到解决问题的途径。如选择适当的替代原料以节约资源、简化某些工作程序使工艺流程更为合理，减少排放物等等，这样可以避免一些不必要的损失，实现改善环境和降低成本提高经济效益的双赢目标。另外，实施绿色营销战略还可以树立企业的良好的环保形象，使其产品具有一定的绿色差异性，使消费者更愿意为其支付比同类非绿色产品更高的价格。据调查，在国际市场上绿色产品比普通产品售价高出 50% ~ 200%，而越来越多的消费者也愿意为真正的绿色产品支付更高的价格。更高的绿色价格能使企业的绿色成本支出得到补偿，同时为生产企业带来丰厚的利润。例如，北京开关厂在 1998 年申请环境认证时，一次性投入 52.3 万元按 ISO14000 体系的要求进行环保改造，一年半之后仅节约资金就达 160.41 万元（《中国改革报》，2000.6.12）。

（3）有利于企业开拓国际市场。近年来，在世界经济全球化的大趋势中，许多国家，特别是发达国家，为了保护本国人民的利益，也为了保护国内的市场，借助绿色革命的潮流，构筑了大量的新型非关税壁垒——绿色壁垒，以此来限制外国商品进入。虽然"绿色壁垒"会严重阻碍国际贸易的发展，但它又是符合 WTO 规则的合法的壁垒，因此对企业开拓国际市场产生巨大的不利影响，如我国每年因遭遇"绿色壁垒"被拒之于进口国门外的出口商品总值达到 100 亿美元以上。实施绿色营销，按照国际上通行的绿色标准来要求自己，促使企业顺利地进入国际市场，既可以有效地促进出口，又可以减少不必要的损失，提高经济效益。

（4）有利于促进企业管理水平的提高。绿色营销的内容涵盖了企业经营的各个环节和整个过程。实施绿色营销，可以促进企业对经营活动各个方面加强管理，如企业文化、绿色成本、绿色生产、绿色服务等，使环保目标与企业经营目标融为一体，提高了企业的管理水平。此外，绿色营销可以使企业领导与员工自觉树立较强的环境意识，以积极的心态参与绿色技术的开发、生产，从而提高员工的绿色素质水平，以更好地适应 21 世纪这一"生态世纪"的要求。因此，企业实施绿色营销战略，是符合世界绿色潮流的战略，也是企业以"生态人"的视觉重新审视自己的历史责任，寻求经济、社会和生态综合效益的最优结合，进而促进企业的可持续发展。

2. 绿色营销对发展国民经济的意义

（1）有利于遏制环境恶化的势头，促进可持续发展。企业是环境的主要污染源。实施绿色营销战略，进行绿色生产，转变传统的发展模式，就从源头上解决了这部分环境污染问题。另外，由于绿色营销是一种事前控制的战略，把解决环境问题、减少污染的理念贯穿于企业经营的各个环节，这就可以有效地促使企业积极采用新的环境治理技术，从而有利于促进环境治理技术的进步。因此，这就可以分别从"防"和"治"两个方面来促进环境的改善，促进可持续发展目标的实现。

（2）有利于综合利用资源，加快产业结构调整。进行绿色营销能够促使企业采用清洁、低能耗技术和生产工艺，开发绿色产品，减少生产过程中污染物的排放，在原料使用中尽可能采用可回收重复循环使用的资源。绿色营销的发展还有利于促进绿色技术不断创新，从而提高产品中绿色科技含量及附加值，促使产品向系列化、加工精深化发展；不断提高企业整体素质，促使产业升级、结构调整、形成生态化产业体系。

（3）有利于新兴产业的发展，增加就业机会。目前，较为疲软的国内需求制约了经济的发展。而绿色消费需求却一枝独秀，成了拉动内需的重要力量。首先，进行绿色营销可以及时地发现新的绿色需求，形成内需的新热点，促进经济增长。其次，实施绿色营销战略，开发绿色产品不仅可以满足国内市场的绿色需求，还可以扩大出口，促使内需和外需两旺，增强出口创汇能力。第三，绿色营销的产品开发和相关服务的提供，可带动一些新兴产业和部门的发展。这样，一方面完善了经济体系，促进经济良性互动；另一方面可吸纳从业人员，缓解就业压力。

四、影响绿色营销发展的因素

企业是一个经济主体，它必然要从自身的利益出发来考虑是否要从传统的营销模式转变为绿色营销模式，什么时候转变或如何转变等。这种转变也遵循制度变迁的一般规律，企业是在对实行转变的效益和成本进行比较之后，才会采取转变行动的。显然，这种转变受到多种因素的影响，并且是一种对这些因素进行权衡之后的理性选择，是企业对日益增长的绿色消费需求和越来越严格的政府环境管制等外部环境约束所作出的积极反应。正如环保形象较佳的道氏化学公司副总裁戴维·布利泽所说："我的工作不是要为人类谋福利，而是要为我的股东们赚取红利。……我们排放在大气中和水中的废物正在使我们付出越来越多的代价"（邓欣、郑颂阳，1998）。另外，绿色营销具有多向性，它不仅受到企业自身因素的影响，而且在很大程度上还受到社会公众、政府机构等各个方面因素的影响。

1. 影响绿色需求的因素

首先，绿色消费需求是绿色营销发展的推动力。"绿色"意识孕育着绿色消费观念的形成，人们对健康生活方式的追求产生了绿色消费的需求。绿色消费遵循着"三E"（Economic、Ecological、Equitable）和"五R"（Reuse、Recycle、Reduce、Reevaluate、Rescue）原则：即消费要符合经济实惠、生态友好、产销均衡原则以及在具体的消费过程中要达到多次重复利用、循环利用、减量化、环保选购、自然友好的要求。绿色消费的兴起促使企业在选择产品设计和技术选择时更加倾向于清洁生产工艺和技术，注重资源的节约和利用，在产品的流转过程中尽量减少对生态环境的破坏，并在产品的售后提供较为完备的环境服务。企业绿色营销是以满足绿色需求为目的的，只有满足了社会的绿色需求，企业在绿色营销中的支出才能得到补偿，才能获得经济利益。一般说来，绿色消费需求越大，企业实施绿色营销的积极性越高。

其次，政府对环境的管理制度也是影响绿色营销的因素之一。随着社会对环境问题的日益关注，企业的环境责任也日益受到人们的重视，政府对环境管理的力度也越来越严格，"污染者付费"的原则已经得到了越来越多人的认可。政府的环境制度越是健全，就越能为企业创造公平竞争的社会环境，使那些实行绿色营销战略的企业得到合理的经济回报。相反，那些资源消耗和环境污染严重的企业，则要受到严厉的经济制裁。而如果制度不健全，或者执行不力，就会影响到企业进行绿色营销的积极性。

第三，国际贸易中日益严重的绿色壁垒也是推动绿色营销的重要力量。适应于全球经济一体化、自由化的趋势，国际贸易中的关税和配额、许可证制等传统的非关税贸易壁垒已经逐渐受到WTO规则的限制而不断减少。然而，WTO的规则又把有关环境保护和消费安全的问题列为例外条款，这就为各个国家高高地筑起绿色壁垒提供了空间和条件。目前愈演愈烈的绿色壁垒已经成为阻碍世界经济贸易自由化的主要障碍。如1990年美国禁止墨西哥金枪鱼及其制品进口，其理由是墨西哥捕捞金枪鱼时使用的拖网上没有安装相关的保护装置，威胁了海豚的生存。在绿色壁垒的巨大压力下，出口企业不得不进行绿色营销。这种与贸易有关的环境保护要求影响了企业的成本支出和产品取向，进而影响了企业的市场营销策略。我国刚加入 WTO 就已经深切地感受到，绿色壁垒对于一个发展中国家来说是一个必须积极面对的严峻问题。因此只有积极地开展绿色营销，才能应对绿色壁垒的挑战。上海一些重点老牌企业在出口商品遭遇"绿色壁垒"后，赶紧练"绿色内功"，开展绿色营销。如上海金星电子有限公司就积极地按照绿色标准来进行企业技术改造，努力开发两种低辐射的环保电视接收机并以第一速度申请绿色认证。

第四，越来越稀缺的环境资源加快了绿色营销的发展速度。随着生态环境的不断恶化和自然资源逐渐耗竭，环境成为越来越稀缺的资源，企业利用环境资源的成本也因此而逐渐上升，这必然会影响到企业及产品竞争能力的提高。这种状况也必然要求企业转变其经营方式，实施绿色营销，通过减少资源消耗与环境污染来降低企业的生产成本，以提高企业的竞争力。

2. 影响绿色供给的因素

虽然绿色化的浪潮正在推动着绿色需求的不断增长和绿色营销的日益发展，但对于某个具体企业来说，绿色需求要转变为现实的绿色供给，还受到多种因素的影响。

首先，企业的经济实力是影响绿色营销供给的基本条件。因为实施绿色营销必然要进行大量的技术改造，甚至要引进先进设备和先进技术，要进行环境污染治理、绿色营销等方面的人力资源培训等，这些都需要投入大量的资金。因而只有那些实力比较雄厚的企业才有实行这种转换的经济能力，实践也证明了这一点，现实中真正能够实施绿色营销战略的大多数是比较大型的企业，如海尔集团是比较成功的。目前，对于大部分国有企业来说，就难有这样的经济实力。另外，一些本来就是以牺牲环境和资源为代价"发家"的小型企业，特别是乡镇企业，他们的环境意识还比较落后，设备条件也比较差，进行绿色营销转变的成本很高、困难更大。

其次，社会的绿色技术水平是制约绿色营销的条件之一。技术进步是产业变革和进化的决定因素，也是企业实施绿色营销战略必要的技术支撑。社会的绿色技术水平越高，企业获得这些技术的成本相对就越低，因此绿色技术水平是影响企业实施绿色营销的重要因素。从绿色产品的研制与开发、生产流程的改进、废弃物的处理到环境监测及污染的治理等都需要有较高的绿色技术作为支撑，绿色营销的发展期待着低成本的绿色技术的支撑。

3. 影响绿色市场的因素

市场是连接绿色营销需求与供给的纽带。合理的绿色市场体系对绿色营销的发展极为重要，它可以迅速传递绿色信息，使那些锐意发展的企业迅速捕捉到绿色需求信息，以尽快投入生产；有效的绿色市场体系可以为企业创造一个公平竞争的市场环境，从而为那些首先进行绿色营销的企业得到他们应有的绿色回报提供合理的保障，从制度上保护企业进行绿色营销的积极性；绿色市场的建设还会直接影响到企业进行绿色营销的成本，市场越是健全，企业为此而支付的成本就越低。目前的情况是：绿色市场体系还处于初创阶段，体系不健全，制度更欠缺，假冒伪劣的绿色产品充塞市场，鱼目混珠。这一方面增加了消费者进行绿色消费选择的风险，影响了绿色消费的发展，影响了绿色需求的发展；另一方面也使企业进行绿色营销的成本提高，使企业的绿色投入难以得到补偿，因而影响了企业进行绿色营销供给的积极性。

在绿色市场体系的建设中，绿色标志制度的建设具有十分重要的意义。在这方面，许多国家都已经采取了积极的措施，建立了有效的绿色标志制度。除全球通行的 ISO14000 系列外，许多国家或区域都设立了具有自己特色的绿色标志，如德国的蓝天使标志、日本的"生态标志"、美国的"绿色环境标志"、加拿大的"环境选择标志"及我国的"绿色食品标志"等。这种制度有效地解决了绿色产品和绿色营销的识别问题。绿色标志或环境标志成了绿色市场的通行证，它起着保护绿色发展者利益的积极作用。目前，绿色标志制度已为越来越多的消费者所了解，也得到了越来越多国家的认可。世界上许多国家都已宣布不得进口没有绿色产品认证或绿色环境标志的建材；美国能源部在世界上率先规定了在政府采购中只有那些已经取得绿色认证的厂家才有资格投标；英国等欧洲国家也规定：所有进口的电脑都须持有 ISO14000 等绿色证件。

五、绿色营销策略

绿色营销的载体是绿色产品，和一般产品相比，绿色产品是一个具有特别的"绿色"品质的新产品。绿色营销就是要根据这类新产品的特别之处，进行营销因素的合理组合，以制定出正确的绿色营销策略。

1. 搜集绿色情报信息——制定绿色营销策略的基础

充分准确及时地搜集有关的情报信息是科学决策的基础。绿色信息包括：绿色需求信息、绿色科技信息、绿色资源信息、绿色产品开发和生产信息、绿色法规信息、绿色经济信息、绿色文化信息、绿色价格信息、绿色市场竞争信息等。开展绿色营销活动，必须建立有效、快捷的情报信息网络，捕捉绿色信息，并将这些绿色信息进行综合加工处理，分析绿色市场变化动向、绿色消费发展趋势，从而发现潜在市场或商机，为企业绿色产品和技术开发等战略的制定提供准确的依据。如果信息不准确、不充分、不及时，绿色营销将无从谈起。

2. 绿色产品策略

绿色产品策略是绿色营销组合的关键。绿色产品的策略要求把绿色的理念贯穿于从设计、制造、销售到回收处置的全过程，要求产品对环境无害或危害较少、有利于资源再生产。

（1）要树立关注绿色产品的"绿色"品质的理念。在同类的产品中，绿色产品与非绿色产品的差别只在于"绿色"上，这种绿色差异性是绿色产品的灵魂。关注这种差异性也是绿色营销的灵魂。当然最根本的是必须保证"绿色"的品质，使消费者心甘情愿地为绿色而支付更高的价格，只有这样，企业的绿色营销成本才能得到回收，也才能提高绿色产品的市场竞争力。因此，必须在绿色产品的设计、生产到包装的全过程中都要努力保证"绿色"的品质，此外还要在产品的外观及包装的设计上力求将改善环境的努力凝固于产品设计中，并能够努力表现产品的绿色差异性，力求更好地吸引消费者。

（2）选择绿色资源，推广清洁生产。着重选择无公害、养护型的新能源、新资源，采用新技术、新设备，以节省能源及资源，提高资源利用率，减少对地球资源的耗费。要求产品达到以下标准：使用安全的原材料，节约能源和资源，并尽可能做到不污染环境；在其使用过程中不能危害人体健康与生态环境，而且耗能很低；使用后，容易拆解、回收翻新和重复利用，最终废弃物易于自然分解或生物降解。这就要求使用绿色包装材料，如采用组合型、复用型以节约包装材料，并且力求使用可降解材料，增加对消费者使用和处理包装物的宣传及处理方法说明。

（3）加强绿色服务设计，把绿色服务作为产品内容的一个重要的组成部分。在绿色产品的售前、售中、售后等各环节都要执行"绿色政策"，如引导消费者自觉地进行绿色消费、增进环保意识，建立良好的销售服务，负责绿色产品的咨询、维修和回收。

3. 绿色价格策略

价格是市场竞争的重要手段。绿色定价的核心问题是如何在绿色成本的回收同产品的竞争能力之间进行权衡，在近期的合理盈利和企业长期发展之间的权衡。绿色产品的价格要从实现企业绿色营销的战略目标出发，综合分析产品成本、市场需求、竞争态势等因素，充分考虑消费者的心理和承受能力，使消费者获得公平交易的满足。这种价格既要能够反映资源和环境的价值、企业的环保投入等，显示绿色产品的较高档次，有利于绿色企业取得较好的经济效益；同时也应注意到消费者对于产品的理解程度和接受过程。根据绿色产品的成熟过程和生命周期，对同一产品的不同时期制定出有差别的价格。在绿色新产品刚进入市场时，可以用消费者心中的"理解价值"来定价，以利于打开市场；以后，通过各种方式的宣传，使绿色产品逐渐为社会所接受等，随着社会对于该产品的认可程度的提高，在人们对于绿色产品的评价价值提高之后，或者采取适当提高绿色产品价格的策略，或者采取薄利多销的价格策略。

4. 绿色营销渠道策略

营销渠道是产品实现其价值的途径和通道。良好的绿色营销渠道一方面可以确保绿色产品的顺利流转，防止绿色商品的二次污染；另一方面可以减轻在此过程中的环境污染与破坏。企业应根据绿色产品的特殊性选择和建立适当的绿色营销渠道：

（1）在贮运绿色产品过程中进行绿色管理，除了应当防止绿色产品在贮与运的过程中受到二次污染，还应当注意贮运过程的清洁生产问题，简化供应和配送体系，提高配送效率和积载率，以节约能源的耗费，并尽可能地使用无铅燃料及选择节省能源的交通工具，以控制物流过程对环境的污染。

（2）精心挑选中间商。企业应当选择那些信誉较好、关心环保、有良好公众形象的中间商来推广自己的绿色产品，还应当要求他们要了解绿色产品，并能够负责任地减少或不使用对环境有害的包装材料，积极协助生产部门进行包装材料的回收和再利用。

（3）在绿色市场体系不完善的地方，企业可考虑自行建立绿色渠道，采取设立绿色产品连锁店、绿色产品专卖店、在大商场设立绿色专柜等形式来确保绿色产品的顺利流转。

5. 绿色促销策略

消费者的购买决策要经历一系列的心理活动过程，首先要认识产品，了解其"绿色"的特别品质，然后才可能产生购买欲望，最后才进行购买决策。绿色促销就是要以企业积极有效的活动来引导和参与消费者进行购买决策的整个心理活动过程，促进绿色产品的消费。绿色促销活动主要有以下几个方面的内容：

（1）宣传促销策略。在绿色促销策略上，首先，应加强对绿色产品的"绿色"品质的宣传，通过各种营销策略将产品的绿色特征逐渐突现出来，如进行绿色产品认证、采用防伪的绿色包装等，便于目标顾客辨别，减少消费选择的风险。同时通过适当的宣传，传播绿色消费知识，及时地将企业提供的绿色产品或绿色服务的信息迅速传递给消费者，以引起消费者的注意和重视，提高消费者对绿色产品的认知程度和进行绿色消费的自觉性，并产生购买欲望。绿色促销宣传实际上就是通过绿色媒体、传递绿色产品及绿色企业的相关信息以引起消费者对绿色产品的需求，并进而产生购买行为的过程。其次，要根据绿色产品受益主体的不同情况，采取不同的宣传途径和方法。绿色产品的绿色效用受益主体大体可分为个人收益和社会收益两种类型，而对于这不同类型的绿色产品，消费者在购买过程中的反应也不尽相同。一般说来，如果产品的绿色受益主体是消费者个人，那么这种直接的利益驱动将更加容易促使消费者形成消费偏好。在目前的我国，公众的绿色消费还基本上只是停留在以考虑"个人安全"为主的阶段上。公众对那些与自身健康联系十分密切的绿色食品等商品比较容易接受，绿色食品因此发展得比较快，市场空间也较大。而另外一类绿色产品的受益主体主要是社会，如环保型快餐盒，对于这一类主要与整个社会环境相关的绿色产品，消费者的选择就没有那么主动和积极。于是就出现这样的现象：许多人的愿意多花 5 角钱去购买一个土鸡蛋，却很少有人愿意多花 1 角钱去购买一个环保型快餐盒，这也是环保型的快餐盒难以推广的重要原因。

因此，在绿色促销中，必须根据这两种类型绿色产品的不同特点，采取不同的促销宣传策略。对于那些主要是以个人为受益主体的绿色产品，应主要考虑如何有效地强化产品的绿色概念（包括绿色特征、绿色含量、绿色价值等），宣传选择该绿色产品能给消费者带来的好处，树立产品与企业的绿色形象，在消费者中建立绿色品牌偏好等。而对于那些以社会受益为主的绿色产品，在消费者个人不能受益的情况下，企业进行绿色促销的重点是寻找一种能说服消费者的方法，以促使他们改变其消费行为。选择这种产品的消费者大多数是一些环境意识比较强、愿意承担环境责任的人，因而对于这一类绿色产品的促销宣传，需要通过绿色公关、绿色公益广告等环境宣传来向目标公众倡导绿色观念，提高社会环境意识。另外，由于这种产品的受益主体是社会，因此还可以借助于政府的力量来协调或强制受益主体为此支付一定的费用。这也会大大促进此类产品的销售，如对无氟冰箱减税或进行环保补贴会大大促进此类产品的发展。

（2）绿色广告策略。通过绿色广告向消费者提供有关绿色产品的最新信息，包括产品的绿色品质、特征、功能和作用等。为此，企业需要选择一定的传媒载体，广播、电视或户外广告等媒体，来传递绿色产品及企业的绿色信息。这里特别需要指出的是，过度的广告活动本身就是对环境的破坏，所以实施绿色营销的企业应当制定合乎绿色要求的广告策略，以尽量减少广告的环境影响。

（3）绿色推销策略。这是许多工业企业的主要促销方式。通过人员上门介绍、推销、散发试用广告品等形式让目标市场的客户更多地了解本公司产品的绿色特征。为了使这种促销形式达到预期的效果，推销人员必须了解产品的绿色特征及功能，理解消费者对于绿色产品的消费心理，回答消费者所关心的环保问题等。

（4）绿色营业推广策略。它是企业用来传递绿色信息的促销的补充形式，可以通过免费试用样品、竞赛、赠送礼品、提供产品保证等形式来鼓励消费者试用新的绿色产品，提高企业的知名度。

6. 绿色公共策略

绿色公关策略的目标是树立企业及产品的绿色形象。绿色公关能帮助企业更直接、更广泛地将绿色信息传到广告无法达到的细分市场，给企业带来竞争优势。

（1）企业内部绿色公关。加强内部绿色宣传和教育，制定绿色制度，培育企业绿色文化；开展绿色稽查，监督企业绿色表现等。

（2）外部绿色公关。通过公益广告等形式，在市场上广泛宣传绿色产品，宣传绿色产品在保护环境、造福人类方面的意义及其所带来的社会和环境效益等；通过举办绿色产品展销会、洽谈会等形式来扩大绿色产品与消费者的接触面；利用传媒和公关活动宣传企业在保护生态环境、节约资源等方面的绿色表现，参与社会重大绿色活动和环保宣传并给予赞助；对保护生态环境的民间组织给予物质支持等，都将扩大企业的影响面，使企业的绿色形象得以有效的传播。

（3）积极开展企业与社会的沟通和协调活动，以增强社会对企业绿色行动的了解和支持，这也包括环保部门的积极支持与配合。

六、我国绿色营销的现状及存在的问题

1. 绿色营销得到较快的发展

近年来，随着可持续发展战略的实施，绿色营销也已得到较快的发展，主要表现在以下几个方面：

（1）企业已逐渐树立起绿色营销的观念。目前，国内已有许多企业，特别是那些进行国际化经营的大企业，绿色营销观念很强。青岛海尔、广东科龙、河南新飞等企业早在 20 世纪 80 年代就树立了绿色营销观念，着眼于绿色化经营，以绿色求发展，到现在他们已经开发了许多绿色电器，不仅占领了国内的市场，而且已经在国际市场上树立了绿色的品牌。这些具有超前绿色意识的企业对 ISO14000 认证也十分积极，努力开发符合高标准的绿色产品，以提升自己在国际市场上的竞争力。

绿色产品市场逐渐丰富。这表现在绿色产品的品种日益多样化：除了绿色食品外，绿色冰箱、绿色空调，低噪音节能的绿色洗衣机，不含汞的绿色电池，高效、节能、副作用少的绿色电脑等绿色产品逐渐进入市场。就连房地产业也悄然兴起绿色潮，提出"以人为本"的经营理念，为人们建造环保、健康、舒适的绿色住宅和小区。

（2）政府采取积极措施支持绿色营销的发展。政府支持绿色营销的措施是多方面、多层次的，从制度到政策规定，从支持绿色生产到宣传、提倡绿色消费 及创造有利于绿色意识传播和形成的社会环境等方面都已经有了一定的作为。如 1999 年 11 月 22 日，国家六部门就联合实施"三绿工程"，以开辟绿色通道、培育绿色市场、提倡绿色消费为其主要的内容，并对我国绿色产品的生产、流通实行全面的质量控制，这无疑是促进和规范绿色营销发展的综合性措施。又如，"九五"以来，我国环保事业在政府的推动下进入一个崭新的发展时期，环保投入有较大幅度增加。"九五"前四年全国环保投入累计投资达 2 487 亿元，环保投入占 GNP 的比例四年平均达到 0.86%，1999 年首次达到 1.019%。环保投入的增加刺激了人们的绿色需求，促进了绿色产业的发展。目前我国的绿色经济已有广泛的存在，逐渐成为覆盖各个领域、行业和地区的新兴产业群，这有力地促进了绿色营销的发展。

此外，我国的环境标志认证也进入了实施阶段。政府积极引导和帮助企业申请认证，为企业认证创造便利条件。1996 年国际标准化组织颁布 ISO14000 认证后，我国即开始建立规范化、科学化的环境管理体系国家认证制度，认证领域包括工业企业、服务行业、机关事业单位等多种类型。目前已有 382 个企业和组织通过认证，经认证的企业数量居世界第 15 位和亚洲第四位。

（3）消费者的绿色意识逐渐增强。随着人们生活水平的不断提高，人们从追求生存到追求健康追求生活质量，越来越多的人们逐渐重视安全消费和绿色环境。这些追求在市场上就表现为对于绿色产品的需求偏好，特别是绿色食品更为一些消费者所吹捧。

2. 绿色营销存在的问题

（1）绿色产品市场无序化的现象比较严重。在目前的市场中，大量的非绿色产品进入绿色市场，造成了绿色产品的信誉不高、秩序混乱的局面。以绿色食品为例，一些企业擅自使用"绿色食品"标识欺骗消费者；有的"绿色食品"已经超过许可使用年限，却仍在继续使用绿色的标识；一些产品既没有权威机构认证，也没达到绿色标准，却在广告中以绿色产品自居等等。因此，在绿色产品市场上，实际上存在着大量的不正当竞争行为。辽宁的一个城市在检查中发现，市场上假冒绿色食品的比例竟然高达80%，由此可见绿色市场无序化的严重情况。

（2）绿色意识还比较淡薄。目前绿色意识虽然有所提高，但就总体而言，其普及度还不够，尤其是对社会的环保利益关注度更低。消费者对绿色产品的个人消费安全更为关心，而对那些主要是有利于社会环境利益的绿色产品的关注度较低，消费的积极性不高。据中国社会调查事务所（SSIC）于1998年7月组织的调查显示：有76.4%的公众听说过绿色食品，但大体能说出绿色食品概念的仅有34.5%，而愿意购买绿色食品的仅有21.7%，大大低于发达国家水平。尽管经过多方面的大力宣传、教育，社会公众在环保意识的"知"上的水平有所提高，公众对环保的意义、环境污染的危害性的认识有所提高，也掌握一定环保科学知识，但"行"上的水平却还相对落后，积极参与的意识薄弱，对那些有利于公众环境改善的绿色产品并不热情。因此，大多数消费者还缺少自主自觉进行绿色消费的意识和能力，这不仅影响绿色经济发展的规模，而且还难以对绿色营销行为进行有效的监督。

（3）绿色产业技术水平低，经济效益不明显。企业采用绿色技术能够产生良好的外部效应。但由于绿色技术的开发周期长、费用高、风险大，加上目前的绿色制度还不够完善，使企业绿色化转变的边际外部费用不能完全内化，绿色技术的开发缺乏不断创新的动力，影响了企业采用绿色技术的积极性。目前我国虽然有环保企业4 000余家，但90%以上是固定资产小于1 500万元的中小型企业和乡镇企业，技术素质不高，科技成果应用率仅为20%，生产的3 000多种环保产品中有1/5的产品在可靠性、适应性、产品结构设计上还有欠缺，有可能被市场淘汰，有2/5的产品需要改进。

（4）绿色标志制度尚未引起大多数企业的重视。近年来，我国企业界对产品质量的重视程度越来越高，但对绿色标准的重要性却缺乏应有的认识。以上海为例，数万家企业中只有不到300家的企业进行了绿色认证或通过 ISO14000 标准，不足企业总数的1%。而在德国，通过各种绿色标准的企业占总数80%以上。其原因是多方面的：首先，如政策与法规尚不健全，不规范的绿色市场管理，无法保证绿色营销者的利益，影响了企业参加认证的积极性。第二，绿色认证费用昂贵，也严重影响了绿色认证的发展。据深圳环境管理认证中心测算，深圳市中小企业仅认证费用就需10万元人民币，大型企业为20万~30万元，还不包括一些技改和添置设备的资金。昂贵的费用使许多已经达到绿色标准的企业和产品不愿去申请认证。第三，各种技术标准制度的国际化程度还比较低，还没有同国际上的标准接轨，使一些企业即使通过国内标准的认证，也仍然不能进入国际市场，仍要遭遇"绿色壁垒"的抵制，降低了绿色认证的吸引力。

（5）政府缺乏足够的措施来支持绿色营销的发展。绿色营销的发展离不开政府多方面的支持，虽然绿色产业已经被纳入国家可持续发展规划，但相应的政策和法规配套不够，如环境税费制度不健全，排污费低于治理成本，污染罚款低于它所造成的损失，排污费和罚款的管理和使用上还没有真正实行收支两条线，这些既违反经济学原理，又违反行政管理中的廉政原则。另外，绿色产业政策的不完善也制约了绿色营销的发展。我国绿色产业起点较低，规模偏小，发展很不平衡，在总体上缺乏一个统一的发展战略，使绿色产业在投资来源、产业技术开发、市场扶持等方面基本上还处于各自为政，自生自灭的状态。

七、发展绿色营销的政策建议

1. 制定绿色产业发展规划以支持其发展

绿色产业是朝阳产业，它的快速发展将带动相关产业的发展，在政府优先发展政策的扶持下，可以成长为具有竞争性的支柱产业。应根据我国的国情和绿色产业的市场前景来确定绿色产业的发展目标和重点领域，大力发展环保产业、环境友好产业和生态建设的主体产业，以实现扩大内需、增加就业、扶贫开发的三大目标。在投融资、税收、用地、补贴、证券等方面给予绿色产业以优惠和鼓励，引导那些生产能力过剩的产业向绿色产业转移，尤其是要吸引大中型企业加盟绿色产业，彻底改变我国绿色产业总体规模不大，企业规模偏小的状况。

2. 建立和健全绿色法规体系

环境法规不仅应当有利于环境的保护，而且还应当起到促进绿色产业发展的作用。应当对现有的环境法规进行规范和完善，使它们对绿色产业的开拓和发展起到应有的驱动作用。应当看到，只有绿色产业的发展与壮大，才能从根本上解决环境问题。

3. 建立和完善绿色税收体制

从长远看，绿色税收体制将对资源和环境的合理利用起到稳定的促进作用，进而促进社会、经济与环境的协调发展。完善绿色税制应当着重解决两方面的问题：

（1）调整税目、税率，对具有环境保护功能的税种加以补充完善。例如把资源税的范围扩大到土地资源、水资源、植物资源、海洋资源等；对容易造成环境污染的电池、塑料袋等消费品开征消费税。

（2）逐步开征环境保护税，包括水污染税、空气污染税、燃油税、垃圾税等。环境保护税不仅有利于保护环境，而且可以为绿色营销企业积累资金，促进绿色营销的发展，推动企业经济增长方式由粗放型向集约型转变。

4. 建立多元的环保资金投融资机制，吸引社会资本进入环保领域

环保领域是具有巨大的市场潜力，而有潜力就有投资的吸引力，

社会资本进入环保领域是大势所趋，尤其是那些具有开发或经营性而非纯公益性的环保领域。当然，这是以政策和体制的改革为前提的，如污水处理等，本来是属于公共事业的市政建设，完全由政府投入建设并进行管理。如果采取适当的体制，也可以向社会资本开放。这需要完善收费政策和建立补偿基金，以保证社会资金进入这些领域能够有正常的获利水平。此外，在融资方面也应当有相应的改革，对经营环保基础设施的民间企业应在贷款、股票上市、发行债券、税收等方面给予优惠政策。

5. 改进现有的绿色认证工作，促进其发展

政府要引导和帮助企业申请认证，让企业了解认证的意义，为企业认证提供有利的环境。

（1）要重视与环境有关的认证工作，建立规范、科学化的环境管理体系国家认证制度。

（2）积极采用国际环境标准，在选择绿色标志的产品名目、制定相关的技术要求时，要与 ISO14000 系列标准接轨。

（3）加强与国际组织及其他国家认证机构合作与交流，帮助企业收集主要目标市场的与环境有关的认证资料。

（4）积极宣传和加强对企业的认证咨询。

6. 建立绿色教育体系，使公民树立绿色消费观念

绿色教育除了可以通过各种宣传媒体，以公众易接受的形式开展各种形式的主题宣传活动，如"世界环境日""地球日""世界水日"等方式以外，更重要更根本的是需要建立起绿色教育体系，把绿色教育纳入中小学以及大学的国民正规教育体系中，编写适合于各个教育层次的教材，使国民的绿色意识不断增强，促进绿色消费观念的普及和提升，使绿色消费逐渐成为社会消费的主流，这样才能有效地促进国民经济的绿色化过程。

第九章

绿 色 市 场

在市场经济条件下，绿色经济的所有活动都必然要表现为市场的活动，并通过市场来实现。绿色市场是绿色经济运行的整体形式，研究绿色市场就是从总体上来研究绿色经济的运行状况，以揭示绿色经济的总体特征和运行机理。绿色市场是一个由排污权市场和绿色产品市场组成的市场体系。

一、绿色经济的物流特征与绿色市场

物质资料的生产必然伴随着物质的流动，物质不灭是自然界的一般规律，它对于社会生产过程也是适用的。根据社会生产过程中物质流动的内容和方式的不同，可以把社会经济活动区分为不同的发展模式。绿色经济既然是以资源的节约和环境的改善为前提的经济发展模式，是一种以协调人与自然的关系、兼顾经济与环境为特征的新的发展模式，就表现出与传统经济发展模式不同的物流特征：闭合的经济循环。

传统经济发展模式的物流特征是开放性的非经济循环。尽管社会生产从来就不可能是独立于自然之外，任何社会生产都必须从自然界索取，把自然物质纳入社会经济周转，并向自然界返回一定量的废弃物，社会经济系统本来只是人类生态系统中的一个子系统。但传统的经济发展模式却把人类生态系统这个大的系统当作是存而不在的，把经济系统作为一个独立的系统来看待。这样从物流的角度看，传统经济模式就把经济系统视为一个两头开放的系统，一方面它可以无限地从系统外引入自然物质，从矿物质、水、空气、到天然的木材等，使大量的自然资源被耗费了甚至即将被耗竭；另一方面，它又可以不加限制地把废弃物返回给自然界，把这些废弃物淘汰出经济系统之外了。这些被淘汰出局的废弃物不仅无法再进入经济系统的循环，不能成为人类可利用的物质，还恶化了自然界，破坏了其他自然资源，如垃圾成山侵蚀了农田、山脉，废气和污水破坏了空气、河流、海洋等生态系统。所以传统的经济发展模式在物流上的另一个特点是，它在不断地向自然界索取过程中，只是把自然物质的一小部分纳入到社会经济的周转中，完成了从生产→市场→消费→再生产……的循环。这些自然物质是在社会经济系统中进行循环的，社会再生产理论所揭示的就是以这一物流为载体和主体的社会经济系统循环运动的规律。这样的循环是以大部分自然物质被浪费在社会经济系统之外、进行着"非经济"的循环为前提条件的。

绿色经济这一新的发展模式则不同，它已经把自然资源的节约和环境的改善纳入了经济发展的框架内，将经济系统置于人类生态系统这一大系统的整体中。它认为存在于自然生态系统中的自然物质是经济系统赖以维持与发展的基础，因而要节约使用自然资源，提高使用效率，减少废弃物的排放，并尽可能地变废为宝，使自然物质在人类生态系统中进行循环，并且是闭合的循环。这种闭合的循环是"经济"的循环，即是节约的、有效率的循环。它表现在以下几个方面：通过绿色生产提高资源的转化效率，以更少的自然资源耗费生产出更多绿色产品，提供更多的绿色服务；通过绿色消费节约资源的耗费，同时也减少废弃物的排放；通过绿色营销促进绿色经济的顺利运行，从而把资源的节约和对环境的改善实现在社会生产的全过程中，对自然物质进行经济的循环利用。这里的"经济"表现在三个方面：一是为了子孙后代的需要而有节制地向自然索取；二是对进入经济系统周转的自然物质进行有效地利用，提高其效率；三是减少废弃物回到自然界，避免产生破坏自然的严重后果，保护好现有的自然和未来的自然。

绿色经济的上述特征决定了绿色市场的特征，这是和一般的市场或传统意义的市场相比较而言的特点：绿色经济的本质要求绿色市场把经济活动对于资源和环境的影响也纳入市场的体系与框架中。这一特征要求绿色市场解决影响经济"绿色化"的两个问题：经济活动的外部效应问题，即是如何把经济影响环境的外部性问题进行内部化；绿色市场的价格如何反映绿色供给与需求关系。只有解决了这两个问题，才能保证经济的绿色化，保障绿色经济的顺利发展，而解决了这两个问题，实际上就揭示了绿色市场的特征和运行机理。

二、外部不经济问题与产权交易市场

1. 绿色经济的发展是以外部不经济问题得到解决为前提条件的

和传统经济发展模式相适应的市场范围仅限于社会经济系统内，传统意义的市场并没有把资源与环境、没有把自然生态系统纳入自己的范围内，因此这里的市场并不反映人们在经济活动中所使用的资源多少，不反映经济活动对环境的污染状况。也就是说，自然资源没有市场价格，对环境的污染也不受市场的制约。市场机制在这方面是无能为力的，市场已经失灵。因为价格这一最重要的市场机制和最重要的资源配置手段的基础是价值。而价值的实体是劳动，它不包含任何自然物质的原子。价值的这一本质规定不允许价格反映自然资源的耗费情况和经济活动对环境的影响情况，不能解决经济外部效应问题。在传统意义的市场中，只有那些被资本所购买、表现为资本品的自然物质才能在市场的价格中反映出来，并在价格中得到补偿。

绿色经济则不同，它以人类生态系统的正常运行为前提条件，已经把经济活动对自然资源和环境的影响纳入了经济发展的研究范围，是以经济活动的外部性问题得到合理解决为前提的。如果经济活动的外部性问题得不到合理解决，则会引致两种后果：负外部效应（如环境污染）的收益归个人所得，而成本由社会来支付，"促使"社会个体对自然资源与环境的过度使用，进而引发"公共地悲剧"现象；以资源的节约和环境的改善为内容的绿色经济的受益者是社会，而成本却是由个体支付，进而会导致"搭便车"现象的普遍发生。总之，若外部性问题得不到合理解决，则绿色经济对社会来说是经济的，而对产商个体来说就可能是不经济的，它会因此而失去了内在的动力，以致不可能得到发展。可见，解决经济外部性问题是绿色经济发展的关键。

2. 解决经济活动外部性问题的途径

在解决外部效应这一问题上，经济学家进行了长期的探讨，提出了解决问题的思路：把经济活动外部效应进行内部化，并提出了具体的方法和途径。庇古和科斯是其中典型和突出的代表。庇古是最早研究经济活动外部性问题的经济学家，他认为外部性问题实际上是因边际私人收益和边际社会收益、边际私人成本和边际社会成本相背离造成的，而且对于这种背离，市场与价格是无能为力的。因此庇古提出应当由政府进行政策干预，采取对外部不经济征收"庇古税"的办法来解决环境问题。"庇古税"是根据边际社会成本来收取的，让那些外部不经济的企业为自己的不经济行为（如污染）支付费用，以此来实现外部效应的内部化。这种费用实际上也会通过市场价格来表现，并在市场上得到补偿，当然市场只能补偿社会平均的成本费用。这样，市场价格机制就为没有污染的企业提供了超额利润的奖励，而使那些污染严重企业受到经济的制裁，从而解决了边际私人收益和边际社会收益的背离问题。庇古的方法实际上是以"庇古税"作为切入点，间接地通过"庇古税"把环境污染的外部性问题纳入市场体系内，解决了"市场失灵"问题。

科斯定理及其改进的方法。庇古把"庇古税"作为解决经济活动外部效应的唯一方法，科斯在肯定"庇古税"的同时，又对于"庇古税"的唯一性提出怀疑。科斯认为这种方法不一定是经济的，并进一步解决了这个问题。科斯在他的经典名著《企业的性质》（1937）和《社会成本问题》（1960）中提出了进一步解决这个问题的思路和途径：进行初始产权的界定和产权的交易。在他创立的交易费用理论的基石上，科斯提出了被后人称之为"科斯定理"的现代产权经济学的基本原理：如果交易费用为零，通过市场交易就可以实现对资源的优化配置，使社会和个人的利益都达到最大化；如果交易费用不为零，那么明晰产权，对财产的权利进行明确的界定就是至关重要的了，不同的产权界定和制度安排就会有不同的效率。特别是在他的《社会成本问题》中，科斯详细地讨论了不同的产权界定、不同的产权制度所具有的不同效率，并进行了大量的例证分析。科斯定理隐含的前提是效率优先和社会福利最大化。从这样的原则出发，解决外部不经济问题的思路是：在交易费用总是为正的，并且越来越昂贵的情况下，首先要对财产的初始产权进行界定，以明确什么人有权做什么，有多少权利，这是非常重要的，尤其是公共资源。因为公共资源使用上普遍存在着"搭便车"，不界定产权的制度安排是最没有效率的制度。通过初始产权的界定就能提高效率，实现社会福利最大化。其次，在产权已经明晰的基础上，可以通过产权交易，由当事人自愿协商来实现效率优先和社会福利最大化，以取代"庇古税"的解决方法。从效率原则出发，"庇古税"并不是唯一的选择。"庇古税"是以行政的方法来解决外部不经济问题，而科斯则是采取行政方法和经济方法相结合的途径，是政府介入初始产权界定的行政方法和产权交易的市场经济方法相结合。

科斯定理所提供的解决外部不经济问题的思路：界定初始权利和产权交易，在应用于解决涉及面大的环境问题时需要解决一些具体的困难。科斯在《社会成本问题》中讨论了许多解决外部性问题的产权交易案例，但这些案例主要是外部效应涉及面比较小的产权交易，如肉类加工厂同鱼塘业主之间、工厂的噪音影响了开家庭诊所的邻居（医生）、一个工厂排放的 SO_2 使一个草席厂家的漂白草席受到污染，等等。在这样的小范围内，依据相关的法律就可以对外部性的权利进行合理地界定，并在此基础上进行财产权利的交易，如肉类加工厂同鱼塘业主之间就可以有多种方式的交易：由加工厂买鱼塘，由鱼塘买加工厂，或加工厂购买鱼塘的部分产权，以接纳部分的废弃物等等。但现在要解决的是涉及面很大的环境问题，社会同企业对这一公共资源初始权利的界定以及产权的交易都遇到了技术上的困难。

三、排污权交易市场

解决科斯方法的技术性困难的途径是在对环境权利进行明确界定的基础上建立排污权交易市场。

1. 排污权交易的思想

显然，环境的权利属于社会成员所共有，这一点是确定无疑的。社会共有的环境权利需要由政府来代表，由政府对污染的量进行标准化和减量化管理，即把允许排放污染的权利进行量化，并通过市场分配给企业，然后也允许企业之间进行排污权的买卖，这样就把环境权利的界定和交易转化成排污权的界定和交易，从而建立起排污权交易市场，以市场化的方式来解决外部不经济问题。

排污权交易的思想最早是由加拿大著名经济学家戴尔斯（J. H. Deles）提出来的，实践于80年代。显然，排污权交易必须由政府参与，由政府制定强有力的政策来推动。美国最早的排污权交易开始于1979年的"气泡政策"，1986年的里根政府批准了国家环保局的排污权交易政策报告书，该政策于1988年12月生效。

2. 排污权交易的国际市场实践

排污权交易的国际市场的形成同全球气候变化公约有关，特别是同《京都议定书》的实施有着密切的关系。"排污贸易机制"是《京都议定书》中三个灵活的机制之一，其内容是允许发达国家用购买排放指标的方式来抵减他们应承担的减排义务，这是发达国家和发展中国家之间经过斗争而达成的双方均可接受的协议，也是应用排污权交易的市场手段来实现温室气体减排和控制排放的目的。

在"排污贸易机制"的推动下，国际排污权交易市场得以缓慢启动。早在1996年，英国、丹麦等欧洲国家首先进行了二氧化碳的交易，尤其是英国，希望在建设排污权交易的国际市场方面走在各国的前面，并成为这一国际市场的中心和国际性制度建设的样板。英国政府已经决定设立二氧化碳减排的奖励基金，预计5年间基金总额将达到2亿多英镑，并在2003年的财政预算中列支，用于奖励那些积极采取措施以实现二氧化碳减排目标的企业，而对于那些不能实现减排目标的企业，则在奖励基金的分发上予以扣减。这样的制度受到了产业界的普遍欢迎，是促进排污权交易的有效制度。

在排污权国际交易的流向上，存在着发达国家向发展中国家购买的趋势。一方面是因为发达国家所排放的温室气体的量大、减排的任务重，另一方面是由于向发展中国家购买排污权指标对于发达国家来说是经济的。因为处于不同发展水平的国家同样减排一个单位的温室气体所需要的成本是不同的，如减排一吨二氧化碳，在发展中国家只需5~15美元，而在发达国家则需要10倍的成本（50美元）。所以出于自身利益的考虑，发达国家都愿意向发展中国家购买排污权指标，特别是愿意向贫穷的中美洲国家购买。在 1999 年，洪都拉斯就同加拿大达成了一笔交易：洪都拉斯以在国内大面积造林为加拿大吸收部分温室气体，加拿大支付的价款是免除洪都拉斯所欠的 10 亿加元的债务。这是国家之间的交易，还有一种是不同国家的企业之间的交易，如日本的电力公司曾向澳大利亚的企业购买过排污权。

排污权的国际交易仍是一个有争议的问题，其争议的焦点是：二氧化碳排污权的交易是否能达到减排温室气体的目的？这一争议自《京都议定书》的排放贸易机制产生的那一刻起就存在了，因为人们担心一些不负责任的富国会利用这一机制来推卸自己应承担的减排责任，以抵消国际社会在遏制气候变暖方面的努力。这一争议在 2001 年 7 月的波恩气候会议上表现得尤为激烈，这时的争论焦点则集中在能否用投资于森林和农业的方式来抵扣排污权。加拿大提出了建立以森林和农业来吸收二氧化碳的信用债权制度的建议，这一建议受到以欧盟为首的多数国家的反对。在这一问题上，美国的态度则比加拿大走得更远，布什政府拒绝了《京都议定书》，他们认为除了森林和农业可以吸收二氧化碳以外，企业可以通过寻找替代能源、开发节能技术等其他技术手段来实现减排温室气体的目的。布什政府的这种态度，对排污权的国际交易产生了多方面的影响。美国作为温室气体的第一排放大户，它的态度不仅已直接影响到《京都议定书》的命运，也必然影响到美国企业的态度和作用。美国许多企业对排污权的国际交易不积极，而有一些具有环保意识的美国企业也希望参加排污权的国际交易（如杜邦公司），但受到其他国家企业的抵制，不愿意把排污权指标卖给美国企业。

目前，排污权的国际交易市场仍处于发展阶段。虽然在 1996 年之后的 6 年中已经成交了 5 500 万吨二氧化碳指标，但市场的规模还比较小，交易行为还不规范。如二氧化碳排放权的交易就缺乏合理的指导价格，有的地方是 3.5 美元/吨，有的地方则是 0.6 美元/吨［中国环境报，2002.3.30（4）］。

3. 我国的排污权交易实践

在排污权交易的实践方面，我国同发达国家几乎是同步的，也正处在积极的探索中。1987年我国就开始在18个城市进行排污许可证制度的试点工作，并进行了排污权交易的尝试，这一交易的实践是由上钢十厂开创的。上海是排污许可证制度试点城市之一，它把黄浦江水源保护区作为试点地区，规定了保护区内的所有工厂都必须实行排污许可证制度和废水排污总量控制。而当时的上钢十厂准备在闵行区建立一个联营厂，新建设的联营厂每天要排放10吨的废水，如果允许其建设，则就会突破原来制定的排污总量。正是在这样的情况下，他们想到了排污权交易，在当地政府的支持和协调下，上钢十厂以4万元的价格向另一个即将倒闭的工厂购买了10吨废水的排污权，因此开创了排污权交易的先例。之后，闵行区在总结这一经验的基础上制定了有关排污权交易的一系列管理制度：①排污权的确认，以1985年的废水申报量的60%作为企业的原始排污权，这是无偿发放的基数；②排污权交易程序，首先由需要增加排污权的单位提出申请，由环保局进行审核，确定出让方，并对交易双方签订的协议进行确认、审批，最后对双方的排污权交易许可证进行变更；③排放交易费的使用管理，排污权交易所得的费用作为专项存入环保局的专项基金中，必须经过批准才能使用，而且出让方最多只能使用其中的80%，其余的作为环境治理基金。闵行区这一系列的制度建设有力地促进了排污许可证制度的实施和排污权交易的实践。到2000年底，全区已经进行了37笔的交易，转让COD排污权1 301千克/日，废水排放量9 728吨/日，累计交易额达到1 391万元。他们的实践已经证明，采用排污权交易是解决外部不经济问题的有效手段。实施排污权交易后，该区的废水排放量大大减少，1994～1999年，该区的经济以两位数增长，但工业废水排放量却由21 971吨下降到13 145吨，COD排放量由3.79万千克下降到2.02万千克。当然，我国的排污产权市场交易实践仍处于地方性的试点阶段，还没有形成可以在全国范围内推广的法律和制度，在已经出台的《大气污染防治法》《水污染防治法》中还没有明确的排污权交易制度规定，仍没有规范的操作［中国环境报，2001.8.13（1）］。

我国是以煤炭为主要能源的国家（煤炭占一次能源消费总量的70%），煤炭燃烧产生的二氧化硫对大气的污染极为严重，是导致酸雨的主要原因，因此有必要采取有力的措施来控制二氧化硫的排放量。《国民经济和社会发展"十五"计划》对此提出了明确的要求："到2005年，主要排放物排放总量进一步削减，全国二氧化硫排放量在2000年的基础上减少10%；'两控'区（二氧化硫和酸雨污染控制区）二氧化硫排放总量在2000年基础上削减20%。"利用市场机制来解决这个问题是非常迫切和必要的。在试点城市的基础上，国家环保总局和美国环境保护协会合作，于2001年共同在辽宁本溪和江苏南通进行二氧化硫排污权交易的试点，这两个城市的试点内容各有侧重。本溪的重点是建立一部有关二氧化硫排污权交易的地方性法规，形成《本溪市大气污染物排放总量控制管理条例》，对排放监测、申报登记、许可证分配、处罚措施等重要环节以法律的形式作了明确的规定，并确定了以排污权交易作为实现总量控制的主要方法。南通市的试点重点在于以现有的法规为前提进行排污权交易的运作程序探索。

2002年，国家环保总局又进行了新的试点工作：确定山东、山西、江苏、河南、上海、天津、广西柳州等七省市作为排放交易的试点，以探索运用经济手段来调动企业的积极性，达到削减二氧化硫排放总量的目的。七省市的试点项目是在各地实施二氧化硫排污许可证及排放总量控制的前提下，通过市场交易的方式，用经济手段鼓励企业削减二氧化硫排放量。企业可以把节约下来的排污权指标在企业之间进行交易，或者将之积存下来，为今后企业扩大再生产做准备。而那些无力进行技术改造、无法实现减排的企业必须向其他企业购买指标，如果买不起，就得缩小生产规模。当然，这种购买也不是不受限制的。排污权的交易是为了实现总量指标的控制，因为，它只能在总量控制的前提下进行。同时，国家环保总局还聘请了美国环境保护协会的著名经济学家、律师等专家进行指导，以促进试点工作的顺利开展［中国环境报，2002.6.3（2）］。

四、绿色产品市场

总的说来，绿色产品市场目前还处于起步阶段，除了绿色食品有一定规模外，其他的绿色产品的发展都较为缓慢，这同绿色产品市场的特点有关。绿色产品市场的发展还需要多方面的共同努力。

1. 绿色产品市场的规模还比较小

随着可持续发展战略的实施，绿色的理念逐渐深入人心，绿色市场的份额也有逐步扩大的趋势。但在目前，绿色市场仍处在初级发展阶段，其发展受到多种因素的制约。

（1）受到经济发展水平的制约。改革开放以来，我国的经济发展取得了举世瞩目的成就，特别是在东南亚金融危机中和近年来世界经济普遍不景气的情况下，我国的经济被称为是"一枝独秀"。但我们毕竟还是一个发展中国家，目前还处于从温饱型向小康型过渡的阶段上，大多数人对产品价格较为敏感。由于目前大多数绿色产品的价格还比较高，使得绿色消费主要局限于较高收入阶层，难以在大众中普及。

（2）受到消费者环保意识的制约。一般说来，文化程度较高的群体，其环保意识会强一些，更容易接受绿色消费模式；受教育程度较低的群体对绿色消费的理解及认同度较低，而这部分群体的数量众多，且大多数分布在山区、西部、农村等地区，直接与自然生态环境接触，对环境的影响更大，他们能不能进行绿色消费对我国生态环境保护及绿色经济的发展起着决定性的作用。据调查，超过一半的广州市民从来没有买过"绿色食品"，环保纸质饭盒仍然无法替代一次性的泡沫饭盒。

（3）受到绿色科技发展水平的制约。绿色市场发展的过程，也就是以绿色产品替代非绿色产品的过程。绿色产品强调的是没有受到工业污染，也不会产生工业污染和生态破坏。但我国产业过去走的是高消耗高污染的粗放型发展道路，现在要向绿色生产转变，要在过去的产业基础上发展绿色产业，因路径依赖效应的存在，难以在短时间内完全转变成绿色的生产。因此没有受到工业污染的绿色产业在国内尚属于起步阶段，这是与初级发展阶段相适应的。目前我国的生产力水平及科技水平都比较低，尤其是绿色工业品的生产能力和水平都还比较有限，难以提供高质量高水平的绿色产品，很多绿色产品还只是初级产品，就是一些天然产品也由于受到保鲜技术等的限制而不能大量上市，使得绿色市场的规模受到了一定程度的限制。

2. 绿色产品价格的构成和运行特点

绿色产品的消费包含着绿色的个人收益和绿色的社会收益两个部分，相应地，绿色产品价格中也包含着个人成本和社会成本两部分，它们有不同的补偿和运行情况。这同绿色产品消费的正外部性难以完全内部化的特点有关。

绿色消费存在着正外部性的特征。绿色消费同一般的消费不同的是：一方面，进行绿色消费可以比进行非绿色消费获得更多的绿色个人收益，如促进消费者身心健康，确保消费者的生活安全，这可以使消费者进行此项消费的额外支出得到一定的补偿；另一方面是绿色消费除了给个人以利益外，还为社会带来利益。也就是说，进行绿色消费可以为整个生态环境与社会的持续发展做出贡献，这是绿色的社会收益，但社会并没有为此而支付，这里的社会成本也是由消费者支付。消费者支付了全部的社会成本，却只是作为社会的一个成员享受了其中的一小部分，其他却得不到补偿，这是绿色消费正外部性的表现。

绿色消费的正外部性影响了消费者的购买决策，进而影响了社会的绿色需求规模。一般情况下，消费者是以其自身能够感受到的个人收益来做出是否购买和购买多少的决策的。由于绿色消费正外部性的存在和不能合理内化，消费者在对绿色消费社会收益的享用与供给上，存在着"囚徒困境"问题和"搭便车"倾向。在市场的价格体系中，最终消费者承担了绿色部分的全部额外成本，而只得到了收益的一部分，因此人们自动选择绿色消费的动力相对不足，相对于最佳需求来说，绿色消费需求是不足的。这样就使得绿色产品的消费量总是小于最佳社会总需求量，而相对小的需求规模决定了较小供给的规模。

虽然绿色产品的消费者都必须为绿色的社会收益而支付，但其支付的意愿则取决于绿色个人收益的大小。消费者从不同绿色产品的消费中所获得的绿色个人利益的大小有所不同，而绿色个人收益直接影响到不同绿色产品的发展规模。相比较而言，消费者从绿色食品中所收获的绿色个人利益就比消费其他绿色产品所收获的绿色个人利益要多得多，并且也更为直接和明显。这种直接的绿色个人利益必然成为驱动消费者选择绿色食品的动力，会不断增大绿色食品的需求，进而有力地推动绿色食品的发展。此外，一些绿色家庭用品的绿色个人收益也是比较明显和直接的，容易为消费者所接受，因此发展也比较快，如绿色家电等。而其他种类的绿色产品的情况则有所不同，消费者从此类绿色产品中所获得的个人利益就不很明显和直接。即使这种绿色消费会给社会带来很大的绿色收益，消费者也不愿意为此而支付。如塑料袋、塑料快餐盒的消费就属于这种情况，尽管许多人都明白治理"白色污染"是非常之必要，但消费者就是不愿意为社会的收益而支付。野生动物消费的屡禁不止也属于这种情况。这种绿色个人收益不明显和直接的绿色产品，显然不可能靠个人利益的驱动而得到发展，它需要社会道德和其他社会力量来推动。对于这种绿色产品的发展，政府的引导十分重要。政府可以通过加强教育宣传，增强消费者与企业维护生态环境与社会利益的责任感，更重要的是通过制定政策来促进市场价格的合理形成，对消费模式进行调控，以刺激绿色需求。

3. 绿色产品市场的信息不对称

在绿色产品市场的运行过程中，存在着多重的信息不对称，这也是绿色市场运行的特点之一。

首先，绿色产品的"绿色"品质存在着信息不对称。产品是否是绿色的，其绿色的程度如何，只有生产者自己清楚，甚至连生产者自己都不一定十分清楚，例如，生产者有时并不清楚由他人供应的原料是否是绿色的，其内部含有大量外人并不知道的内部信息。绿色产品的生产是以绿色原料、绿色环境等绿色生产条件为前提的，绿色生产条件是产品绿色品质的保证。但绿色生产条件往往与最终产品相距较远，消费者难以获得有关产品绿色"历史"的充分信息，如消费者难以直接从食品的外观上发现植物生长的土壤和周围的空气条件是否达到清洁的要求。另外，生产者往往故意掩盖产品生产条件中的非绿色成分。因此，"绿色"品质存在着较大的信息不对称，消费者对此信息的了解很不完全。

其次，绿色产品的市场准入上存在着信息不对称。种种不完全信息的存在，要求在市场准入上严格把关，防止非绿色的产品混入绿色产品市场。但严格把关在技术和成本上都有困难，厂家要证明自身的生产过程是清洁的、产品是绿色的，需要耗费大量的成本；市场要对绿色产品进行认定也需要支付成本。如此一来，有的厂家心存侥幸，冒充绿色产品；有的厂家不愿意为证明自己产品的绿色品质而多支付成本，而是将证明和检验的成本转嫁给社会或消费者。市场准入上的信息不对称，使假冒绿色产品可以轻易地进入市场而不必承担绿色产品所必须承担的附加成本，严重地影响了绿色市场的运行。

第三，绿色商标管理中存在的信息不对称。绿色产品同其他产品的主要区别在于它的"绿色"上。由于消费者对产品的内在信息并不十分了解，难以辨别出绿色产品与其他产品的真正区别，因此"绿色标签"对于绿色市场的管理来说显得十分重要。但由于绿色市场还处于初级发展阶段，消费者对于"绿色标签"的认知程度还很有限。对于消费者来说，购买绿色产品存在着被欺骗的风险，降低了消费者对绿色消费的信心与认同感，影响了绿色市场的发育。现实的情况也正是如此，实际能真正进行绿色消费的群体并不多。

4. 市场的缺陷与管理

由上述特点可知，绿色产品市场还存在着较大的缺陷，在某些方面会失灵，因此它的发展需要政府强有力的管理和引导。首先，政府要加强对绿色消费的宣传和引导，促进消费观念的转变，使绿色消费方式能够为社会各界所广泛接受，促使绿色消费逐渐取代传统的消费模式，并在这种取代过程中推动绿色市场的发展。其次，政府要加强对绿色市场的管理力度，以解决市场信息不对称问题：加强对绿色产品的市场准入管理，以保证进入市场的产品实现真正的"绿色"；加强对绿色商标的管理，以政府的信誉来保证绿色商标的名副其实，使老百姓能放心地消费绿色产品。此外，政府还可以制定促进绿色科技发展的政策，推动绿色生产的发展，以此来提高绿色产品的劳动生产率，从而降低绿色产品价格，从根本上解决绿色产品价格高于一般产品的问题，克服绿色产品的价格劣势，提高绿色产品的市场竞争力。

五、绿色市场与循环型社会

排污权交易市场和绿色产品市场的运作将有利于构建循环型的社会。循环型社会就是将环境与经济发展结合起来，建立一个以循环经济体系为主导的社会经济体系，在全社会范围内实现资源-产品-再生资源的闭合循环，从而把自然和环境纳入到社会经济系统中，使之由经济运行的外生变量转变为内生变量，实现经济系统与自然生态系统有机融合。

1. 循环型经济是实现可持续发展的理想形式

在循环经济模式中，一切资源都可以在循环中达到完全的利用，因而在全社会的范围内可以做到以"资源"来取代"废物"的概念：有的可以在一个工厂内部就可以实现废物的再利用，上一个工序的废物成为下一个工序的原料，实现了"零"排放；有的可以在一个小区内，通过不同工厂之间的物质转换关系，以一个工厂的废物作为另一个工厂的原料，形成了闭合的循环系统；有的则是在社会范围内，通过对消费后的废物进行回收和再利用，建立循环的运行体系，形成了清洁生产与废弃物的综合利用融为一体的经济。它改变了资源-产品-污染排放的直线、单向流动的传统经济模式，倡导在物质不断循环利用的基础上发展经济，建立资源-产品-再生资源的新经济模式。循环经济以一系列技术创新为条件对资源进行循环利用，既提高了资源的使用效率，又不对环境造成压力，达到了不排放或少排放废弃物的目的。这些技术包括减少资源、能源消耗量的技术，使产品长期耐用的技术、循环利用的技术，减少废弃物排放的技术等，尤其是对生产过程的废物利用和对消费后废物的回收利用的技术。

循环经济包含着三个互补的原则：减量化、再利用、资源化（曲格平，2001）。减量化原则是针对输入端的预防性原则，它是以减少生产过程的资源消耗为内容的；再利用原则是过程性方法，它要求对所有的物品都尽可能地进行多次利用，以减少废弃物；资源化是针对输出端的原则，它要求对生产过程的废弃物进行资源化的再利用，再生为同原来产品相同的产品（即原级资源化）或者把废弃物再加工成其他产品，进行次级的资源化。如造纸业和制糖业都是污染的大户，在生产过程中排放的大量废气和废水都是严重的污染源，这些废弃物的再利用是一个突出的问题。对造纸厂的废弃物进行碱回收就解决了污染问题，当然，这只有大企业才能做得到。又如，马尾松加工会产生松香油、松精油等下脚料，如果没有回收处理，既浪费了宝贵的资源，又会产生污染。位于风景秀丽的厦门市集美台资投资区内的厦门涌泉集团与科研单位携手，采用先进的"催化加氢"技术，以这些下脚料为原料，生产出高天然度的绿色无氯系列香料，既解决了污染问题，又创造了可观的经济效益。又如，制糖业的废料甘蔗渣、废糖蜜、二氧化碳废气等，若能全部利用起来，无疑是变废为宝；若不能很好地利用起来，则会造成严重的污染。广西贵糖股份有限公司坚持科技创新，解决了这一系列的问题。该公司是全国制糖业中的佼佼者，其生产规模、年榨糖量、年糖量均居全国第一。它依靠科技创新，对生产过程中的废弃物进行综合利用：蔗渣用来生产文化用纸和生活用纸系列产品，年产量达到4.5万吨；废糖蜜生产优质的食用酒精1万吨；二氧化碳废气生产碳酸钙2.5万吨。这样，既利用了废弃物，又解决了制糖业季节性生产的人员和设备闲置问题。目前，贵糖股份有限公司副产品利用的产值和效益均占全部的50%，使他们在近几年糖价低迷、整个行业不景气的情况下，能取得良好的经济效益，实现经济和环境双丰收。该公司是制糖业中唯一一家取得ISO9001质量体系认证的企业，他们生产的机制纸、酒精系列产品也获得ISO9002质量认证，公司还被国家经贸委和国家环保局分别授予"资源综合利用先进企业"和"全国环境保护先进单位"称号。

我国发展循环经济的大面积试点工作则是从辽宁开始的，2002年3月31日，由国家环保总局推出的《辽宁省发展循环经济试点方案》通过了论证。辽宁作为我国的老工业基地，集中体现了传统经济增长方式高消耗、低效率和污染严重的特点，区域产业布局形成了"资源-产品-污染排放"的单向型经济系统。在这一系统几十年的运行中，经济与资源、环境的矛盾不断积累并逐渐突出，已成为经济与社会发展的制约因素。辽宁省的水资源占有量仅为全国平均水平的1/3，能源需求缺口为45.4%，而万元工业增加值能耗为3.88吨标准煤，高出全国平均水平的 69%，工业固体废弃物的综合利用率为 34%，低于全国 52% 的平均水平。《辽宁省发展循环经济试点方案》确定了具体的目标和内容：用 5 年左右的时间，建成一批循环经济型企业，600 家污染严重的企业实现清洁生产，创建 10 个国家级清洁生产示范企业，工业固体废弃物综合利用率平均达到 60% 以上；全省固体废弃物的综合利用率达到 48%，生活垃圾无害化处理率达到 60%，工业主要污染物排放总量降低 15%。并提出，到 2005 年基本建成循环经济的机制和框架。

2. 构筑循环型的经济社会

循环经济的发展是一个不断推进和积累的过程，通过企业型、小区型（如生态工业园区）、产业型（如环保产业）等各种形式和类型的循环经济的不断积累，不断地扩大范围，增加内涵，最终达到构建"循环型经济社会"的目标。当然，要实现这样的目标，还需要进行长期的努力。

日本在这方面走在世界各国的前面，他们正致力于全面转换生产方式和消费方式，即由现在的以"大量生产、大量消费、大量废弃"为特征的经济社会向以"最优生产、最优消费、最少废弃"的经济社会转变。日本政府正在积极推进循环型经济社会的建设，近年来，他们相继出台了一系列的政策与法规，如《容器包装循环法》《家庭电器循环法》《再生资源利用促进法》《循环型经济社会基本法》。《循环型经济社会基本法》规定了生产者对他所生产的产品及整个生产过程所应负的环境责任，包括对产品消费后的废弃物的处理责任，这一法规的实施为循环型经济社会的建立奠定了法律基础。另外，日本还对废弃物处理法进行修订，在加大对非法废弃物的处罚力度的同时，把处罚对象扩大到所有的废弃物。《家电循环利用法》则规定，生产者必须在产品成为废弃物前就考虑好产品的回收问题，否则，厂家必须支付很大的代价来处理废弃物。在这些法规的推动下，日本企业的环保观念大大增强，逐渐从被动重视环境转变到主动改善环境，许多企业自动实施"环境会计"制度，逐步实现"零排放"的目标，建立循环经济。如新日本制铁公司不仅十分注意对整个生产过程的环境管理，如一系列的节能措施，对生产过程中产生的矿渣等副产品进行再利用，矿渣中的 99% 被成功地用作生产水泥的原料，而且还大力推进产品的回收，建立循环型经济，1997 年该公司的循环利用率已经达到 80%。

　　废弃物的利用不仅是保护环境的需要，还具有很高的经济效益，并能够创造新的市场、新的产业和就业机会。日本通产省估计，到 2010 年，日本环境产业的就业人数将从现在的 64 万人增加到 140 万人，市场份额也将大大增加。环境产业的发展前景是诱人的，例如用废纸废纤维生产的纸质量更好，价格也更低，更有竞争力。也许很多人不相信，世界上纸质最好的货币竟是用废物造成的。专家认定，美元是世界上质量最好的纸型，但谁也没有想到美元的纸质原料是垃圾废物。早在 1979 年，美国财政部面向全国招标制造美钞的纸，经过一年的遴选，结果是许多规模大的公司，甚至是跨国公司都不敌克兰造纸公司这一名不见经传的小企业，克兰公司中标的秘诀是废弃物的利用。克兰公司是一家兼收破烂的造纸公司，利用成衣行业的废弃纤维和人们消费后丢弃的衣物纤维造纸，质量上乘而价格又相对低廉。因此，在这之后的 20 年中，美国曾经 4 次想以更好的纸来取代克兰公司的纸，都没有成功。现在华尔街证券公司也正式向克兰公司订购面向全球的证券用纸。可见，用废弃物造纸，不仅减少了废弃物对环境的压力，也节省了木材，保护了森林，而且还有效地降低了成本，提高了企业的经济效益。

　　在信息社会里，如何回收废旧电脑，将是每个国家必须面对和解决的现实问题。电脑是信息社会必不可少的工具，而电脑的更新速度之快也是众所周知的事实。全世界每年出售数以万计的电脑，同时也有大量的电脑被更新淘汰，这些旧电脑如果没有被很好地利用，而是和其他的垃圾一样进行焚烧或填埋处理，将产生非常严重的污染。因为电脑是一个由 1 000 多种材料组成的复杂机器，其中的许多材料是有毒的，甚至是剧毒的，生产半导体、电路板、软驱、显示器等需要用特别危险的化学品。欧洲已经采取措施，建立了"扩大生产商责任制"的制度，要求生产者对产前、中、后负全面的环境责任，即对原料的选择、生产过程中的废弃物的排放、产品的回收负责，要求厂家建立产品回收点，进行循环利用。目前，日本松下电器公司已经研制出无铅焊料，国际商用机器公司也研究出第一台全部用树脂代替塑料的电脑。同时，利用废旧电脑的产业也正在兴起。在美国，许多厂家已经开始把眼睛盯在每年上亿台旧电脑的回收利用上，把电脑废料制成电动刀片、路面坑洞的填料，把中央处理器、荧光屏、打印机等进行翻新利用，把电脑中的贵金属进行回收，等等，创造了不少的新产品和新的就业机会。在我国，回收旧电脑也有望成为一个新的产业。

如何把已经成为现代社会一大公害——生活垃圾转变成资源，是世界性的难题。近几年，焚烧垃圾的传统处理方法已经受到社会的广泛批评，因为焚烧时会产生致癌物质二恶英。研究新的垃圾处理方法，已是迫在眉睫。有人提出了生物处理法，也有人提出了垃圾发电法。加拿大安大略省的一家能源转化公司兴建了一所垃圾发电示范厂，他们采用特殊的技术和工艺，用密闭的方式产生和收集沼气发电，把垃圾转化成可供应 2.2 万户家庭用电的电力，而又不对水源和空气造成污染。为了表彰该公司的做法和推广其经验，加拿大政府给予 500 万元的投入。当然把垃圾变财富，也还有其他的方法，美国《波士顿环球报》2000 年 8 月 28 日的文章报道，美国一个大学的一位女学者实施了一项垃圾回收并直接进入再利用的行动，获得了很大的成功。这一行动源于 7 年前的一个偶然事件，当时这位学者还是一个研究生，为了找回丢失的戒指，她翻遍了宿舍后面的垃圾堆。结果是她没有找到丢失的东西，却发现了垃圾中的宝贝：不仅有学生丢弃的旧电器，还有珍贵的邮票、衣物等。她因此产生了灵感，成立了一家垃圾处理公司，在校园里设立了捐赠箱。许多在校同学把不用的物品捐了出来，也有许多同学向该公司购买了同学们留下来的东西。该公司不仅实现了他们的格言："我们无偿把你们的垃圾变为现钱"，而且更重要的是传播了一种思想和理念："某些人的废物可能是另一些人的宝贝"，改变了人们"东西用完了就扔"的消费习惯。

第 三 篇
绿色经济网络体系

第十章

多层次的绿色经济网络

——点、片、线、面相结合

　　发展绿色经济是一个非常庞大的社会工程，不仅需要政府的推动和企业的积极主动参与，还需要社会公众的理解与支持。虽然可持续发展是人类的必然选择，发展绿色经济是各个地区或企业的必然趋势，但每一个企业自身的条件不一样，所处的外部环境也不相同，因而它们对于实施绿色转变的时间、地点、方式与程度也会有不同的选择。所以在某一个时间段上，绿色经济的发展会同时存在点、线、面等不同类型的模式相互交叉、共同发展的局面。它们之间相互影响，并最终会形成一个较为完善的绿色经济网络体系，使绿色经济成为社会经济发展的主要形式。

一、系统理论与绿色经济的发展

　　绿色经济系统是由人口、资源与环境等相互区别又相互作用的子系统有机结合而形成的社会-经济-生态复合大系统，它的发展既关系到人与人之间的利益调整，又涉及人与自然、社会经济发展与生态环境保护等关系的协调。它的实质是整个大系统的协调共进和持续发展，这包括两层含义，一是各个子系统内部的协调与持续，另一个是子系统之间的协调共进。在这个大系统中，各个子系统是紧密相连、共生共荣的，离开其他子系统的支持，任何子系统都无法存在，更谈不上发展。每个子系统的发展会影响到其他子系统的发展，进而又会影响到自身的发展，因而只有相互协调，整个大系统才能稳定运行，各个子系统才能得到健康发展。

只有从系统的角度进行分析，才能从整体上把握子系统之间的关系。如在社会-经济-生态复杂大系统中，社会经济子系统会同时对资源与环境子系统产生两种截然相反的影响：一方面，社会生产需要消耗自然资源，可能造成环境污染。另一方面，社会生产的发展可以促进科技的发展，改进生产技术（如绿色生产技术）和污染治理技术，提高防止污染和治理改善环境的能力；发现和开发新的能源，减轻现有自然资源的利用压力；为改善生态环境提供更多的资金支持等等。同样，资源与环境子系统也会对社会经济子系统的发展产生两种影响：一方面，为社会经济子系统的发展提供良好的资源与环境；另一方面，环境污染的产生会影响到国民收入的进一步增长以及人民生活水平的提高，生态灾害会影响到人类的生存与发展，资源的耗竭也会制约社会经济子系统的进一步发展等等。可以看出，这两个子系统之间不是一种简单的定性关系，而是各种有利与不利影响之间的均衡。因而，我们不能轻易地在社会经济发展与生态环境破坏之间划上等号，解决这两者之间的矛盾在很大程度上是一种"度"的把握，关键是相互之间的协调。如果将这些子系统孤立起来分析，则不能如实地反映各种子系统或要素之间的真实关系，在此基础上制定出的政策则很可能是片面的。可以说，大系统以及每个子系统的发展都需要各个子系统内部和相互之间的协调，而不能说哪个子系统更重要。只有将这些子系统或要素放到社会、经济、生态大系统中去，从整体的角度来分析，才能掌握它们之间的关系，才能更客观地反映事物的本来面貌或规律。

绿色经济的精髓是人与自然和谐相处，它的实质是整个社会-经济-生态大系统的稳步推进，关键是各个子系统的协调共进。因而，只有运用系统论来研究绿色经济问题，才能从整体上准确把握绿色经济的动态和发展规律，才能确保绿色经济的迅速发展和稳步推进。

我国的系统科学理论是在著名科学家钱学森先生的指导下创建和发展起来的，它揭示了系统的整体性、要素性、结构性、等级层次性、环境互塑共生性、动态演化性等特性，以及系统运动的一般规律。这些规律对绿色经济发展具有很大的指导意义。

1. 整体性

系统理论的核心思想是系统的整体突现性。虽然整体是由各个部分组成的，但作为一个系统，它的本质性特征是整体性。作为一个整体，就必然具有部分或部分的总和所没有的性质与功能，如机器具有每一个零件所没有的特征，也具有每一个零件所没有的性质和功能。系统的整体性思想源远流长，早在 2 000 多年前，古希腊哲学家亚里士多德就有"整体大于部分之和"的朴素思想。这样的思想就要求人们要整体地看问题，对于任何事物，都应当把它放在整体中去把握它的性质与特征，而不是片面地抓住其中的一部分，那就可能产生"只见树木，不见森林"的片面理解，不可能把握事物的全貌。系统的这一特点对绿色经济的发展和研究具有重要的指导作用。

首先，只有从整体上进行分析，才能全面认识绿色经济发展的规律。经济的发展本来是同自然和环境密切相关的，它们之间是相互依存又相互制约的关系，因而构成了一个大的系统，经济和社会、自然、环境都是系统整体中的部分。但是，如果不是在整体中来分析经济的增长问题，就无法真正把握它同自然之间的内在关系，就可能产生片面追求经济增长，而不惜牺牲自然与环境，就必然导致资源的枯竭和环境破坏的结果。这也是传统经济模式的弊端之所在。绿色经济作为一种新的发展模式，已经把自然与环境纳入了经济发展的视野中，并把社会、自然与环境都作为经济发展的内在因素，置于同一个系统中。因此只有从系统的角度，从整体来看才能揭示绿色经济发展的规律。

其次，"整体大于部分之和"的系统思想为绿色经济的实践提供了理论支持和发展思路。作为绿色经济模式的一个形式的循环经济，就是系统理论实际应用的典型例子。被称为"福建鸡王"、华南最主要的鸡肉供应商的光泽县圣农鸡业有限公司就具有循环经济的性质。这是一个年产肉鸡 1 500 万只、产值达 3. 56 亿元的公司，每年有2 000吨的鸡肉供应肯德基公司，在公司内部形成了循环系统：肉鸡加工的下脚料用于养鳖鱼以及养猪，猪的肥料用于种菜。这是在一个企业内部实现的循环系统，一些工业园区内则是在企业之间进行着废料变原料的循环利用，组成一个闭合的系统。如 A 企业的废料若不进行处理就会污染环境，它又可以成为 B 企业的原料，如果将两个企业的生产结合起来，形成一个新的系统，这就成了"废渣或环境污染" + "自然资源消耗" = "社会福利产出"。这样，两个企业都能从中得益，既减少了成本支出，又节约了自然资源的消耗，也解决了环境污染问题，一举多得，由此而增加了社会的总福利，体现了"1 + 1 > 2"的优越性。显然，进入系统的企业越多，系统的链条越长，社会的总体效益也就越高。

2. 系统的功能

任何系统都具有自己的功能，处于一定环境中的系统，必然会同环境之间发生交互的影响。当系统所处的环境发生变化时，会引起系统的相应变化，进而又会对周围的环境产生一定的影响。不同的系统所起的作用也必然是不同的，具有不同的功能。系统的功能是由构成系统的元素、系统的结构以及系统所处的环境三个因素共同决定的。

（1）元素。元素是决定系统功能的基础性因素。因为元素是构成系统的最基本的单位，是系统的物质载体，因此它也是决定系统性质的基本单元，也是区别不同系统的标记。如由海洋及动物植物、海洋环境构成了海洋生态系统，由树木及陆地动植物、环境就构成了森林生态系统。这两个由不同的元素构成的不同系统，必然会具有不同的功能，这是就大的方面来说的。如果就同一个系统来说，当构成系统的元素发生变化时，系统的功能也会发生相应的变化。如对森林生态系统来说，当树林这一构成系统的主要因素发生变化，由原来茂密的树林变成了稀疏的森林时，它的功能会产生较大变化，也就是说，这一元素的变化会影响它的经济、生态和社会功能。

同样，人类作为大系统中的一个元素，他的行为也受到其他元素的制约。当构成系统的自然与环境因素发生变化时，就会影响整个系统的功能。而从微观方面看，构成企业经济系统的元素也是多样的，除了企业自身所拥有的生产要素以外，还受到自然的制约。

从微观的角度看，发展绿色经济，实际上也是通过调整某些元素来改变系统的功能，而调整方法和途径是多方面的。如采用无污染的原料来替代原来的生产要素，可以生产出无污染的产品，同时减少生产过程对于周围环境的不利影响。又如，可以对影响企业的非绿色的关键性因素进行调整或改变，来达到改变系统功能的目的。企业非绿色发展的表现形式或者是以资源浪费为主，或者是以环境污染为主，或者是二者兼而有之。其原因是多方面的，或是生产设备落后，或是生产工艺不合理，或是专业人力资源缺乏，或是绿色原料难以获得等等。有时可能会发现影响企业绿色发展的最关键因素只是某个减排装置，甚至是一个小小的零件，企业在找出制约绿色发展的"瓶颈"因素之后，就可以采取有针对性的改进措施。改变或改善了系统的构成因素，就改变或改善了系统的功能，实现了绿色化的转变。

（2）结构。系统的结构也是决定系统功能的主要因素。同样的元素按不同的方式进行组合会表现出不同的功能。如金刚石和石墨同样都是由 C 元素组成的物质，但它们的物理性质及功能简直是天壤之别。柔软光滑的石墨价值相对低廉，坚硬的金刚石却价值连城，而它们所不同的也仅仅是元素排列结构不同而已。一般来说，某一特定的功能往往与特定的结构相对应，改变系统结构要比改变系统元素更容易，这已成为最常用的改变系统功能的方式。

经济绿色化的实质也是通过改变传统经济发展模式的结构来改变系统的功能，实现可持续发展的。

从宏观层次来说，调整产业结构、产业布局、消费结构等都可能改进经济系统的功能，达到促进绿色经济发展的目的。因此发展绿色经济的关键，就是要寻找一种能够实现经济增长与环境协调发展的结构，以达到用最低的社会成本实现国民经济的绿色化发展。

对具体的企业个体来说，可以运用"结构是影响功能的最主要因素"的原理来分析企业经营过程中的各个因素的结构，并通过优化内部结构来促进企业的绿色化转变。各种类型的生态农业、生态工业、生态园区就是这样的实践。如上面提到的光泽县圣农鸡业有限公司，就是在发展的过程中不断地改变企业内部的生产结构。通过把废料（如鸡肉加工的下脚料、鸡和猪的粪便等）变原料的新增生产环节，既解决了污染问题，又提高了经济效益，也为企业自身的持续发展创造了条件。正如该企业的管理者所说的那样，他们所养的鸡吸的是自然的氧气，喝的是天然的矿泉水，所以养鸡的成本低效益好，鸡肉质量高，能够被跨国公司所接受，并且成为免检商品。一句话，这是得益于良好的自然环境，而如果破坏了这个环境，就影响了企业的持续发展。所以企业在分析自己的生产结构时，同样可以发现许多新的发展机会，通过构建循环型的经济结构来发展绿色经济。

（3）环境。环境也是决定系统功能的一个因子。因为系统与环境之间存在着相互依存，又相互制约的作用，这就是系统与环境的互塑共生原理。首先，环境对系统起着塑造的作用。"系统论虽然认为系统的内部联系是决定事物性质的根本原因，但是这种内部联系不是孤立的，而是与环境因素相联系的、具体的内部联系。"（李建华、傅立，1996）环境对系统可以有两种相反的作用：一种是积极的作用，为系统提供生存发展所需要的空间、资源、激励或其他条件，统称为资源；另一种是消极的作用，约束、压迫甚至危害系统的生存发展，统称为压力。其次，系统对环境也可以有两种相反的作用：为环境提供服务，改善和优化环境；与其他系统争夺环境资源，破坏和污染环境。系统与环境的这种互塑共生的作用，如图10-1。

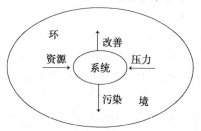

图10-1　系统与环境的关系

经济系统运行的环境既包括自然环境，也包括社会环境。社会环境主要有国家和区域法律、政策等制度环境；整个国民经济发展状况的经济环境；居民文化素质、教育水平和思想意识等文化环境；社会人口现实状况和发展态势的人口环境；科学技术发展水平的科技环境；市场结构、秩序、自由竞争水平等市场环境。可见，经济系统运行的环境是十分复杂的。而一般来说，环境越是复杂，越是频繁变动，就越具有非可控性，它对于系统产生的约束作用就越大的，甚至起着决定的作用。因此，任何一个企业的发展都不可能是孤立的，它受到社会和自然环境的制约，是在与环境的交互作用中不断地塑造自己，在与环境的共生中发展的。所以企业必须在认识规律的基础上，很好地应用规律来促进自己的发展。正如奥德姆所说的，寻找"一个好的共生耦合系统，要求有一个加强那个被如此之多的使用以致它的经济用途将被耗尽的反馈环"（H·T·奥德姆，1993），如生态农业就是维系生态系统和经济系统耦合共生的环。

　　发展绿色经济是系统与环境之间互塑共生原理的应用和实践。由于经济系统与环境之间是互塑共生的，所以人类可以且必须与自然环境和谐相处、共同发展，关键是处理好系统对环境的"改善"与"污染"作用，这是发展绿色经济的理论前提与哲学基础。工业化后出现的全球性、频繁的自然环境危机，实际上是经济系统的消极影响造成的。现在的人类已经意识到这一点，因此就通过发展绿色经济来对自然、环境产生积极的影响，来减轻经济系统对环境与资源的压力，达到改善系统功能的目的。正确把握经济与环境之间的互塑共生原理，一方面要避免割裂经济系统与环境的相互联系，另一方面又要避免过分夸大环境的作用。经济至上的唯经济论，或者环境至上的"生态至上"主义，都是不符合这一原理的。绿色经济的发展模式是应用系统与环境的互塑共生原理，把节约资源和保护环境包括在发展的内涵中，在发展经济的同时保护和改善了环境，进而促进自身的进一步发展。

　　当然，这里的环境不仅仅是自然环境，对经济系统来说，社会环境也是非常重要的。这将在第四篇中论述。

3. 系统的演化

　　（1）系统的层次性。系统具有层次性。一个由多个元素构成的系统，总是处在各个元素的不断发展变化的动态中。在各个元素的变化过程中，逐渐地引起整个系统的量的变化，而系统的量变的积累达到一定的程度，就会导致系统质变。一般认为，从元素到系统质的根本飞跃不是一次完成的，而是通过一系列的部分质变实现的，每发生一次部分质变，就形成一个中间层次，直到完成根本质变，形成系统的整体层次。所以，层次是从元素质到系统整体质的根本质变过程中呈现出来的部分质变序列的各个阶梯，是一定的部分质变所对应的组织形态（苗东升，1998）。一个系统具有不同的层次，这不同的层次之间有高低、上下、深浅、内外等区别，系统论认为等级层次结构是复杂系统最合理的组织方式。

经济绿色化转变也具有层次性，最高的层次是实现全球经济系统的整体质变，使之与生态环境协调发展。在全球向整体绿色化转变的过程中，不同的国家或地区、不同的区域、不同的行业、不同的企业、不同的产品会由于自身子系统内部的绿色积累不同以及外部环境的不同，而在转变的时间尺度上出现差异。在某一时间横截面上，这些不同层次的绿色经济子系统会同时存在，表现为点、片、线、面的互相交错的绿色经济网络。

（2）系统的演化。系统的层次性是从静态的时间层面来对系统的表述，而任何系统，不可能永远保持基本结构、特性、行为不变，在时间纵轴上都有一个发生、发展、拓展、衰败、消亡的过程。这一过程是在系统内部元素之间、子系统之间、层次之间的相互作用等内部动因和系统与环境之间的外部动因的共同作用下完成的。一般认为，系统是从无序向有序，从低序、低级别向高序、高级别演变的。

绿色经济系统是一个复杂的大系统，它是在与传统经济系统的不断博弈中逐渐发展的，与此同时，其自身也在不断地演化。

其一，经济系统绿色化的动因既有内部的，也有外部的。首先，绿色经济系统萌芽于传统经济系统内部，其产生的根本原因是传统经济系统无法协调人类经济发展与自然生态环境之间的关系。也就是说，在外部环境的压力下，传统经济系统弊端逐渐显露出来，必然要被一种更高级的经济系统——绿色经济系统所代替。其次，成功的绿色经济子系统具有较好的示范作用，带动其他子系统的绿色化转变，并提供了相关的转变经验和科学技术，促进了整个绿色经济系统的发展。

其二，绿色经济系统是逐步演化的，并不断向高层次发展。一般情况下，绿色经济系统的规模由局部到整体逐渐扩大，并按下面的次序逐渐发展起来的：①个别条件比较优越的地区的某些产品或企业实现绿色转变，不断积累经验。②在这些企业或产品的影响下，一些行业或地区开始较大规模地推广这种发展模式，形成绿色产业带或绿色区域。③绿色行业的种类不断增多，绿色区域的面积越来越大，一些先进行绿色发展的较大区域，如省份乃至国家开始协调区域内的小区域之间、不同行业之间的关系，实现更大规模、不同行业之间的绿色平衡。④整个经济系统，也就是全球经济系统都实现了绿色转变，所有的产品、企业、地区都实现了人与自然的和谐发展，经济系统的整体质发生了根本性变化。当然，在一定条件下，也会有个别子系统实现了跨越式的发展。

其三，经济系统的绿色程度不断加深。经济系统的绿色化是一个相对的概念，程度有深浅之分。如一个经济子系统——企业，一开始可能迫于各种政策压力，减少了企业生产过程中的环境污染，这是该子系统绿色化的表现。但这只是较低层次的绿色化，在该企业实施这种低层次的绿色转变后，它可能会发现，进行这样的转变不但可以树立企业良好的绿色形象，还可以节约生产成本。因此，它将实施进一步的绿色化，并可能将此举措确定为企业的发展战略，这时该子系统就由被动的绿色化转变为积极主动的绿色化——更深层次的绿色化。另外，该子系统绿色化的涵义可能从原来的防止污染层进一步发展为自然友好型，如不消耗珍贵稀有的野生动植物资源、加强绿色公益广告宣传、培育企业绿色文化等。

由于系统是不断演化的，而且其演化的原因也是多方面的，既有内部因素，也有外部因素。因此，我们可以通过制定一些合理的制度来加快经济系统的绿色化进程。同时由于绿色化的进程也是一个不断演进的过程，绿色经济系统的形成过程是漫长的，所以发展绿色经济也不能急于求成，切忌使用行政的强制力搞一刀切。绿色经济的发展过程是在市场的调节和政府推动相结合下逐渐形成和完善的过程。

二、绿色经济网络的子系统

绿色经济网络这个大系统是由许许多多的子系统组成的。人们的需要是多方面的，因此就需要生产多种多样的绿色产品。一个绿色产品的生产或一个进行绿色化转变的企业都是一个相对独立的小系统，同时它们又是构成绿色经济网络体系的一个单元，是网络体系的最基本的元素。这些元素通过一定的方式组成特定的结构，形成不同的子系统，如行业、区域等经济子系统。在某一时间点上，不同类型的绿色经济子系统同时存在、相互联系、相互影响，形成了一个绿色经济网络。这些绿色经济子系统纵横交错，相互之间在一定的条件下还可以转换。根据它们的绿色化的机理及其范围大小的不同，可以将这些子系统分为不同的层次和类型：点型绿色经济子系统、片型绿色经济子系统、线型绿色经济子系统、面型绿色经济子系统。

点型绿色经济子系统（简称绿色经济点）是绿色经济网络的最基本层次，是连接整个绿色经济网络的最基本单元或节点，主要是指绿色产品和进行绿色化转变的企业，它是构成系统的单元和元素。企业在生产绿色产品或提供绿色服务的过程中，节省了自然资源，减少了或消灭了对环境的污染，实现清洁生产。

片型绿色经济子系统（简称绿色经济片），是指不同企业或产品的生产于集中在一个较小的地理区域内，以达到充分利用资源和减少污染的目的，使得整个区域成为绿色经济网络中的一个子系统。如生态工业园区等。生态工业园区内的企业和产品可能分属不同的行业，它们之间的绿色合作局限于区域地理位置，通常为不同行业的企业之间的合作。

线型绿色经济子系统（简称绿色经济线），是指生产同类产品的行业通过采用绿色科技或进行内部优化组合，减少对环境的污染与资源的消耗，提升整个行业的绿色内涵，使整个行业成为绿色网络中的一个了系统。如构建绿色产业链（带）就是一个很好的实践。在绿色产业链内，单个企业可能并不表现为绿色，如肉类加工厂的废物排放会造成环境的污染，现在进行集中再利用，在产业链中再增加这一个环节，就同时解决了资源浪费和环境污染的问题，促进了行业的绿化色。又比如，电冰箱行业的整体采用了无氟技术，使整个产业实现了绿色化的转变。生态产业是绿色生产原理在行业范围内的应用，是更高层次的绿色经济子系统。它是按生态经济原理和知识经济规律组织起来的基于生态系统承载能力、具有高效的经济过程及和谐的生态功能的网络型进化型产业，它通过两个或两个以上的生产体系或环节之间的系统耦合，使物质、能量能多级利用、高效产出，资源、环境能系统开发、持续利用（王如松、杨建新，2000）。

面型绿色经济子系统（简称绿色经济面），是指在较大的地理或行政区域内，不同行业之间、行业内不同深度的企业之间进行更大规模更深层次的合作，使该大区域成为一个绿色子系统，优化配置资源，实现系统内的经济与环境的协调、人与自然的和谐相处，如生态区域与可持续发展试验区的建设。它实质上是绿色经济片的进一步扩大与推广或不同绿色经济线的交叉与合作。

当然，上述对于绿色经济网络的点、片、线、面不同层次的划分只是相对的。绿色经济线与绿色经济片只是绿色发展思路的侧重点有所不同而已，而绿色经济片与绿色经济面也只不过是区域范围的相对大小不同而已。有的绿色经济子系统既可以看成是线型的，也可以看成是片型的，如生态农业示范区。另外，不同的子系统之间还可以相互转换。

三、绿色经济网络的推进与发展

绿色经济网络的各个子系统都是开放的，因此它们都在不断地同外界进行着物质、能量和信息的交换，在不断的新陈代谢中经历着内部的耗散过程，重组和优化系统自身的结构，经历着从无序状态到有序状态的转变。在这样的过程中，绿色经济的新模式与传统经济模式不断进行博弈，并在博弈中通过非线性的反馈作用逐渐壮大，使之与传统经济模式的力量对比发生变化，最终成为占统治地位的经济模式，抑制其他经济模式，并迫使后者服从、复制绿色经济模式，从而形成绿色经济网络的整体系统。

1. 绿色经济网络的层次推进

系统的演化遵循着层次推进的规律，绿色经济网络体系也是在层次推进中实现了从低层次向高层次的发展。在这样的过程中，每一个层次都处于动态的变化中，进行着交错的运动：点纵向运动成线，四周扩散成片，线横向运动成面，片进一步扩大成面，多点跨越连成面，如图10-2。

（1）点运动成线，发散成片。随着时间的推移，绿色经济点越来越多，进行绿色转换的经验也越来越丰富。一些难以在点的范围内解决的非绿色问题制约着绿色经济点的进一步发展，如某些数量较少

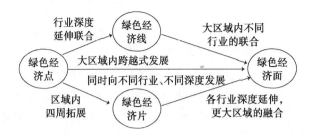

图 10-2

的下脚料，开发利用的成本高，在企业内部难以直接加以利用。在这种情况下，一些联系紧密的点，按照循环经济的原则相互结合，形成一个更高层次的绿色经济子系统，这个子系统具有更强的利用资源和减少环境污染的能力。这些绿色经济点进行结合的方式可以是不相同的：如果绿色经济点是沿着行业或产业的深度方向发展，形成行业性的绿色经济子系统，这里的结合就是由绿色经济点运动成为绿色经济线；而如果绿色经济点是在某一地理区域内向四周扩展，形成区域绿色经济子系统，就是点经过运动成为绿色经济片。

（2）线横向运动成面，片进一步扩大成面。不同线型绿色经济子系统在更大的区域范围内实现绿色交叉组合，或片型绿色经济系统的区域范围进一步扩大，片的区域范围内的各行业向深度延伸，就形成了绿色经济面。绿色经济面不但有行业内的绿色合作，还有行业间的绿色配合，所涉及的范围也更加广泛，实现绿色发展的潜力与空间也更大。

（3）多点跨越连成面。绿色经济子系统一般是逐层向前推进发展，但也有一些条件比较优越的子系统，可以实现跨越式发展，从绿色经济点直接跨越至绿色经济面层次。当然，这要求大区域内具有许多发展水平较高、分布较为均匀的绿色经济点，并且具有大规模协调发展的成功经验。如果一个地区各个企业的绿色化程度都比较高，并分布在各个行业，且有其他地区成功发展绿色经济的经验可以借鉴。那么，在政府在引导下，该地区可能会将大量点型绿色经济子系统重新组合，直接形成面型绿色经济子系统。

2. 绿色经济网络系统发展的类型

绿色经济网络的推进与发展有两种类型：一是内涵型的深化，二是外延型的扩展。

内涵型的深化是各绿色经济子系统的绿色化程度不断加深，层次不断提高。绿色经济子系统的内涵型深化又有两种不同的情况：一种是子系统的范围不变，但子系统内部的绿色化程度提高，如由污染减量型发展为自然友好型。另一种是子系统与其他子系统进行联合，组成更大的更高层次的子系统，如层次推进。一般情况下，两种内涵型的发展方式是同时进行的。

外延型的扩展是指相同类型、相同层次的绿色经济子系统的数量增长。在某些绿色经济子系统的影响下，一些原来并非绿色的子系统开始进行绿色转变，变成绿色经济子系统，绿色经济网络的层次并没有提高，但其包含的相同层次、相同绿色水平的绿色经济子系统的数量增多了。

3. 绿色经济网络的发展趋势

首先，绿色经济网络的发展呈现出密集化的趋势。绿色经济具有强大的生命力，不少地区已初步建立了绿色经济网络的雏形。但由于只是刚刚起步，所以网络的点少、线疏，成片的也不多。如建设生态省属于构建面型的绿色经济子系统，但在目前的我国，从已经确定进行生态省建设的几个省的情况看，是刚刚规划或者是刚刚起步，所以还是比较粗放的，非绿色生产和消费的情况是比比皆是。要建设成为绿色经济面，需要做大量的工作，需要在绿色经济的点、片、线、面等各个层面上进行充实，进行网络内部的密集化发展是生态省建设的重要任务。就总体而言，密集化也是今后一段时间内绿色经济网络发展的必然趋势。

其次，绿色经济网络的发展还呈现出国际化扩张的倾向。人类只有一个地球，许多生态环境问题具有国际性，需要国际间的合作才能解决。这一方面要求在解决全球环境问题上加强国与国之间的合作，也只在国际社会的通力合作下才有可能解决全球的环境问题。这方面，国际社会已经有了不少的合作，签订了许多国际合作的协议。目前最引人注目的是"气候公约"的实施问题，这是全球为了解决全球气候变暖而采取的共同行动，但由于美国的阻挠使"公约"的实施处于十分艰难的境地。另一方面是在经济领域的合作。目前，与经济全球化的趋势并行的是经济的绿色化趋势，发展绿色经济也已经成为世界经济发展的客观要求，WTO 中的绿色条款和国际贸易中的绿色壁垒的增加就反映了这样的趋势。国际社会在推动绿色经济的发展上，也采取了共同的行动，如在世界范围内进行淘汰消耗臭氧层物质的合作就比较成功，它有力地推动了全球绿色经济的发展。当然，这仅仅是初步的行动，人类只有协调一致、共同努力以建立一个运行良好的全球绿色经济网络，才有可能从根本上解决经济与自然环境的矛盾，实现人与自然的和谐发展。随着国际间的绿色经济合作不断增加，并建立起有效的国际协调机制，都将有力地促进绿色经济网络朝着国际化的方向发展。

第三，绿色经济网络的推进呈现信息化的趋势。绿色经济网络体系是建立在各个子系统之间的联系与合作的基础之上的，没有联系就没有网络系统的存在与发展。而联系与合作是以充分的信息为基础的。如发展循环经济必须要找到原料与废弃物互补的不同企业或经济子系统，且二者在数量上要能达到一定的平衡。搜寻这些信息的成本往往是比较高的，没有充分的信息，或者是不可能产生合作，或者是使得进行合作的成本过高而影响收益。因而，在绿色经济模式的推进上，充分的信息支持可能要比一定的政策优惠更重要。

4. 影响网络推进与发展的因素

虽然绿色经济具有强大的生命力，现实中有许多因素影响或制约着绿色经济网络的推进与发展。具体说来，任何一个经济子系统，实施任何形式的绿色转变，都遵循着效益成本原则，即要求转变或推进的收益大于进行转变或推进的成本。根据这一原则，综合考虑各种影响因素，可以建立绿色经济网络推进与发展的推拉模型。假定初级子系统及环境的推动力为 P_1 及拉力为 D_1，新子系统的拉力为 D_2 和推动力为 P_2，如图 10-3。

那么，初级子系统对系统的绿色化推进具有两种相反的作用：一是起促进作用的推动力 P_1，主要是指外部绿色政策环境、社会公众舆论等对原有系统的污染等非绿色行为的不满等，这些都形成了有利于新系统推进的推动力。二是起阻碍作用的拉力 D_1，如果外部政策及其他条件使初级的系统仍然可以利用环境外部性机会来获得稳定的

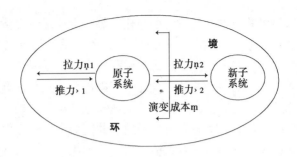

图10-3 系统绿色推进的推拉模型

收益，那么子系统内部的各个子子系统之间会处于摩擦状态，阻碍了新系统的推进。

新子系统对系统的绿色化推进也具有两种相反的作用。一是起促进作用的拉力 D_2，它主要是指转变为新绿色经济子系统可以得到的额外收益，以及良好的绿色形象可以提高竞争力等。二是起阻碍作用的推力 P_2，它主要表现为新系统的不确定性所带来的经济风险以及对新子系统的适应过程而引起的经济损失等。

实施绿色化演变的收益为 $D_2 + P_1 - D_1 - P_2$，以 R 来表示。

实施演变需要一定的成本，称之为演变成本 C。它主要包括设备购置等转变支出、信息搜寻成本、获得相关技术的成本等。这里的成本计算上不应当将放弃原有子系统而造成的机会成本的损失也包含在内，因为前面在计算新子系统对演变的拉力时，是以新的绿色经济子系统可以得到的额外收益来计算的，即已经作了扣除，所以在此不能重复计算。

由上面的分析可知，当演变收益大于演变成本时，初级子系统才会有积极性进行相关的演变，即 $R - C = (D_2 + P_1 - D_1 - P_2) - C > 0$。

按导致演变的主要作用力的不同可以将演变方式分为拉力主导模式或推力主导模式。拉力主导模式的作用力以新系统的拉力 D_2 为主，推力主导模式的作用力以原系统的推动力 P_1 为主。一般来说，高污染的小企业进行绿色转变是被动的推力主导模式，只有在政府的强制下才会进行绿色转变。而大的企业，特别是一些跨国集团公司的绿色转换模式主要为主动的拉力主导模式。对于不同的演变模式，应当采取不同的政策才能收到良好的效果。

第十一章

绿色企业与绿色产品

——绿色经济点

绿色经济网络是由一系列绿色经济子系统按照一定规律组成的，其中最小的具有完整绿色意义的单元是绿色企业。绿色企业是绿色经济网络的一个个节点，称之为绿色经济点。在市场经济中，这些节点是以绿色产品或服务的相互依存关系而联系起来的。相对而言，单个企业或其产品所涉及的范围较小，进行绿色化较为容易，是经济绿色化转变的最低层次和最基本环节。

一、绿色经济点的特点

绿色经济点作为一个相对独立的绿色经济子系统，既与传统的企业、产品（或服务）存在着本质区别，具有丰富的绿色内涵；又与其他绿色经济子系统（如绿色经济片、线、面）有着不同的特点，绿色合作与调整集中于企业内部。

1. 丰富的绿色内涵

这是绿色经济点同传统企业的本质区别之所在。绿色经济点是以可持续发展作为自身的发展方向及经营战略指导思想，通过调整自身的行为来促进社会、自然与环境的可持续发展，进而实现自身的可持续发展。而传统的企业大多以经济效用最大化为唯一目标。因此"绿色经济点"同传统企业在经营目标、战略重点、经济效益、社会效益、对环境的影响等方面都存在着较大的差异，见表11-1。

表 11-1　绿色经济点与传统经济点的区别

比较项目	传统企业	绿色经济点
经营责任	经济责任	经济、社会、生态责任
经营目标	经济效益最大化	经济、社会、生态效益总和最大化及比例均衡
发展理念	努力提高经济竞争力	通过增强绿色竞争力获得市场优势
资源耗费	较高	较低
资源综合利用率	较低，浪费较严重	较高，浪费较少或无浪费
废弃物	较多，污染环境	较少，尽可能将废弃物循环利用
生产过程的污染	较高	较低
产品的污染性	高	低
对环境的影响	破坏严重	保护与改善环境
经济效益	着重于短期，较高	着重于长期，更高
社会效益	负外部性影响为主	正外部性影响为主
生态效益	负效益	正效益
与自然的关系	矛盾，难以协调	和谐，逐步协调，持续发展

从表 11-1 中可以看出，绿色经济点具有很强的绿色内涵，它提出了新的发展思路，以绿色理念指导企业的发展，积极地利用绿色原理来增加企业的竞争能力。因此它不但强调系统本身经营的经济责任，还强调了经营过程的社会与生态责任，进而以实现经济、社会、生态效用总和最大化为其经营目标，并注意保持三种效用之间的比例关系。

在绿色理念的指导下，经济系统尽量向资源节约型产业转变或采用新能源，或节约资源的耗费，并加强对资源的综合利用，减少生产过程的废弃物排放，特别是减少环境污染物的排放。同时，尽量减少产品消费过程对环境的污染，努力实现经济效益和生态效益、社会效益相统一的经营目标。

2. 绿色合作与调整集中于企业内部

绿色经济点与绿色经济片、线、面的区别在于它是针对企业或其产品的非绿色现状，主要集中在企业内部采取的绿色转换。相比较而言，这种类型的绿色经济子系统既有优势，也有不足的地方。

它的优势在于其绿色转换范围较小，所需要考虑的因素较少，信息搜寻及进行转换的成本相对较低。而且由于这种转换是集中于企业内部，一切决策都取决于企业自身，协调起来比较容易，而且协调成本也较小。因此进行绿色转变更为方便和迅速。

它的不足之处在于其绿色潜力较小。废弃物的充分利用是需要的成本的，由于受到企业自身的技术与规模的限制，它吸纳废弃物的能力是有限的。在更大绿色经济系统中，一些废弃物可以成为资源，成为其他企业的原料。但如果局限在点型绿色经济系统中，这些废弃物往往由于利用的成本过高而只能作为废弃物。这是一种资源浪费，也可能会造成环境污染。

此外，企业进行绿色转化的风险也是由它自己承担的在目前绿色市场经济机制尚不完善的情况下，这种风险还是比较大的，有时甚至会超出企业的承受能力，这在一定程度上影响了绿色经济的发展。因此点型绿色经济系统必然会向片、线、面型绿色经济系统演进。这将在后面的三章分别论述，在此不再赘述。

二、绿色经济点的运行机制

绿色经济点的实质是循环经济原理在企业内部的应用。循环经济是运用生态学规律来指导人类社会的经济活动，以资源综合利用和可持续消费为目标，以物质和能量的梯次、循环利用为特征，实现低污染排放，甚至零排放。绿色经济点就是以这样的原理为指导，并将这些绿色举措与企业的市场经营活动结合起来，在保护和改善生态环境的同时实现更高的经济利润，促进企业自身的持续稳定发展。

1. 绿色化机理的发展历程：从末端治理到清洁生产再到循环经济

日益严重的环境污染是绿色化转变的重要原因之一，因此减少污染物排放，甚至实现零排放，这是绿色经济点要达到的最基本的绿色目标。实现这一目标的举措，经历了从末端治理到清洁生产、再到循环经济的发展过程。

（1）末端治理——企业无奈的选择。20世纪50年代始，《寂静的春天》《增长的极限》等一系列绿色经典著作的问世引起了社会对环境问题的极大关注，各种各样的环保法律法规也相继出台。在这样的政策压力下，企业不得不采取一些污染处理措施，以缓解来自社会各方面的压力，在一定程度上缓解了环境问题。但这是一种"亡羊补牢"的、消极的应对措施，是企业在"路径依赖"作用下，无法彻底改造生产模式的情况下的一种无奈的选择。它存在着许多不合理的地方：

首先，这种治理模式不可能完全消除污染，有时还可能出现二次污染现象。如废渣堆存可能引起地下水污染，废物焚烧会产生有害气体，废水处理会产生含重金属及活性污泥等等，带来的二次污染还是相当严重的。据悉，在"九五"期间，我国年垃圾 1.4 亿吨，处理率为 63%，但真正达到无害化处理的不到 10%（中国新闻社，2002.10.23）。在全国大中城市的近千座垃圾填埋场中有 90% 只是简易的堆放，这种原始的处理方式，除了造成土壤、地下水、生物和周边环境污染以及潜伏着对人们财产、生命安全的威胁外，还会产生以甲烷为主要成分的垃圾填埋气，这是主要温室气体之一。

其次，治理成本也比较高。在目前的我国，处理 1 吨化工废水需要 1~4 元，去除 1 千克 COD 则需要 2~6 元。据美国 EPA 统计，美国用于空气、水和土壤等环境介质污染控制总费用（包括投资和运行费），1972 年为 260 亿美元（是 GNP 的 1%），1987 年猛增至 850 亿美元，80 年代末达到 1 200 亿美元（是 GNP 的 2.8%）。

第三，达标依赖性（Suren Erkman，1999）以及消极应对的"棘轮效应"（Weitzman M.，1980）阻碍了环境的改善。当企业在达到社会规定的标准后，即使它具有更高的环境治理和改善能力，也没有积极性去追求更高的环境改善目标。有些企业会"保留"其实际的处理能力，每次只改进一点。这种现象在我国也很普遍。如一个年产生 1 200 万吨污水的企业，它的治污设备的年处理能力是 1 000 万吨，如果政府规定的标准是年可排放污水 400 万吨，但出于成本的考虑，或者由于环境达标刚性的存在，那么它就可能只处理 800 万吨。这就制约了企业绿色化的进程，从而不能从整体上有效地遏制环境恶化的趋势。

实践表明，在这种污染处理模式下，环境治理成本逐年增长，而环境只是局部有所改善，整体仍不断恶化。

（2）清洁生产——积极的污染预防措施。从上面的分析可知，末端治理只是一种"治标不治本"的污染处理措施，不能从根本上解决污染问题。在长期的实践中，人们按照既减少环境污染又节约成本的思路提出了清洁生产的全新理念，得到了企业的广泛认可。末端治理与清洁生产虽然都是防止污染的重要手段，但它们之间有着本质的区别，见表 11-2。

表 11-2　清洁生产与末端治理的比较

比较项目	清洁生产	末端治理（不含综合利用）
解决污染的思路	从源头防止污染的产生	污染物产生后再处理
产生时代	80 年代末期	70～80 年代
污染控制目标	生产全过程、产品生命周期全过程无污染	达到污染物放排标准
控制效果	比较稳定	受到产污量的影响
产污量	明显减少	部分减少
资源利用率	增加	无显著变化
资源耗用	减少	增加，因为治理污染需消耗
产品产量	增加	无显著变化
产品成本	降低	增加（治理污染费用）
经济效益	增加	减少（用于治理污染）
污染治理费用	减少	随排放标准严格，费用增加
污染转移	无	有可能
目标对象	全社会	企业及周围环境

清洁生产是本着预防污染为主的原则，对生产设计、能源与原材料选用、工艺技术与设备维护管理等社会生产和服务的各个环节实行全过程控制，从生产和服务的源头减少资源的浪费，促进资源的循环利用，控制污染的产生，减轻或者消除对人类健康和环境的危害。实践证明，这是一种更科学的绿色生产方法，可以用更低的成本更有效地制止环境污染。例如：山东牟平造锁总厂电镀分厂通过实施清洁生产方案，几乎没有增加多少费用便削减了全厂耗水量的 38.8%、铜排放量的 53.1%、镍排放量的 49.7%、铬排放量的 53.3%，节省了大量的原材料和能源，年节约经费 12.7 万元。

当然，由于技术、经济水平的限制，清洁生产也不可能完全杜绝污染的产生，一定的末端处理还是必要的，末端治理与清洁生产将长期并存。

（3）循环经济——废弃物转变成资源。清洁生产遵循的是污染预防的原则，而循环经济则遵循着将废弃物转化为资源的原则。在清洁生产中，企业通过节约资源而减少了成本费用，使企业在得到环境效益的同时，也获得一定的经济效益，因此这一定的经济效益表现为环境效益的副产品；在循环经济中，环境效益则是企业经济效益的副产品，因为企业已经直接就把废物转化为资源。这两者虽然都可以较好地实现经济与自然环境的协调发展，但它们之间也存在一定的差异，具体见表 11-3。

表 11-3 清洁生产与循环经济的差异比较

比较项目	清洁生产	循环经济
提出时间	80 年代末	90 年代初
提出原因	对末端治污成本高的改进	自然生态资源越来越稀缺，环境问题严重
基本内容	在生产中节约原料与能源，不使用受污染原料，减少废弃物的排放与毒性；将环境纳入产品的设计与提供之中，从产品的生命周期中降低产品对环境的负面影响等。	减少商品和服务的原料消耗；减少商品和服务的能源消耗；提高产品和原料的可回收性；减少有毒物的扩散；最大限度地持续利用可再生资源；延长产品的使用寿命；增加产品的综合利用率等。
工作重点	减少环境污染	加强资源的综合利用
绿色机理	通过减少环境污染节约成本，即从环境效益中获取经济效益。	从经济效益中获取环境效益
对待环境问题的态度	预防为主	通过发展绿色经济来解决环境问题
发展思路，发展理念	采用科学的环境管理办法来评估、改进企业的生产技术和工艺；减量消耗和减量排放。	积极研发绿色新科技、整体改造产业链；充分利用资源，废物转化为资源。
政府政策的侧重点	加大污染监督和惩处力度，真正做到"谁污染、谁付费"。	加强信息、技术支持，形成较为合理的自然资源价格体系，加强绿色宣传，营造良好的绿色经营环境。

2. 绿色运行的机理：资源的节约与综合利用

资源的节约和综合利用及生产经营的减量化运行是循环经济最基本特征，也是绿色经济点更深层次的运行机理，它可以为绿色经济点提供更广阔的发展空间。

首先，通过综合利用资源来达到节约资源、降低生产成本、减少对环境的污染的目标。企业在充分了解自身的生产状况以及所利用的资源特点的基础上，加强生产过程的管理或改进生产工艺流程，以提高资源的利用率，特别是通过对废弃物的循环利用，尽量减少排放物，可以在更高的程度上实现绿色化。据报道世界上发达国家的再生资源回收总值已达到一年 2 500 亿美元，并且以每年 15% ~20% 的速度增长。全世界钢产量的 45%、铜产量的 62%、铝产量的 22%、铅产量的 40%、锌产量的 30%、纸制品的 35% 来自再生资源的回收利用（中国青年报，2002.09.18）。

其次，通过节约和减量化使用资源，以缓解日益膨胀的人口与资源匮乏之间的矛盾。如果说，企业综合利用资源主要是出于生产成本考虑的话，减量化运行则更加突出了企业的社会生态环境责任，强调要为后代和社会上的其他企业留下更多可利用的资源。如日本松下公司认为由于抽水马桶的水箱太大而造成水资源的浪费，因此在每个水箱中放了一二块砖，这样一年节约了 50 万 ~60 万吨水，这种做法的主要目的还不在于节约成本，而是体现了松下公司较强的社会责任感。

3. 绿色转化的机理：外部压力推动与内在利益驱动

传统经济点向绿色经济点的转变是在两种力量的共同作用下完成的：来自外部的压力（包括社会和自然环境）的推动和内在的追求超额绿色利益的驱动力。企业何时及如何进行这种转变，实际上是由这两种力量决定的，或者说是企业在这两种力量规定范围内的一种权衡。

首先，外部的压力是促进企业进行绿色化转变的重要原因。这里的环境既包括自然生态环境，也包括企业周围的社会环境。外部环境对企业的影响是不容忽视的，由于日益严重的生态环境危机和日益贫乏的自然资源，公众对于环境这一公共品的强烈需求，因此政府也相应地制定了一系列较为强硬的自然资源利用和环境政策。这就形成了迫使企业不得不改变传统经营模式的外部环境。特别是污染严重的工业企业，常受到政府及社会公众的指责，由环境污染引发的官司也越来越多，已经难于维持传统的发展模式。这些压力会增加企业的经营成本（自然资源成本、环境治理成本、社会关系协调成本等），使之难以持续发展。企业为了自身健康稳定的发展，也不得不改变传统的生产经营模式，向绿色经济点转化，并不断提高绿色程度。

其次，超额的绿色利益是绿色经济点形成与发展的重要诱因与动力源。一方面是由于日益高涨的绿色需求已经成为全球经济衰退大环境中一个闪光点，使绿色产品和服务可以比同类产品有更高的价格，也使企业的绿色投入可以获得超额的回报；另一方面是由于进行绿色转换，可以减少环境治理的成本，减少对自然资源的依赖而获得更大的发展空间，更为重要的是，绿色转换可以把废弃物转换成有用的资源，在降低成本的同时，可以获得更多的产出，使得企业获得超额的经济利益。这些超额的绿色利益是诱导企业进行绿色化转变的最重要的动力，也为企业向更深层的绿色发展提供充足的资金与技术支持。此外，绿色转换还可以使企业的社会形象有所改善，为企业的发展创造了一个良好的社会环境。

第三，市场经济体制下，绿色经济点的形成与发展是由企业自主决定的，当然这是在上述两种力量的作用下的权衡与选择。在市场经济体制下，政府只是通过相关的政策来影响企业的生产经营决策，进行绿色转换形成绿色经济点的具体时间、地点与方式的选择等是企业在综合分析自身的生产经营水平、技术设备条件、生产工艺以及各种环境影响等多种因素的情况下作出的决策。如有些小企业走合并的道路，有的选择技术改造，有的企业则是采用重建的方法来进行绿色化经营的，各个企业的决策有所不同。尽管如此，绿色经济点的涉及面毕竟只在企业内部，是企业的自主决策，不必受其他企业的制约，也不受其他企业的绿色化的影响。它不同于生态工业园区，园内企业的绿色决策则必须符合园区规划的要求，得到相关企业的认可等。同样地，在绿色生产线、面中企业的绿色决策也要受到其他企业的影响和制约。

4. 绿色化的目标：三大效益的均衡

绿色化的目标是经济、社会、生态效用的最大化，更为重要的是三大效益之间的均衡。因为在目前，我国的市场经济体制刚刚建立，相关的产权制度和市场法规还不完善，经济技术水平也比较低，在企业的绿色化转变中要同时兼顾三种效益，否则，转变是难以成功的。因为作为企业，它必然以追求经济利益的最大化为主要目标，如果绿色化转变不能使企业在取得社会效益和生态效益的同时，获得更为丰厚的经济效益，企业就没有积极性，或者就无法生存和发展。所以企业及其他社会主体还必然以经济效益为主要的价值判断标准。三种效益有三个不同的价值判断标准，它们之间的矛盾使企业在进行绿色转变时会进行多种效用之间的博弈分析，这种博弈决定了绿色化转变的顺利与否，只有在三种效用同时达到各自的价值标准水平时，这种转换才是稳定和合理的。

三个效益同时兼得是绿色化转化所必需的。经济效益是企业在市场经济体制下得以持续运行和扩大再生产的首要条件；一定的社会效益也是企业发展获得良好的社会环境的必要条件，因为企业具有社会属性，处于一定的社会环境之中，它的发展必然要受到周围社会环境的影响；一定的生态效益是绿色化转变的基本条件，这是它区别于其他企业的最重要的特征。

三大效益应达到什么比例才能确保绿色经济稳定持续发展，以及在目前的社会条件，如何建立适当的机制，实现三大效益之间的平衡是一个极为重要的研究内容，目前在这方面的研究还不多见，是一个尚待深入的研究课题。

三、绿色企业

绿色企业，是在企业内部建立和发展绿色经济系统，是绿色经济点在实践中的表现形式。

1. 绿色企业的概念与定义

自从生态环境问题引起人类高度重视以来，人类就开始探索如何促进企业与生态环境之间的协调发展，并寻找能够实现协调发展的模式，绿色企业应运而生。同时，人们也从不同的角度对企业提出了不同的绿色要求，因此就出现了对绿色企业概念的不同理解：

世界企业持续发展委员会（World Business Council for Sustainable Development，简称 WBCSD）提出了一个类似于"绿色企业"的概念"Eco-efficiency"，"Eco"是经济（Economy）与生态（Ecology）的复合，因此可以将它翻译为"生态经济效益型企业。"它的定义是"能提供具有价格竞争力的商品和服务，在满足人们需求、提高生活品质的同时，满足生态环境需求；在商品和服务的整个生命周期内逐渐减少对环境的冲击及自然资源的耗用，使之达到地球承载限度内。"它包括七大要素：减少商品和服务的原料消耗；减少商品和服务的能源消耗；减少有害物的扩散；提高原料的可回收性；最大限度地持续利用可再生资源；延长产品的使用时间；提高产品和服务的利用效率（Desimone，Livio D. and Frank Popoff，1997）。

经济合作与发展组织（Organization for Economic Cooperation and Development，简称OECD）的定义为："所提供的产品及服务价值之和大于其所消耗的资源与环境承载力之和的企业，即具有较高的正的生态资源效率的企业。"（OECD，1998）

我国不少学者也给"绿色企业"下了不同的定义：有人认为绿色企业是"一个整体的，系统的概念，是企业基于自身的考虑，为了更好地适应不断变化的经营环境，积极主动地选择、实施可持续发展战略而逐渐演绎形成的一种新型企业。它以追求环境效益与经济效益的'双赢'策略为目标，力图通过企业自身在研究与开发、设计、制造、质量管理、营销与服务等各个方面的变革，实现企业全方位'绿化'的目的，这里的绿色不仅仅是清洁的意思，还包括节约的思想"（陈玉祥、陈国权，1999）。

诸大建则从系统工程的角度来定义绿色企业，并将绿色企业文化、绿色人力资源等引入概念之中。他认为绿色企业是全面实施可持续发展战略的企业，不仅仅在某个单一的环节体现可持续发展，而是一个将可持续发展的理念和战略融入整个企业的经营管理和生产运作的系统工程，包括绿色企业环境、绿色企业战略、绿色企业产供销策略、绿色企业文化、绿色组织和人员等各个方面（诸大建，1999）。

卢新德对绿色企业的定义更加简单具体，近似于一种标准，并以这个标准粗略地估计了我国绿色企业的数量。他认为绿色企业就是采用绿色技术、进行绿色管理、生产绿色产品、实行绿色包装、通过绿色认证、获得绿色标志的企业。并认为我国绿色企业数量少、规模小、水平低，许多企业及产品没有达到国家规定的认证标准，离国际标准差距很大，国际竞争力不高。统计得出我国绿色企业1997年为9 090家，1998年12 000家，1999年12 810家，其中年产值超过5 000万元的不足

5%，技术人员仅占职工总人数的 6.8%（卢新德，2000）。

2. 绿色企业的内涵

上面所列举的几个定义是从不同的侧面对"绿色企业"的概念进行了阐述，但都是侧重于静态的表述。由于"绿色"本身是一个相对的概念，它的内涵是随着社会的不断发展而变化的，所以"绿色企业"也应是一个相对的概念。它是以可持续发展和生态经济理论为指导，通过不断培育和建设企业的绿色文化，将绿色理念贯穿于整个生产经营活动和产品的整个生命周期中；通过不断开发和应用绿色科技，推行清洁生产工艺，力求实现资源的循环再利用，向社会提供绿色的产品或服务，以减少"三废"排放量和资源耗用量，创造良好的经济、社会、生态效益，实现经济与环境、人与自然的协调发展，它是现代的企业模式。

首先，绿色企业是一个相对的概念。一方面，绿色企业是与它的过去进行纵向比较的"绿色"，它的绿色化程度是不断深化的；另一方面，绿色企业也是同其他企业或同当时的社会平均的绿色标准进行横向比较的"绿色"。社会平均的绿色标准也是不断发展变化的，因此也是相对的。如在目前，"绿色"的内涵正在由污染防治型向自然友好型、资源减量型转变，绿色的程度也正在由"浅绿色"向"深绿色"发展等。

其次，绿色企业以可持续发展理论与生态经济理论为指导，对经营的全过程实行"绿色"的控制。这里的"可持续发展"包含两层含义，一是整个社会的可持续发展，二是企业自身的可持续发展。社会的可持续发展要求企业的生产经营活动不但要承担一定的经济责任，还要承担确保社会、生态环境可持续发展的社会责任。企业自身的可持续发展则意味着企业要着眼于长远的持续的发展，要以可持续发展的理念来推进自身的持续稳定发展。而要实现社会和企业自身的可持续发展，需要以生态经济理论为指导，遵循生态经济规律，发挥生态生产力，实现经济与生态环境的协调发展。作为绿色企业，必须把这样的思想贯穿于企业生产的全过程和企业产品（或服务）的整个生命周期，从生产设计到市场实现，从产品的摇篮到坟墓都进行绿色的控制。

第三，绿色企业是通过采用绿色科技和新的经营模式来实现"绿色"的；通过制定绿色产品、服务策略、绿色营销策略、绿色企业文化策略、绿色生产环境策略等来实现绿色化转变的。清洁生产工艺和循环经济模式是绿色企业经营模式的现实选择。

第四，绿色企业的最终目标是实现经济与自然、环境，人与自然的协调发展。企业在绿色化转变中，逐渐减少废弃物的排放和资源的消耗，使环境污染状况得到改善。可见，绿色企业既要有能满足社会绿色需求的产品和服务的产出，也要有促进自然改良的生态环境的产出，有利于人与自然和谐共处共同发展，进而形成一个持续、高效、稳定的经济、社会、生态复合系统。

3. 国际上绿色企业的发展状况

近年来，绿色企业是在国际组织的推动下迅速发展起来的。

绿色企业是在环境问题日益严重的 20 世纪 50～60 年代产生的。由于社会对造成污染和生态破坏的企业的日益不满，各国政府也纷纷要求企业减少污染，迫于社会公众的压力一些污染严重的企业开始采取治理措施，但主要是末端治理。1989 年杜邦化学公司创造性地在企业内部进行废物利用发展循环经济，并取得了巨大成功。

1992 年里约热内卢的"地球高层峰会"后，可持续发展的理念得到各国的一致认同，在《21 世纪议程》的全球可持续发展行动纲领的指导下，清洁生产作为一种新的污染防治手段，在世界范围内得到了长足的发展。1995 年元月以推动企业可持续发展为目的国际组织——世界企业永续发展委员会成立（WBCSD），它是由原设于瑞士的企业永续发展委员会（Business Council for Sustainable Development，简称 BCSD）和原设于巴黎的世界工业环境委员会（World Industry Council for the Environment，简称 WICE）这两个组织合并而成的，总部设在瑞士日内瓦。1999 年 WBCSD 又与欧洲环保伙伴联盟（European Partners for the Environment，简称 EPE）联合，成立了 European Eco-Efficiency Initiative（简称 EEEI），以推动欧洲绿色经济的发展，促进欧洲各国工商业的可持续发展。

在国际社会的推动下，一些大型的跨国公司加快了绿色化的进程，有力地推动了世界绿色经济的发展。在 20 世纪 90 年代，许多大企业渐渐改变了在环境问题上的保守态度，变压力为动力，把绿色作为提高企业竞争力的重要内容和战略导向，并从中寻找有利的发展机会。如 SONY 公司以环境友好型产品来提高市场占有率、Broderne Hartmann 公司充分利用绿色机遇获得巨大效益、Danish Steel Works 公司化环境挑战为机遇等等。不少公司主动提供了公司环境审计报告的，如杜邦公司、Monsanto、ICI、CH2M Hill、庄臣公司、Johnson & Johnson、CIMPOR、Anova、Noranda、DeLoitle Touche、General Motors、宝洁公司等。在这样的过程中，以循环经济为内容的绿色企业不断涌现，绿色技术与产品也越来越丰富。如芬兰将塑料垃圾粉碎后加到沥青中（占30％）用于铺路，其效果非常好，铺出来的路富有弹性且噪音小；日本钟纺公司、北越制纸公司和木材印刷公司利用中药渣制造出用于 30 种药品的包装纸，不但做到了废物利用，保护了环境，还可以达到抗菌和防虫的目的，一举三得；加拿大用旧玻璃瓶制出硬度更大的混凝土和净水设备的内胆等等。

在绿色化浪潮中，一些国家也积极推动绿色企业的发展，如巴西、卢森堡、以色列、芬兰等。自 1972 年斯德哥尔摩会议后，巴西为了保护南美温热带自然环境，始终恪守"有废必用，物尽其用，不得不用"的原则，尽量减少污染物排放，在发展本国经济的同时，较好地保护了南美洲的自然生态环境。芬兰在综合利用垃圾方面取得了非常成功的经验。他们先把垃圾进行分类，由垃圾处理中心的生物垃圾分解厂进行降解处理，制成肥料土，2001 年，这个厂生产的这种高质量的花园用肥料土达 1.5 万立方米。然后，混合垃圾处理厂对剩下的混合垃圾进行再分类，每年分离出近 20 万吨可燃垃圾，可生产 60 万千瓦小时的能源。最后，由中心将处理垃圾产生的渗透水进行收集并送到附近的污水处理厂进行处理。同时，在垃圾掩埋场安装先进设备以回收沼气，并准备建立沼气发电站，供周围的居民使用，最大限度地利用垃圾，使垃圾转化成为各种产品。

四、大力促进绿色企业的发展

1. 促进绿色企业发展的意义
首先，促进绿色企业的发展是全面建设小康社会的需要。中共十六大提出了全面建设小康社会的宏伟目标，这里的"全面"是十六大的新提法，是对以前不够全面的"小康"内容的补充和发展。因为，以前小康的主要内容是经济方面的，侧重于物质文明的内容，对精神文明、政治文明和生态环境、可持续发展方面的重视不够。所以在全面建设小康中，促进绿色企业的发展，从微观的层面上，从社会经济的细胞企业入手来协调经济发展与生态环境保护的关系，以实现可持续发展，具有十分重要的意义。

其次，应对绿色壁垒的需要。在世界经济一体化和绿色化的潮流中，一些发达国家对产品的绿色要求越来越高，绿色壁垒已经成为制约我国对外贸易的重要因素。据统计，2001 年，我国受到"绿色壁垒"影响的占年总出口量的 25%，有 60% 的出口企业受到影响，其直接和间接的经济损失达到 104 亿美元。"坐以待毙，不如起而攻之"，发展绿色企业是应对绿色壁垒，提高我国企业国际市场竞争力的需要。

第三，城镇化建设和解决"三农"问题的需要。城市是人口聚居和企业集中的地方，长期以来，我国的城市化明显滞后于工业化，而且城市的环境污染十分严重。党的十六大提出了城市化的具体目标，也强调了它在解决我国目前存在的二元经济结构以及"三农"问题方面的重要意义。"三农"问题一直是我国政府着力解决的头等大事，但"三农"问题仍然没有得到很好的解决。近年来，人们认识到，通过城镇化建设来推进农业产业化进程，将是解决"三农"问题的重要途径。而随着城镇规模的扩大，大量企业的相对集中，如果不进行绿色化转变，就必然影响到周围的环境，遗患无穷。所以大力发展绿色企业，建立起内部循环的绿色经济点，可以实现经济增长与环境保护的双赢目标。

2. 我国绿色企业的发展状况

我国的绿色企业也走过了"从末端治理到清洁生产再到循环经济"的发展之路。

在很长一段时间内，我国企业的绿色转变是靠政府投资来实现的，且集中于污染处理设备的投资，大多数是末端治理。我国"六五""七五"期间的环保投资，分别占 GDP 的 0.63% 和 0.79%，九五期间达到 1%。由于末端治理的效率较低，逐年增加的环保投资并没有能够从根本上解决环境问题。因而，1993 年我国就开始推行清洁生产，并在绝大多数省、自治区、直辖市开展了试点工作：实施清洁生产审核和生产工艺技术改造，取得了良好的经济效益和环境效益，主要污染物平均削减 20% 以上。现在，从中央到地方的各级政府都十分关注企业的绿色发展，正在积极推动循环经济模式，并将其列入了"十五"计划的内容。辽宁省已经被确定为发展循环经济的试点省。

企业在绿色化转变的过程中，也经历了由躲避到治理到开发的转变。一些具有超前意识的企业，在绿色化转变中找到了新的发展机会和新的利润增长点。如海尔公司率先树立绿色经营理念，推出了绿色环保冰箱，实现了经济与环境的双赢。目前我国通过环境标志认证已有六大类 70 多种产品 700 多厂家。

然而，总体来说，我国绿色企业的发展还只是处于比较低的水平上：首先，绿色企业的发展层次较低，其范围相对集中于食品、电器、建筑材料等少数行业，企业对"绿色"的理解也普遍停留在产品阶段，停留在对产品的绿色所能带来的超额利润的追求上，而并没有真正树立绿色经营理念。这同国外企业对"绿色"的理解还有很大差距，国外企业已经将可持续发展的思想融入企业的经营管理之中，并把它上升为一种经营理念和哲学。其次，对绿色企业的管理较为混乱。到目前为止，尚未建立起一套有效的绿色企业管理体系。各种绿色标志政出多门，执行也不严格，使各种真假绿色企业、产品混杂，难以区分。更严重的是国内绿色管理制度还没有同国际完全接轨，信誉较差，影响了外向型绿色经济的发展。

3. 影响我国绿色企业发展的因素

（1）绿色制度与市场体制不健全是阻碍我国绿色企业发展的首要因素。绿色企业的发展过程实质上是政府、企业、社会公众三者对企业绿色转换的成本分担及利益分享的博弈及均衡的过程，这种博弈与均衡的结果表现在绿色制度与体制建设上。国外，特别是日本和德国，在推动循环经济发展方面的成功经验表明：健全的绿色法规制度，是促进企业进行绿色转变的必要条件。

德国是最早发展循环经济的国家。1991 年，它首次按照从资源到产品再到资源的循环经济思想制定了《包装条例》，要求生产商和零售商尽量减少包装物并要进行回收利用。1996 年德国把循环经济的思想从包装推广到所有的生产部门，制定了更为系统的《循环经济和废物管理法》，并要求对已产生的废物进行循环利用。德国的循环经济已取得了明显的成效，废物排放总量，在 1991 年前是逐年加速增长的，而在 1992 年后则呈逐年下降的趋势。

日本将建立"资源-产品-再生资源"的循环型社会作为基本国策。2000 年 6 月，日本政府颁布《循环型社会形成促进基本法》，随后制定实施了《家电循环法》《汽车循环法案》《建设循环法》等许多专项法律。这些法规有力地促进了企业的绿色发展，如丰田公司，原来的垃圾排放量为 9 800 多吨，利用循环技术后，铁屑回炉变为有用金属，瓦砾粉碎加工成地砖，污泥成为花园肥料，只剩下 900 多吨的垃圾。

目前，我国绿色制度尚不健全，加上执行和监督不力，使绿色企业的市场利益得不到有效的保障，阻碍了企业的绿色发展。当然，这方面的工作正在加强，我国已经于今年初正式实施了《清洁生产法》，它必将有力地推动企业的绿色发展。

（2）企业经济实力不强，难以支付绿色转换的成本。企业的绿色转变是需要支付成本的。首先是绿色转化的物质成本。为了进行绿色转变需要预先投入大量的人力和物力，以改造生产工艺、购置设备、引进技术以及调整经营渠道等。其次是绿色化运营成本。在目前绿色市场管理体制还不完善的情况下，这部分的成本也较高，绿色认证的相关费用就很高，如 ISO14000 认证费用就达几十万元。第三是风险成本。企业进行绿色转换是一项十分复杂的社会工程，存在着较大的不确定性。

由于绿色转化成本的存在，使一些小企业望而却步。而目前，我国企业的规模普遍较小，实现转化的困难比较大。因此只有那些实力强的大企业，才有能力去实施绿色转变。实践也表明，在绿色转变较为成功的企业中，多数是大企业。在目前，我国绿色经济的发展仍处于起步阶段，很多企业尚不具有独立转换的实力，政府应适当支持企业的绿色转变，特别是开辟和拓宽绿色投融资渠道。

（3）科技与信息是企业绿色转变的重要制约因素。企业实现绿色转变可以取得"多赢"的效果，但需要有大量的技术和信息支持。从理论上说"垃圾只是放错地方的资源"，"任何污染物、废弃物都可以转换成有用的资源"，但"如何找到适合的地方"，"值不值得这样去找"、"由谁去找"则是既需要资金也需要科技和信息的，否则无法实现。而我国目前的绿色技术和信息化水平还不高，这就严重地限制了绿色企业的发展。因而，要推动绿色企业的发展，在政策上向绿色科技适度倾斜，并增加这方面的信息供给是必要的。

五、案　　例

【案例一】　杜邦化学公司——最早实施循环经济的企业

杜邦化学公司是最早实施企业内部循环经济的企业，它所开创的企业经营模式被称为"杜邦化学公司模式"，其主要内容是组织厂内各流程之间的物料循环，这是微观层次的循环经济模式，是绿色企业的一个形式。

20世纪80年代末，杜邦公司创造性地把循环经济三原则发展成为与化学工业相结合的"3R制造法"，以达到少排放甚至零排放的环境保护目标。他们通过放弃使用某些环境有害型的化学物质、减少一些化学物质的使用量以及发明回收本公司产品的新工艺，到1994年已经使该公司的废弃塑料物减少了25%，空气污染物排放量减少了70%。同时，他们在废弃的牛奶盒和其他一次性废塑料容器中回收化学物质，开发出了耐用的乙烯材料维克等新产品。厂内废物再生循环包括下列几种情况：将流失的物料回收后作为原料返回原来的工序之中，如从废纸中回收纸浆等；将生产过程中生成的废料经适当处理后作为原料或原料替代物返回原生产流程中，如铜电解精炼中的废电解液，经处理后提取的铜再返回到电解精炼流程中；将生产过程中生成的废料经适当处理后作为原料返用于厂内其他生产过程中（李健、顾培亮，2001）。进入21世纪以来，杜邦正全力向生物领域进军，力求在未来10年内，力争使用回收资源的产品占公司全部销售额的 30% 以上。

【案例二】 云南的力量公司的绿色化经营

云南力量生物制品有限公司是一家生产白糖、红糖、酒精、中密度纤维板、复合板、旅游制品、生态有机肥的综合性大型企业。

资源优势：公司糖业基地公司拥有原料基地 8.5 万亩，位于山清水秀、环境优美的弥勒市竹园坝子（盆地）。周围的山中有大小近 50 多个天然龙潭，甘蔗地的浇灌和制糖生产都使用这里的天然地下矿泉水。经有关专家鉴定，土壤中含有对人体健康有益的多种微量元素。

环境问题：糖厂排出的酒精废醪液和滤泥严重污染了环境，治理成本高。

应对策略：他们从三个方面进行绿色化经营：在甘蔗的种植中，充分发挥资源优势，不施化肥和农药，施用生物菌肥和农家肥；在加工中严格按《清洁生产法》规定生产；综合利用甘蔗资源，形成有效的循环产业链。

主要措施：

（1）制糖废料变有机肥。1999 年，该公司和日本合作，成功地研究出"制糖废料生产有机肥"技术，可以把全部的废弃物滤泥、煤灰、蔗髓和酒精废醪液等进行加工利用。据有关专家检测，该肥料的有机质含量达 34%，每克菌落总数大于 2 000 万个。2002 年生产了 400 吨的试产品投放市场，实践证明产品的质量良好，施用有机肥的甘蔗出苗率和分芽率均优于没有施用以及施用农家肥的蔗地，甘蔗拔节期长势也更加旺盛。该有机肥成本为每吨 80 元，和其他化肥相比，每亩可节约 15% 的成本。该肥料还可以根据不同地区和不同农作物的需要调整配方，生产专业用肥如蔬菜肥、水果肥、甘蔗肥等。

（2）建立了一个生态产业链。公司在治理"三废"的基础上，以制造生物菌肥为起点，建立了一条比较长的生态产业链，如图 11-1。

绿色绩效：基本上达到了污染物的零排放。

该公司生产和使用了有机肥，有效地防止因长期施用化肥造成的土壤退化、有机质含量降低、农药、化肥残留问题，且增加了土壤肥

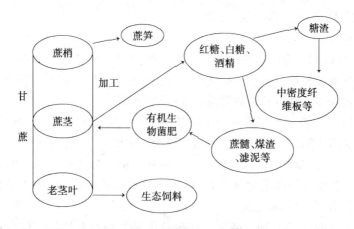

图 11-1 云南力量生物制品有限公司的生态产业链

力。因此使水田和水灌地的甘蔗平均亩产从原来的 6 吨提高到近 9 吨，旱地甘蔗单产由原来的 4 吨提高到 6 吨多，甘蔗产量增加 18 万吨。同时，提高了生态园中间种、套种的蔬菜、水果的质量，可以加工成为有较高附加值的绿色产品，产值可达两亿元。

开发绿色产品后，蔗糖单价比同行高出 900 多元/吨，该公司年产约 50 万吨的蔗糖，因此就增加产值 4.5 个亿。产品经过 10 多项绿色环保指标的检验、检测，均符合 GAP 国际农业种植质量控制标准。生产的"云龙"牌白砂糖产品先后打入百事可乐、可口可乐、娃哈哈等国际国内知名企业，并占这些企业原料份额的 95% 左右，年纳税 2 300 万元（中国环境报，2002.10.16）。

【案例三】 SONY 公司的绿色经营之道

挑战：1994 年秋季，荷兰的消费者杂志 Consumenten Bond 报道了对荷兰市场销售的不同厂家的 24～25 英寸立体声电视进行评鉴的结果：在市场销售上处于领先地位的 SONY 被评价为"合理（reasonable）"等级，理由是它的环境绩效并非最佳；而 ITT Nokia 与 Aristona 则被评定为"最佳购买（best buy）"等级。这一评价结果公布后，使 SONY 在荷兰的市场占有率骤降了 11.5%，而 ITT Nokia 及 Aristona 则提高了 57.1% 及 100%。所以当年的营业收入的对比关系也发生了很大的变化：SONY 公司仍然维持原有的水平，而 ITT Nokia 及 Aristona 却分别成长了 73% 及 113%。

SONY 采取的绿色化措施:

SONY 公司确定绿色化的目标是: 减少产品在制造及消费者使用中的资源耗费量; 减小其报废后对环境的影响与处理成本; 在产品的生产过程中, 减少有害物质及包装材料的使用。

1995 年该公司在欧洲正式推出首台易于拆解及可回收的电视机, 随后又推出第二代。新产品采用了新的铸模技术, 减少了材料及塑料的使用, 机重减少了 23.4%; 电视机外壳由百分之百可回收的材料制成, 且塑胶只用不含卤素的耐火材料及水溶性漆; 空机状态的耗电量, 由 10 瓦降到 4.5 瓦。

市场的响应: Sony 恢复了在荷兰市场上的领先地位, 树立了产品的绿色形象, 1998 年, Sony24~25 英寸电视在荷兰市场的占有率为 5.8%, 仅次于菲利浦公司。

【案例四】 日本 Daiei 公司的绿色发展

企业简介: 日本 Daiei 公司, 是一家以 "优良企业公民" (Good Cooperate Citizen) 自居的连锁超市, 本着 "行动第一"、 "脚踏实地, 由身边做起" 的两大基本原则, 积极地开展绿色社会公益活动以回报社区, 得到了居民的肯定与支持。

绿色举措:

(1) 设立专门组织: 1990 年 4 月设立跨部门的 "资源项目" 以处理环境问题, 由相关部、署的 16 名部长兼任; 1991 年 9 月又设立了 "地球环境部", 专门负责开展社会公益活动; 1992 年 7 月设立 "社会公益部", 1993 年 2 月将两部门合并为 "地球环境暨社会公益部", 定期召开执行会议。

(2) 积极开发绿色商品: Daiei 积极利用各种回收的垃圾, 开发出各种绿色商品, 具代表性的有: 回收牛奶纸盒生产 "再生纸包装盒" (原料 100% 为再生纸, 其中 50% 为牛奶纸盒成分); 回收铝罐生产 "厚底不粘锅系列" (原料 100% 为再生铝, 其中 50% 为铝罐成分); 回收 "保丽龙" 托盘生产衣服架 (原料 60% 为回收的保丽龙托盘)。到 1999 年 2 月公司生产的各种绿色产品中获得日本 "环保标志"的种类达 198 个。到 1999 年底，共开发出 213 种绿色商品，具体可分为有效利用资源和防止环境污染两大类型。见表 11-5。

表 11-5　Daiei 公司开发之环保商品类型一览表

绿色商品分类		商品	数　量
有效利用资源的商品	资源节约型	填充型商品 简易包装商品	42
	可重复使用型	布尿布 环保袋等	28
	再生产品型	再生纸商品 再生塑料商品 再生铝商品 包装用再生品	88
	有效利用新资源型	林木间伐材使用商品	4
防止环境污染的商品	制造、使用、废弃时对环境无污染（或低污染）型	无漂白的棉布 无磷洗衣粉等	43
	使用该商品可防止环境污染型	厨房滤水袋等	8

（3）实施绿色包装行动：为了解决超市的包装垃圾问题，Daiei 公司进行了包装材料的改善，具体采取了以下三种方法：

①包装简易化：采用单色印刷的纸张和再生纸等；对生鲜食品、土产等商品，采用"无包装"方式，即只用原物的包装盒而不外加包装。结果是简易包装率由 1991 年末的 70% 上升到 1995 年末的 88%；无包装率由 1991 年末的 13% 上升到 1995 年末的 20%。

②减少使用托盘包装：Daiei 严格执行日本连锁店（Chain Store）协会所订定"青菜蔬果 73 种类不用托盘包装"的标准。另外，除原产地葡萄和水蜜桃有包装产品外，其他水果全部采用无包装方式出售。

③鼓励顾客自备购物袋：公司规定如果消费者自备购物袋，则可在本店提供的"自备购物袋优待卡"上加盖印章，集满 20 个印章，可获 100 日元的购物券。根据 1992 年度统计平均每月约有 45 万人参加这项活动，月可减少包装袋 90 万个。

（4）开展资源回收活动：在各店设置各类回收箱，进行回收的有牛奶纸盒、铝罐、保丽龙生鲜托盘、保特瓶、玻璃瓶、塑料带等，收集后，再集中到集货中心，分别交给各类生产者进行再加工。回收绩效见表 11-6。

(5) 资助环保事业，回报社会：如开展"资源回收树"（Recycle

表 11-6 Daiei 超市店头资源回收成效表（1994 年度）

种 类	开始回收时间	实施店铺数	月平均回收量		1994 年全年回收量	
牛奶纸盒	1987 年 2 月	312 店	57 吨	170 万个	656 吨	1 968 万个
铝罐	1990 年 9 月	311 店	260 吨	130 万个	2 760 吨	1 380 万个
保丽龙托盘	1991 年 6 月	287 店	13 吨	260 万个	152 吨	3 040 万个
塑料袋	1991 年 4 月	302 店	6 吨	63 万个	75 吨	750 万个

Tree）活动，公司于 1994 年 6 月，把在 1993 年 3 月至 1994 年 2 月期间的资源回收的收入近 1 500 万日元，捐赠给林务局国土绿化推进机构，用以资助公园绿化和学校等单位的植树工作，至 1995 年 6 月止，约有 22 家公园、学校或广场得到这项基金的资助。

(6) 建立与消费者间的绿色沟通渠道：每月实施一次"客户巨头会议"以反映消费者的要求，同时还设立了店长意见箱，开通消费者直接向店长反映意见的渠道。

在各个商店开辟绿色产品区（Green Line），不仅向消费者提供绿色商品，而且还设立了环保咨询处，进行各方面的宣传活动，成为同业的典范。

(7) 培育企业绿色文化：大力开展绿色教育，把绿色的理念贯穿于员工教育训练、商品开发、市场营销等各个方面，要求每一位员工都要从工作和生活的每一件小事做起，支持企业的绿色行动，形成企业特有的绿色文化。如从 1991 年起，每年的 4 月 22 日世界地球日，全部员工都要参加资源回收活动；实施 99 个项目来推动办公室绿色化行动，如设置各式废纸回收箱，采用再生纸或麻纸印刷名片及其他印刷品，纸张两面影印，计算机报表纸统一缩小采用 A4 尺寸，运货纸箱重复使用，改善办公室各项水电设备节省能源等；全面采用低公害的电动汽车，减少大气污染等。

绿色效益：在 1994 年，仅能源节省一项，就为公司节约了 75 800 万日元，绿色经济效益显著，实现了经济、生态、社会三种效益的统一。该企业成功地培育了绿色企业文化，并将其内化为企业绿色发展的力量，实现了可持续经营。

【案例五】福建圣农集团的绿色发展

一、公司概况

福建圣农集团是农业产业化国家级重点龙头企业，集团位于风景秀丽的武夷山自然保护区北麓光泽县，下属企业有：福建圣农发展股份有限公司、建圣农实业有限公司废弃物处理厂、生物有机肥厂、污水处理站和福建凯圣生物质发电有限公司，是全国 500 家最大私营企业的第 136 位。集团始建于 1983 年 4 月，是集贸工农、产加销为一体的"全国优质肉鸡科技产业化示范基地"，也是亚洲规模最大的肉鸡养殖加工企业，国际百胜餐饮集团肯德基公司大中国区的冻鸡供应商。目前年肉鸡饲养加工 1500 万羽，年加工冻鸡产品 3 万吨。产品已出口日本、俄罗斯、南非、韩国、中东以及我国香港等地，并形成肯德基冻鸡配销、出口、快餐、市销四大销售系列，100 多个品种。

二、圣农的绿色经济发展模式

20 年来，公司以发展绿色经济为目标，形成了"一主两副"（详见下图）生态型优质肉鸡饲养加工产业链，将传统经济发展中的"资源—产品—废物排放"的线性物流模式，改造为"资源—产品—再生资源"的物质循环模式。通过集团内各工艺之间的物料循环，减少了生产过程中物料和资源的使用量，变污染物为下一环节的原料，最终消除污染，实现了零排放的绿色发展。

1."一条主业链"，即以玉米、豆粕原料—饲料加工—种鸡饲养—苗鸡孵化—肉鸡养殖—商品鸡屠宰—熟食深加工—美其乐食品联销经营的肉鸡饲养加工及产品流通的主业链。圣农集团从有机种植业抓起，保障饲料原料的供给，同时建立起饲料加工厂，保证肉鸡生产的安全、绿色，并有效地控制了生产成本。

（1）饲料厂。公司现有三个饲料厂，其中的第三饲料厂占地面积 86 亩，是国内单产最大，拥有国内最先进设备和最新工艺流程的饲料厂，拥有铁路专线接收，实现了原料投放到成品整个流程全封闭、自动化生产，大大提高了生产效率（全厂只需 37 位工人），防止了过程污染，保证了产品质量。工厂建设注重环保设计需求，粉尘、废

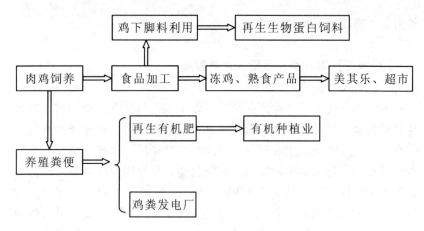

福建圣农集团农业循环经济发展模式示意图

弃等环境污染物达标排放达到国家 GB16297 – 96 标准。

（2）种鸡养殖。圣农发展股份有限公司现代化种鸡场饲养设备均从欧美发达国家引进，实行自动化饲养（含自动喂料、温控、饮水等系统），科技含量高。

种蛋孵化：圣农发展股份有限公司孵化厂现拥有二个孵化厂，年出雏肉鸡 6000 多万羽。孵化厂引进具有国内先进水平的孵化设备，孵化机的温度、湿度、空气调节均采用微电脑自动控制，并可定时翻蛋及自动报警，实现鸡苗孵化规模化、集约化生产和高效管理。

（3）肉鸡饲养。公司以饲养优质肉鸡为目标，把自动控制的 400 多幢现代化鸡舍全部建在山清水秀的山区，以良好的生态环境保证了肉鸡的绿色。同时以现代化的设备，实现了自动化管理和标准化生产。

（4）肉鸡屠宰加工。公司有两个肉鸡加工厂日加工肉鸡能力达 32 万羽。其中的二厂引进三条欧洲先进的自动化肉鸡屠宰线及加工设备，采用世界先进的屠宰生产管理和技术工艺（自动切割转挂系统、自动掏膛及清洗系统、风冷降温系统，自动风冷降温系统、自动皮带称重分级系统），确保圣农肉鸡分割产品的优质安全生产。圣农肉鸡加工厂目前是中国产量最大、设备最先进的肉鸡加工厂。

肉鸡加工厂按环保要求设计建筑，配套建有污水处理站及固体废弃物处理厂，宰杀产生的废水及固废（羽毛、鸡血、内脏等）全部按国家环保要求达标排放或回收处理，实现环保清洁生产。

（5）仓储运输。配有万吨冷藏库及电动叉车，承接员工上下班接送、饲料运输、肉鸡运输、冻品运输，为圣农的发展和腾飞提供坚实的储藏和运输保证。

（6）污水处理站。污水处理站是中坊肉鸡加工厂的环保配套工程（分一站、二站），一站 2002 年建成投产、二站 2006 年 7 月投产。目前日处理肉鸡加工厂屠宰生产污水能力 6 000 ~ 8 000 吨。经处理后的污水达到国家 GB 13457—92《肉鸡加工工业水沙场染排放标准》一级排放，使肉鸡加工厂生产实现无污染、环保型生产。

（7）废弃物处理厂。2004 年 8 月建成投产，主要是处理肉鸡饲养加工过程产生的废弃物，如羽毛、鸡血、内脏、淘汰鸡、种蛋壳等，减少对环境的污染。从丹麦引进具有国际先进水平的废弃物处理设备，通过将废弃物放入高温高压蒸煮器内蒸煮消毒，进行水解蛋白、干燥和粉碎等安全无污染处理①。

2. 两副产业链

（1）第一条副业链。以鸡粪开发利用为主进行有机种植（种植有机茶、有机稻等）。2005 年，集团投资 2 000 万元，新建两座鸡粪生物有机肥厂，年消耗鸡粪 10 万吨，生产有机菌肥 6 万吨，带动了当地农户的有机种植业发展。

（2）第二条副业链。生物工程回收，包括以鸡下脚料利用为主的蛋白质回收系统和研发 SEM 圣农益生微生态制剂，从鸡胆中提取胆红素、从鸡肠子中提取胰蛋白酶、从鸡羽毛中提取氨基酸的生物工程系统：

——新建固体废弃物厂，引进具有国际先进水平的设备，全年处理鸡羽毛、鸡血、鸡内脏、淘汰鸡、种蛋壳等废弃物 1 万吨，回收动物粗蛋白质约 2500 吨，用于猪、牛、鱼类的饲料添加剂。

——成功研发由五种有益微生物发酵制成的 SEM 圣农益生微生态制剂。2005 年 SEM 产量达 400 吨，广泛用于种植、养殖业及环境保护，具有促进作物生长、增加产量作用。

---

① 福建圣农发展股份有限公司. http：//www. sunnercn. com

——从鸡肠中提取胰蛋白酶，研发出第一个具有自主知识产权的产品，该项目已获国家专利和国家科技进步发明奖。胰蛋白酶广泛应用于医药行业、洗涤剂制品和动物饲料。

——从鸡胆中提取胆红素，广泛应用于医药行业，全年鸡胆产量将达 10 万千克，可提取胆红素 150 千克，采用生化技术从鸡羽毛中提取、加工、生产多肽氨基酸，用于生物制药和饲料添加剂。

三、实现经济与环境的双赢，绿色发展的效益可观

通过两条副业链实现了废弃物的全部利用，目前仅生物有机菌肥就可年新增产值 4 000 万元，鸡毛、鸡肠、鸡胆、种蛋壳等鸡下脚料回收利用为主的生物工程系统全部投产后，2006 年新增产值 8500 万元。此外，由于集团内部不断延伸肉鸡饲养加工和产品流通主业链，实行标准化生产、集约化经营、系列化开发、减量化投入，也大大节省了生产成本，提高了经济效益。

公司正在建设的第三条副业链——以废弃物为原料的发电厂，目前也已经初见效益。电厂分二期建设，2008 年完成的一期工程，年处理鸡粪 30 万吨以上，两台机组的年发电量达 1.68 亿千瓦时，创造产值 7 000 万元，电力自给有余；二期工程完成后可转化 1.2 亿只肉鸡的 70 万吨以上鸡粪，年供电约 3 亿度，产值将达数亿元，所提供的蒸汽年可节约燃煤 30 多万吨，并减少燃煤小锅炉对当地环境所造成的污染。项目建成后将成为世界装机容量第二大、亚洲第一的生物质（鸡粪）发电项目，也是国内首创养殖业废弃物综合利用的项目。实现了经济与资源环境的双赢。

第十二章

生态工业园区
——绿色经济片

自 20 世纪 50 年代以来，工业化国家曾试图通过末端治理来达到减轻环境污染的目的。但实践表明，这种方式没有能够从根本上遏制住环境恶化的趋势，需要有新的思路和新的途径。应用生态学的共生原理来建设生态工业园区，就是一种新的探索。按照这样的思路，把不同的绿色经济点在一定的区域范围内，按它们之间的内在联系组合起来，建立起生态工业链，就形成了一种更高层次的绿色经济子系统——绿色经济片。在这样的生态工业园区内，实现了变废弃物为资源，既解决了环境污染问题，又可以节约资源，发挥了较大系统的整体优势。

一、生态工业园区的概念与内涵

1. 生态工业园区的概念述评

生态工业园区（Eco-Industrial Parks，简称 EIP）是 20 世纪 70 年代在丹麦卡隆堡创建的，它的基本理念是起源于工业生态学（Industrial Ecology），也是向自然生态系统学习的结果，是将最大限度减少工业生态影响和改善工商业业绩相结合的具体表现（Edward Cohen Rosenthal，1997）。自它产生以来，不同的学者与机构从不同的角度对这一概念做出了不同的解释。

1995 年 Cote 和 Hall 认为"EIP 是一个工业系统，它保存着自然和经济资源，并减少生产、物质、能量、风险和处理的成本与责任，改善运作效率、质量、工人的健康和公共形象；而且它还提供由废物的利用和销售获利的机会"（Cote E. P.、J. Hall，1995）。

也有的学者认为 EIP 是一个由制造业企业和服务业企业组成的群落，它们力求通过对包括能源、水和材料在内的资源与环境的管理，通过相互之间的合作来提高环境效益和经济效益，通过企业的聚合群落寻求一种系统的整体的效益，这是比每一个公司个体效益的总和还要大的整体效益。因此它的目标是改善各参与公司的经济表现，同时最大限度减少其环境影响（E. A. Lowe、J. L. Warren、S. R. Moran，1997）。

1996 年美国可持续发展总统委员会提出的 EIP 定义包括两层含义：①它是"一个彼此相互合作且与地方社区有效率地分享资源（信息、物质、水、能源、基础设施和自然栖息地）的企业共同体，可增加经济利润、改善环境质量并促进人类商业与地方社区资源的公平"。②它是"有计划的物质和能量交换的产业系统，寻求能源和原材料消耗的最小化，废物产生的最小化，并力图建立可持续的经济、生态和社会关系"。

后来美国环保署又将 EIP 的定义归纳为："生产及服务业所形成的社区，通过改善经营环境（包括能源、水、物质等资源）以寻求更佳的环境及经济绩效，且通过共同合作，企业社区所寻求的集体利益将大于每一公司个别利益的总和。"

王金南认为：EIP 是依据循环经济理念和工业生态学原理而设计建立的一种新型工业组织形态。它的目标是尽量减少废物，将园区内一个工厂或企业产生的副产品用作另一个工厂的投入或原材料，通过废物交换、循环利用、清洁生产等手段，最终实现园区的污染"零排放"。它所采用的环境管理是一种直接运用工业生态学的生态管理模式（王金南，2001）。

国家环保总局局长解振华认为：EIP 是通过模拟自然生态系统而建立的工业系统"食物链网"，即工业链网。园区采用废物交换、清洁生产等手段把一个企业产生的副产品或废物作为另一个企业的投入或原材料，实现物质闭路循环和能量多级利用，形成相互依存、类似自然生态系统食物链的工业生态系统，达到物质能量利用最大化和废物排放最小化的目的（解振华，2002）。

这些定义从不同的角度对 EIP 进行了阐述，但它们大多数是侧重于强调它的运行机理和目标，并没有考虑到园区的建立运行成本以及园区的地理区域范围。

2. 生态工业园区的内涵

（1）生态工业园区是企业之间的循环经济模式。与传统的"设计-生产-使用-废弃"的生产方式不同，生态工业园区遵循"回收-再利用-设计-生产"的原则，是一种企业之间的循环经济模式（曲格平，2001）。它仿照自然生态系统的物质循环方式，使不同企业之间形成共享资源和互换副产品的产业共生组合，使上游生产过程产生的废物成为下游生产的原料，达到相互间的资源最优化配置。

生态工业园区具有两层涵义：一是生态工业园区需要有不同的企业组成，二是这些企业间通过一定的方式联系起来组成可以彼此使用废产品和能源的工业生态系统，重复利用资源，减少污染，形成一种封闭的零排放循环系统（Robert U. Ayres、Leslie W. Ayres，1996）。如美国密西西比州的经济与社区发展部就为了配合一座正在建设的利用当地煤和水力资源的发电厂，极力吸引一家能利用煤炭开采后留下的黏土的制砖公司和一些干冰生产、温室、养鱼和食品加工厂等，以便形成一个资源充分利用的循环系统：煤矿为电厂提供煤燃料，剩下的黏土可以给制砖厂制砖，电厂的飞灰回填煤矿，余热和工业用水可以用来供应温室、养鱼或食品加工等。

（2）生态工业园区是一种能够实现多赢的模式。企业为一定的利益而生存，对企业来说，利益是最有力的激励因子。在生态工业园区中，除了整体上可以获得生态和社会效益外，企业也可以得到更多的经济利益。一方面是由于区域内的企业可以通过相互之间的合作减少资源耗费和环境污染，从而节约了生产成本；另一方面又由于树立了良好的绿色形象，有利于企业开拓市场，获得更多的经济利益。因此这是一种社会和企业都可以得益，是可以同时兼得经济、社会和生态三种效益的多赢模式。有人甚至认为，在生态工业园区中，经济效益是更大的，社会和生态效益只是经济收益的副产品。

（3）生态工业园区布局规模的合理性。企业对废弃物的利用是需要成本的，只有当收益大于成本时，废弃物的利用才是经济的，也才具有利用的可能性和合理性。在对废弃物利用的成本分析中可以看到，除了技术设备成本外，影响较大的是废弃物的收集和运输成本，这种成本之大实际上成了阻碍废弃物利用的主要因素。而这正是集中度较高的工业园区的优势所在，有的学者甚至认为建立生态工业园区主要就是通过降低运输费用来改善废物重复利用的经济性（Claudia H. Deutsch，2000）。为了降低企业之间废物与原料转移的运输成本，一般来说，生态工业园区的地域范围相对较小。据有关研究表明，生态工业园区的理想规模是 40～80 公顷，在这样的区域内，合理的布局，可以有效地降低成本，提高经济效益。

（4）效益多样性。生态工业园区不仅追求经济利益的最大化，而且更加强调了经济、生态和社会功能的协调和共进。EIP 之所以具有强大的生命力，代表着 21 世纪产业发展的方向，最主要原因是它可以同时提供经济、生态、社会多种效益，符合社会发展的潮流。它的最大魅力在于它可以在确保园内企业应有的利润（或超额利润）的同时，保护与改善生态环境。企业、政府、社会公众的利益在这种发展模式中都得到了很好的协调，因而它们都有积极性去推广和发展这种绿色经济子系统。

二、生态工业园区的运行机制

1. 多元的利益驱动机制

EIP 最根本的动力源泉在于它可以同时提供超额的经济、社会和环境效益，因此可以有多方面的积极性。一般来说，EIP 的创建是由政府主导的，而园区内的各个企业之间的互惠互利的合作与互动关系是建立在多方面积极性的基础上的，而这多方面的积极性又是来源于多元的利益驱动。

园区的经济回报是相当丰厚的，这包括企业的收益和政府的收益。对企业来说，巨大的经济利益永远具有强大的诱惑力和激励力。在 EIP 中企业会因污染处理成本降低，原材料来自其他企业的废弃物等因素而大大降低其生产成本，从而增加了收入。这种超额的利润成为驱动企业进入 EIP 的动力。同时，政府也可以获得可观的财政收入及其他公共服务收益。正如美国弗吉尼亚州可持续技术园管理局执行董事 Timothy 所说的，"我们不是在围绕它建立整个园区，但我们希望，廉价原料的可得性将成为人们到这里来的一个鼓励措施"。据美国 1996 年 EIP 专题讨论会的估计：一个类似卡伦堡（Kalundborg）共生体系的 EIP 每年净经济效益大约为 8 200 万美元，投资回报率为 55%，回收周期约为 1.68 年，并且回收再利用的废物包括 365 吨沥青，65 吨塑料和 60 吨石膏。

园区还可以向政府和社会提供生态和社会效益。园区的 EIP 可以改善环境质量，减轻资源压力，提供一个良好的工作居住环境；还可以提供更多的就业机会、激活地方经济等，因而也受到政府和社会公众的支持。

由此可见，企业、政府和社会各个主体都能够在园区建设中获得自己的利益。因此他们结成了利益的共同体，形成了推动园区建设和发展的合力。如我国正在建设的广东南海生态工业园区也是这样运作的：由政府提供良好的基础设施，制定一系列优惠条件和一定的准入标准；由企业主动提出申请，政府根据相关的准入标准进行审批。

2. 绿色化的机理

生态工业园区具有强大的绿色生命力。因为 EIP 的设计是从资源循环利用的角度出发，对进入园内的企业进行适当的审核并进行合理配置，使得园内的企业相互耦合共生，形成一个封闭的循环系统，最小化整个工业生态系统的废物。这样就使 EIP 的整个系统表现出资源利用率高、污染少的优势，也具有环境友好形象，在获得较高的经济利益的同时，实现了经济、社会、环境的协调发展。它主要是通过以下几个方面来达到绿色目标的：

首先，基础设施与信息的共享，可以节约资源，也减低了相关的成本。在 EIP 中，大多数企业集中在一起，可以共同享用道路、供水、供电、垃圾处理设备等基础设施，提高了公共设施的利用率，既节约了相关的资源，又使每个企业所承担的成本相应降低。

其次，由于废弃物的相对集中，可以更方便地进行分类处理，在废弃物——资源的互补利用中，使得利用先进设备进行垃圾处理成为可能，不但可以提高垃圾处理的效率与程度，还可以降低相关的处理成本，既减少了企业的环境污染及资源浪费，又获得了额外的经济利润。

其三，企业的相对集中，与之相关物流、能流、信息流、人力资源、生产能力等的相应集中，可以降低企业的信息搜寻成本、物流成本等，使企业相互之间可以开展更加广泛的绿色合作。

3. 生态工业园区的建立方式

生态工业园区的建立有不同的方式，以下三种方式是常见的：

（1）全新规划型。这种类型是从无到有进行建设，它是以良好的规划设计为先导的，并通过先行建设一些基础设施，以吸引一些"绿色技术企业"或"绿色互补企业"进园，使园区内的废弃物、废水、废热以及一些下脚料能够得到充分的利用，实现企业之间的循环经济。

这种类型的园区需要以政府为主导。由于是新建的，它的投资比较大，需要政府的先期投资；而且进园的企业也是虚构的，需要通过政府的引导来变成现实；企业之间没有事先的合作基础，需要政府去协调，为企业提供相应的信息。如我国正在建设的南海生态工业园，美国弗吉尼亚州查尔斯角（Cape Charles）生态工业园，都是由政府主导建设的。查尔斯角生态工业园位于弗吉尼亚州最贫困农村地区之一的北安普敦县的查尔斯港。它的设计目标是：提供一种有利于工商业、人民、经济、自然资源和文化资源的国家发展模式；创造家庭雇佣职业和培训机会；保护和加强自然资源与文化资源，示范节约型和高效型的资源使用，以及发展和利用工业生态学原理；支持私有工商业企业和工业发展，恢复当地经济活力；开发那些兼备利润、资源、效率、工业生态学和污染预防的下一代工业设施；在不提高税率的情况下增大税基（Edward Cohen Rosenthal，1997）。

（2）现有改造型。它有两种类型：一是在原有的绿色生产或已经初步形成循环型经济雏形的基础上，进一步加以合理引导，扩大规模和增进企业之间的合作，如我国的贵港国家生态工业（制糖）示范园就属于这种类型；二是以解决原有污染企业的环境问题为基点，通过制定优惠政策来吸引那些能够利用这些"污染物"或"废弃物"的企业加盟，使原有的"非绿生产"变成"绿色生产"，实现整体的绿色化，如美国的田纳西州恰塔努加（Chattanooga）生态工业园、马里兰州巴尔德摩市的费尔菲尔德（Fairfield）生态工业园就是属于这种类型。恰塔努加曾是美国污染最严重的城市，而费尔菲尔德的主要企业是石油、有机化学品生产商和一些辅助的小公司，这是一种"碳基经济"，因此被认为是一个"不可能创办新型环境范例的地方"。为了改变这种状况，他们正在积极地招募那些能够与之进行生态配套的制造业如塑料、胶卷、薄膜等化学公司、环境技术公司、再循环利用者以及废物交易公司，以达到创造就业机会、促进经济增长而又能够改善环境的目标。

（3）虚拟型。这种 EIP 已突破了地域界限，并不要求各个企业同在一个地区。它是利用现代通讯、网络技术、计算机技术等条件来建立一个信息共享的数据库，使各个企业成员可以通过计算机网络获得相关的废弃物、能量信息，进而建立起可以实现废弃物-原料相互交换的生态工业链。这种类型可省去企业迁址或重新建立一个 EIP 所带来的昂贵费用，也具有更大的容纳能力，同时又能够发挥循环经济的优势。当然，这种类型的园区也有它的不利之处，因为企业不得不承担较高的运输费用、信息技术改造费用和通讯费用，也难以利用基础设施共享、废热、废水的重复利用（传输距离不可能很长）等所带来的经济利益。国内也有这种废弃物相互利用的做法，如建筑企业的废土被另一个企业所利用可以看作是初步的合作，是比较浅层次上的合作。比较典型的是美国得克萨斯州布朗斯维尔（Brownsville）生态工业园，它以一家溶剂再循环者、再循环塑料产品制造商和一个可重复利用的货运流通中心为依托建立一个废物共享的计算机模型，使各个工业企业的副产物和废物能够同其他工业企业的投入要求相匹配。

三、影响生态工业园区发展的因素

生态工业园区虽具有强大的生命力，但它还只是处于刚刚起步的阶段，更多地处于各国学者的理论探讨和各种规划版图中。即使是在EIP 的起源地、发展程度最高的北美与欧洲，EIP 也还只是处于萌芽状态，还有许多理论与实践相结合的问题需要探索。正如康奈尔大学的爱德华教授所说的"生态工业园大部分仍只是图板上一种有魅力的前景，美国任何一个社区都还没有一个正在运行的、可称之为功能正常的生态工业园……过不了多久，生态工业园将会经受市场和法规现实的考验"（Edward Cohen Rosenthal，1997）。具体来说，EIP 的发展不但受到它自身先进与合理性的影响，还受到政府、社会公众等环境因素以及技术水平的影响与制约。

1. EIP 组织结构的合理性问题

首先，园区内成员之间的生态匹配问题。EIP 是一个不同企业集中在一定地域范围内的工业生态系统，其动力之源在于相互之间的配合共生。园区内成员间是否具备互补关系以及规模的配合和稳定性是影响 EIP 发展的重要因素。与自然生态系统相类似，成员之间不但要有定性的种类互补，还要有相互之间数量上的定量匹配。稳定合理的配合、共生关系是这个系统稳定发挥效率的关键，如园内废弃物、副产品的供求是影响废弃物循环利用的主要因素。如果供大于求，即废弃的产量大于其他企业的需求，则会有一部分废弃物不能被消化或消化成本过大，废弃物减量化的目标就很难实现；而供小于求，则废物利用企业的生产能力或园区内的各种废弃物处理设施的处理能力就会被闲置，造成不必要的浪费。因此，EIP 成员之间的匹配决定了该绿色经济子系统的生存与发展。在设计园区时，特别是建立新的 EIP 时，应当特别注意这一点。

其次，园区的空间通达性。EIP 循环利用各种废弃物或资源比传统工业系统更加方便，主要是因为各种废弃物、副产品在 EIP 企业成员之间流动的成本较小。这就要求 EIP 的区域相对较小，同时也要保持较高的空间通达性。因此园区的空间布局就显得十分重要了，相对合理的布局既要考虑到园区内现有成员的要求，也要考虑到园区今后的发展，特别是园区内各种通道的建设以及废弃物集散中心的选址等，都是非常重要的。园区内的通道包括公路、铁路、水路、各种管道（供电、供水出水、供散热、煤气供应管道等）的设计必须遵循方便、节约与发展的原则。方便原则是指管道的设置应方便废物、废气、废水与能量的转移与循环利用。节约原则是指在确保废弃物园内流转效率的前提下，尽量节约管道的建设成本（实际就节约了各企业的成本）。发展原则是指在设计园区的各种管道之初就应考虑到园区以后的发展，应有一定的发展空间，以便园区以后的拓展或缩减，避免今天填，明天又挖的情况发生。

第三，充分的信息供给。EIP 的建立与发展需要大量的信息支持，信息是生态工业园区发展的重要的软约束，如园区内企业的生产原料、废弃物信息、经营状况、市场信息、可利用的清洁生产工艺等。因而一个高效的园区信息管理系统或工业生态系统仿真和决策支持工具，对园区的生态效益估算、园区结构设计、合理组合系统内不同成员间的物流与能流、维护园区的正常运行等都具有十分重要的意义。

2. 政府支持以及社会公众的积极参与

（1）政府的大力支持对推动 EIP 的建立与发展具有极为重要的作用。首先，EIP 的建立需要政府-园区公共品的提供者和协调者。EIP 是由传统的工业园区转变发展形成的，或是由一些有志于发展绿色经济的零散企业聚集起来形成的，这两种方式都需要有政府直接支持。虽然进入 EIP 可以给企业带来更多的经济、环境与社会利益，但对于每个企业来说，EIP 是一种公共品，确切地说是一种俱乐部产品。大多数企业可能都有兴趣加盟，但一般只是想成为一个进入便可以立即享受的简单成员，甚至想"搭便车"，成为免费的享用者，而不是成为承担风险的组织者。这个集体行动常因缺乏组织行动的领导者而无法付诸于现实，自发形成集体行动的将要经过企业间无数次的博弈，需要漫长的时间，导致了此类供给小于最优的社会需求量。政府本身就具有天然组织者的公共性、拥有强大的技术支持及信息搜寻能力等。另外，EIP 的基础设施建设及信息搜寻需要大量的人力、物力与财力，企业一般难以满足这种要求，需要在政府的帮助下或直接参与下才能够完成。其次，EIP 的顺利发展需要政府提供良好的政策支持。政府对企业进驻 EIP 的优惠政策以及越来越严格的环境政策从正反两方面促进了 EIP 的发展。另外，政府可以为 EIP 的发展提供技术、资金与人力资源等方面的政策支持，不同的政策会影响 EIP 的发展方向。如我国正在建设的广东南海国家生态工业园，从规划、土地

使用、科技研发、吸纳人才、财政投入等方面制定了一系列优惠政策
来吸引科研院所及环保企业进驻，主要有：贷款贴息，设立风险投资
基金，鼓励个人和企事业单位以环保高科技技术成果作价入股，并确
定其作价入股金额占注册资本的比例可以扩大到35%，征用土地给
予优惠政策等。

（2）社会公众的积极参与。EIP是一个企业、政府、社会公众互
动互利的产业组织形式，它需要社会公众的积极参与。一方面，园区
的建设与发展需要社会公众的支持，绿色意识的升温是影响绿色产品
购买行为的重要因素，EIP中利用废弃物生产出的再循环产品，只有
被消费者所接受，企业才能生存与再生产。另一方面，社会公众对企
业绿色形象的了解和支持，也是促使企业绿色发展的重要力量。

3. 生态工业园区的支持技术

生态工业园区既然是以企业之间的废弃物循环利用为内容，那么
它的正常运转就需要大量新型环境技术与工艺技术的支持。Martin等
人认为EIP需要以下技术的支持（Martin，Sheila A.、Aarti Sharma、
Richard C. Lindrooth，1995）：

（1）信息技术：大量信息的获取有利于园区成员之间形成副产
品及废弃物的供应商/客户关系，也有利于园区外部的营销，这都需
要信息技术的支持。

（2）水工艺：很多企业在制造工艺中需要使用大量的水，科学
合理的水工艺可以通过企业相互之间的协作努力减少水的需要量，并
能最大限度地减少进入水处理系统和生态系统的废水量，从而减少污
水排放，节约资源。

（3）能源技术：能源技术是EIP中除再循环和重复利用技术以
外最重要的技术，有三种能源技术比较适合EIP机制，热电联产，能
源回收工艺和替代能源。

（4）回收、再循环、重复利用和替代：EIP的绿色关键是将以前
的废物制成有其他用途的物品的转化或分离，这主要依赖于废物与副
产品的重复利用新工艺。

（5）环境监测技术：环境监测技术可以及时地进行各种环境评
估和检测，因此可以及时地向法规或标准的执行监督人员和社会公众

提供有关环境的真实状况，为 EIP 成员及其他人员判断该 EIP 的环境计划执行情况提供科学依据。

（6）运输技术：传统的运输技术会造成一定环境的问题，如温室气体排放等，它已经成为主要的非点源污染者之一。EIP 内外人员和货物流转的新方法新技术对于减少 EIP 的总体环境影响是十分重要和必要的，同时运输的效率也会影响到废物及副产品的运送效率和成本。因此运输技术和运输工具的选择是影响园区建设和发展的一个重要方面。选择使用清洁燃料的车辆或电动车辆以及精密的后勤管理系统，以提供绿色又便捷的交通和运输。

四、生态工业园区的发展

生态工业园区是一个新生的事物，最早起源于 20 世纪 70 年代初的丹麦卡伦堡，当时还只是一种自发形成的"工业共生"体系。到了 90 年代，这一模式引起了美国康奈尔大学一些学者的重视和研究，并将之提炼成为一种发展理念或工业组织形式。由于这种发展理念具有一定的合理性和先进性，所以一经提出便得到社会各界的广泛认可，特别是受北美和欧洲等发达国家的推崇。目前，这种发展理念和模式正在向世界各地推广，我国也正在积极地探索着符合我国国情的生态工业园区建设模式，现已批准的国家生态工业园区有两个。

1. 国外生态工业园区的发展

20 世纪 70 年代在丹麦卡伦堡产生的第一个生态工业园是为了降低生产成本和达到环保法规要求而创建的，是一种着眼于解决废弃物的污染问题而建立的新型的管理利用形式——"工业共生"模式。园内的主要企业实现了"废料"的相互交换，最大限度地减少了资源消耗和温室气体排放，同时创造了最大的经济效益。此后，生态工业园区在美国、德国、日本、荷兰、奥地利、瑞典、爱尔兰、法国、英国和意大利等国迅速发展。类似的工业园区还有美国橡树国家实验室设计的"核动力联合体"，韩国科技研究院设计的"铝联合企业"，波兰华沙工业化学院设计的"再循环"方案，加拿大伯恩德赛设计的"清洁生产"方案等。荷兰的鹿特丹港将建成一个包括 85 家大中型企业，以石油工业和石油化工工业及其支持行业为主的生态工业园区，英国建立在曼彻斯特机场旁边的 Londonderry 生态工业园区，目前也在积极规划中。另外，一些发展中国家如泰国、印度尼西亚、菲律宾、纳米比亚和南非等也在积极探索 EIP 的兴建。

（1）美国的 EIP 简介。美国各级政府与一些大公司合作，于1993 年就在 20 个城市开始规划和建设生态工业园区，其中有两个已经基本建成。后来在美国可持续发展总统委员会（PCSD）和美国环境署（EPA）的支持与协作下，EIP 得到了较快的发展，这些 EIP 分布在不同的领域，侧重点也有所不同，见表 12-1（杨咏，2000：31~35）。

表 12-1　美国 EIP 一览表

EIP 项目	地　址	涉及行业和特点
查尔斯港口	弗吉利亚州	可持续技术，自然的海岸特色
费尔菲德	马里兰州	现有工业区的转型，共生、废物再利用、环境技术
布朗斯维尔	得克萨斯州	废物交换和营销的区域或实际方法
河岸 EIP	佛蒙特州	城市环境中的农业工业园区，生物能源、废物处理
查塔诺加	田纳西州	内城和原有军工制造设施的再开发、环境技术、绿色区域
绿色协会 EIP	明尼苏达州	内城、小规模绿色产业孵化器，废物再利用
普拉兹堡	纽约州	大型军事基础的再开发，资源和废物管理、国际快邮服务
东海岸 EIP	加利福尼亚州	以资源再生为基础的园区，自然美化，提高能源效率
伦敦德里	新罕布什尔州	小规模的以社区为基础的园区
特棱顿	新泽西州	现有工业区的再开发，清洁工业
斯万洛	亚利桑那州	商贸、住区一体化的新开发，环境产业、自然特色
富兰克林	卡罗来纳州	可更新能源和环境技术的商贸联合体
雷蒙	华盛顿州	幼树森林里的新园区，固体和液体废物的循环
遮荫边	马里兰州	现有设施的革新，小规模环境和技术产业
斯卡格特	华盛顿州	有着支持体系和中心的新园区、环境产业

（2）法国的 EIP 简介。法国正在积极地实施 PLAME 计划，为生态工业园区的建设提供规范标准和技术支持。这一计划的主要执行机构是 Orée，它以认证方式来进行生态工业园区管理与建设，如果工业园区达到 PALME 的技术规范标准就可以获得其颁发的生态认证标志。到 1995 年，已有 Sophia Esterel 等 5 个工业园区在 Orée 的指导下进行了生态园区的建设。

（3）日本的 EIP 简介。日本并没有提出 EIP 的概念，但日本在构建循环型社会的总体框架中，包括了零排放的工业园区的建设，这种园区同 EIP 的内涵和基本原理是一致的，只是名称不同而已。在日本目前正在建设的零排放工业园区中，影响较大的是藤泽区。它以零排放中心、环境监测分析机构和后勤维护中心为三大支撑体系，目标是建立一个集工业、服务业、农业、生活与娱乐等多种功能于一体的共同体。另外，在日本通商产业省和环境厅的支持下，川崎零排放工业园也正在积极兴建之中，它的主要功能有新能源开发、能源保护、废物转化与再循环等。

（4）加拿大的 EIP 简介。加拿大也是开展 EIP 建设较早的国家之一，于 1995 年就在安大略省多伦多的波特兰工业区开展了 EIP 项目建设。这一工业区汇集了大量的制造业和服务业，为废物流转和再利用提供了较大的空间，区内的技术及服务网络也较为齐全，是一个规模比较大且相互之间联系更为复杂的工业生态体系，发展 EIP 的潜力很大。如布鲁斯能源中心的安大略氢核电站，有大量的废热和蒸发容量可供利用，可以在此基础上形成一个以发电为核心的复合的工业生态体系，可以有多种组合："发电-蒸汽发生器-造纸-包装业"；"化学工业-发电-苯乙烯-聚氯乙烯-生物燃料"；"发电-钢铁-造纸-刨花板厂"等。加拿大政府正在不断探索能够综合利用这一资源的最佳 EIP 模式。此外，加拿大政府也在对现有的一些工业园区进行改造，使它们成为新的生态工业园区。

2. 我国生态工业园区的发展

我国生态工业园区起步相对较晚，真正意义上的生态工业园区建设是从 21 世纪才开始的。但我国政府十分重视生态工业园区的建设，从中央到地方都在积极探索适合我国国情的 EIP 发展模式，制定了相关的政策，并给予财政支持，EIP 的发展也比较快。

（1）我国生态工业园区的建设思路。我国的幅员广大，各地发展生态工业园区的基础也很不相同，因而，发展生态工业园区必须遵循分类指导的原则，结合各地的原有工业园区和经济结构的实际情况，先示范后推广，切忌一刀切，一哄而上。各地在进行 EIP 建设中，可以有不同的侧重点和不同的思路：

通过改造建园区。通过对那些已具有较好生态工业雏形的工业园区或区域进行改造，一方面要完善和发展原有生态工业链，形成一个稳固的生态网络；另一方面通过实施清洁生产审计、建立 ISO14001 环境管理体系等措施，来提高生态工业网络中各环节的质量。在这方面，贵港国家生态工业（制糖）园区提供了很好的示范作用。

建设孵化型园区。对于那些企业门类较多但彼此缺乏较为密切联系的工业园区或区域，加强对区内原有的能量流、水源流、废物流以及信息流的管理，加强能流和水流的梯级利用，建立企业之间废物转移和循环利用的渠道和机制。通过制定有利于废物转移和循环利用的政策，提供共享设施，提供市场信息和技术支持信息，提供人员培训，构建企业间相互合作的机会和渠道等措施，使园区成为一个促进企业绿色转变的孵化器。

整体规划，逐步实施。对尚未建设或尚不具有规模的园区，可以超前抓好园区的整体规划和入园控制工作。首先要规划出园区主要生态工业链，并以此为标准制定相关政策，通过招商引资，吸引目标企业或项目进入，当然这需要对入园的企业或项目（包括工业项目、基础设施、服务设施等）进行筛选，以保证生态工业链的逐步形成。实际上，广东省南海国家生态工业示范园就是按这样的思路建设的。目前，全国各地有各种类型和各种规模的开发区。对这些开发区来说，在规划和建设之初就应当有一个着眼于长远的整体规划，力求建设成为生态工业园区，以成就利在当代、功在千秋的事业。

探索网化虚拟型园区的建设道路。在集中建设有困难的地方，可以在现有的不同工业园区或区域之间建立虚拟型的生态工业网络，着重依靠资源和废弃物的流动关系在园区之间建立起稳定的经济互动关系，促进资源和废弃物的长期化流动，保证网络的正常运行。

（2）我国生态工业园区建设现状。在我国，EIP 的建设已经得到了各级政府的重视和支持，企业与社会公众的参与积极性也比较高，已建立了各种不同类型的生态工业园区，有的地方还在积极筹划中。

2001 年 8 月 31 日，我国第一家"国家生态工业（制糖）建设示范园区"的匾牌在贵港市挂出，它正式拉开了我国 EIP 建设的帷幕。

2001 年 10 月 28 日我国第一家区域性的生态工业园区在广东南海落户，即南海国家生态工业示范园暨华南环保科技产业园。该园开发总规模为 6.67 平方千米，目标是以华南环保科技产业园为核心，以循环经济思想为指导进行园区的规划和设计，他们的目标是建立一个适应 21 世纪发展要求的集环保科技产业研发、生产、孵化和技术创新等诸多功能于一体的国家环保产业基地。开发思路是：通过环保科技产业园和虚拟生态工业园的工业生态链建设，分步建立资源再生园（RRP）、零排放园（ZIP）和虚拟生态园（VEP），实现园区、企业和产品三个层次的生态管理，力图为全国树立一个能体现循环经济理念的生态工业园区的示范模式。整个园区将分为环境科技咨询服务区、环保设备和材料制造区、绿色产品生产区和资源再生区等 4 个产业团组，以形成循环利用的生态工业体系，以现有企业为工业生态系统的成员，构成 5 个相互共生、互利关联的主要工业生态群落，形成包括 3 条闭合循环工业链条、9 个主要的生态工业链条和产品企业园区等 3 个层次的生态工业园区。

各种类型的园区也在各地相继兴起。2001 年 12 月 18 日我国中西部地区首家以环保产业为主题的专业科技园区——西安国家环保科技产业园挂牌；2002 年国家环保总局先后批准了厦门市鼓浪屿区和烟台开发区生态工业园区为 ISO14000 国家示范区；新疆石河子国家生态工业（造纸）示范区也正在进行规划的研究和论证，相关工作也在进行中，可以预见，不久将会有一个新的 EIP 问世。

五、案　　例

【案例一】　　丹麦的卡伦堡"工业共生"体系

卡伦堡工业园区既是世界上建设最早的工业生态系统，也是到目

前为止运行最好和最典型的代表。这个工业园区是以 Asnaesvaerket
电厂、Statoil 炼油厂、Novo Nordisk 生物工程公司（制药厂）和
Gyproc 石膏材料厂四个企业为主体的。这些企业通过贸易方式利用
对方的生产废弃物或副产品作为自己的原料，这不仅减少了废物产生
量和处理的费用，还产生了很好的经济效益，形成经济发展和环境保
护的良性循环。在园区的建设和运行过程中，卡伦堡市政府起了很重
要的作用，积极协调各个方面，实现了园区内的水、气等基础设施的
共享及废弃物的循环利用。

燃煤电厂是这个工业生态系统的中心，它对热能进行了多级使
用，对副产品和废物进行了综合利用。电厂向炼油厂和制药厂供应发
电过程中产生的蒸汽，使炼油厂和制药厂获得了生产所需的热能；通
过地下管道向卡伦堡全镇居民供热，由此关闭了镇上 3 500 座燃烧油
渣的炉子，减少了大量的烟尘排放；将除尘脱硫的副产品工业石膏全
部供应给附近的一家石膏板厂作原料；将粉煤灰出售用于铺路和生产
水泥。同样，炼油厂和制药厂也进行了综合利用：炼油厂产生的火焰
气通过管道供石膏厂用于石膏板生产的干燥，减少了火焰气的排放；
一座进行酸气脱硫生产的车间把稀硫酸供给附近的一家硫酸厂；炼油
厂的脱硫气则供给电厂燃烧。卡伦堡生态工业园还进行了水资源的循
环使用。炼油厂的废水经过生物净化处理，通过管道输送给电厂，每
年为电厂解决了 70 万立方米的冷却水。由于在整个工业园区内进行
水的循环使用，因此每年节约了 25% 的用水量。该园区的循环图如
图 12-1。

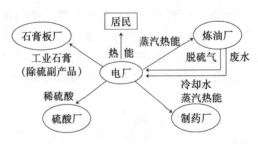

图 12-1 卡伦堡 EIP 产业循环简图

卡伦堡园区成功地向世人展示了 EIP 的优越性：由于进行废物再

利用，节约了资源消耗和减少了环境污染，取得了明显的经济、社会和生态效益。但同时，也表现出值得它的一些不足之处：首先，企业的数量相对有限，相互之间的依赖刚性制约了企业的独立发展。其次，缺乏灵活性，废物流转的设施固定且承载较小，难以承受废物性质、构成方面的改变，也不利于该系统进一步扩大发展。第三，存在着一些经济不合理现象，如市民个人消费的由市政府提供的天然气比从外面引入天然气还贵。这些是我们应该重视，并积极研究加以解决的问题。

【案例二】 贵港国家生态工业（制糖）园区

背景资料：广西糖产量占我国糖产量的 40% 以上。甘蔗制糖是贵港的支柱产业，贵港 GDP 的 30% 来自制糖业及其辐射产业。贵糖周围 300 千米范围内还分布着数家小糖厂，生产工艺落后，产品的科技含量低，污染和浪费都十分严重。据统计，贵港市 5 家糖厂排放的工业废水约占全市工业排放总量的 80%，COD（化学耗氧量）则占总量的 80% 以上，这不仅破坏了环境，也为制糖业的可持续发展埋下了隐患。

基础条件："贵糖"是全国制糖行业的排头兵，在它的长期发展过程中已经摸索出一些绿色化的经验，也具有一定的技术优势和规模优势。如"贵糖"掌握了用蔗渣制浆造纸的核心技术，且处于世界领先水平；并已形成两条主要的工业生态链："甘蔗制糖-废蜜糖制造酒精-酒精废液制造有机复合肥"，"甘蔗制糖-蔗渣造纸-黑液碱回收"，创造了非常可观的经济效益和环境效益［科技日报，2001.9.30（5）］。

"贵糖"利用糖渣造纸的产品已得到市场的认可。20 多年前，他们开始生产文化用纸，10 多年前开始生产生活用纸，产品一直供不应求。

建立 EIP 的思路。以"贵糖"为核心，利用"贵糖"的成功经验，在贵港建设国家生态工业示范园区，可将广西几乎所有糖厂的废物集中到示范园区内进行集中的处理和综合利用，从而走出一条实践"循环经济"和区域环境综合整治的新路，彻底解决制约中国糖业发展的"瓶颈"——环境污染问题。2001 年 4 月，亚洲银行生态专家厄尼罗尔在参观贵糖集团后，也认为贵糖的生态工业已具雏形，并且已经走在世界制糖工业的前列。他希望贵糖集团通过建设生态工业园，提高现有工业生态链的技术水平，不仅成为中国而且成为世界生态工业的典范。

建设的总体目标。以制糖工业为主要支柱，以生态工业理论为指导，以贵糖（集团）为龙头，发展和建设贵港市制糖生态工业。在"十五"期间，完善贵港市制糖生态工业发展规划，制定并落实各项配套政策和措施，逐步建立较发达的生态工业体系，成为能够在全国起示范作用的生态工业（制糖）园区。之后，再用 5～10 年时间，完善和建成发达的制糖生态工业，形成结构优化、布局合理的产业格局，达到高科技、高质量、高速度、高效益、低污染、配套化、生态化的建设目标，形成工业与自然和谐优美的生态景观，实现贵港市社会经济的可持续发展。

规划内容。以上市公司贵糖（集团）股份有限公司为核心，以蔗田系统、制糖系统、酒精系统、造纸系统、热电联产系统、环境综合处理系统六个系统为基本框架；园区各系统内分别有产品产出，各系统之间通过中间产品和废弃物的相互交换而互相衔接，从而形成一个比较完整和闭合的生态工业网络，园区内资源得到最佳配置、废弃物得到有效利用，环境污染减少到最低程度。其中，"甘蔗→制糖→蔗渣造纸"生态链、"制糖→糖蜜制酒精→酒精废液制复合肥"生态链以及"制糖（有机糖）→低聚果糖"生态链为园区内的主要生态链，相互间形成横向耦合的关系，并在一定程度上形成了网状结构。物流中没有废物概念，只有资源概念，各环节实现了充分的资源共享，变污染负效益为资源正效益。

"十五"期间将投资 36 亿多元，重点建设 50 万亩现代化甘蔗园、50 万吨生活用纸的扩建项目、20 万吨能源酒精技改等 12 项工程。届时，贵港国家生态工业园区将形成全国规模最大、世界一流的制糖、造纸和酒精生产基地。

预期的社会效益。贵港国家生态工业（制糖）园区的建立，将初步解决示范园区糖业结构性污染，实现资源的有效利用，达到效益的最大化，废物排放的最小化；甘蔗渣综合利用率达到100%，废糖蜜利用率达到100%，酒精废液利用率达到100%；制糖工业水循环利用率达到90%以上，COD排放量比2000年减少35%以上；形成30万吨糖、20万吨纸、20万吨燃料酒精的生产规模；制糖工业实现总销售收入72.0亿元、利税18.9亿元的目标。

第十三章

绿色产业带

——绿色经济线

点型和片型绿色经济系统消化废弃物的种类及能力都是有限的，所以它需要有更高层次的绿色合作，以形成更大的绿色经济系统。当然建立这种合作关系是有一定条件的：或者是合作企业之间具有一定的业务相关性，如废弃物与原料之间的互补关系或技术共享性；或者是企业之间的信息交流方便，使进行合作的信息搜寻成本较低。一般说来，同一行业的企业业务相关性比较大，相互之间的业务联系和交往也较多，彼此间具有信息共享的优势。特别是在我国，计划经济时期形成了条条的行政管理体制十分健全，行业内的各企业在同一行政职能机构的领导下，事实上也形成了一个相对独立的经济系统。在绿色化发展方面，这个经济系统也表现出一定的共性特征，由行业的主管和行业协会共同协调行业的绿色化进程。这些正在以绿色为导向，以实现人与自然的协调发展为目标，进行绿色化转变的产业，构成了带状的绿色经济子系统——绿色产业带，它是绿色经济网络中的绿色经济线。

一、线型绿色经济系统的内涵与特征

1. 线型绿色经济系统的内涵

（1）绿色产业。线型绿色经济系统是与产业的可持续发展相联系的，是以某个产业绿色化程度以及所提供的绿色产品或服务的数量多少为内容的。在一定区域内，生产同一类产品的企业，节约了资源，减少了对环境的污染或实现了零污染，向社会提供绿色产品或绿色服务，促进了社会、经济、环境的协调，人与自然和谐发展，实现了可持续发展的要求的行业系统，就可以称为绿色产业。绿色产业是与行业相关又不完全重合的概念，关键是看这个产业的绿色化的程度。当一个产业所提供的产品或服务基本上都达到了绿色产品和绿色服务的标准时，这个产业就可以称之为绿色产业；而当一个产业所生产的产品和提供的服务中，只有一部分达到绿色的要求　这时，产业和绿色产业就不是完全重合的，已经实现了绿色化的那一部分可以称为绿色产业。如在农业产业中，生产绿色食品的农业就可以称为绿色农业。绿色产业涵盖了国民经济的各个产业，如绿色农业，绿色工业，绿色服务业等，而且在某一个产业中又可以细分为众多的分产业，它们构成了绿色经济网络系统中的线，是一条条的绿色经济线。

绿色经济线的概念是同可持续发展产业系统的概念相近的。如人们给可持续农业系统的定义是："可持续农业系统，它的目标是以成本有效和最小贸易扭曲方式满足人们对充分、安全和有保障的食品与纤维供应的需求（经济可持续性），同时保护资源基础和改善环境（环境可持续性），并促进社会持续稳定发展（社会可持续性）。"（OECD，1998）

这种以绿色产业为内容、以绿色化程度和绿色产品的多少为内容的绿色经济线与生态产业、生态产业链以及地理位置上的产业带（铁路沿线，河流两岸）等概念有一定的区别。

（2）绿色产业与生态产业。生态产业的概念多以能量转换、能级变化来定义，并且多与生物技术相关。如李周在阐述"生态产业"时引用了邓英陶先生在《新发展方式与中国未来》（中信出版社，1992年）中的观点："生态产业的核心是以低能级能源替代高能级能源，低物级资源替代高物级资源这两个假说。"他认为，生态产业的最基本特征是借助生物技术体系，提高资源的能级转化率和能量的等级（李周，1998）。

尚杰等人在《生态文明、生态产业与西部大开发》一文中给的定义为：以生态学基本原理为指导，以生态系统中的物质循环与能量转化的规律为依据，以自然-社会-经济复合生态系统的动态平衡为目标，以生物为劳动对象，以农业自然资源土地、气候、水、生物资源）为劳动资料，以生物科学技术为劳动手段的产业经济部门。他们认为生态产业的另一含义是：利用一切现代科技的积极成果，在促进可再生资源增值的同时，不断开发不可再生自然资源的替代品的产业。因此他认为，生态产业包括四个部门：生态农业（林业、畜牧业、渔业）、生态工业（污水处理、垃圾处理、回收）、生态信息部门、生态服务（尚杰、于德稳，2001）。

又如杨文举等人认为生态工业是：依据生态经济学原理，以节约资源、清洁生产和废弃物多层次利用等为特征，以现代科学技术为依托，运用生态规律和系统工程的方法经营和管理的一种综合工业发展模式（杨文举、孙海宁，2002）。显然，这里的生态工业的定义同尚杰等的生态产业的"另一含义"的内容基本相近。因此可以说，生态产业的本质是采用生物技术，提高资源的能级转化率和能量的等级，以生物类的产业为典型，而生态工业是生态产业基本内涵的扩展与延伸。

（3）绿色产业和生态产业链。显然这也是两个不同的概念。生态产业链强调的是联系，是企业内部的不同生产单位之间或不同企业之间通过以产品、废弃物或副产品为载体而建立起来的密切的合作关系，以实现资源的循环利用，提高资源的利用率，减少或消灭污染。但这种合作可以是同业的企业之间，也可以是不同行业的企业之间的合作，并且更多更为普遍的是不同行业之间的合作。因为它所强调的是废弃物与生产原料的互补关系，而只有不同的产品生产才可能有不同的废弃物，才可能进行这种合作以实现综合利用资源、减少环境污染、同时通过降低生产成本来提高经济效益的目的。这是一种经济与环境、企业与企业之间的"双赢"或"多赢"模式。

而线性绿色经济系统包含的合作则更为复杂，它既包括行业内不同企业间类似于生态产业链方面的合作；包括这些企业在行业主管部门的引导下或在市场的引导下，逐步扩大绿色产品的生产规模、实现整个产业的绿色化进程的间接合作，如绿色茶叶生产上的合作；也包括为实现行业整体三大效益的最大化而进行的内部分工的合作。如向社会提供多种绿色服务的林业产业绿色经济系统，就在产业内部实行了分类经营的分工合作，把统一的林业划为生态公益林、用材林、经济林、薪炭林等，各个林业企业在这种以分工为基础的合作中，各得其所，实现了林业资源的优化配置和整体效益的最大化。

（4）绿色产业和产业带。地理位置上的产业链（带）是一种直观意义上的产业体系，是不同的企业在一定的地理区域内，按一定规律进行相对集中的空间布局，形成了较为密集的产业带。这种产业带的主要特征是区域规模，或者是共用区域品牌，或者是众多的企业在集中的区域内可以实现公共资源（如水、电、通讯、信息等）的共享，其他的特征并不明显。

而线型绿色经济系统则不同，它强调的是业务上的相似性，是生产同一类产品或服务的企业，只有共属于同一行业的企业，才是这种经济系统的成员。这一条线可以是"实线"，即由同一地理区域内的企业组成，即便如此，它们也不一定是集中于一个小区内（如一个区域内的林业产业这一条绿色经济线），因而不一定能够共享区域的公共资源；也可能是"虚线"，即一条绿色经济线可能横跨几个地理区域或行政区域，如绿色茶叶产业。

这种经济系统之所以称为绿色经济线，是因为这些企业同属于一个行业，相互之间本来就有天然的联系，或者是在市场诱导下，自发地进行分散型的绿色化转变，或者是自觉地组织起来进行合作型的绿色化转变，或者是在行业协会或行业职能部门的协调下，统一向绿色化转变，因此它们实际上是作为一个整体参与市场活动的，形成了一个线型的系统。

2. 线型绿色经济系统的特征

同其他的绿色经济系统相比，线型绿色经济系统具有不同的特征：

（1）行业特征明显。首先，线型绿色经济系统中的企业都属于同一行业，因此使这个系统呈现较强的行业特征。如绿色茶叶产业经济系统、绿色冰箱产业经济系统等。其次，这个经济系统具有较完整的行业体系和功能。第三，这些企业在技术上具有较大的相似性，行业技术特征相对较为明显。

（2）多种形式的合作并存。在这种绿色经济系统中，企业之间的绿色合作有多种类型和形式。

其一，通过废弃物变资源方面的合作来实现行业的绿色化是其中的一种形式。生态农业就属于这种类型，如稻谷加工的砻糠是粮油加工企业的废物，1999 年安徽的许多粮油加工企业的砻糠堆积成山，这种易燃、易生虫的废物、人工处理要花大量的成本，不利于公司的厂容厂貌建设、燃烧又会产生大量的二氧化碳。但又是培育竹笋和蘑菇的良好材料，浙江的竹农不远千里来到安徽购买这种"废物"。这两者之间的联合，既可以减少砻糠的处理成本和空气污染，又可以降低农业生产成本，增加农民收入，促进农业绿色经济的发展。这种类型的合作实际上是循环经济一个形式，它是不同层次的生产单位之间通过对废弃物的综合利用，发挥了各自的优势，形成了产业循环体系。

其二，通过同一类型的生产单位之间的相互协作来实现行业的绿色化是建立线型绿色经济系统的另一种形式。如绿色茶叶的经济系统是由各个企业独立地采取绿色化的措施，使用有机肥，少用或不用农药等形成的。他们之间的合作表现在按照相同的标准、采取相同的技术措施、生产的是同类的产品，以共同的行动促进了行业的绿色化，形成了一定规模的绿色市场。

其三，同一产业体系中的上、下游的不同企业之间进行绿色合作，以形成绿色"供产销"体系。从最初的原料供应商，到生产单位、一直到产品的销售环节，都以绿色为导向，纳入循环经济的链条中，进行系统化经营与管理，实现了自然资源的节约和多种效益的最大化。

二、线型绿色经济的运行机制

1. 行业管理机构的重要作用

在市场经济条件下，虽然企业的经济行为更多地受到市场力量的驱动，但企业的绿色化进程则需要行业管理机构的协调。

首先，解决经济外部性问题需要行业部门的协调。因为，在绿色发展的理念中，企业作为经济的主体，不仅负有经济的责任，而且还负有社会责任和环境责任。企业的绿色化进程实际上是企业履行其社会责任和环境责任的过程，是企业解决经济行为外部性问题的过程。既然经济的外部性，如环境污染问题，是无法直接通过市场交易和市场价格来解决的，即市场已经失灵了，那么就需要有行业管理部门强有力的协调。

其次，行业管理部门在这方面也有它的优势，由它进行协调可以实现经济外部性的内部化，克服企业之间的"搭便车"行为。由于行业内的企业具有业务上的相似性，无论是在社会中还是在市场中，他们都表现为一个整体、一个群落，因而需要组织起来，采取共同的行动，才能解决外部性问题，建立起绿色系统。但这种"集体行动"需要有一个掌握内部信息的、又是权威的协调人，行业管理部门就理所当然地成了这样的协调人。

2. 系统内部的竞争性合作推动系统的绿色化进程

同一行业的企业在业务上具有较强的联系，他们之间是战略伙伴，也是竞争对手。这种同业之间的竞争，是追逐绿色超额利润和寻找有利的投资场所的竞争，它构成了企业存在与发展的外部压力，同时也成为推动整个行业绿色化进程的动力。当然，这种竞争应当是在行业管理部门协调下的有序的竞争，因为同业之间的过度竞争，也可能导致资源的浪费。

3. 绿色技术是推动行业绿色化的重要力量

已进入 21 世纪的今天，科学技术已经成为促进社会经济发展的重要力量，某些核心技术可能直接影响到整个行业的发展。如计算机的芯片就影响了整个行业的发展；又如我国杂交水稻技术的发明大大促进了我国甚至世界农业的发展。而行业的绿色化更需要绿色科技的支撑。但同时，现代技术的发展也越来越具有综合化和高度化的趋势，它的开发是以大量人力、物力为后盾的，需要有团体的合作和雄厚的实力。而我国许多企业的规模都比较小，技术力量比较薄弱，开发新技术的能力也比较差，大多数企业难以开发出对整个行业影响巨大的核心技术。

但另一方面，生产同一类产品的企业之间在技术上具有比较大的相似性和较强的相关性，行业内部的合作比企业的单干具有更大的优势。行业可以从整体发展的需要出发，集中力量进行相关技术的开发，特别是核心技术的开发，这不仅可以避免重复的技术开发，而且可以适当分散技术开发风险，减低成本。

三、发展绿色产业带的制约因素

线型绿色经济系统的发展受到一系列因素的限制。

1. 同层次之间的协调与配合

绿色产业链强调的是整个系统的协调共进，从系统的协调中求发展，在协调中实现绿色化转变的，因此各个层次之间的合作成为影响绿色产业链形成和发展的重要因素。这里的合作遵循的是最小效率决定原理，即是人们常说的木桶理论，正像木桶的容量是由最短的一块木板决定的一样，绿色经济的发展水平也是由最薄弱的环节决定的。如在出口的食品中发现有氯霉素，因此导致了整批产品的退货，但究其原因，只是因为个别工人手上的涂药所致。

这种合作含有两个方面的内容，一是产业链中的各个环节之间的绿色配合。如果配合不好，一个环节的污染会通过循环传递而影响到整个系统的绿色化程度。如 DDT 这种农药虽然早已经被禁止使用，但是专家们还是在南极企鹅体内发现了 DDT 残留物。可见，不仅是资本化的全部要素，而且一些非资本化的环境要素，如土壤、水、空气等，也会影响到整个行业的绿色经济的发展。这些高残留的污染物质，会通过生产链或食物链一直传递下去，以至于影响到整个行业的绿色化水平。如在农业经济系统中，土壤的污染就可能直接造成农业初级产品污染，进而影响后面一系列加工产品的污染，从土壤到稻谷，到鸡肉到整个行业的污染。而初始的污染物会影响到加工企业的产品出厂价格，进而影响到原料的价格，最终导致绿色生产的萎缩，影响到整个行业的发展。同样，销售过程的绿色水平也会影响到整个行业的绿色化发展。

另一种合作是产业带中不同层次的生产能力上的配合，是产业带层次结构上的协调。因为产业带中每个层次的生产能力是需要有比例的，只有合理的结构才能保证原料供应及加工业生产能力的发挥，也才能达到资源的节约，保证整个行业的绿色化。如森林食品的加工能力偏小偏低就直接影响了非木质的森林资源的开发与利用。实际上，我国很多行业也都有类似的情况。因此通过对整个行业进行系统分析，找出制约行业绿色发展的"瓶颈"环节，建立起绿色产业链，就可以促进整个行业的绿色发展。

2. 行业管理机构的正确定位

如上所述，行业管理机构在引导、协调整个行业的绿色化运行和发展上具有不可替代的作用，但这种作用也不是万能的，行业管理机构作为政府的职能机关，它在市场经济中的作用也有它的局限性。行业的绿色化是以企业为主体的，企业是独立的经济主体，有它自身的价值取向。为了推进行业的绿色化，管理机构可以也应当进行一定限度的协调和引导，但如果是进行过分的干预，必然会遭到企业的反对，形成一种市场僵局，不利于整个行业的发展。因此，行业的管理机构需要有正确的定位，它不应是行业绿色经济系统的直接经营者，在绿色经济系统发展的不同阶段上，它分别起着引导者、协调者、服务者、监督维护者的作用。

在绿色产业线的启动阶段，行业管理机构应当是引导者与协调者。由于"路径依赖"的存在，在初始阶段上，合作信息的缺乏、意识形态刚性的存在，集体行动的协调成本比较大。这时行业管理机构应利用自身的信息和技术等优势，进行绿色宣传教育，倡导绿色理念，提供相应的信息，以促进企业之间的绿色合作；并根据本行业的具体情况制定出能解决经济外部性的制度，以推动行业的绿色化；也可以进行一些绿色合作的试点，通过示范效应带动整个行业的绿色化进程。

在绿色产业带进入发展的阶段上，行业管理机构应当成为服务者。因为，这时的大多数企业都有了进行绿色合作的需求，需要行业管理机构尽可能地提供各种服务，如及时的信息服务，为企业提供绿色转换的人力资源培训服务，集中力量开发一些本行业急需的绿色技术，建立相应的绿色市场等，为行业内的各种绿色合作与发展提供一个良好的外部环境。

在行业绿色经济系统运行中，行业管理者的主要职责就要进行转变，成为推动系统运行的维护者与监督者。在这个阶段上，相关的绿色制度已经建立，需要行业的管理者监督各个企业的贯彻与执行，如加强对行业专有的绿色市场进行管理等，以保证那些进行绿色转换和合作的企业的权益不受侵犯，维护系统的正常运行。

当然，这各个阶段的划分以及管理职能的转换并没有十分明确的界限。实际上，在绿色产业发展的各个阶段上，行业管理机构的职能都是多方面的，即在同一时间段上，行业管理机构可能既是倡导者、协调者、又是服务者、监督与维护者。

3. 建立促进企业积极参与的激励机制

发展行业绿色经济系统需要建立一种科学的运行机制，以促企业积极进行绿色转化，参与绿色经济系统的建设。企业作为绿色化转变的主体，都力求在有限的自然与信息资源条件下，以谋求自身的效用最大化为目标，所以必须建立起有效的激励机制。

四、案 例

【案例一】 福建南平市林业绿色经济系统的构建

林业是一特殊的绿色产业系统。作为一个系统，它不仅向社会提供绿色的原料性产品，如木材、药材、森林食品等，而且森林在它生长的过程中，还会同时向社会提供生态效益，如涵养水源、保持水土、净化空气、保护生物多样性等。因此，从整体上说，林业具有二重的任务和二重的目标，是一个能够同时向社会提供绿色产品和绿色服务的特殊绿色产业。森林作为陆地上最大的生态系统，对于维持整个人类生态系统具有十分重要的作用。林业因此成为生态环境建设的主体，发达的林业是整个社会、经济可持续发展的基础，也是社会文明的标志。

目前的林业正处于重大的历史转折时期，首先是社会对于林业的定位发生了历史性的转变。建国以来，社会经济的发展要求林业主要发挥生产产品的功能，现在随着全球性的环境问题的日益突出和人民生活水平的不断提高，林业的功能和任务也在进行着历史性的转变：主要提供生态效益，以满足日渐增长的生态需求。这样的转变，实际上是林业这一特殊绿色产业带的绿色化规模和程度的转变。

福建省南平市是我国南方重点林区和著名的杉木中心产区，拥有较为完备的林业生态体系和林业产业体系，多项生态和经济指标位居全国前列，著名的"世界双遗产"武夷山与丰富的森林资源连成一体，相得益彰，具备了建立林业绿色经济系统的资源优势。为了发挥这一资源优势，南平市因此把区域的功能定位为"用高新技术武装的可持续发展的旅游生态经济区"。正是在这样的历史性转变中，南平市重新构筑了林业绿色产业体系。

1. 南平林业绿色经济系统的建设基础

资源优势。全区林业用地 3 259.3 万亩，占区域总面积的82.58%；有林地面积 2 946.2 万亩，森林覆盖率 74.7%，绿化程度93.1%，活立木 1.18 亿立方米，约占全省活立木蓄积量的三分之一。竹林 524 万亩，约占全国竹林面积的十分之一，立竹量 7.1 亿株，境内的建瓯市和顺昌县是"中国竹子之乡"，建瓯还是"中国名特优经济林锥栗之乡"。生物多样性资源丰富，境内的武夷山自然保护区被誉为"世界生物之窗""鸟的天堂""蛇的王国"，在国内外享有盛誉。

林业生态工程建设初具规模。"九五"期间，生态公益林工程和闽江上游防洪减灾体系工程相继启动，闽江、富屯溪、建溪流域的生态林得到了有效的保护；在已建立的武夷山国家级自然保护区和茫荡山、万木林、将石等省级自然保护区的基础上，新建了一批县级自然保护区、保护小区（点）。现有自然保护区 11 个，保护小区 1 202个，保护面积达 267.3 万亩，占全市土地面积的 6.77%，生态环境质量进一步改善。

林产工业稳步发展。全市现有木竹加工企业 2 051 家，制浆造纸企业 5 家，人造板生产企业 35 家，松香及其二次加工企业 12 家。拥有南平劳特国际有限公司、南纸股份有限公司等一批具有一定规模和竞争力的龙头企业，涌现出"星光""华叶""鲁班""大雁"等知名品牌。笋竹加工企业 678 家，2000 年产值达 20 亿元，出口创汇1.8 亿元，创利税 2.04 亿元，初步形成了培育、加工、销售、出口的竹业体系。

2. 林业经济系统的发展所面临的主要问题

（1）结构性矛盾较为突出。森林资源结构性短缺严重制约了林产工业的发展。在用材林中，近成熟林和过成熟林面积仅占总量的17.05%，可伐资源少，靠抚育间伐和低产林改造维持加工企业的生产；树种结构上也呈现出严重针叶化倾向，杉木、马尾松占绝对多数，而短周期工业原料林短缺，不能满足工业发展的需要，阔叶树、珍稀树种偏少。

产业结构不合理。第三产业发展明显滞后，第一、二、三产业的产值在林业总产值所占比重分别为37.66%、62%和0.34%；加工企业的结构性失调，木材加工企业多，因此存在着资源的过度竞争，而利用非木质资源的加工企业不多，制约了森林资源综合开发利用。

产品的科技含量低，附加值不高。加工产品中除纸制品外，主要为普通水泥模板、纤维板、刨花板、锯材、竹木半成品和松香、松节油、活性炭等。产品结构是以初级加工品为主，精深加工少。

（3）林业管理体制还不能适应发展的需要。林业行业的管理体制仍较多的保留着计划经济的痕迹和国有林区的色彩，特别是林政管理制度统得过多过死，不适应集体林区的发展需要；"林业办社会"的沉重包袱仍然没有得到解决，林业企业普遍亏损；林业税费负担过重，抑制了林农的生产积极性；森林生态效益补偿制度、林业产权制度、现代林业企业制度等仍很不完善。

3. 发展思路

在新的历史时期，林业是一个以发挥其社会生态功能为主、实现经济、生态和社会效益的统一的绿色经济系统。为此林业就必须以科技进步为根本推动力，综合经营森林生态系统，从原来的以木材利用为主的经济系统转向以生态利用为主、充分发挥森林的生态生产力、促进一、二、三产业协调发展的经济系统。为此，需要转变那种把"林业等同于木材利用、生态利用等同于禁止利用"的观念，以可持续发展思想为指导，树立以保护促进发展，为了发展而保护；在发展中保护，以发展促保护的新观念，开阔视野，充分发挥生态生产力，拓宽生态利用的路子，把良好的环境转变成为经济发展的平台和要素。

南平林业的新规划如下：

完善林业生态体系建设：经过 20 多年的规划与建设，南平市的林业生态体系已经有了相当规模，未来的发展重点应放在提高森林资源的质量、改善森林景观和提升森林生态网络的完整性上，具体抓四大工程："三沿线"（铁路线、公路线、江河沿线）的景观生态林工程；生物多样性保护和自然保护区工程；城市林业建设工程；生态公益林体系建设工程。

重点建设好六大林业基地：①用材林基地。根据当今世界用材林的发展趋势：布局基地化、贸、工、林一体化、培育定向化、效益综合化和市场国际化，以市场为导向，以效益为中心，以林产工业为龙头，以树种结构调整和基地建设为重点，以定向、速生、丰产、优质、稳定、高效为目标重点建设六个用材林基地：乡土珍贵树种用材林基地；造纸工业原料林基地；人造板工业原料林基地；食用菌原料林基地；松脂原料林基地；特大及大径材基地。②笋竹林基地，主要包括：丰产高效毛竹林基地；优良小径竹笋丰产林基地；竹浆林基地（生态防护、竹浆兼用竹林）③锥栗基地；④银杏（含中药材）基地；⑤油茶基地；⑥花卉基地。

优化林产工业结构：在积极改造传统产业的基础上，培育新兴产业，特别是要大力发展非木质森林资源的加工企业，以带动森林资源的综合开发利用。具体布局重点如下：延平重点发展造纸业、松香加工业和家具制造业；建瓯重点发展竹笋、锥栗、食用菌等非木质林产品加工业；建阳重点发展人造板工业和竹制品加工业；邵武、顺昌重点发展竹木加工业。

科技兴林，建立林业高科技园区：以延平为基地，以现有的林业科技体系为依托，建成产、学、研相结合，设施完备的林业科技园区；以南平市科技中心为依托，建立与全区营林、加工相适应的林业科技创新体系。各县市可以与有关科研院所及大专院校建立科技协作关系，如福建农林大学在建瓯建立经济林种苗培育与科研基地，南京林业大学在顺昌、邵武建立科研基地，中国林科院在建阳、延平建立林业科技创新基地等。

大力发展森林生态旅游业：以武夷山为中心，建立大武夷森林生态旅游网络体系，重点发展三条森林旅游线路：①延平——建瓯——建阳——武夷山的森林文化旅游线；②延平——建瓯——政和——松溪——浦城——武夷山的森林观光旅游线；延平——顺昌——邵武——光泽——武夷山自然保护区的森林休闲、度假、保健等特色森林旅游线。

创建绿色林产品市场：从本地资源的特色出发，疏通三个通道（山海、省际，海外），创建符合 WTO 规则的布局合理的竹木、人造板、纸浆造纸、花卉、家具、森林绿色食品等综合性或专业性的林产品市场。目前，重点在建阳、建瓯创建综合性林产品市场，然后再向周围拓展，创建一些专业性林产品市场，最终建成南方最大的林产品交易中心。

完善林业制度：以林业产权制度建设为出发点，以现代林业企业制度的创新和完善为重点，完善生态效益补偿和管护资金制度，构筑三级林业主体（林农、企业、集团企业）市场运行的制度平台，建立起与社会主义市场经济体制和 WTO 规则相适应的林业经营制度。

【案例二】 漳州市林业绿色经济的发展

漳州市地处福建东南沿海，属典型的南亚热带海洋性季风气候，雨水充沛，年降雨量为 1 100～2 000 毫米，无霜期达 330 天，年平均气温 21℃，日照 200～2 300 小时，特别适宜各种亚热带植物的生长。整个地形由西北海拔 1 600 米高度向东南倾斜，山地面积 8 000 平方千米，有利于芦柑、荔枝、龙眼、香蕉、蜜柚等名特优水果及各种亚热带经济作物的生长，有"水果之乡""花果名城"等美称。

1. 林业经济发展存在的问题

植被破坏，水土流失严重：许多在山坡上种植需精耕细作的果树，没有采取一些必要的防护措施，出现了"远看一片绿，近看水土流"现象。如九龙江西溪支流某乡镇菠萝连年丰收的消息屡见报端，但据有关专家估算，丰收的 1 吨菠萝实际上是以流失了 3 吨泥沙的代价换来的。

林种、树种和果品结构单一：森林生态功能下降，生物多样性减少，病虫害比较严重且防治困难、土壤肥力下降、地力衰退等。如一度享誉国内外的漳州"天宝香蕉",近来产量和质量同时下降,其最主要原因就是连年单一栽种引起了地力衰退。

林种结构不合理:1998年二类森林资源调查资料显示,用材林、薪炭林、防护林三大林种的蓄积量分别占总蓄积量的72.5%、1.04%和20.6%,以杉木和马尾松为主的用材林比重过高,占了近四分之三;而可以发挥当地优势资源的水果比例很低;薪炭林的比例也偏低,这与当时的闽南农民以木材为主要燃料的生活习惯相矛盾,因此农民不得不砍伐小灌木作燃料,严重破坏了植被,导致了水土的大量流失。

果品结构也不合理:以柑橘、荔枝、龙眼、蜜柚等为主,优缺粗余,存在着过度竞争的现象。

加工水平低:农产品加工企业数量不多,特别是果品系列加工和深加工的企业更少,产品多为鲜果和初加工,附加值低一般只有10%~30%。

市场管理乏力:没有建立起专门化的市场,缺乏现代营销手段,流通不畅,影响了生产的发展;林农对市场信息的反应比较迟钝,品牌意识更差。

发展思路狭隘:许多企业、林农把林业定位在单纯提供木材上,很多国有林场也只懂得种树、砍树,经营范围过于狭窄。

2. 绿色发展战略

在80年代末,漳州提出了"在山上再造一个漳州"的战略设想,并制定了切实可行的政策和措施,以山地的产权制度改革为突破口,经过几年的努力,实现了这一目标。

在继续加快林业生态建设的同时,充分发挥特色优势,实施山地综合开发:以基地为基础,经济效益为中心,加工为龙头,市场为导向,科技为手段,积极开发近山、矮山,进行多种经营,大力发展香蕉、蜜柚、荔枝、龙眼、菠萝、芦柑、橄榄、杜果、青梅、柑橘等亚热带经济作物,打响特色品牌,"再造一个山上漳州"。

推行"一场多制",积极发展社会林业,并加强行业内配合:按"以林为本,多种经营,山上办基地,山下搞加工,山外闯市场,科技创高效"的原则,以市场为导向,通过市场牵企业,企业带基地,基地连职工，逐步形成"贸工林"一体化，"销加产"一条龙的产业化经营格局。

3. 具体措施

从实际出发，进行山地综合开发：按"宜林则林、宜果则果、宜竹则竹、宜花则花"的原则，对远山、陡坡地通过飞播造林封山育林、人工造林的办法，加快荒山绿化步伐；对低山、坑垄林果竹结合，形成山顶造林，山腰种果，山脚种竹、栽花，做到了"林果竹花药茶一齐上"，调整了原来的以用材林为主的结构。

适度规模、集中开发：建立四条水果带，三大生产基地（用材林、竹类、肉桂）和两条特色（花卉、沿海防护林）走廊。沿九龙江两岸及平和坂子的 30 万亩香蕉带，国道 324 线两侧 92 万亩的荔枝、龙眼带，山区坑垄 59 万亩柑橘、柚子带，沿海丘陵及山区坡地 62 万亩橄榄、青梅、桃、李、柿子等杂果带；以漳州市林业组培中心和闽南花卉有限公司为中心，从龙海九湖至漳浦长桥，沿国道 324 线两侧总长 50 千米，面积 10 000 亩的花卉走廊以及沿台湾海峡西岸 680 千米海岸线而建成的 85 万亩"带、网、片"、"乔、灌、草"、"林、果、竹"相结合的沿海绿色屏障。

发展一批具有地方特色的名、特、优、稀果品：平和的琯溪蜜柚，早在清代就被列为朝廷的贡品，但产量很低，经过技术改造，现已发展到 16 万亩，产量超过 10 万吨，产值近 3 亿元。此外，华安坪山柚，长泰文旦柚，漳州芦柑，"长泰晚芦"，漳浦龙眼，龙海荔枝、杨梅，南靖优质橙，云霄金枣、杧果，诏安荔枝、青梅等都得到一定程度的发展。

改革林业产权制度，采取多种经营模式，提高了林农与林业企业职工的积极性。集体和国有林场每年都安排一定数量的采伐迹地出租，允许干部、职工、农民及其他单位租地进行自主经营，广泛调动了社会力量办林业的积极性，增加了林业投入，促进了林业的发展。

4. 绿色绩效

1998 年底，全市森林覆盖率已达 63%，营造沿海防护林累计达 49.97 万亩。

1997 年，漳州全市山地果、竹、茶、药等合计面积已达近 300

万亩，占有林地总面积的近 30%，其中果树总面积达 222.2 万亩，比 1988 年增长 1.37 倍；各种名贵花卉和高档绿化苗近万亩；水果总产量达 128 万吨，比利 1988 年增长 5.5 倍，以不到全省 10% 的山地，产出占全省 41% 的水果，总产量、人均占有量均名列全国前茅。该年度全市山地的产出总值已达 36 亿元，占该市农业总产值的 24%，同时还提供出口货源的三分之一。1998 年全市年产水果 145 万吨，人均 335 千克，在全国名列前茅；笋竹加工产品出口创汇达 1 250 万美元；林果竹等产业的产值已占农业总产值的 29%。

1998 年农民人均纯收入 2 664 元，比 1990 年的 822 元增长 2.24 倍，比 1978 年增长 36 倍，全市有 95% 左右的贫困户依靠发展林果竹脱贫致富，出现了一大批靠种水果、竹子成为 10 万元户、百万元户的农户。

漳州的林业通过发展产业绿色经济线，逐步走出困境，取得了社会、生态和经济的多种效益的统一。

【案例三】　云南的绿色茶叶产业带

1. 发展绿色茶叶产业的必要性和紧迫性

中国是茶叶的大国，茶园的面积占世界的 45%，居第一位，但是茶叶的产量只占世界的 22%，茶园的平均单产为 608 千克/公顷，低于世界平均单产 1 000 千克/公顷的水平，也低于印度的 1 498 千克/公顷、日本的 1 725 千克/公顷。而如果从出口的情况看，这个差距就更大了，我国的年出口量仅 16 万吨，只占产量的 6%，还低于第三产茶国斯里兰卡的出口量。专家认为阻碍中国茶产叶发展的有三大问题：生产方式、农药残留和品牌。

在三大问题中，农药残留尤其严重，这是影响茶叶出口的最主要的原因。一方面是由于我国现行的国家卫生质量标准远低于发达国家的标准，虽然我国的茶叶有 90% 以上的都达到了国家标准，出口的茶叶全部都符合国家标准，但仍然出不了国门；另一方面，近年来许多发达国家以保护本国人民和动植物安全为由，不断提高卫生质量标准，如欧盟从 2000 年 7 月起，对进口茶叶实行新的农药残留标准，仅氰戊菊酯一项，就把我国的 30% 的茶叶挡在国门以外，为此将使我国出口到欧盟的茶叶减少 20%，而欧盟又是我国茶叶出口的主要市场。可见，发展绿色茶叶产业带，是提高国际竞争力，扩大出口，增加农民收入的重要问题，也是关系到 8 000 万农民致富奔小康的大事。

2. 云南发展绿色茶叶产业的有利条件

云南独特的自然地理和气候条件是发展绿色茶叶产业的优势。云南的相对海拔高差 6 662 米（最高海拔 6 740 米，最低海拔 78 米），形成了良好的立体气候条件。由于云南的茶叶园区基本上是分布在水与土都很干净、生态环境好的高山地区，所以大部分的茶叶可以不用农药和化肥，具有发展绿色茶产业的资源与环境优势。

云南茶叶产业具有一定规模和生产技术，拥有发展绿色茶叶产业的产业基础和技术优势。2001 年全省茶叶种植面积为 300 多万亩，居全国第一位，产茶叶 7.943 吨，居全国第三位。茶叶加式产业亦初具规模，既有初级加工厂，也有精加工企业，具有合作生产的产业优势。

3. 云南发展绿色茶叶产业的战略思路

发挥无污染的优质水资源、纯净的土壤资源等独特的自然环境与地理位置优势，加大科技投入，开展绿色品牌经营，从茶园"第一车间"开始，整体协调推进，使云南茶叶产业走上绿色发展之路。具体地，由政府发起、企业运作、广大茶农积极参与，大力发展"公司＋基地＋农户"的经营模式，充分发挥行业整体绿色竞争力，采取"市场带龙头、龙头带基地、基地连农户、科工贸一体化、产供销一条龙"的发展思路。

4. 具体举措

政府部门专门组织人员收集茶产业方面的绿色需求信息、绿色资源信息、绿色产品信息、绿色科技信息，为茶叶企业及茶农进行绿色生产以及行业内绿色合作提供大量的信息支持。

通过示范带动全省无公害茶叶生产。以开发有机茶为龙头，准备在 3 年内建成两万亩有机茶示范区，以带动全省 50 万亩茶园的绿色生产。示范区从绿色设计、建立生态工业模式、铸造绿色品牌、实行绿色包装等方面开展绿色化经营，实施一条龙"绿色生产"，如建立

"绿色隔离带"、人工除草、施用农家肥和生物菌肥、只施生物农药、严格检查采摘器具、对相关工人定期进行体检、加工中不加任何防腐剂等。

5. 绿色绩效

市场对这种战略做出了积极的反应，茶叶产品的销路越来越广，供不应求，产品价格有所上升，有不少企业因此扭转了年年亏损的局面，如云南省国有勐农场 2001 年就扭转亏损，并有 40 多万元的盈利。当然这一战略刚刚开始实施，产业整体绿色优势仍没有充分显示出来，还具有巨大的发展潜力。

第十四章

生态示范区

——绿色经济面

　　绿色经济面是一个更大范围和更高层次的绿色经济系统，它包含了更多的绿色子系统，如绿色点、线、片等，各个子系统之间的联系也更加复杂，其模式也更加多样化，更接近于一个现实的自然经济生态系统。建设这样复杂的、规模较大的绿色经济系统，需要有很多条件，也受到各地不同的人文、资源、环境及社会条件的制约，其难度相当之大，尚有许多问题还有待于深入的研究和解决。目前它在现实中还没有实践的模型，处于探索的试验或试点阶段，如正在进行的生态示范区（或可持续发展试验区），就属于这种类型。

一、面型绿色经济系统的特点

　　由前面几章的分析可以知道，面型绿色经济子系统是在线型、片型绿色经济子系统的基础上发展而来的，或者是由点型绿色经济子系统网络化、跨越式发展起来的。显然它的范围更大，包含了许多点型、片型和线型绿色经济子系统，是由这些子系统组成的更大的系统，因而它具有不同于点、片、线型绿色经济子系统的特点。

1. 相对独立性和完整性

　　面型绿色经济系统是在一个较大的区域范围内形成的，一方面，它的面积较大，具有相对独立的地理单元和自然生态系统，另一方面，它又是一个相对独立和完整的社会经济系统。因此它是一个由相对独立的自然生态系统和社会经济系统组成的复合系统，也是一个具有相对完整意义的开放式的社会经济生态系统，因而是一个有可能实现物质、能量和信息良性循环的复合系统，它不同于绿色企业、生态小区、生态村、生态工业园区等局部系统的循环。

首先，由于绿色经济面拥有相对独立的地理单元和自然生态系统，系统内部的各个子系统、各个元素之间是否协调，在很大程度上影响着系统自身的运行。如果系统内部是协调的，受益的是区域，反之，受害的也是区域。可见，在这样的相对独立的复合系统中，环境的外部性影响在很大的程度上是内部化的。相比较而言，绿色经济点、片、线等系统所涉及的范围相对较小，外部性的影响更多的是在系统之外，受益或受害的是系统外的社会。

其次，由于绿色经济面是一个具有相对独立和完整意义的社会经济系统，政府、社会公众、和企业都是系统的主体，因而对于系统的建立和运行都有重要的影响。作为一个具有相对独立和完整的市场体系和社会系统，市场机制和政府都发挥着十分重要的作用。而社会公众的影响也是多方面的，既有经济的，又有非经济的；既有正式的制度，又有非正式的制度。作为一个相对完整的社会系统，它所具有的特别的文化，特别的风俗习惯等，都会影响系统的运行。

2. 突出区域自然生态环境的特征

首先，区域自然生态环境的特征是面型绿色经济子系统赖以生存与发展的自然基础。每一个地区的自然生态系统都具有其独特的一面，而且这一独特性是难以改变的，或者说是改变的成本很大，也不应该去改变。因为自然生态规律非常复杂，而人们对于自然王国的认识是有限的，今天的人类还远未能够完全掌握自然生态规律。所以，发展区域绿色经济，构建面型绿色经济系统时，应该充分考虑到该地区的自然生态环境的特点，因势利导。忽视了这一点，往往会得不偿失，更为严重的是还可能导致自然生态系统的破坏，使人们的生存和区域经济的发展受到威胁。如云南绿色经济强省的建设就突出了当地独特的自然风光、民俗民风、适宜的气候等，并在这样的基础上来构建区域绿色经济发展战略，确定了以生态旅游为主导产业。海南省则强调热带旅游、生态农业及新兴产业。

其次，区域独特的生态环境特征是区域绿色经济发展的优势。区域绿色经济的发展是以发挥生态生产力为内容的，而区域的自然生态环境特征是生态生产力的载体，是一种无法替代的优势，在一定的条件下可以转化为现实的生产力。所以不同的地区应当根据各自不同的自然生态环境的特点来确定适合的绿色发展道路，制定各具特色的发展战略。

3. 面型绿色经济系统具有区域的产业特征

面型绿色经济系统是通过区域内不同的行业、企业的绿色化以及它们之间的绿色合作来达到区域可持续发展目标的。因此，面型绿色经济系统就必然具有明显的区域产业特征。

企业的绿色转变是面型绿色经济的基础，从某种程度上说，发展区域绿色经济就是要促进企业实现两个根本性转变。但由于"路径依赖"现象的存在，区域原有的经济结构及产业结构是面型绿色经济的既定前提和现实的出发点。建立和发展面型绿色经济子系统，整体上进行绿色化变迁是一项长期的复杂的社会工程，需要对该地区原有经济结构和产业结构进行绿色化转变。而由于各地的经济结构与产业结构各具特征，差别很大，这就决定了面型绿色经济系统在主导产业和产业结构等方面也必然表现出一定的区域特征，如农业基础较好的地区和其他地区的绿色经济系统的结构必然是不同的。

4. 绿色合作更具广泛性和隐蔽性

同绿色经济点、片、线相比，面型绿色经济中的各个子系统之间的绿色合作具有广泛性和隐蔽性的特点。在生态工业园区中，企业之间的合作关系表现为废弃物与原料的互补关系，这种关系是直接的和明确的；在生态产业链中，初级生产与次级生产、产学研、贸工农之间的合作关系也是相对明确的。

但面型绿色经济系统则有不同的情况。由于面型绿色经济系统所涵盖的范围大，所包含的子系统比较多，子系统相互之间的关系就比较复杂。而处于复杂系统中的每个子系统、每个单元的存在与发展都要受到来自各个方面的影响，这些影响有的是显性的，有的则是隐蔽性的。一个地区的自然环境或社会环境的构成都很复杂，对经济的影响也是多方面的，这些影响有时是看得见的、显性的，有时则是隐性的，如自然环境对农业的影响则相对明显，而软环境的影响则相对隐蔽。如某一个政府部门或公务员的行为可能会影响企业的发展，并且这种影响还会自然地传递给相关的企业，甚至是潜在的企业。在面型绿色经济系统中，除了绿色经济点、片、线外，其他企业之间的合作主要表现为一种方向性的合作：各个企业都在区域绿色政策的诱导下向着绿色化的方向发展，并通过绿色化的政策诱导，由企业自己去找市场，由市场来解决它们之间的产品、原料及废弃物的流转问题。

二、面型绿色经济的运行机制

1. 政府是面型绿色经济的主要推动者

由于面型绿色经济系统的范围比较大，系统中的各个主体之间的合作又是一种相对广泛和隐性的合作，所以在这种合作过程中，政府是整个活动的组织者和主要推动者。

首先，面型绿色经济作为一个相对独立的系统，政府是这一系统的主要调控者，是区域经济发展方向的确定者、发展规划的制定者。作为区域经济的责任人，它应当根据当地的自然条件和社会经济发展水平及特点、当地的人文社会状况来选择该地区的发展方向，制定区域发展战略。政府是该地区范围内各种自然资源与环境资源的受托责任人，又是区域内各种公共品的提供者，它可以通过一些项目建设来为区域经济的发展和人民的生活提供良好的环境和基础设施等公共品，以促进产业规模的扩大与调整。

其次，政府是各种制度、政策的提供者，只有它才有能力运用各种手段来规范各个经济主体和社会成员的行为。它会通过行业指导、法律规范、财政政策等来约束和引导企业及社会公众的行为，以形成推动区域经济绿色化的合力。

第三，政府是区域经济绿色化转变的主要协调者。区域经济的绿色化进程是一个长期的过程，又是一个复杂的系统工程，涉及各个方面的利益调整，因此需要政府的协调，也只有政府，才有能力去协调。政府强有力的协调，将会使各种合作与交流变得更加容易，而且还可以降低合作的成本，如时间成本、信息搜寻成本等。例如，宁波市为遏制畜禽养殖业污染日益严重的趋势，由环保和农业等部门进行协调和规划，按照适当集中和扶"大"控"小"的原则对现有的畜禽养殖场进行统筹规划，以提高养殖场自身的治污能力，引导养殖业走集约化、规范化、资源化、污染减量化的可持续发展之路。同时，筹建肥料中心对各猪场的排泄物进行干化处理，形成收集、加工、生产和销售一体化的体系，为发展本地绿色食品和有机农产品提供优质、无污染肥料，以促进区域经济的绿色化进程。

2. 规划先行，逐步实施

在一个规模较大的区域内建设绿色经济系统，是一个复杂的系统工程，是较为长期的任务。因此，面型绿色经济的发展首先需要有一个科学的规划，然后逐步实施。

首先，科学的面型绿色经济的规划需要以生态经济学原理作为指导思想。面型绿色经济的规划需要对系统内的生态环境及资源状况进行充分的调查研究，在此基础上，依照生态经济学原理，调整相关产业的发展重点和社会公众的行为，使它们能像自然生态系统一样形成一个较为稳定的生态经济复合系统，使各个子系统之间能够进行更加合理的生态与经济合作，以达到用最低的成本支出获取区域最大的经济与生态环境收益，达到经济与生态的双赢，使系统内的各个行为主体都能够得到合理的收益，进而支持面型绿色经济系统的建设。生态经济学原理是建设面型绿色经济系统的理论基础和指导思想。我国的实践也表明，制定区域发展规划是建设面型绿色经济系统的较好方式，国家环保总局也明确要求各个生态示范区必须制定区域生态发展规划。

其次，逐步实施是面型绿色经济发展所必需的。由于面型绿色经济系统范围大且关系复杂，涉及面广，不可能一步到位，需要在政府的宏观调控下，逐步实施。

3. 面型绿色经济的驱动力：系统的协调生产力和生态生产力

面型绿色经济作为一个系统，它具有比各个子系统的生产力的总和还要大的整体生产力，这是由协调所产生的生产力，是生态生产力。这些潜在的生产力在一定条件下可以转化为区域竞争能力，因此它成为面型绿色经济系统建设与发展的驱动力。

面型绿色经济系统的整体生产力来源于协调产生的生产力。在一个较大的区域范围内，构成复杂系统的社会、经济、生态等各个子系统内部以及它们之间的不协调都会影响系统的整体生产力，如自然生态系统同社会、经济系统的不协调就会制约社会与经济的发展。因为系统的生产力是由各个子系统的持续发展能力以及它们之间的协调能力决定的，正如木桶的容量是由最短的一块木片决定的一样。因此，协调各个系统之间的关系就可以提高系统的整体生产力。协调就是生产力，协调就是系统的整体生产力。

　　面型绿色经济系统的整体生产力也包括生态生产力。处于生态系统的各个生态位的单元，它不仅作为构成系统的不可缺少的一个元素，对于系统的整体生产力有着重要的制约作用，因而是构成系统的整体生产力的一部分以外，就它本身而言，也具有它相对独立的生产能力。如森林，它既是人类系统的一个单元，又是一个相对独立的系统——陆地上最大的生态系统。在阈值范围内，可以发挥它的生产能力，既包括对系统进行经济的利用，也包括发挥系统的生态功能，也就是在进行生态利用中发挥它的生态生产力，并将之转化成为经济实力。一方面，按可持续经营要求的森林，可以有多方面多方式的经济利用，可以砍树生产木材，也可以生产其他林产品，在阈值范围内的这种经济利用并不影响系统的功能，相反，还有利于增强和改善生态系统的能力，经济与生态之间是可以相互促进的；另一方面，还可以进行多方面的生态利用，如可以开发利用森林的景观价值发展生态旅游业，可以利用某些树木的保健功能，可以利用森林所提供的良好的环境，生产绿色产品。光泽的圣农鸡业有限公司就把鸡场建在森林中，让鸡吸天然的氧气，喝矿泉水。这也是一种生态利用，是将生态生产力发挥出来并转化为区域经济竞争力。

　　面型绿色经济系统是利用生态生产力来提升区域竞争能力较好的方式。位于浙江省中部的磐安县是一个"九山半水半分田"的纯山区县，是钱塘江、瓯江、灵江、曹娥江四大水系的发源地之一，是浙江省重要的水源保护区和重点生态功能保护区，也是该省中部地区生态环境保护的战略制高点。该县过去曾以"小造纸"为主要产业，环境污染、水土流失严重，1984 年人均纯收入仅 205 元，是国家级贫困县。后来，该县走了一条生态脱贫的道路，利用当地良好的生态资源，调整了产业结构，确定了食用菌、中药材、茶叶"三大支柱"

和高山蔬菜、经济林等"十大基地"。成效十分明显，现已成为"中国香菇之乡"，鲜菇出口量占全国的50%以上，年产值达1.5亿元以上，占农业产值的26.2%，成为最重要的农业支柱产业。1998年全县GDP超过9.5亿元，农民人均收入达3 312元，财政收入5 728万元，全县20万人摆脱了贫困。与此同时，全县的生态资源有了很大改观：森林覆盖率由1984年的61.8%上升到1998年的74.6%，退耕还林1 839公顷，封山育林5.62万公顷，建成防护林带467公顷，治理水土流失面积27.57平方千米，森林蓄积量由1983年的80万立方米增加到204万立方米；许多流域的水质由Ⅳ类上升到Ⅰ～Ⅱ类；空气质量始终处在国家一级标准；在农业生产中推广施有机肥、秸秆还田、多种绿肥等生态农业新技术，改善了农田生态环境。实现了经济与环境的双赢和相互促进。

三、生态示范区

在现实中，绿色经济面的建设采取了生态示范区与可持续发展试验区的形式，二者在实质上没有太大的区别。

1. 生态示范区的内涵

生态示范区的建设还处于试验和初步推广阶段，因此有关它的内涵还没有一个统一的界定。

马凤金认为："生态示范区"是以协调经济、社会、环境建设为主要目的，从区域环境的整体出发，按照生态学的原理，根据区域的自然条件，对污染物的产生、转移和归宿等各个环节加以研究，采用法律的、行政的、经济的和工程技术相结合的综合措施，利用现代科学技术手段，最合理地利用和改造大自然，在一定行政区域内的生态良性循环的基础上，实现经济、社会全面健康的持续发展（马凤金，2000）。这一概念侧重于环境整治，并以此为基本出发点。

生态示范区的建设有它更为丰富而深刻的内涵。它是在较大区域范围内，实现自然、经济、社会协调高速持续发展，形成三者良性循环的新的发展模式。其核心是以可持续发展思想为指导，努力实践绿色经济模式，发展生态生产力，把区域建设成为自然生态系统良性循环，资源合理充分利用，绿色经济特色明显，人的生态文明素质不断提高，社会生态系统不断优化，生态、经济、社会协调持续发展的区域。它代表着 21 世纪的发展方向。

生态示范区建设的这一内涵要求我们运用生态学原理和系统工程方法，遵循生态规律和市场经济发展规律，坚持整体、系统、协调的原则，以高科技为手段保护和扩大该区域的生态环境资源的独特优势，并最大限度地将这个优势转化为经济、社会发展优势，实现生态、经济、社会的可持续发展；要求把生态环境保护，资源合理开发利用和高效生态产业发展有机结合起来，最大限度地发展生态生产力；同时要求人们的生态文明素质不断提高，人与自然、人与人、人与社会和谐相处的协调意识不断增强，以促进区域内的自然生态系统与社会生态系统的良性协调发展，不但为这一代人，而且为子孙后代创造一个良好的生存与发展空间。

2. 生态示范区建设的目标

生态示范区的建设应该达到以下四个目标：

（1）实现人与自然和谐，自然、经济与社会协调持续发展是基本目标，其中人与自然和谐是基础性的目标。这一基本目标要求把自然生态环境的治理、建设和优化融入社会生活和经济发展的具体行动中，改变人们的生活方式、生产方式、政府的管理方式方法等。

（2）充分发展生态生产力是中心目标。传统的生产力观不仅没有把生态系统纳入生产力的视野，反而视自然为异己力量，进行征服、主宰，把人类摆在了自然的对立面。生态生产力运行的目标是实现人类与整个自然生态系统和谐、健康、持续的发展，而不只是人类自身的发展。所以生态生产力运行的过程将是人与自然高度和谐统一的过程，是人同自然界之间相互转换物质和能量的过程。这两个过程都体现了双向的、互补的、友善的、平稳的过程，而不只是人类单纯地向自然界索取的、征服的、不友善的过程。

生态生产力是以生态优先为原则，以绿色高科技为手段，符合生态经济发展要求的生产力，它代表着 21 世纪的先进生产力。

（3）提高人民生活质量，拉动内需是重要目标。经过 20 多年的改革开放，人民生活总体上达到了小康水平，完成了由温饱阶段到小康阶段的转变。这种转变反映在需求层次上，表现为生存性短缺时代已经过去，人们已经有能力追求更高的需求层次。在现阶段，生活质量的提高是人民生活水平提高的标志，而绿色是生活质量提高的新内涵。人们在衣、食、住、行、休闲保健、健康长寿等方面，都要求是绿色的，吃的是绿色食品，用是绿色商品，休闲保健，健康长寿更与绿色密不可分，绿色需求日渐旺盛。在当前需求不足的情况下，绿色需求将成为拉动内需的一个亮点。

通过生态示范区的建设，一方面可以减少环境污染，加大生态环境建设的力度，更能够通过绿色经济的发展来满足人们的绿色需求，提高人民的生活质量；另一方面，还可以促进经济结构调整，增强区域经济发展的后劲。

（4）建设生态文明社会是综合性目标，也是长远性的目标。这个目标是由许多子目标体系有机联系、相互作用而成的，必须经过长期的多方面的努力才能实现。

3. 生态示范区建设的内容

内容是实现目标的主要载体，是生态示范区建设总体规划的核心。内容应当涵盖自然、经济、社会发展的各个方面，从决策高度上看，建设生态示范区是一项着眼于持续发展的具有前瞻性、开拓性和综合性的系统工程。其内容涵盖了自然生态系统和社会生态系统的建设和治理、绿色经济的发展、绿色消费的倡导、绿色科技的普及、生态文化建设、生态道德建设、发展绿色化教育等主要方面。可见，生态示范区的建设过程实际上是把绿色理念推广到社会生活的各个方面，以构建一个绿色化社会的过程。

（1）自然生态系统和社会生态系统的治理与建设是其基本内容。就总体而言，我国的生态环境还存在着许多不容忽视的问题，污染严重，灾害频繁，灾害损失量呈逐年增加的趋势。这种状况同现阶段人们的要求还有很大的差距，加强对自然生态环境的防治与建设，是生态区域建设的基本内容。一方面要加强环境治理的力度，另一方面要进行环境建设。环境建设包括自然生态系统和社会生态系统的建设，要特别重视城市、乡村、森林和江河海水域的生态建设。尤其是进行城市生态环境的建设，它是城市人民生活质量的重要内容，对于吸引外资投资，提高城市价值，优化城市运营等都有重要的意义，这是城市化中必须重视和解决的重要问题。

（2）构筑以循环经济为主的生态生产方式，发展绿色经济是生态示范区建设的核心内容。因为发展绿色经济是实现自然、经济、社会的协调，形成三者良性循环的核心与关键。绿色经济的发展不仅不会对自然生态系统产生不良的影响，而且还可以把经济建设和社会进步的成果反哺于自然生态系统，使自然生态系统在更高的层次上和更大的范围内为人类提供优良的生态环境和生态资源。这样的良性循环可以使自然生态系统、社会经济系统相互促进，和谐发展。尤其是在生态示范区建设的启动阶段，更要把重点放在发展绿色经济上，力争在国内和国际市场上立足，在拉动内需方面有新的突破和大的发展。

生态示范区建设的本质特征是绿色经济在国民经济中占据主导地位，那种把生态示范区建设等同于环境治理的认识是片面的。绿色经济必须有发达的绿色产业群作为支撑，发展绿色区域绿色经济包括生态农业体系建设，生态工业体系建设，发展绿色化的第三产业，倡导绿色消费、打通绿色营销渠道等等。

（3）建设生态文明社会是生态示范区建设的重要内容。生态示范区的建设是全新的事业，它需要有新的思想和观念的指导，需要在思想上进行一场比农业革命、工业革命更深刻的生态革命。只有强化民众的生态文明意识，才有生态文明建设的具体行动，这是关系到生态示范区建设成败的重要一点。

四、生态示范区的类型

目前我国正在进行的生态示范区建设是对区域绿色经济发展模式的积极探索。由于我国幅员辽阔，各地自然条件、社会经济、文化教育水平、风土人情、生态敏感性等千差万别，发展区域绿色经济的模式可以且应该有所不同。按其绿色机理及其绿色发展重点的不同，可以将它们分为综合型生态示范区、产业主导型生态示范区和生态治理恢复型示范区等三种不同的类型。

1. 区域综合型生态示范区

这种类型是生态示范区最典型的形式，因为它是以区域整体的绿色化发展为战略重点，通过整合区域内的各种资源，充分发挥和合理利用区域的生态与经济优势，以发展绿色经济为核心内容，来促进区域的社会、经济和自然环境的协调发展的。而生态省的建设又是这一类型的典型和代表，它是在一个更大的区域范围内建设的，所以同其他类型的示范区相比，它更能体现生态示范区的内涵和实质，更能全面表现生态示范区的特征。

国家环保总局局长解振华于 2002 年 8 月在《福建生态省建设总体规划纲要》论证会上说，建设生态省是实施可持续发展战略的重要举措，是解决当前我国面临的生态问题的有效途径，是实现经济社会与环境保护协调发展的一种理想载体。……生态省的实质就是运用可持续发展理论和生态学、生态经济原理，以促进经济增长方式转变、改善环境质量为前提，抓住产业结构调整这一重要环节，建立循环经济体系，寓环境建设于经济建设、社会发展之中，改善生态环境、发展生态产业，提高综合国力，最终实现省域范围内的社会经济持续、健康发展。

白效明对"生态省"的内涵也有相近的理解，他认为生态省是生态环境和社会经济实现了协调发展，各个领域达到当代可持续发展目标要求的省份。它的标志是：生态环境良好并且不断趋于更高水平的平衡，自然资源得到合理的保护和利用；以生态或绿色经济为特色的经济高度发展，结构合理，总体竞争力强；现代生态文化形成并得到发展，民主与法制健全，社会文明程度高；城市和乡村环境优美，人民生活水平全面进入富裕阶段，环境污染得到根本控制和基本消除。……从某种意义上说，生态省建设是"生态示范区"建设、"环保模范城市"和"可持续发展实验区"的延伸和拓展（中国环境报，2002.12.1）。

我国生态省建设试点工作的进展还是比较顺利的。1999 年初我国第一个省级生态区域——海南省得到国家环保总局批准，紧接着是吉林和黑龙江，福建省是第四个进行生态省建设的试点。同时，云南省提出了"建设绿色经济强省"的绿色发展战略，江苏省正在进行有关生态省建设的探讨。据最新消息报道，三个先行建设的生态省进展顺利，海南生态省建设已初步显现出其绿色竞争力，吉林、黑龙江生态省建设中的各大重要项目已正式启动。

生态城市示范区也属于区域综合型的。当然由于城市是一个特殊的区域，所以它的建设内容会有所不同。但对于"生态市"目前还没有统一的概念。如李松（中国环境报，2002.4.19）认为生态市是由社会、经济和环境三个系统构成，按生态学的原理建立起来的社会、经济、环境协调发展，物质、能量、信息高效利用，生态良性循环的人类聚居地。

季昆森则认为生态型城市主要包括技术与自然的融合，综合效益的取得和人类创造力、生产力的最大限度的发挥（中国环境报，2001.11.16）。它是经济发展、社会进步、生态保护三者保持高度和谐，技术和自然达到充分融合，城乡环境清洁、优美、舒适，从而能最大限度地发挥人类的创造力、生产力，并促使城市文明程度不断提高的稳定、协调、永续发展的自然和人工环境复合系统。

城市作为人工的社会生态系统，人口聚居，企业集中，生态环境问题更为突出和严重。因此在进行生态城市示范区的建设中，更要以可持续发展的理念为指导，按生态学的规律来进行城市规划，建设城市生态系统，促使城市沿着可持续的道路发展。城镇化是我国现代化建设的必经之路，也是实现全面小康社会的一项重要战略，生态城市示范区的建设具有十分重要的意义。

2. 产业主导型生态示范区

这一类型的示范区更突出产业的特征，并且是以某一产业主导来带动区域的整体发展的，它的范围也相对较小。

（1）生态农业型生态示范区。这一类生态示范区是以建设生态农业体系为重点和特色，来推动区域经济的绿色化，构筑以绿色、高效、持续农业为龙头的生态示范区，实现区域社会、经济和自然环境的协调发展的。在我国这样的农业国，发展这一类型的生态示范区不仅重要而且是必要的。此类生态示范区得到了较快的发展，涌现了一些成功的典型。如湖南省隆回县，他们发展以果、药为主的生态农业，既解决了当地农民脱贫问题，同时也使1.6万多公顷荒山秃岭改变了面貌，使长期以来难以解决的水土流失问题得到有效的控制。辽宁盘山县的生态农业建设则是以玉米、河蟹养殖、大棚蔬菜、黄牛、"红富士"林果等五大产业为主导，建立了十大产业基地，使该县在十年之内由"南大荒"跃入"小康"。以上两个区域都是以种植业为主的，上海崇明县则发挥上海这一国际大都市的优势，以众多的国营农场为依托，引进先进的技术，重点发展农产品深加工，现已形成了以出口为导向、以农产品的深精加工为主导环节，以生态养殖业和种植业基地为支撑的"贸工农"一体化经营的生态农业体系。

（2）旅游型生态示范区。这一类生态示范区以生态旅游为发展绿色经济的龙头产业，合理配制区域内的各种资源，带动区域的社会、经济和资源环境的持续发展。显然，这种类型的示范区要求有良好的自然或人文社会资源作为龙头产业的基础。如安徽黄山，他们在"保护第一"的原则下，探索出了一条既发展旅游又保护环境的新路子，采取了分区旅游，景区轮休生态保护；改善景区交通、娱乐、服务设施；开通微波通讯；以燃油代替燃煤，防止大气污染等措施；既保护了黄山优美的自然生态环境，保护了"世界文化和自然遗产"，又以旅游业为龙头，带动了当地经济的发展和社会的进步。福建南平市也以武夷山这一"双世遗产"为基础，将该地区的发展战略定位为"以高新科技武装的生态旅游经济区"，进行相应的产业结构和布局的调整，带动了区域绿色经济的发展。目前，武夷山已经被批准为省级的可持续发展实验区，并正在申报国家级的可持续发展实验区，南平市也正在申报国家级的生态示范区。

（3）乡镇工业型生态示范区。改革开放以来，乡镇企业异军突起，为产业结构的调整和农村经济的发展做出了积极的贡献。但规模小、遍地开花的乡镇企业在它发展的过程中又给环境带来了灾难。如何解决这一问题已经引起各个方面的重视。发展乡镇工业型的生态示范区，促进区域经济与环境的协调发展，是切实可行的道路。因此，国家计委和国家环保总局已经决定在六省七县进行乡镇工业小区及生态工业园区的试点工作，为这一类型的生态示范区的建设奠定了基础。如乡镇企业密集、污染也比较严重的江苏无锡就认为"要想继续在全国领先，关键是走乡镇工业型生态建设之路"，为此，他们正在沿太湖建设高标准的乡镇工业型示范圈，探索一条既能够解决乡镇企业的污染，保护太湖水资源，又能够发展经济的新路子。到 2000 年底，他们已经基本达到了生态保护和经济建设协调发展的目标。

3. 生态治理恢复型生态示范区

这一类生态示范区的主要内容是对那些已经受到严重破坏的生态环境进行有计划的恢复和治理。在这些地方，由于生态系统的结构已经受到破坏，不能正常地发挥系统功能，制约了区域的社会和经济的发展。通过对这些生态系统的重点部位进行修复，就解决了制约区域发展的"瓶颈"，促使这些地区直接走上良性循环的可持续发展道路。退耕还林就属于这样的举措，矿区的生态修复工程也属于这种类型。如河北唐山古冶矿区从 80 年代初期起，就把采煤塌陷区的生态环境整治工作列为振兴矿区经济、发展"两高一优"农业的头等大事，经过 20 多年的努力，已基本改变了严重的塌陷状况，并已成为全国采煤塌陷生态环境综合整治示范区，促进了区域经济的持续发展。

五、我国生态示范区的发展情况

1. 进展情况

我国的生态示范区建设是在国家的宏观指导下有序进行的。

早在 20 世纪 80 年代初，著名经济学家许涤新就积极倡导对生态经济学的理论研究，并提出了大力发展生态经济需要结合我国各地区的实际情况的思想。与此同时，各级政府也开始重视这方面的工作，提出了"建设有中国特色的生态农业"的发展思路，并开始进行试点工作。但政府开始推进生态示范区的建设则是从 1995 年开始的。

1995 年 7 月，国家计委、国家环保局联合发出了《关于开展全国生态示范区建设》的通知，将生态示范区建设列为"九五"的工作重点之一，并开始了试点的工作。在"全国生态建设规划"中也明确提出了我国生态示范区建设的原则是分类指导、整体推进，发展进程大体分为三个阶段：2000 年前为的分区试点阶段，在全国各地开展生态示范点建设，摸索相关规律，积累经验；2001～2010 年为

生态示范区建设的推广阶段，预期将生态示范区建设推广到全国 1/3
左右的县市；2011～2050 年为全面普及阶段。2001 年国务院发布了
《全国生态环境保护纲要》，要求通过生态省、生态市、生态县建设，
对生态环境良好的区域采取积极的保护措施，经过长期努力，率先实
现可持续发展。

在政府的积极推动下，我国生态示范区建设不断向纵深方向发
展，取得了可喜的成就。

（1）生态示范区的试点不断增加。据不完全统计，目前全国已
经立项的各类试点单位已有 2 300 多个。到 2002 年 8 月，国家环保
总局已经批准的生态示范区建设试点有 396 个，已经有 82 个通过了
考核验收，其中生态省 4 个（海南、吉林、黑龙江、福建）。这些生
态示范区已覆盖了全国大多数省份和大多数行业。

（2）生态示范区的范围逐步扩大，绿色的层次不断深化。我国
的生态示范区在开始建设时是以县级行政区域为主，以后逐渐向更大
的范围——市、省级生态示范区发展。自 1999 年海南第一个提出建
设生态省之后的短短几年中，吉林、黑龙江紧跟其后，后来又有福
建、云南、江苏和浙江等省都相继提出建设生态省的目标和规划。另
一方面，生态示范区建设的内容也不断深化，环境污染防治型逐步转
向自然友好、资源持续利用型，绿色化的层次不断提高。

（3）生态示范区的内容不断丰富，形式更加多样。在生态示范
区建设与发展的过程中，各地都根据各自的社会、经济和自然条件，
积极探索出符合自己特色的绿色发展的道路和模式。就以生态省建设
为例，各地的目标和发展绿色经济的侧重点都不相同，如海南是以农
业、旅游业和现代工业等三大生态产业为支柱，以建设热带高效农业
基地和海岛度假休闲的旅游胜地为基础来发展绿色经济的；吉林生态
省建设则侧重于建立可持续发展的生态环保型效益经济体系；黑龙江
生态省建设的重点在于建设生态园林城市，实现山川秀美、生态环境
良性循环，提出"发展绿色经济，打绿色牌、走特色路"的响亮口
号。

而且，生态示范区的类型也逐渐多样化，除了直接以"生态示
范区"的形式呈现外，还有可持续发展实验区、生态园林城市、

ISO14000 示范区等形式。2002 年 5 月 31 日国家环保总局批复同意将辽宁省作为全国循环经济建设试点省。这些示范区、示点虽然名称各异，内容也可能有所不同，但其实质是相同或相近的。

（4）生态示范区的管理越来越规范。国家环保总局制定了国家级生态示范区的标志，并进行了动态滚动管理，加强对生态示范区工作的监督力度，对一些不合格的国家生态示范区取消其资格。如国家环保总局在对全国的生态示范区进行检查考核中发现，内蒙古自治区包头市郊区（第一批）、安徽省亳州市谯城区（原亳州市）（第二批）、湖南省娄底市（原娄底地区，第二批）等试点单位没有完成生态示范区建设规划的任务，因此于 2002 年 6 月取消了这几个试点单位的全国生态示范区资格。

2. 生态示范区建设中存在的问题

（1）区域分布不均衡。国家级的生态示范区多数分布于东部地区，特别是华东地区，这种不平衡的分布实际上也是不合理的格局。西北地区的生态环境相对恶劣，经济发展水平低，且处于全国生态系统的要害部位，从协调发展的角度看，西部经济与环境都将成为制约我国可持续发展的"瓶颈"。

（2）生态示范区的科技水平较低。在知识经济时代，科技对于促进区域可持续发展的作用日益重要。而我国生态示范区建设的整体水平还比较低，大多数只是停留在结构调整或对自然生态系统的简单模拟上。如生态农业多数是采取了施用农家肥、少用农药以及不同种植品种的调整等措施，绿色科技对于绿色经济发展的支撑作用尚不明显。

（3）管理上还比较混乱。各种示范区名目繁多，这不利于规范和发展，如生态旅游的发展就存在这样的情况。

党的十六大已经把全面建设小康社会作为我国发展的目标，并对小康的内容进行了全面的阐述，把"可持续发展能力的增强，生态环境得到改善，资源利用效率显著提高，促进人与自然的和谐，推动整个社会走上生产发展、生活富裕、生态良好的文明之路"作为小康社会的重要目标之一，这必将进一步推动生态示范区的建设与发展。

六、案　　例

【案例一】　海南生态省建设

海南省是我国南方一个热带海岛省份，气候湿润多雨，生态环境良好，森林覆盖率高达 51.5%，比全国平均水平高 37.6%，已基本消灭了荒山，特色旅游资源较为丰富，适合农作物生长。1998 年底，海南省提出"一省两地"的建设生态省战略：建设热带高效农业基地、建成海岛度假休闲的旅游胜地、新兴工业省，实现全省的可持续发展。1999 年初国家环保总局批准海南省为全国第一个生态示范省。

3 年来，海南的生态省建设发展顺利，在生态产业、改善生态环境、培育生态文化、推进生态人居建设等方面都取得了丰硕的成果。

首先，生态产业建设有了较大起色。现代工业、农业和旅游业三大支柱生态产业齐头并进，已成为海南国民经济新的增长点。在生态工业方面，海南坚持以"不破坏资源、不污染环境、不搞重复建设"的三原则，努力改造传统工业，推动马村酒精厂、华盛天涯水泥有限公司等一批污染企业向清洁生产转变；关闭了一批技术落后、规模小、浪费资源的重污染企业，拒绝铬冶炼厂、拆船厂等一批重污染企业在海南落户；积极发展生物制药、IT 产业、光纤等高附加值、高新技术产业；大力提倡循环经济，推进资源循环利用。在生态农业方面，大力发挥海南热带农业资源和生态环境优势，积极发展生态农业、林业和海洋生态养殖业。建立了 317 处无公害瓜果生产基地，到2002 年 9 月底为止，全省共开发绿色产品 37 个，有效使用绿色食品标志的企业 9 个，产品 16 个，绿色食品年产量达 3 万吨，产值达 1亿元；利用海南光、热、水、土资源优势，大力发展热带经济林和工业原料林，积极开发林下资源，林＋果、林＋藤、林＋花、林＋牧、林＋渔等立体复合型林业蓬勃兴起；大力推行生态化养殖，建设了万宁英豪半岛养虾等一批集约型生态养殖项目。在生态旅游方面，三亚南山、兴隆热带花园、亚龙湾、博鳌等生态旅游区和五指山等生态探险旅游路线相继建成，产生了巨大的经济效益。2002 年上半年，三亚市星级饭店接待游客 138.97 万人次，旅游总收入 14.72 亿元，同比分别增长了 17.8% 和 16.92%。

其次，环境污染得到有效控制。为了实现"一控双达标"，海南投入了 1.7 亿元的资金，关闭了一批技术落后、浪费资源、污染严重的企业，全省 1988 家工业污染企业全部提前达标。目前，海南正在积极创建无氟、消除白色污染的省级区域，制定了各种保护动植物的政策措施。3 年来，海南岛的空气、地面水、近岸海域环境质量一直保持全国领先水平。

第三，生态工程建设进展顺利。目前"百万亩椰林工程""350万亩浆纸林工程""清洁生产示范工程""绿色食品生产示范工程""热带农业高新技术产业示范区工程"和"生态旅游示范工程"等生态工程正在健康有序地进行。而且，在今后的 3 年，他们还将投资 4亿多元，精心打造"三边"（海边、路边、城边）景观生态林，把"三边"建设成为具有海南热带特色的景观生态森林带。

第四，城镇面貌大有改观。海南省着力整治城镇"脏、乱、差"状况，实施"百镇建设计划"，加强以城镇垃圾、污水处理为重点的环保基础设施建设，努力创建"最适合人居住"的环境。2000 年，海南省人均居住面积、供水普及率、建成区绿化覆盖率等 7 项城市设施指标均高于全国平均水平。在全国省会城市中海口市是首个获得"全国环境保护模范城"称号的城市。在农村，以沼气建设为切入点，结合农村改水改厕、民房改造、卫生整治、扶贫开发等项目工程，大力开展生态文明村建设。到 2002 年 9 月底，全省累计投入1.53 亿元，推广沼气池 4.6 万户，建成生态文明村 997 个。

目前，海口已建成园林绿地面积 1 333 公顷，人均公共绿地面积86 平方米，占地面积近 80 公顷的万绿园现已成为一座大型的开放式综合性的海滨生态风景公园，西海岸带状公园成为海口最夺目的风景线。另外，海口市还投巨资兴建了污水处理厂、修建了污水管道网络，使全市的污水处理率达 80%。海南省另一著名旅游城市三亚，确立了建设"国际性热带滨海风景旅游城市"的目标，精心打造生态旅游品牌，城市面貌发生了巨大的变化，先后荣获"中国优秀旅游城市""国家园林城市"等称号。

第五，生态文化建设稳步发展。为了促进海南生态文化的发展，为生态省建设提供理论与舆论支持，海南省专门成立了"海南生态环境教育中心"和"海南生态文化研究会"等机构；经常组织"建设生态省学术研讨会""WTO与海南生态产业学术研讨会""海南生态与文化国际研讨会"等学术研讨会；举办各种生态理论报告会，并组织讲师团下基层普及生态省建设的知识；鼓励社会各界积极参加"建设千里生态走廊，让宝岛更加文明志愿者行动"和"关爱我们的家园——海南青少年创建生态省行动"等生态文化活动（祝光耀，2002）。

海南省是在不断的探索中推进生态省建设的。例如，在旅游定位方面，海南省曾经面临着两难的选择：以满足大众化旅游消费需求为目标，还是定位于较高层次旅游度假区为目标？相应的，是依靠规模的扩大来获得短期的较高经济利润，还是为了持续利用资源和区域的长远利益而限制投资规模？经过认真的分析研究，海南省政府最后还是采取了国外专家的建议，将海南的旅游定位于满足高层次需求的生态旅游区，严格限制了相关设施的规模。如在41.8平方千米的博鳌度假区，只允许在6平方千米左右的小区内兴建建筑物，从而保护了大量的农田和山坡。为此，海南省还特别强调了规划区建设的"四统一"："统一规划、统一招商、统一建设、统一管理"，以确保开发和保护相互结合。

【案例二】　吉林：建设生态效益经济大省

进行生态省建设是吉林省委七届三次会议作出的决议，吉林省九届人大三次会议也将发展生态环保型效益经济、建设生态省纳入"十五"规划。

吉林生态省建设的特色是率先提出在全省范围内建立生态效益型经济体系，并准备投入7 839亿元资金，在30年内将吉林建成生态效益经济大省。建设的内容上强调三个方面：一是建设生态环境；二是发展生态经济，把"绿色"最终落实在"经济"上；三是提高和普及生态文明。并具体确定了42个可量化的指标体系，构建4个生态经济区，建立4个类型的生态经济城镇体系，突出11个产业，提出12项对策，规划30年内建设7类工程，512个项目。

4 个生态经济区的特色明显，也取得一定的成效：长白山区在保护森林和生物多样性的基础上，积极发展旅游和医药健康等绿色产业，现已初具规模；中东部地区发展特色农业，形成了特色农业圈；中部粮食主产区，形成了绿色的玉米经济和种植养殖业的龙头；西部保护湿地、草业、绿色食品产业已具雏形。在 4 个生态经济区中，西部盐碱地是生态省建设的难点。2001 年省、市、县共同出资，投资 4 700 万元治理盐碱地 151.7 万亩，2002 年省生态办公室、林业厅、开发办、扶贫办、畜牧局 5 家又实现治理 300 多万亩，治理方式以种草为主，由此形成了吉林西部的草业经济（经济日报，2002.9.15）。

吉林生态省建设规划的近期建设优先工程有的已经完成，有的正在启动，总投资达 1 878 亿元。已经完成的项目有：一汽大众 15 万辆捷达轿车、吉林龙鼎集团绿色食品、长春市轨道交通环线一期工程；正式启动的项目有：长白山保护建设工程、松花江流域水污染防治工程等 211 个；正在建设项目有：投资 108.9 亿元的长白山天然林保护、西部生态系统保护与建设、长白山天然矿泉水保护和利用等工程，退耕还林还草工程。2001 年全省植树造林 7.8 万公顷，完成生态草建设 2 万公顷，启动了西部 7.6 万亩的牧草基地建设项目。

目前，吉林省初步建立了生态省建设规划体系，19 个省直部门、9 个市州和 23 个生态经济城市的规划都已基本完成；经批准的生态示范区（含国家级和省级）共 19 个，总面积 850 万公顷，占全省面积的 45.5%；生态农业、绿色食品建设工程的成效显著，到 2001 年底，吉林省取得国家绿色食品标识认证的农产品达 140 个，绿色食品环境监测面积达 150 万亩，50 个绿色农产品基地建设开始启动。

【案例三】　黑龙江生态省建设

黑龙江省将创建生态省确定为全省"十五"计划的三大任务之一，现已取得了阶段性成果：

在森林生态环境建设和恢复方面，以退耕还林、"三北"防护林四期工程为重点，普遍加大了森林生态环境建设和恢复力度。到 2002 年 7 月末，全省已完成退耕还林任务 166.37 万亩，占计划的 97.86%；"三北"防护林体系建设共完成 115.49 万亩，占应完成计划的 101.4%；完成退耕还湿面积 1.38 万亩，占计划的 92%。

在农村生态环境保护方面，黑龙江省制订了全省农村生态环境保护实施方案，并在全省范围内开展专项检查，依法查处环境污染事件。在草原生态环境建设方面，以松嫩"三化"草原治理和退耕还草为中心，治理"三化"草原 10.2 万公顷；退耕还草 9.3 万公顷，完成任务的 166.6%。

在国土生态环境整治方面，一是实施国土整治和矿山复垦。完成全省矿山地质环境调查、地质环境保护及恢复治理规划的编制工作，实行矿山环境全程管理机制，加强对矿山地质环境的保护。从源头上控制住矿山资源开采对地质环境的破坏，对"三线"、"两区"（重要铁路、公路、江河岸线和自然保护区、风景名胜区）两侧的砂、石、土矿山予以关闭。二是加强对水土流失的治理。为确保治理 16 万公顷水土流失面积，以大流域为骨干、以小流域为单元，进行山水田林路综合治理。三是重点开展大庆市及周边地区地质环境保护与综合治理项目。

在生态市（地）建设规划及省直有关部门生态省建设行业规划的制定和重点项目的实施方面，黑龙江省计委制订并下发了《2002年生态省建设专题推进工作实施方案》，对各地和省直厅局规划的编制、项目筛选提出了明确要求，大兴安岭地区行署邀请国务院发展研究中心等国家有关部委、科研单位的知名专家进行了实地考察和调研，对其生态示范区建设的总体思路进行了研究和谋划。作为生态省建设重要支撑的重点项目取得了一定的进展。黑龙江围绕生态省基础能力和体系建设，重点筛选了 21 个生态建设重点项目，积极争取实施松花江流域水污染综合整治规划，筛选确定了 33 个污水处理项目，并已进入了可行性研究阶段。在生态市建设方面，也取得了大的进展。

企业环境管理有所加强。在推进清洁生产方面，已确定哈尔滨、大庆、牡丹江 3 个城市作为全省清洁生产试点城市，并在 3 个城市选择了造纸、啤酒、乳制品、木材加工和石化 5 个行业的 15 家企业作为试点企业，年内将推出一批清洁生产型示范企业，为全省加快推行清洁生产积累经验。重点研究、开发、推广和应用一批具有国际先进水平、拥有自主知识产权的环保技术与产品。

自然保护区、生态功能保护区、生态示范区建设和管理工作有了新的进展。已完成三江平原国家级生态功能保护区规划的编制，对拟确定的省级生态功能保护区建设试点进行了考察，挠力河晋升为国家级自然保护区已得到国务院的正式批准。

在环境监测方面，制订印发了《黑龙江省地面水环境质量监测网络建设规划》，筛选出一批重点流域、区域网络建设项目，加强了地、市的环境监测能力建设。

【案例四】　福建生态省建设

福建位于我国东南部，背山面海，2002年初省委做出了进行生态省建设的决定，随后由省政府组织编制了《福建生态省建设总体规划纲要》。

福建生态省建设的优势：

（1）自然生态环境优越：首先，具有相对独立的地理单元和优越的气候条件，地貌和水系相对独立，自成体系；气候温暖湿润，生态系统具有较高的生产力。其次，自然资源丰富，全省森林覆盖率为60.5%，居全国首位；海域面积13.6万平方千米，海岸线长3 324千米，居全国第二位；可开发的风能、潮汐能资源居全国前列；生物多样性居全国第三位；水资源总量居全国第三位；花岗石、高岭土、石英砂等非金属矿保有储量居全国前列；旅游资源丰富，水系星罗棋布、景观千姿百态，武夷山、太姥山等生态旅游区条件不断改善。第三，环境整体良好，环境质量位居全国前列，全省12条主要水系有90.5%的省控监测断面水质达到或优于国家地表水三类水质标准，7个主要海湾有38.5%的监测断面水质达到或优于国家海水二类水质标准；城市饮用水源水质大部分达到地表水二级标准；福州、厦门等14个城市空气质量达到或优于二级标准。

（2）生态建设稳步推进：森林生态保障体系基本建成；生态示范区建设进展顺利。到2001年底，全省已建自然保护区65个；森林公园、风景名胜区129个、保护小区3 134个，各类特殊保护区域约占全省国土面积8%，国家级优秀旅游城市6个、园林城市2个、环保模范城市 1 个，国家级和省级生态示范区建设试点 23 个、生态农业试点县 15 个、县级以上可持续发展实验区建设试点 4 个。

（3）具有一定的生态经济基础：已经建立绿色食品和有机食品试点基地 40 万公顷；有 188 个产品获得绿色食品和有机食品的标志；有 33 家企业通过 ISO14000 环境管理认证；全省专业从事环保产业单位总数达 670 家，环保产业总产值已超过 60 亿元。

主要的生态环境问题：

（1）生态系统比较脆弱：全省地貌以山地丘陵为主，降水时空分布不均、容易产生旱涝、水土流失和地质灾害；沿海台风灾害较为严重；森林结构不合理。

（2）部分资源保证程度较低，资源综合利用率低：人均耕地只有 0.60 亩，资源粗放开发，工业用水的重复利用率仅 20% ~ 30%，农业灌溉用水有效利用率不足 40%。

（3）局部环境问题严重：农村面源污染较多；"白色污染""餐桌污染""噪声污染""青山挂白"以及"机动车排气污染"问题日趋突出。

在综合分析自身优势与劣势的基础上，福建省将生态省建设的目标主要确定为：全面实施可持续发展战略，充分发挥福建生态优势，合理利用自然资源，大力发展生态效益型经济，加快经济增长方式转变，全面提升综合经济实力。生态省建设分三阶段推进，2002 ~ 2005 年为启动阶段；2006 ~ 2010 年为推进阶段；2011 ~ 2015 年为巩固发展阶段。

福建生态省建设的主要内容：是构建可持续发展的六大体系。

（1）协调发展的生态效益型经济体系，主要包括生态效益型工业、生态农业、生态旅游、绿色消费四个方面。

（2）永续利用的资源保障体系，主要包括合理利用和保护森林、海洋、土地、水和矿产五大资源。

（3）自然和谐的人居环境体系，主要包括生态型城市、生态型社区、生态型村镇三个层面。

（4）良性循环的农村生态环境体系，主要包括加强农村面源污染综合防治、调整优化农村能源结构，强化流域综合整治、加大水土流失治理力度四个方面。

（5）稳定可靠的生态安全保障体系，主要包括防治各种自然灾害的六大工程；先进高效的科教支持与管理决策体系。

（6）在"十五"期间福建将投资约716亿元于生态省建设，重点建设34类98个项目。

【案例五】 姜堰市（生态县建设）生态示范区建设

江苏省姜堰市（原泰县）地处长江下游北岸，属于平原地区中等发达的农村。该市自20世纪80年代中期就开始了生态农业建设，是"八五"全国农村环境综合整治试点，1996年被列为首批"全国生态示范区建设试点地区"，1999年5月被国家环保总局认定为"国家级生态示范区"。1990年该市的沈高镇河横村获"全球环境五百佳"称号，是我国第一个获此称号的农村。

姜堰市建设生态示范区的思路是："服从、服务于经济建设中心，立足于生态农业，以绿色产业的全面发展为突破口，强化环境与发展综合决策，充分依靠群众，推广应用清洁生产工艺和生态技术，按计划、高标准地开展生态环境综合整治和生态工程建设。"他们的工作重点包括生态农业、优化产业结构、整治城镇环境等三个部分：

生态农业建设：着重抓提高森林覆盖率、保护耕地、治理水土流失、进行地力综合建设、综合防治病虫草害等五个方面的工作。例如在地力综合建设方面，构建了各种有机物的生态利用链，秸秆——饲养家禽家畜——粪便还田；秸秆——培育食用菌——菌菇渣肥还田；采用了返转灭茬机覆盖还田、墒沟埋草、高温速腐沤肥和超高茬麦田套种水稻等秸秆还田技术，取得了较高的生态、经济收益。全市作物秸秆综合利用率达81.7%，农田有机肥施用比例达75%，平均每亩投入有机肥2t以上。天敌防治、生物农药、一药多用等综合防治措施使得1998年病虫草害治理率达90%以上，而有机农药使用量比1984年下降57.13%，比1995年下降23.25%，平均每亩减少0.5千克（夏龙池，2000年）。

优化产业结构：采取关停并转"15小"企业；以农副产品为主要原料，发展生态加工，形成一些生态产业链；推行清洁生产工艺等措施。全市每年经济增长 6% ~ 11% ，而污染排放总量平均每年减少 10% 左右。

整治城镇环境工程：包括保护饮用水源、提高生活污水处理率、发展清洁能源、开展垃圾无害化处理、营造公共绿色系统等方面。

第 四 篇
绿色经济的支撑与保障体系

第十五章

绿色经济的支撑
——绿色科技

"科学技术是第一生产力"，经济的发展社会的进步都离不开科学技术的支持。绿色经济是可持续发展的现实形式，它代表着经济发展的方向，对科学技术提出了更高的要求，也为科学技术的发展指明了努力的方向——绿色科技。正如周光召先生所说的：绿色科技是未来科技为社会服务的基本方向，也是人类走向可持续发展道路的必然选择（康福禄，2000）。发展绿色经济，需要绿色科技的支撑。

一、科学技术是一把双刃剑

1. 科学技术的双刃性

人类社会的发展史也是科技的发展历史，科学技术的发展推动了经济的发展和社会的进步。从刀耕火种到智能化控制技术，从石刀石弩到原子弹、核武器，从"上帝造人"的传说到"克隆人"，科技创造了一个又一个的奇迹。科技在它的发展过程中，不断地进入生产过程，转化为现实的生产力。一次又一次的科技革命并广泛应用于生产，促进了产业结构的革命性变革，催生了一次又一次的产业革命，有力地推动了社会生产力的飞跃和发展。

科技作为第一生产力，在推动经济发展和社会进步的过程中，对人与自然的关系以及人与人的关系都产生了极大的影响。但这种影响具有二重性，科技是一把"双刃剑"。

在人与自然的关系上，科技大大地提高了人类的生产能力，随着生产手段的越来越先进，人类有能力把越来越多的自然物质纳入社会经济的周转中，创造了高度的物质文明。但是它在提高了人类生产能力的同时，也提高了人类破坏自然的能力，在扩大了生产范围的同时，也扩大了污染范围。电锯的发明在将伐木工人从沉重的体力劳动中解放出来的同时，却大大加快了毁灭森林的速度。以科技武装起来的人类，不断地改变了人类与自然之间的关系，最终扭曲了这种关系。当人类的生产能力还是处于比较低下的情况下，人类依赖于自然，能够和自然和谐相处。当人类的生产能力得以大大提高后，人类往往会把这种生产能力变成征服自然的能力，并以胜利者的身份自居。这样，人类处于绝对优势的地位，人与自然的关系由原来和谐的关系转变为对立的关系。人与自然之间这种被扭曲的关系，违反了自然规律，要受到自然应有的惩罚：人类征服自然的结果是物种灭绝、环境污染、气候异常、生态失衡。这又反过来威胁到人类的生存和发展，全球性的环境危机是自然界给予人类的"回报"。

在人与人的关系上，科技也具有两重的作用。在历史发展的长河中，科技在推动生产力发展的过程中，不断地改变着人们的生产关系，推动着社会制度的变革。可以说，科技是最本源意义上的革命者。从现实的情况看，现代科技正在影响着人与人之间的关系。如核技术的发展和应用在给人类带来清洁、廉价、高效的核能外，同时也制造出时刻高悬在人类头顶上的原子弹、核武器；在生物技术造福于人类的同时，生物武器也威胁着人类的生存；基因技术正在引起国际社会的广泛关注，人们担心它会被用于消灭某一个民族或人种；许多国家在大力发展克隆技术的同时，也在担心克隆人的技术将破坏人们的伦理关系，等等。在基因解码研究方面处于领先地位的医学诺贝尔奖得主约翰·萨尔斯顿认为，正如炸药对人类发展的作用好坏参半一样，遗传学的使用必须有所限制。他在对自己的研究成果感到兴奋和自豪之外，还像爱因斯坦对自己在原子弹方面的发现一样，产生一定的恐惧感。因为他担心基因被用于制造"超人"，用于破坏人身上许多有益的特性。正是基于这样的担心，克隆羊之父英国细胞生物学家和胚胎学家凯斯·坎贝尔反对克隆人。他认为克隆技术的发展,细胞和胚胎的研究对人类有很大的贡献,可以用于治疗人类的一些疾病,可以克隆猪的器官,然后移植到人体上,但克隆人违反自然法则。这会给儿童带来不公正的压力。从医学上说,克隆人不仅成功率极低,而且克隆人的将来会不会有问题还需要时间的证明(羊城晚报,2002.10.24)。

在科技日新月异发展的今天, 人们在享受高度物质文明的同时,却别无选择地面对严重污染的环境和频繁出现的生态危机。人们因此开始对科技的作用进行重新认识, 并产生了分歧。悲观主义者认为科技导致了环境质量恶化,如康芒纳认为"生态上的失败显然是现代技术本性的必然结果" (巴里·康芒纳, 1997);而乐观主义者认为生态危机及环境破坏只是科技进步中的一个小小的副作用, 依靠科技发展完全有能力去解决经济发展与环境之间的矛盾, 如国际商会(ICC) 在对可持续发展的阐述中就突出了技术的力量, 并把技术定位、技术创新看作是改善环境状况的手段。当然, 大多数的民众都认为科技的贡献是主要的, 这可以从 2001 年我国对公众科学素养的调查结果中得到证明: 75.5% 的公众认为科技对生活和工作的影响利大于弊;72.2% 的公众对科技解决更多的问题抱有很大的期望。

2. 科技具有两重性的原因

科技对社会、经济的发展所具有的两重作用,其原因是多方面的:

(1) 科技本身的自然属性与科技应用的社会属性。科学技术具有二重性:一方面科学技术是客观存在的实体,可以表现为一定的实物形式,如生产工具等, 具有自然属性;另一方面科学技术是为了满足人类的需要而存在的, 需要也必然要通过实践才能发挥作用, 具有社会历史属性。从它的自然属性来看, 它只是一种工具, 具有物质的普遍性。而从它的社会属性的角度看,科技是在特定的历史条件下创造出来的,为特定的对象, 特定的目的服务。当这些条件发生了变化, 科技的作用可能会发生巨大变化, 同一科学技术可以"安邦定国", 也可以"助纣为虐"。核技术及其应用就是一个明显的例子。

在这方面, 需要把科学技术本身与科学技术的社会作用及社会后果区分开来。科学技术对社会所起的作用不仅受技术本身的影响, 而且受到社会价值观、社会伦理等意识形态, 人口、资源与环境的现状, 经济发展水平等客观条件影响。相比之下, 后者的影响更具决定性。例如在工业社会中, 经济功利主义等价值观实际上主导着科技应用的方向和规模。另外, 人口的急剧膨胀, 人类(特别是一些发展中国家）在生存的压力下，有时不得不利用现代科技对自然环境进行着"征服"活动。如人与森林的关系就是如此，耕作农业实际上是在破坏森林的基础上发展起来的，如今的城市曾经也是森林，当然这里有一个合理的度的问题。化肥的使用也是如此，化肥的过量会使土地板结，造成对土壤的污染，但为了获得赖以生存的粮食，人类有时是别无选择的。

科技本身是中性的，并无对与错之分（阎艳，1999）；而人类如何应用它，就有了利与弊之区分。正如医生的手术刀可以解除无数患者的痛苦，而到了歹徒手中可能会成为其谋财害命的凶器。

（2）科技的有限性与宇宙的无限性。宇宙是无边无际，没有时间和空间的限制，宇宙的万物之间的关系更是错综复杂。人类要认识并揭示自然万物之间的关系，掌握自然规律，却受到时间和空间的限制。人类认知水平的时空局限性，决定了一定时期的科技必然是相对真理性。反映一定时期认知水平的科技，可能只是对自然规律的不完全了解，甚至是曲解。如对于蚯蚓的研究就经历过这样的过程。在1881年以前，蚯蚓被认为是非常有害的、有剧毒的害虫。以后，达尔文的研究成果为蚯蚓正了名，他认为蚯蚓是泥土的伟大创造者，它们的活动对于农业是非常有意义的。因为如果没有蚯蚓，要形成2厘米的土壤约需要100年长的时间，而蚯蚓的活动，使这一过程缩短到5年左右。在达尔文之后，人们对于蚯蚓又有新的发现：它不仅能够帮助修复受到损害的土壤，而且还是检测土壤质量和毒性的一个重要的指标。

由于受到人们认识水平的限制，科技本身并不一定会及时地为人们所认识。这种认识水平的相对有限性同宇宙无限性之间的矛盾，使得反映一定时期人们认识水平和能力的科技，在应用中可能产生副作用的过程是滞后的，进而使科技具有两面性。一些实用技术在应用过程中，往往是开始时对人类极为有利，它的负面作用需要经过相当长的一段时间才会显现出来，具有潜在性和滞后性。

DDT的发明和应用就是一个很能说明问题的例子。20世纪40年代，DDT作为一种农药，由于其杀虫效果好且生产成本较低而得到广泛的应用，发明者因此还获得了诺贝尔奖。它对自然生态产生的破坏作用，其严重的后果是慢慢地表现出来的。后来的人们发现，它对自然环境及人类的严重危害，它的负面作用甚至远远大于它的贡献。因为DDT可以在活的有机体组织里，特别是在动物体内的脂肪中迅速积聚起来，不能随着动物的新陈代谢而排泄。另外，它还会通过食物链，迅速扩散到世界的各个角落的各种物种，60年代就在阿拉斯加的爱斯基摩人的体内脂肪中发现了3.0微克/克的DDT残留。研究还表明，DDT的积聚过程是以倍数增长的，如果土壤中DDT的浓度为一个单位，那么长期生活在这块土壤里的蚯蚓体内的DDT浓度就可达到10～40个单位，而以蚯蚓为食的山鹬体内的DDT则可达200个单位。DDT在动物体内的残留，会产生极大的危害，它会侵入昆虫的神经系统，会影响鸟类肝脏酶的活动，从而阻止了蛋壳的形成。因此这种曾经广泛应用的农药，自20世纪70年代起就在世界范围内普遍禁止。虽然如此，但它仍然在自然界继续积聚着，并继续对生物产生严重的影响，其后果是十分严重的。

"外来物种入侵"也是一个例子。从国外或区域以外引进物种，有过成功的经验。如我国的地瓜就是外来的，它对于农业的发展起着十分重要的作用。但外来物种离开了它的原生地，在新的生态环境中就可能对其他的生物产生非常不利的影响，甚至可能使当地物种遭到毁灭性的打击。如紫茎泽兰等外来物种的引进就存在着主观和客观的严重背离：当初出于造福于当地人民的良好愿望而引进，结果却是事与愿违，如今它们已经成为可怕的生态灾难。它在引进后迅速蔓延，很快就侵占了大量的农田和山地，严重破坏了当地生态系统，给人民的生产和生活带来极大的损失。类似的教训是深刻的，这说明了人类在浩瀚的自然面前是渺小的，因为人们对于生态规律的认识是有限的，这个认识的过程是反复和曲折的。一些科学技术在一定的时空上表现出的这种明显的"两面性"就要求我们要加大这方面的研究力度，力求对自然界的了解更多一些，对规律的掌握更深刻一些，在对待生态方面的科学技术的应用问题上应当更谨慎一些，以避免这种种生态灾难的重演。

同样，备受人们关注的当今科技前沿领域之一的"基因技术"，现在也是人们关注的一个热点问题。基因技术的应用可以生产出传统生产技术所无法生产的高品质、低成本、多数量的生物产品，因而可以极大地丰富人类的物质生活，但同时也可能产生各种问题。人们现在对于基因技术生产的食品就存有疑虑，许多国家都要求对基因食品进行识别，贴上标签，让消费者能在知情的情况下进行选择。基因技术可能引起生物之间固有的基因屏障的消失，可能扰乱各种生物的自然演化的过程，还可能造成"基因污染"，形成种种有害的新物种，如超级杂草等，这些都可能给人类造成毁灭性的打击。更加值得重视的是有关人本身的基因技术的应用问题，美国英国的科学家已宣布人类基因组的工作草图绘制完毕，这可能会对于人类防治疾病、健康保健、延年益寿方面产生历史性的革命，但由此也引起了人们对于它可能产生的负面作用的一些争议，特别是关于它对社会伦理等方面的影响。医学诺贝尔奖得主约翰·萨尔斯顿就认为必须对遗传学的使用加以限制，克隆羊之父、英国细胞生物学家和胚胎学家凯斯·坎贝尔也反对克隆人。

（3）科技本身具有两方面作用。任何事情都有其两面性，科技也不例外，也具有正反两方面的作用，差别只在于正与反的两个方面的"度"的比较上，科技在其应用中是利大于弊还是弊大于利的问题。尤其是在人与自然的关系上，科技的这种两面作用更为明显。人类利用科技改造自然，实际上就是对自然进行人为的干扰，一方面是向自然索取，另一方面是向自然界排泄各种废弃物，这必然会影响到人与自然的关系。生态环境具有一定的自净能力，只要这种影响被限制在自然与环境的自净阈值内，科技的副作用就不会造成太大的危害，因而从整体上看，这样的科技就表现为"有利"的科技；而如果超过这一阈值，这种技术对于环境的作用就是不利的，很可能就表现为"害大于利"。这就使科技在"度"上表现出双刃性，危害了自然环境及人类自身。

二、绿色科技的概念与内涵

1. 绿色科技的概念

绿色科技是一个崭新的概念，自20世纪90年代产生以来，就得到较为广泛的应用。尤其是在 2000 年国际工程技术大会上，绿色科技已成为一个最热门的词汇。"绿色科技"的概念是约定俗成地被社会各界所广泛使用，它至今还没有一个统一的定义。

"绿色科技"的提出同科技的"双刃性"有关，并且是同环境问题有关系。当人类在充分享受工业文明伟大成果的时候，也不得不同时接受了这一伟大成果的副产品——环境恶化，甚至是生态危机，这是自然对人类的报复和惩罚。面对危机，人们开始反思，并在这样的积极反思中认识到科技在推动工业文明的过程中，也对人类生存与发展的环境造成了许多负面的影响，有的甚至是非常严重的影响。大气污染、臭氧层破坏、温室效应、水污染、白色污染、有毒化学品等等这些关系到人类生存与发展的重大环境问题，大部分都直接或间接地同科技有关，尤其是同化学化工的科技在生产中的应用有关，很多人因此将化学与环境污染直接联系在一起，认为化学是环境污染的罪魁祸首，凡有化学的地方就不可能有绿色。化学家们对此感到愤愤不平，当然这样的说法无论对于化学科技还是化学家，都是极不公平的。化学家们因此进行了大量的研究，1991 年，美国化学家 Trost 在"Science"上提出了"原子经济性"的概念；1992 年，荷兰有机化学家 Sheldon 提出了"E-因子"的概念（曾庭英、宋心琦，1995）。它们是"绿色科技"概念的雏形，后来人们在这两个概念的基础上，提出了"绿色化学"的基本概念。

绿色化学是指在整个化学反应和工艺过程中实现全程控制、清洁生产，从源头制止污染物的生成，在通过化学转化获取新物质的过程中实现"零排放"。它是更高层次的化学，它的主要特点是原子经济性，即在获取新物质的化学过程中充分利用每个原料原子，使化学从"粗放型"向"集约型"转变，既充分利用资源，又不产生污染（朱清时，1997），其核心思想是利用化学知识和技术从污染的源头开始预防污染（香山科学会议办公室，1998）。它是绿色科技概念在化学领域的体现，基本上包括了绿色科技的最主要特点：资源节约与不对环境产生污染。但这一概念过于理想化，"零排放"的"原子经济"在现实生活很难实现，缺乏指导社会实践的实用性，也使得人们对这一概念的生态环境意义产生了怀疑。

绿色科技是一个相对的概念，它是随着社会的发展而不断变化的，具有一定的社会历史性。绿色科技是指在一定的历史条件下，以绿色意识为指导，有利于节约资源的消耗、减少环境的污染，促进社会、经济与自然环境的协调发展的科学与工程技术。它包括了从清洁生产到末端治理的各种科学技术，既包括环境污染的治理，生态实用技术、绿色生产工艺的设计技术，绿色产品、绿色新材料、新能源的开发等具体技术，又包括环境与社会发展中的重大问题的软科学研究。它是一种以减少或消除科技对环境和生态的消极影响、促进人类的持续生存和发展为目的，有利于人与自然共存共荣，既促进社会经济发展又对生态环境无害的技术。

2. 绿色科技的内涵与特征

对于绿色科技，可以从以下几个方面的特征中来把握它的内涵：

（1）绿色科技是既有利于生态环境又能促进社会经济发展的科技。对于绿色科技内涵的规定性上，绿色科技必须同时满足改善生态环境和促进社会、经济发展的双重要求。这两方面的内容缺一不可。

有利于自然和环境，这是绿色科技的应有之义，是绿色科技区别于其他科技，能称得上是"绿色"的必要内容。相对于一定时期社会平均技术水平，相对于那些还无法达到国家或地区绿色指标的生产技术，绿色科技更能节约资源，或减少污染物的排放，因而是有利于生态环境的改善。

除此以外，绿色科技还必须具有促进经济发展和社会进步的功能。绿色科技并不是回归原始的技术，原始农业技术并不是绿色科技。绿色科技是现代的科技，是应用高新技术来解决经济与环境的矛盾，通过高科技的手段来协调经济与环境、人与自然关系。

（2）绿色科技是一个动态的概念。绿色科技是一个相对的概念，它是相对于一定绿色技术标准而言的。绿色技术标准受一定历史条件的制约，常受到社会平均技术水平，环境剩余承载能力，公众的绿色要求等因素的影响，是一个随着社会经济的发展而变化的变量。以绿色技术标准为参照物的绿色技术，也因此是一个动态的概念。事实上，在不同的历史时期，绿色的标准是不同的。如在我国，20 年前煤是大多数家庭的燃料，为了保护森林，许多地方都大力推广以煤代木。但是，煤在燃烧后产生的 SO_2 严重污染了空气。而使用液化气（主要成分是 CH_4）做燃料产生的是 CO_2 和 H_2O，那么相对于煤来说，后来的液化气技术就是一种更为清洁的技术，可以称为是一种绿色技术。但是，无论是 SO_2 还是 CO_2 它们都是温室气体的组成部分。现在推广的清洁能源是太阳能。可以轻易地贮存和使用太阳能的新技术，就是现在的绿色技术了，而原来的液化气技术就不一定是绿色技术了。另外，环境所具有的剩余承载能力以及公众对生态环境的绿色要求等条件，也同样会影响绿色技术标准的制定，进而影响绿色技术的界定。

（3）绿色科技必须以绿色意识为指导。这是从开发和使用目标方面对绿色科技应有的要求。科技本身是中性的，它只有以绿色意识为指导，才能发挥它的绿色功用。再好的科学技术，若不以可持续发展的绿色意识作指导，就可能偏离绿色轨道，而且越高新的技术偏离轨道后产生的后果就越严重，如核技术，可以使地球毁于一旦。因而某种技术只有在绿色意识的指导下，服务于绿色事业，才能成为绿色科技。

总之，绿色科技是一个动态概念，既有生态环境方面的要求，又有社会经济方面的要求，而且只有在服务于绿色目的时才能真正称之为绿色科技。

三、绿色技术体系

绿色科技的范围非常广泛，有利于生产力、有利于资源节约和改善环境的技术都可以称之为绿色技术。可以把范围广泛的绿色科技分为清洁生产技术、环境治理技术、生态环境持续利用技术、节能技术、新能源技术等，它们构成了绿色经济发展的科技支撑体系。

1. 清洁生产技术

绿色生产技术是指能够减少生产过程的环境污染，降低原材料和能源的消耗，实现少投入、高产出、低污染的新技术、新工艺、新的生产流程设计等。这种技术着眼于企业的整个生产过程、产品的整个生命周期或整个产品链，尽可能地把对环境污染物的排放消除在生产过程之中，力图从污染的源头防止污染的产生，实现"增产减污"。这种技术是一种最有前途的技术，比"先污染，后治理"的环境治理技术的成本要低得多，是更加先进的绿色技术。

清洁生产技术包括各种废气、废液、废渣的资源化技术及少废、无废工艺技术；再生资源回收利用技术；共伴生矿产资源综合回收利用技术；洁净煤技术；CFC 代用品；资源综合利用技术等。每一类清洁技术又可以再细分为许多种，如国际间较通行、技术较成熟且已商业化的镀通孔的清洁生产技术就有：无甲醛化学镀铜法、炭黑法、石墨法、钯金属法、导电高分子法及高分子墨水法等多种。

目前，清洁生产技术的着眼点已从单个企业延伸到工业园区，建立生态工业园区也可以看成是一种清洁生产技术。

2. 环境治理技术

环境治理技术又称为末端治理技术，是指对已有的环境污染进行治理和改善的环境工程技术。这种技术发展得更早，伴随着污染的产生而产生，种类繁多，是目前绿色环保技术市场的主流。如美国的脱硫，日本的垃圾回收处理，德国的污染处理技术等都在世界上遥遥领先，这种先进的环保技术为他们带来了巨额的环保技术收入。相对于清洁生产技术而言，环境污染治理技术代表着更为落后的理念。但由于目前的环境污染仍然是比较严重的，因而对这种技术的需求还是很迫切的。环境治理技术包括空气净化技术、污水处理技术、废弃物处理技术、噪声消除技术、城市卫生垃圾处理技术等，现分别介绍如下：

（1）空气净化技术。目前较为常见的空气净化技术有：消烟除尘技术与装置，粉煤灰清洁技术，排放物的脱硫、脱氮技术，低污染燃烧技术，排放过滤技术，排放控制技术，溶剂再生、更新回收，工业废气净化设备，机动车尾气治理，空气污染监测技术与设备等。

在我国，大气污染是以 SO_2 为主的煤烟型污染，大气污染物中二氧化硫总量的 90% 来自于煤炭燃烧。目前我国每年排放到大气中的二氧化硫约 2 000 万吨，占全球排放总量的 15%，位居世界第一，酸雨区域已达整个国土面积的 30% ~ 40%。二氧化硫污染已给国家造成了难以估量的经济和社会损失，因此减少二氧化硫排放的技术是非常重要的。2002年由清华大学研制成功的"干式脱硫剂床料内循环的烟气脱硫方法及装置"与"循环流化床常温半干法烟气脱硫技术",用于电厂锅炉烟气脱硫的效率可达96.5%,填补了国内空白(张文天,科技日报,2002.6.6)。

(2)污水处理技术。污水处理技术主要有工业废水处理技术及循环利用技术,水质监测技术,有机污染的处理技术,净化工厂技术,江河湖泊的氧气供应技术,江河湖泊清淤及污染治理技术,苦咸水淡化技术,膜技术与装置,滤材、滤料、水处理剂技术等。

(3)废物处理技术。废物处理技术主要有工业废物处理技术,废物热预处理技术,污物焚烧工厂技术,电吸尘技术,新型机械吸尘技术,有害有毒(化学、生物)废物的处理技术,城市废物垃圾处理技术,废物分类技术等。

(4)噪声与振动控制技术。噪声与振动控制技术是指测定、减轻、消除或控制的技术与设备,如汽车发动机除噪技术等。

(5)城市卫生垃圾处理技术。城市卫生垃圾处理技术主要包括卫生填埋、衬层材料与施工技术;渗沥液收集与处理技术;蒸汽收集与处理利用技术;堆肥与生化处理、堆肥处理技术;对堆肥产品制复合肥、有机肥、生物菌肥等深加工工艺与技术;城市生活粪便(未进入城市生活污水管道系统的)进行浓缩、脱水、除臭等处理的技术;各类废旧电池的处理回收技术;各类塑料制品的再利用技术与设备;各类橡胶轮胎的回收、再处理技术;各类特定废弃物(如:餐饮业、医院的废弃物)处理技术;废弃物回收、储存、再循环、填埋技术;有害有毒废物的处理技术;城市垃圾处理技术;垃圾分类技术等。

3. 生态环境可持续利用技术

生态环境可持续利用技术是指那些能够促进生态环境可持续利用的技术和方法,包括一些能够促进对生态环境规律认识的技术和减少对生态环境破坏的利用技术等,如流域治理与利用技术,平原风沙区综合治理技术,生态保护和生态监测技术,生态农业技术,珍稀濒危物种保护和繁衍技术,各种资源可持续利用技术等。

4. 节能技术

节能技术是指能够节约生产生活中能源消耗的技术。包括工业锅炉窑炉的改造和节能技术，高效节能电光源、节能照明技术，节能型民用耗能器具技术，节能型空调、制冷技术，节能型机电设备，新型城市节水技术，节水农业技术，以色列在这方面的技术处于领先地位。

5. 新能源技术

新能源技术是指能够促进开发、储存、利用新能源的科学技术。目前新能源技术主要有太阳能技术、核能技术、海洋能技术、风能技术、生物能技术、垃圾能技术、地热能技术、氢能技术等。

四、绿色科技是绿色经济的动力与支撑

绿色经济的发展是在传统经济模式不断绿色转化的过程中实现的，而绿色科技是促进传统经济向绿色经济转变的动力，是绿色经济发展的强大支撑力。

1. 绿色科技是资源型绿色经济发展的动力与支撑

（1）绿色科技可以提高现有资源的开采利用率，减少资源浪费。传统经济是一种粗放型经济，属于高投入高产出的数量型增长，它的增长是以资源的大量消耗为代价的，因此而造成了资源的严重短缺。具体表现在：一是对现有的资源的开发强度过大，许多地方是采取了掠夺式的开发，造成后备资源的不足，资源的供求矛盾突出；二是资源利用率不高，浪费现象严重。如对于不可再生资源煤的开发与利用上，都存在严重的问题，由于利益的驱动，许多地方都办了小煤矿，大多采取掠夺式的经营方式，造成资源的极大浪费。究其原因，体制是一个方面，实用且低成本的绿色技术的缺乏也是重要的原因之一。因为这些小煤矿的资金少，它们没有能力提高技术水平，就不可能提高资源的利用率。

绿色科技在不可再生资源的节约方面有巨大的发展潜力。世界上每年需要消耗 40 亿吨煤，25 亿吨石油，并且还以每年 3% 的速度增长，这已经造成多种金属矿产资源的日益匮乏，甚至枯竭。而煤矿资源回收率只有30%～50%，其余的绝大部分不但白白浪费，而且还危害生态环境。在我国，玻璃、塑料、橡胶的回收率分别为10%、20%、31%，这些都与开采、利用、回收技术密切相关。英国媒体在评选"人类最糟糕的发明"活动中，塑料名列榜首，媒体称，我们的地球已经变成塑料的星球，塑料袋已经无所不在，而且当我们离开地球时，它们仍然占据着地球，因为它们是永生的。

在水资源的利用上，绿色科技也是大有作为的。我国水资源严重短缺，2001年夏天，缺水已成为我国许多城市的头号问题，共有300多个城市出现了不同程度的缺水现象，日缺水量为1 300万立方米，由此造成的经济损失超过1 000亿元。农村的缺水情况也十分严重，2001年6月上旬，全国旱田受旱4.2亿亩，水田缺水2 080万亩，绝收445万亩，1 580万人和1 140万头牲口发生饮水困难。与此同时，水资源浪费严重，在南方发达省区，工业用水的重复利用率也仅有20%～30%，农业灌溉用水有效利用率不足40%。据有关资料表明，在我国华北北部，普通灌溉1亩地每年需水400立方米，而管道输水只需200立方米，喷灌需100立方米，滴灌仅需50立方米，仅为漫灌用水的1/8（陈锡文，2002）。若能采用滴灌技术，每年全国仅农业灌溉用水就可以节约1 000亿立方米（山仑、黄占斌、张岁岐，2000），这样就可以部分地解决目前所面临的缺水问题，就能实现水资源的可持续利用。

（2）绿色科技可以扩展资源的利用空间。从可持续发展的观点看，任何存在的东西都可以作为资源加以利用，这里的问题只在于没有相应的技术罢了。有些本来是非常有价值的资源，可以在多方面多层次地加以利用，却由于受科技条件的限制，只是在比较低的层次上进行利用，或只是被限定在价值很小的用途上，或是被当作垃圾白白丢弃，有的甚至造成了环境的污染。如石油的用途是随着科技的发展而不断地被发现的，对石油的开发利用程度也是随着科技的发达而不断深化的。当然，目前石油在生产和利用过程中仍然存在着比较严重的环境污染问题，仍需要绿色科技来解决。同样，其他的资源也会有这样的情况，科技的发展会不断地把一些现在还不能利用的"废物"变成将来可以利用的资源，可以使一些现在已经被利用的资源扩大它的用途。这样既促进了经济发展，提高了人民的生活质量，也充分发挥了资源的价值，减少了环境污染，因而就促进了绿色经济的发展。

这样的例子是很多的。如苍蝇，一直被认为是有百害而无一利的动物，不仅是废物而且是害物。但日本菲尔德公司却利用生物技术把它变成了环保卫士，并成功地把它应用到建立环保型农业生产上（张可喜，新华网东京 2001 年 4 月 14 日专电）。又如农作物秸秆原本只能作为农村的燃料，随着农村燃料结构的变化，许多地方已经不再用作燃料了，因此有的地方就在田里烧掉，这样的处理方式，严重地污染了空气，国家已经明令加以禁止。但实际上，只要有合适的技术，它就可以变成宝。现代菌草技术、养殖技术的发展，发现农作物秸秆是很好的培养基和饲料原料。农村家庭制沼技术的进一步完善，秸秆——牲畜——沼气——农作物生态农业模式的发展，已使得农作物秸秆在有的地区变成了宝贝。

又如被称为是最糟糕的发明——塑料，也是可以成为宝贝的。所有的废塑料、废饭盒、食品袋、编织袋、软包装盒等都可以回炼为燃油。1 吨废塑料至少能回炼 600 千克汽油和柴油，被称为是"第二油田"。但一直因为回收成本过高，而无法实施。前不久，有报道称河南省沈丘县科协高新技术研究所开发研制成功的废塑料处理设备，采用废旧的包装盒、塑料袋、塑料桶、农膜、纺织袋、泡沫塑料等为原料，生产无铅汽油和柴油，每吨成本只需要 1 300 元。这样的技术就能使塑料垃圾变成宝贵的资源了。

（3）绿色科技可以发现新型能源，为绿色经济发展注入新的动力。能源是现代经济的血液，传统能源如石油、煤的枯竭是制约经济发展的"瓶颈"，它的排放物还是环境污染的重要因素。绿色科技的发展可能会发现和利用新型能源，这些能源可能会更清洁、成本更低、储量更丰富，有的甚至可以永续利用。例如太阳能、潮汐能、风能、闪电的能量等都是清洁的可持续利用的能源。用它们来替代传统能源，就将为绿色经济的发展提供充足的清洁动力。又如原子能技术的发展，海洋技术的发展和应用，也扩大了资源的来源，缓解了矿产和石油等资源对人类生存和经济发展的"瓶颈"约束。

2. 绿色科技促进了环境保护和生态平衡

（1）环境治理的绿色技术的发展，可以提高治理效果。绿色治理技术主要是对已经产生的环境污染加以治理的技术，一般是指末端治理技术。20世纪60～70年代，这类技术在发达国家得到了很快的发展，各国纷纷加大了环保投资、建设污染控制和处理设施等，以控制和改善环境污染，取得了一定的成绩。但是经过几十年的实践后，人们发现：这种仅着眼于控制排污口（末端），使排放的污染物通过治理达标排放的办法，虽在一定时期内或在局部地区起到一定的作用，但并未从根本上解决工业污染问题，只是一种不得已而为之的措施。尽量预防污染的产生，才是更为合理的措施。因为任何污染的产生都必然会或多或少地对周围的环境产生一定的破坏，而且更为严重的是，有的污染在目前的技术条件下是很难治理，或是可以治理但成本很高，有的还会产生"二次污染"。因此各个国家现在强调的是清洁生产技术。

我国的以防为主的环境政策也应当是强调清洁生产技术的，但末端治理的技术也是重要的。因为地球上已有大量的污染存在，即使从现在开始就实现了零排放，但已经存在的污染也会影响到我们的生活质量。况且现代的经济发展还是会或多或少地产生一些污染，有些污染可以被大自然迅速地净化掉，有的则日积月累造成巨大的危害。另外，有些意外的事故也会产生环境污染，如油轮触礁漏油就会对海洋造成污染。末端治理科技的进步，可以降低环境污染治理的成本，提高治理效果，以改善生态环境，促进绿色经济的发展。如湖泊污染的治理技术及小流域污染治理技术，为恢复和改善滇池、巢湖等地的生态环境起到一定的作用。

这表明，发展绿色治理技术，对改善生态环境是必不可少的，但也不能过于依赖这种技术，毫不顾忌地"先污染，后治理"，这就会对绿色经济的发展产生不利的影响。

（2）绿色生产技术的发展，可以促进清洁生产。随着可持续发展思想的深入人心，人们已经认识到靠大量消耗资源和能源来推动经济增长的传统模式，是产生环境问题的根源。依靠补救性的环境保护措施，是不能从根本上解决环境问题的，转变经济增长方式才是解决环境问题的根本途径。然而，传统经济增长模式的转变是以科技创新为支撑和动力的，绿色科技是推动绿色生产的动力，而且只有低成本的绿色科技才能有效地推动绿色经济的迅速发展。因为绿色科技虽好，但如果它的成本太高，也是难以推广的。如化肥和农药会造成环境污染，但它的成本比有机肥和生物农药更低，所以新的肥料和防治病虫害的新技术还难以普遍推广和应用，制约了绿色经济的发展。

而绿色科技的进步，有可能产生新的不再产生污染的生产工艺，也可能发明一种新的技术，将以前难以利用的废弃物变成新的产品，减少垃圾，增加资源的综合利用率；还可能会形成一种新的生产流程，使各个企业之间的废弃物与原料互为补充，形成一种循环经济新模式，等等，这些都会有力地促进绿色生产的发展。

绿色生产技术是从生产的源头开始，在生产链的各个环节和产品的整个生命周期中，都考虑节能降耗，预防污染，尽可能地不给生态环境产生新的压力，是从源头上来进行环境治理，从根本上促进了绿色经济的发展。

（3）绿色科技的发展可以促进人类更好的发展生态生产力。经济的发展是社会文明与进步的物质基础，而不论科技如何发达，经济的发展都必然要消耗资源，也必然要对自然环境产生一定的影响。环境问题的关键只在于这种影响是否是在一定的限度之内。因为生态环境和自然资源，特别是可再生资源都具有自我恢复的能力，即环境容量和生态阀值。所以，关键是人类的行为要控制在这个限度内，不能超过生态阀值的界限，也就是适度的问题。如何掌握好这个"度"，首先要了解这个"度"是什么，即要掌握生态规律。人类对环境的污染和生态的破坏，在很大程度上是因为不了解生态规律而产生的盲目的行为由于自然界万物之间关系的极其复杂性，一定时期的人类受到当时的科技条件的限制，不可能完全掌握自然规律，因此很难把握好这个"度"，进而可能对生态环境造成破坏。绿色科技的进步，可以提高人类观察自然和认识生态规律的能力，进而促使人类的经济活动更加合理，趋于绿色化。如森林资源的破坏，是由于我们的不合理利用所造成的，"3S"技术的发展及其在林业上的应用，人们就可以对森林资源进行实时监测，为森林资源的合理布局和利用以及病虫害防治等及时提供准确的数据；而计算机技术的发展可以帮助我们处理这些数据，使人们有可能正确地把握森林生态系统的变化规律，提高森林经营能力和水平。

绿色技术的发展可以使我们在维持和保护生态环境的同时，最大限度地发展生态生产力，将潜在的生态生产力转化为现实生产力，促进绿色经济的发展。

3. 绿色科技可以为绿色市场的顺利运行提供有力的技术支持

绿色经济市场的建立与运行是以绿色产品供给为前提的。绿色科技的发展，不仅可以为市场提供大量物美价廉，品种多样的绿色产品，以满足日益高涨的绿色消费需求，以提高人民的生活质量，如无氟制冷技术的发明，使绿色环保冰箱由理想变为现实。

而且更重要的是，绿色科技的发展，可以为绿色市场提供及时、有效地进行"绿色"检测的技术手段，提高市场监管能力，以保证其顺利运行。因为绿色产品与其他产品的区别就在于"绿色"，但这个"绿色"需要一定的检测手段才能进行有效的鉴别。如果缺乏这样的鉴别手段，就可能导致假冒伪劣的绿色产品充斥市场，这必然会影响绿色经济的发展。因此需要对绿色产品的市场准入进行适当的监管，以区别"真绿"与"假绿"，而这种区别又是以一定的绿色检测技术的发展为基础的。如果能够对食品的农药残留量进行及时、快速又准确的检验，人们就有希望吃上真正的放心蔬菜和其他农产品了。在目前，这种技术尚不完善，这也是假冒伪劣的绿色产品充塞市场的技术原因。绿色市场的顺利运行需要绿色检测技术的支持。

五、加快绿色科技发展的对策

1. 绿色科技的现状分析

自 1992 年的联合国环境与发展大会以来，可持续发展的思想日益深入人心，各个国家都十分重视绿色科技的发展。据统计，当前世界上直接以绿色科技为依托的环保产业的产值已达到 6 000 亿美元左右，全球市场贸易额达到 6 500 亿美元，绿色科技的经济的贡献率也在逐年增加。我国于 1973 年召开了全国第一次环境保护会议以后，环境科技的开发与研究得到了重视和加强。近 30 年来，全国环境科技成果达 4 000 多项，绿色科技对环保事业的贡献率逐年提高，现在已达 50% 以上，绿色科技也越来越受到公众的青睐。据 2001 年的调查，我国公众认为应当优先发展的科学技术领域依次为："农业与食品技术""人口健康与环境保护"和"国防科学技术"，前两项都与绿色科技直接相关。目前，我国的绿色科技发展上还存在许多不足之处，归纳如下：

（1）绿色科技的整体水平不高。从总体上看，我国的绿色科技水平还是比较落后的，同世界先进水平还有相当的差距。当然，这同我国的社会经济的发展水平是有关系的。现有的绿色技术还不能够有效地保护环境和提高资源的利用率，因此环境质量恶化的趋势仍然没有得到有效地遏制。目前，我国的单位 GDP 的能源和资源消耗量均高于发达国家。有资料表明，每生产 1 美元的国民生产总值，中国的能耗相当于德国的 4.97 倍，日本的 4.43 倍，英国的 2.97 倍，美国的 2.1 倍，印度的 1.65 倍（张坤民、王灿，2002）。

（2）绿色科技的投入经费不足。在我国的统计数据中，还没有"绿色科技经费"的分类，因此难以获得相关的数据。而现有统计中有"环保科研经费"的统计项目，但它的口径比"绿色科技经费"要小得多，它不能反映绿色科技经费开支的现状。绿色科技经费是科技总经费的一部分，所以我们以 R&D 经费的数据来说明。虽然，我国已经把"科教兴国"确定为基本国策，"科技是第一生产力"也已成为社会各界的共识，然而在实际行动上还是有比较大的差距的，我国的科技研发经费无论从绝对数还是相对数来看都还是不足的。近年来，我国的科技研发经费投入虽有提高，但占 GDP 的比重也只有 0.6% ~ 0.7%，大大低于发达国家的 2% ~ 3%，也低于新兴工业化国家韩国与新加坡（1.5% ~ 2.0%），甚至低于发展中国家的印度与巴西（0.9% ~ 1.0%），仅相当于发展中国家的平均水平，见下表：

（%）	中国	美国	日本	英国	法国	加拿大	德国	韩国	中国台湾	新加坡	俄罗斯
年均增长	14.2	7.5	1.3	1.7	0.7	3.7	3.2	13.6	11.8	23.8	41.9
R&D/GDP	0.69	2.59	3.06	1.83	2.18	1.64	2.29	1.60	1.92	1.47	0.94
数据年度	1998	1998	1997	1997	1997	1998	1998	1998	1997	1997	1997

注：1. 数据来源：OECD1999 年《主要科技指标》和中国台湾 1998 年《科学技术统计要览》。

　2. 中国、美国、德国、加拿大为 1995～1998 年平均增长率，其他国家为 1995～1997 年的平均增长率。

2000 年度我国 R&D 经费总支出为 896 亿元，R&D/GDP 为 1.0%；同期美国的 R&D 经费总支出为 2 641.65 亿美元，R&D/GDP 为 2.8%，我国的 R&D 经费总支出只有美国的 4.2%。

（3）投入结构不尽合理。首先，从经费支出来看，企业所占比例偏低，但情况有所好转。

1998 年我国的 R&D 经费中，企业仅占 44.8%；而 1997 年美国和瑞典企业的 R&D 经费均占到 74% 以上；日本为 72.7%；瑞士为 70.7%。2000 年我国 R&D 经费支出结构有所好转：各类企业支出 540.6 亿元，占 60.3%，已成为研发的主体，但仍小于美国的 75.4%；高等学校支出 76.6 亿元，占 8.6%，美国为 11.4%；研究机构 258.2 亿元，占 28.8%，美国为 3.5%；其他为 20.6 亿元，占 2.3%，美国为 3.1%。

其次，从活动类型来看，我国基础研究经费所占比重与其他国家相比明显偏低，而试验发展经费所占比重较大。

1998 年基础研究经费所占比重为 5.3%，比上年略有下降；应用研究经费占 22.6%；试验发展经费占 72.1%；同期法国、澳大利亚、意大利、瑞士的基础研究经费的比重均在 22% 以上，美国为 16.2%。2000 年在我国的 R&D 经费总支出中，基础研究经费支出为 46.7 亿元，占 5.2%；应用研究经费支出为 152.1 亿元，占 17.0%；试验发展经费支出为 697.2 亿元，占 77.8%。

第三，从分布地区来看，仍存在明显的不平衡性，而且差距在逐步扩大。

地区差距在我国东、中、西部地区之间表现突出，呈现出从东到

西的高低梯次分布。据科技部公布的 1999～2000 年全国科技进步态
势总体分析报告显示，在科技投入比例、万人拥有专业技术人员数、
授权专利数、企业科技进步等所有重要考核指标上，科技进步先进地
区与后进地区之间的差距平均在 2 倍以上，在有些指标上甚至超过
10 倍，并且这种差距在不断加大。如 2000 年，广东省的 R&D 经费
支出为 107.1 亿元，河南为 24.8 亿元，西藏仅有 0.2 亿元。

（4）绿色科技转化率低。我国科技成果转化率很低，阻碍了科
研对发展贡献率的提高。据统计，我国科研成果转化率仅有 30%～
40%，而欧美发达国家则可达 70%～80%。这是由多种因素造成的：
①长期以来科技研究由政府计划控制，很多项目是为了科研而科研，
与生产实践相脱节，科研成果的适用性低。②科研缺乏合理的约束与
激励机制。一方面，科研项目的考核，往往过于形式化，不能对科研
项目承担者形成应有的约束。另一方面，由于长期以来过分强调科研
机构的研究成果的产权归国家所有，影响了承担单位的研究和转化科
研成果的积极性。当然现在的情况已有所改观，2001 年，科技部已
经将承担单位作为科研项目成果的知识产权权利人，作为权利人可以
充分享有自主权。③技术引进上存在着重引进、轻开发、重新建、轻
改造等现象，盲目引进项目，而不能充分地吸收，国产化开发利用还
很不够。

（5）对科技项目和成果的评价还不够科学。对科研项目和成果
的评价问题，是关系到科技发展的重要问题。目前，在这方面尚存在
一些不利的影响。由于我国目前的科技经费的主要来源还是政府，对
科技项目和成果的评价工作也是由政府主导的。虽然在具体的评价
中，专家也发挥了重要的作用，但官场的腐败和学术腐败的现象也时
有发生，并且是二者交错在一起，影响着项目的立项和成果科学性的
评价，这不利于科技事业的健康发展。在这方面日本的经验是值得借
鉴的，他们十分重视对研究课题的评价工作，从前期立题论证到中期
检查再到后期鉴定，严格的监督管理和科学公正的评价，对于课题的
研究质量真正起到了保证的作用（林仲海，2002）。

2. 加快发展绿色科技的对策

加强科学道德建设，强调绿色导向。科学技术的发展方向影响着

社会经济的发展。科学技术研究，不仅属于个人、单位或国家，还属于整个社会，对科技的非绿色化利用，会给整个社会带来巨大的损失。科学家的科学道德问题就成为影响科技发展方向，甚至是影响社会发展的重大问题。因此，需要进行科学道德的建设，确保科技研究的绿色导向，使更多的科技工作者明确自身的工作职责和时代要求，以绿色科技观为指导，以确保科技的绿色化发展。

拓宽绿色科技的融资渠道，增加绿色科技投入。现代科技需要大量的现代的设备和人力作为基础，这需要有大量的投入。而我国目前的经济发展水平不高，政府可供支配的财力是有限的，政府能用于科技经费的投入也是有限的。长期以来，绿色科技经费单单依靠政府的投入，必然会制约绿色科技的发展。所以应当采用多渠道，多种方式来吸引社会投资，吸纳海外资金投入也是一个重要的渠道。

加强产学研相结合，提高绿色科技的转化率。绿色科技应从市场中来，再到市场中去，而不能与现实需要脱节，永远待在象牙塔里。政府应当加强引导，促进产学研的更为紧密的结合，充分发挥产业、高校与专门的研究机构的优势，使有限的经费产生最大的效益。

政策导向，促进绿色科技的发展和内部平衡。科技政策首先要向绿色科技研究领域倾斜，从税收、财政、信贷、投资等各个方面为绿色科技的开发研究创造良好的政策环境，以促进绿色科技的发展。另外，绿色科技政策还应当向西北较落后的地区倾斜，同时激励企业参与绿色科技的开发与研究，政府资金应加大对基础性科技的研究，使绿色科技开发的结构更加合理。

完善绿色科技创新的制度建设。一方面要加强绿色科技创新的激励制度建设，特别是知识产权制度建设，确保绿色科技开发承担者的创新利益，增强其进一步开发研究的积极性。另一方面要加强绿色科技创新的监督制度建设，形成有效的评价监督机构，对绿色科技创新活动进行监管和验收，尽量减少和避免学术腐败及科技的非绿色发展。

第十六章

绿色经济的保障体系

——正式和非正式制度

　　绿色经济作为实践可持续发展战略的一种新的发展模式，它是一个宏伟的社会系统工程，向绿色经济发展模式的转变几乎涉及所有社会主体的利益调整。"没有规矩，不成方圆"，制度是规范人们行为的最稳定的力量。绿色经济的发展需要绿色制度的保障。这里的制度既包括由政府强制推行的正式的制度，如法律法规等，也包括非正式的制度，如人们的生活方式、习惯及意识等。

一、制度与绿色制度

1. 制度和制度结构

　　制度的概念和制度理论是在对传统经济发展理论的批判过程中，逐渐形成和发展起来的，早在 19 世纪末就成为当时一个有影响的学派之一。进入 20 世纪后，制度经济学曾经沉静了一个时期，科斯的交易费用理论促进了该学派的革命性变革，形成了与旧制度经济学有别的新制度经济学，并在 20 世纪 90 年代创造了新的辉煌，这一学派的代表人物诺斯、福格尔等人获得了经济学诺贝尔奖。当然，制度经济学的再次辉煌，既是理论变革的结果，也是实践的需要，尤其是对于那些处于从计划经济向市场经济转变的国家来说，制度经济学为社会的变革和新制度的建立提供了思路和方法。中国渐进式改革的成功实践，既为制度经济学的应用与发展提供了广阔的空间和舞台，也促进和推动了制度经济学的发展，丰富了制度经济学的内容。

　　在制度经济学的发展过程中，许多学者从不同的角度对"制度"

作了不同的阐述，并给了制度以比较广泛的内涵，比较一致的观点是：制度是社会的游戏规则，是为规范人们的相互关系而人为设定的一些制约。这种约束包括人们所认可且为人们所自觉执行的非正式的约束，也包括政府规定的并建立了强有力的机制进行强制实施的正式约束（戴维斯、诺斯，1994）。从本质上说，制度是一种公共品，是集体为了对个体行为进行控制所采取的行动（John R. Commons，1931），它是由生活在其中的人们选择和决定的，反过来又规定着人们的行为（张曙光，1999）。

制度包括制度安排和制度结构两个层次。制度安排是一个局部性的具体制度，指的是管束特定行动模型和关系的一套行为规则（林毅夫，1994），是经济单位之间的一种安排，被用于支配这些单位之间合作与竞争的方式。制度结构则是一个整体性概念，指的是一个社会中正式的和非正式的制度安排的总和。

2. 绿色制度

绿色经济的发展要求社会成员及组织要以可持续发展的标准为自身的行为准则。对于企业来说，就要求其在生产经营过程中，树立绿色经营理念，推行绿色生产，进行绿色营销，积极采用绿色新技术、新工艺，以节约资源、减少经营过程对环境及产品的污染；努力建设绿色的企业文化，促进绿色的思想观念的形成，以推动生活方式和生产方式的绿色化进程。对于其他社会成员和组织来说，也都有一个如何接受和推进社会交往方式和生活方式的绿色化的问题，应进行绿色消费，以达到可持续发展的要求。为此，就需要有一定的规则来约束企业的经营行为和人们的消费行为。绿色制度就是指根据可持续发展的要求，为促进绿色经济发展所作出的各种制度安排，如资源节约计划、排污费征收的规定、一控双达标制度、各种环保法规等。绿色制度创新是指对绿色制度因素进行新的组合使之较原有组合能创造更多的产出（价值）（姜太平、晏智杰，2002）。这里的价值是可持续发展的价值，既有经济的内容，也有资源与环境的内容。

3. 绿色制度的特点

绿色制度涉及经济发展与资源、环境保护的问题，它除了具有一般制度的共有特性外，还有其独特之处：

（1）绿色制度的外部性强，协调成本大。外部性是指有些成本或收益对于决策单位是外在的事实。环境问题的经济根源在于其"外部不经济性"（王明远、马骧聪，1998）。绿色经济中的外部性有两种，一种是环境污染的负外部性，另一种是环境改良的正外部性。负外部性影响主要是企业的生产过程对环境造成了污染，如钢铁厂排出的气体污染了空气，影响了周围的居民生活及身体健康，居民的肺病发病率上升，因此而增加了医药费等。但钢铁厂没有将这种给周围居民带来的损失计入自己的生产成本，这是社会福利的一种损失。正外部性影响主要是企业改良了生态环境，如学校在校区内植树，成片的树林能改善空气的质量，使该校周围的居民和企业有了更加良好的环境，由此而获得利益。

制度的实行是需要成本的，解决环境外部性的协调成本同环境外部性的影响范围大小有关。有些环境外部性的影响范围甚至会跨越国界，成为国际问题，如温室气体的排放，就会影响到全球的气候。因此它所涉及的范围之大、利益相关者之多，又没有像国家这样的权威性的机构，使得解决国际环境负外部性问题的成本非常之大。如《气候变化框架公约》已经过了十多年的协商，仍然有许多国家没有签约，特别是美国公然于2001年单方面放弃了该公约，更加大了解决的难度。

（2）效益的多样性与定量的困难性。企业是以经济利润为目标的，它在向绿色转变中会为社会带来大量的社会与生态效益。但这种为社会所得的效益是难以计量的，而企业的绿色化转变则是需要支付成本的。矛盾因此产生，企业现行财务核算的基本假设之一就是货币计量，使地方政府和企业从自身利益出发都会更加侧重于经济利益，也使得进行相关的监督变得更为困难。

（3）效益的长期性。进行绿色转变的制度的效益具有长期性的特点。长期性，即通过以后长期的生产经营体现出来，并获得收益的。如树立绿色企业形象，需要通过长期的努力，且要投入大量的成本才能达到这一要求，能否获得收益是未来很长一段时间以后的事情。时间越长，这种不确定性就越大。在贴现率较大的情况下，这种未来的收益的贴现值会变得较小，而且不很稳定，这在某种程度上就会阻止企业进行相关绿色转变。这就是现在只有少数较有实力、富有远见的企业才会主动培养自身的绿色企业形象的主要原因。

4. 绿色制度的发展与演变的历程

20 世纪上半叶频繁发生的生态环境灾害逐渐唤醒了人们的环境意识，人们开始重新审视人与自然之间的真实关系，并开始探索如何从根本上解决生态环境危机的途径。人们终于认识到，这个根本的途径就是转变经济增长的方式和社会发展的模式，绿色经济发展模式就应运而生，绿色制度也随之受到人们的关注而逐渐建立与发展起来。从世界范围来看，自美国蕾切尔·卡逊夫人的《寂静的春天》的出版到世界各国在环境问题上达成共识并采取共同的行动，绿色制度由一个国家和地区性的制度逐渐发展成为国际性的制度。近年来各个国家和地区围绕着《气候变化框架公约》争论不休，表明了建立国际性绿色制度的艰难过程。绿色制度的发展大约经历了以下四个阶段：

第一阶段：20 世纪 60 年代是环境意识的形成时期，它以《寂静的春天》的出版为起点（绿色制度的萌芽），以 1968 年联合国环境规划署的成立为标志。在这一阶段，人们意识到了环境问题的严重性，美国、日本、欧洲等许多发达国家相继制定了一系列的法规以防止环境污染的扩大。在这一时期，绿色制度主要表现为各个国家的单独行动，其范围也只局限于一个国家的地域，制度的影响力也不是很大，主要集中于产生严重污染源的末端治理，如水污染的治理等。而世界范围内的环境恶化的趋势还在继续，并由发达国家开始向发展中国家转移。

第二阶段：20 世纪 70 年代为绿色制度的发展时期，它以 1972 年斯德哥尔摩会议为标志。在这一阶段，大多数发达国家的环境问题已经十分严重，并已经影响到经济与社会的发展。因此一些发达国家加快了绿色制度的建设步伐，一方面扩大绿色制度的覆盖范围，另一方面深化制度的内容，由部门或地方性的规定上升为稳定和规范的法律，如各国相继出台了防治污染法，制定了环境税收制度等。但在这个时期，绿色制度的内容仍是以"末端治理"为主，还没有实现从"末端治理"向源头治理的转变。同时，在世界范围内，环境恶化的趋势仍没有得到遏制，而且还迅速地向发展中国家转移和蔓延。

第三阶段：20 世纪 80 年代是绿色制度的国际化发展时期，它以 1985 年《保护臭氧层维也纳公约》及 1987 年《关于消耗臭氧层物质的蒙特利尔议定书》的签订为标志。在这个时期，人们认识到地球是一个环境整体，如气候问题就是全球性的问题，各国也清楚地认识到严峻的环境问题将危及人类的生存和发展，而且需要各个国家的共同行动才能解决，并开始建立全球化的绿色制度以统一全球的绿色行动。

第四阶段：可持续发展的制度建设时期，以 1992 年在巴西召开的联合国环境与发展大会为标志，可持续发展的思想在全球范围内得到了社会各界的共识。特别重要的是，正是在这次大会上，可持续发展的思想被与会的各个国家的政治家们所接受，因此才有可能被确定为各个国家的发展战略，并付诸行动。各个国家和地区相继成立了可持续发展理事会或机构来专门研究可持续发展问题，并根据大会的精神制定 21 世纪议程。要想实施可持续发展战略，就必须进行相应的制度建设。在环发大会的推动下，国际范围内的绿色制度建设的步伐加快，如绿色认证制度，WTO 框架下的绿色贸易制度建设等。而在经济全球化的今天，这些世界性的绿色制度有效地约束了各个国家的经济活动，从而有力地促进了各个国家的绿色制度建设。在这个时期，世界范围内的环境危机有所缓和，但总体上仍呈恶化趋势，特别是发展中国家的生态环境问题逐渐凸现出来。

二、绿色制度的主要类型及内容

为了促进绿色经济的发展，各国都采取了一定的措施，形成了多种多样的制度。对于绿色制度，不同的机构和专家有不同的归类方法，如世界银行就依据制度对于绿色经济的作用的不同，对各国的绿色政策进行归纳，并将它们分为四类（哈密尔顿，1998）：

表 16-1   资源与环境污染控制政策手段

利用市场	创建市场	实施环境法规	鼓励公众参与
减少补贴	明确产权	标准	信息公开
环境税	权力分散	禁令	生态标志
使用费	可交易的许可证或开发权	许可证/配额	公众知情
押金-退款制度	补偿制度		公众参与
专项补贴			

我国的绿色制度建设是在 20 世纪 80 年代逐渐发展起来的，现已形成了以经济政策为主，以行政手段为辅、全面强化社会监督和多种形式的宣传教育等为内容的绿色制度体系，具体可以分为规范制度、监督制度和评价制度等三类，如图 16-1。

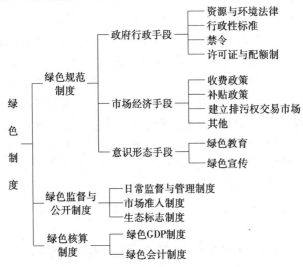

图 16-1   绿色制度分类

1. 绿色规范制度

绿色规范制度是指用来规范和约束各个行为主体的经济活动的一系列规章制度。它是由行政手段、市场手段和意识形态手段等三个相辅相成的部分组成的。

（1）行政手段。这种手段是以政府的行政命令、法律法规或标准等形式对经济活动进行强制性的管理，它包括资源与环境法律法规、强制性标准管理、绿色禁令、许可证与配额等制度形式。

资源与环境法律法规。法律是规范人们行为的最高准则。资源与环境的法律法规为处理经济活动与各种资源、环境问题提供了最权威的依据，这是任何团体和个人都必须遵守的，是强制执行的。我国目前已初步形成了可持续发展的法律体系，据《人民日报》2002.7.5的报道，截至2001年底，我国已经制定和完善的这方面的法律法规有：人口与计划生育法律1部，环境保护法律6部，自然资源管理法律13部，防灾减灾法律3部。此外，九届全国人大常委会第二十八次会议通过了《中华人民共和国清洁生产促进法》（2003年1月起执行），旨在动员各级政府、有关部门、生产和服务企业推行和实施清洁生产。这一法律的制定，标志着我国绿色经济事业的发展有了历史性的进步。为强化这些法律的实施，各有关部门密切配合，加强了可持续发展相关法律法规的宣传教育和实施监督，同时，国务院也制定了人口、资源、环境、灾害方面的行政规章100余部，提供了一系列切实可行的规章制度。

强制性标准管理制度是由政府制定一系列的绿色标准，并采用行政性的手段加以强制性地执行。如取缔"五小"企业制度和工程项目绿色达标制度就属于这种制度。

取缔"五小"企业制度是指对一些达不到一定规模的小煤炭、小水泥、小造纸、小炼钢、小玻璃予以关闭的政策。因为这类小企业的生产技术落后，人员素质低，缺乏进行相关技术改造的资金和积极性，资源浪费严重并造成严重的污染，对生态环境的影响很大。这类企业之所以能生存，是以资源的浪费为代价的。如小煤窑在开采煤时，大多数只对煤层中间的部位进行掏心式开采，资源回收率在10%以下，大量的顶板煤和底层煤被弃之不管，也无法再次开采，造成了巨大的资源浪费；也没有正规的安全措施，易酿成严重的安全事故；同时有的还与大矿井贯通，破坏矿层和大型矿井的正常生产。可见，小煤窑的盈利实际上是不计环境和资源成本的结果，如果计算这些成本，它们中的绝大多数都是亏本的。

工程项目绿色达标制度是针对新上的工程项目所制定的制度，要求新上项目必须进行绿色评价，若不符合规定的绿色标准，经济效益再好的项目也不能立项，这就是工程项目中的"生态达标一票否决的制度"。

绿色禁令制度是指政府对一些产生了严重的污染、危害生态安全的产品或活动，以政府行政命令的形式予以禁止。如国家经济贸易委员会于 2001 年 4 月 23 日、5 月 29 日连续下发了《关于立即停止生产一次性发泡塑料餐具的紧急通知》《关于餐饮企业停止使用一次性发泡塑料餐具的通知》就属于这种类型。

许可证制度和配额管理制度。许可证制度是政府对一些活动采取许可证的管理制度，没有取得许可证的就不得进行，这种规定在进出口贸易中比较常见。它常常和配额管理制度相联系，所谓配额管理是指在一定时期内对某一活动，规定一定的数量范围，在此范围内，不加以处罚，超过这一范围加以较为严厉的处罚如征收高额税费、罚款等。在绿色经济中，对排污权管理就是采取这样的制度，并已经取得积极的效果。

（2）市场经济手段。市场经济手段是制定相关的经济政策，通过市场的运行来实现资源与环境外部成本的逐渐内部化，进而促进企业向绿色化转变。这种政策具有作用直接、效果明显的特点，目前已成为企业绿色制度的主要部分。据有关问卷调查表明，企业环境技术创新项目中有 38.6% 是以此为动力源的（汪涛、叶元煦，1998）。它主要包括收费政策，补贴政策，排污权交易等制度，以及其他一些辅助性经济措施。

收费政策是最常见的环境经济政策，包括污染收费和投入收费两种。污染收费是依据"污染者付费"的原则而建立起来的一种事后控制污染的经济管理手段，其收费的对象遍及所有的排污企业、组织及居民，这里的污染包括了"三废"、噪声等。这一制度的执行者是环境管理部门，它通过对环境污染造成的损失进行相关测定后，规定出所应收取的费用，以用于环境的治理。目前主要有排污费，垃圾处理费等。

投入收费是一种事前控制行为，是对那些在生产和使用中会严重浪费资源，或对环境造成污染的产品和行为以税收等形式进行经济制约。这种政策特别适用于那些使用者比较分散，污染难以监督和治理的产品，有资源税、燃料税、污染产品税、生态环境补偿税等多种形式。资源税主要是为了提高资源价格，促进技术改进，节约资源利用或换用新型的低污染的资源而征收的。燃料税主要是为了减轻大气污染而征收的，通过实行燃料税差别政策，以鼓励人们使用污染少的新型燃料。污染产品税是指对在使用过程中会造成环境危害的产品所征的税，如化肥、农药等，国内尚未实施这一政策。生态环境补偿税是对开发利用生态环境的受益者所征收的一种税，以用于补偿维护或恢复生态环境破坏的费用，如自然资源开发税、土地增值税、下游对上游的生态补偿费用等，国内主要应用后两种形式，上下游之间的补偿机制正在进行探讨和试验阶段。

补贴政策是对企业进行有利节约资源利用和环境污染的行为进行经济优惠或补贴，以鼓励此类行为的再发生，包括直接补贴和间接补贴两种形式。

直接补贴是直接通过财政拨款、贴息贷款、直接补助等形式，来激励企业减少污染量的排放或促进其转变生产方式。如我国从1993年到2001年7月，共获得全球多边基金赠款6亿美元，用于淘汰消耗臭氧层的物质，促使消费行业减少了7万多吨消耗臭氧层的物质，生产行业拆除淘汰了51 321吨CFCs生产线和10 568吨哈龙生产线。

间接补贴是通过财政、税收、信贷等优惠政策来鼓励企业进行绿色化转变的。我国这方面的政策很多，如《中华人民共和国企业所得税暂行条例》规定：企业利用废水、废气、废渣等废弃物为主要原料进行生产的，可在5年内减征或者免征所得税；亚洲开发银行等国际组织规定，对所有申请贷款的企业，必须通过ISO14000系列认证后才有资格；国家税务总局也指定了相关的政策以激励企业减少或达标排放污染物。如对于一汽生产的奥迪、捷达（财税［2000］26号）和沈阳金杯客车制造有限公司生产的金杯系列客车（财税［2002］71号）分别做出减征30%消费税的决定。

建立排污权交易市场。为了解决环境收费标准难以确定、政府在管理排污权方面的信息有限性及由此产生的"寻租"行为问题，建立了排污权交易市场制度。它的目的是通过市场竞争来达到环境利用效率最大化，促进企业在环境污染需求上的公平竞争。一般情况下，它是由政府先根据环境的容量确定有关部门可能产生的最大排污量，通过颁发许可证的形式来限制污染物的排放量，许可证可作为产权在企业之间进行买卖，价格由市场形成。这种形式最早于 1979 年由美国提出，并赋之于实践。现在我国也进行相关项目的尝试，截至 2001 年 6 月底，上海市共进行了 37 宗排污权交易，转让污染物 COD 指标 1304 千克/日，为 31 家企业解决了因新建、扩建、改建产生的排污问题。国内首例 SO_2 排污权交易也于 2001 年 8 月在江苏南通签约；2001 年 9 月太原市在国内首家试行了"二氧化硫交易制"。

其他形式。包括押金制、执行保证金制度和环境损害责任保险制度等。

押金制是指对可能造成资源浪费或环境污染的产品加收一定押金，如果把这些潜在的污染物送回收集系统以避免污染，则将押金返还。这种形式简单易行，如国内的汽水瓶、啤酒瓶等的回收利用，不过这只是企业为了节省资源成本而进行的决策，并没有真正从环保的角度来考虑。也有学者开始对电池、农药瓶等实行环保押金制度进行研究。

执行保证金制度是指在从事生态环境治理活动之前，向政府及有关管理当局交纳一定的费用，当该活动圆满完成后可以将该保证金取回。如我国在 80 年代有过规定，在采伐森林时要从木材售价中暂扣一定比例的造林保证金，由林业管理部门监督，用于迹地的造林更新，这一制度在当时对森林的恢复起到了积极的作用。

环境损害责任保险制度是指由保险公司向污染者收取保险费，并约定保险的责任范围和保险额度，当企业由于意外原因造成污染，其相应的经济赔偿和治理费用将由保险公司承担。

（3）意识形态手段。同行政手段不同的是，意识形态手段并非由政府强制执行，而是通过影响人们的意识形态等非正式制度来达到目的。它的主要形式是绿色教育和绿色宣传制度，如开展环保教育，增强企业家的环保意识，减少生产中的资源浪费和环境污染；普及环保观念，建立符合我国国情的"适度消费、勤俭节约"的生活消费模式；加大绿色消费宣传，对公众舆论进行导向和监督，扩大人们的绿色消费意识，增加绿色消费需求，通过需求来引导生产方式的转变，促进清洁生产的发展。现在大家对这种手段的重要作用有了越来越深的了解，相关的制度和行动越来越多，形式也逐渐多样化，如环保夏令营、保护母亲河行动、曼谷的"垃圾银行"活动等都收到了较好的效果。我国的"义务植树"活动也是非常成功的。

2. 绿色监督与公开制度

绿色监督制度是指对企业执行绿色规范制度的情况进行监督并将之公开的制度。它不但包括规范制度的日常监督与管理制度，还包括将这些信息公开的一些制度。绿色规范制度的日常监督与管理制度与其他规则的监督与管理制度没有太大差别，在此不加以阐述。

利用信息公开的方式进行监督的制度较为特殊，它并不强制企业达到什么要求，而只是制定一些非强制性标准，由企业主动提出申请的方式，并通过社会公证机构对企业是否达到此类标准进行鉴定，并将相关信息予以公布。它的实质是通过社会鉴定将企业的绿色信息反馈给社会公众，减少社会公众搜寻此类信息的成本和信息不完全带来的不利影响。通过这种鉴定的企业，能和其他企业区别开来，便于社会公众的识别，进而能获得更多的权利或收益，如市场准入制度和生态标志的认证制度。

（1）绿色市场准入制度。绿色产品是有利于人们身体健康和资源节约、环境保护的产品。为了确保绿色产品这一特别的品质，需要制定绿色产品的市场准入标准，以一定的标准、并通过一定的行政管理手段来执行，把那些不符合标准的产品拒绝于市场之外。把好市场准入的关口，是促进绿色经济的发展的重要途径。如果没有这个市场准入的关口，让大量的假冒伪劣的"绿色产品"充塞市场，就会严重地影响真正的绿色产品的销售，进而影响绿色经济的发展。绿色市场准入制度包括两个方面的内容：建立专门用于销售绿色产品的市场所需要的相关的政策、措施；为所有进入市场的产品提供一个基本的绿色标准，以防止那些对社会和环境危害严重的产品进入市场所需要的相关规定和政策。

（2）绿色或生态标志的认证制度。这种制度强调了自愿原则，虽然绿色经济与传统经济有着质的不同，绿色产品具有不同于一般产品的特点，但由于建立一个专有的绿色市场需要的成本很高，所以绿色产品有时是同一般产品共同存在于同一个市场中，这就需要另外一种制度来对绿色与非绿色的产品进行区分，绿色或生态标志的认证制度就应运而生。绿色标志的认证是指对绿色企业或产品制定了一系列的标准和条件，并按照一定的程序进行严格的考核，达到标准要求的，就颁发一定的标志或证书，这样就能对绿色的企业与产品进行规范的管理。在国内影响较大的是绿色食品认证制度，在国际上则是有机食品的认证制度。此外在对企业和产品的管理方面，ISO14000 环境管理体系认证是国际上最权威的认证制度。ISO14000 环境管理体系是由国际标准化组织制定的，它的目标是通过实施这套标准来规范企业和社会团体的环境行为，最大限度地节约资源，减少人类活动对环境所造成的不利影响，改善全球的环境质量，促进环境与经济协调发展。在国内，目前申请这项认证的大多数是出口企业，因为通过了这种认证就等于是领到了国际市场的通行证，可以减少各种检查和检验的费用支出，也可以在国际市场上树立良好的绿色形象。

绿色食品认证是国内已经采用的绿色认证制度，它的标准是农业部制定的，分为 A 级（符合特定的标准）和 AA 级（不允许在生产过程中使用任何化学合成品）。有机食品的标准要求比 AA 级更高，除了必须符合 AA 级的标准之外，它还对原料的生长环境有较高的要求，如高标准的土壤等。通过绿色食品认证后，可以获"绿色食品"标签，以区别于其他的非绿色食品，也方便了消费者的选购。

3. 绿色核算制度

绿色核算制度是对绿色经济运行结果的核算和评价的制度。绿色核算制度是把资源、环境资本纳入国民经济统计和会计科目中，用以表示社会真实财富的变化和资源环境状况，为国家和企业反馈准确的绿色经济信息，包括绿色 GDP 的宏观核算体系、绿色会计的微观核算体系 、绿色审计的再监督制度等三个部分。

三、绿色制度是发展绿色经济的保障

绿色制度是推动绿色经济发展的稳定力量，通过正式的非正式的绿色制度，可以有效地约束各个经济主体的非绿色行为，以促进社会经济逐渐步入可持续发展的轨道，推动经济和社会的绿色化进程。

1. 绿色制度是规范企业的绿色发展的保障

在市场经济的条件下，企业的经营目标是利润的最大化，而这样的目标经常会与生态环境的保护相矛盾。在这种情况下，如果没有绿色制度约束，如果企业可以搭便车，不必为自己的行为所产生的外部性而支付成本的话，它就必然会为了实现利润最大化的目标，而不顾资源的破坏和环境恶化的结果，这是受利益驱动所必然采取的理性行为。但如果有相应的绿色制度，如有了污染付费制度，企业必须为外部环境损失而支付，需要把外部性内化为内部成本，它就会重新调整自己的行为，朝着有利于环境保护的方向转变。假设某一企业生产一个单位 A 产品可以获得 300 元的利润，但会造成 350 元的环境损失。如果没有绿色制度约束，该企业会大量生产 A 产品，因为环境损失由社会共同承担的，而利润是属于自己的。现在如果对每单位 A 产品征收 350 元环境补偿费，则该企业就会修正自己的行为。可见，绿色制度将有效地约束企业的非绿色行为。

首先，强制性的绿色制度可以制止企业的污染行为产生。如国家对污染特别严重的小企业采取强制关闭的政策措施，就可以杜绝了这种企业产生污染的可能。

其次，绿色制度可以将企业对于自然资源与环境的外部性影响内部化，促使企业将自然资源与环境纳入企业经营管理的范围内，如按照污染者付费的原则制定的排污费制度、排污权市场交易制度、环境与资源的税收制度以及生态补偿制度等都可以在不同程度上对企业经营的外部环境影响行为进行适当的约束。

2. 绿色评价制度可以有效地约束政府行为

政府是制度的提供者。在经济主体多元化的市场经济中，各个经济主体的行为已经多样化，这就更需要作为社会利益代表者的政府提供各种制度以约束各经济主体的行为。而绿色经济作为一种新的经济发展模式，需要政府提供绿色制度，以诱导经济发展模式的转变。但政府的制定制度的行为也需要有相关的制度约束，这就是绿色评价制度。这一制度的约束对象是政府本身，它可以对政府是否适时地提供了绿色经济发展进程所需要的绿色制度以及其所提供的绿色制度是否是科学有效的等方面进行评价和考核。

首先，科学的政府宏观政策是建立在充分信息基础上的。绿色评价制度能及时地提供更加准确有效的环境信息，可以使政府更加清楚自然资源消耗和环境污染情况，制定出更加合理有效的绿色措施，增强了政府的绿色政策和行为的科学性。

其次，绿色评价制度将资源环境项目纳入了地方政府的考核范围内，可以防止经济至上的地方保护主义行为发生。企业的环保行为直接受当地政府的环保政策的影响，因此可以说，地方政府的经济保护主义行为是导致环境污染的重要原因。实施绿色评价制度，对地方政府的考核就不仅局限于经济方面，还包括自然资源消耗及环境污染情况，这将促使地方政府的行为从原来的经济至上主义转变为关注经济与生态环境的协调发展，进而制定出促使当地企业向绿色化转变的经济政策。

3. 绿色制度可以有效地约束消费者行为

在绿色经济的发展中，正式的和非正式的绿色制度的作用都是不容忽视的。

首先，一些非正式的绿色制度，如风俗习惯、意识形态、社会公德等，在引导绿色生活方式的形成、促进消费等方面有着极其重要的意义和作用。它可以促使消费者将环境保护视为义务和时尚，自觉约束自己的消费行为，积极参与各种社会性的绿色行动，包括对于各个经济主体实行社会监督，创造一个约束企业绿色发展的外部环境，进而形成促进绿色经济发展的重要社会力量。

其次，一些绿色激励制度会约束消费者的资源浪费与污染环境的行为。如征收生活垃圾费的制度、资源税的征收制度等都是促进消费行为绿色化的行之有效的经济手段。

四、我国绿色制度存在的问题

在绿色浪潮的推动下，在加入 WTO 之后，面对绿色壁垒，我国的企业也已经逐渐重视环境问题，并开始改进生产方式。但就总体而言，企业的生产方式并未得到根本的转变，我国的生态环境仍在继续恶化，环境污染方面有所反弹。据国家环保总局等四部委 2001 年的专项查处行动发现，企业环境污染反弹率高达 17.8%（还不包括一些人为降低和掩盖的反弹现象）（课题组，2002）。2002 年国家环境保护总局对环境违法行为遏制污染反弹进行全国性的普查，截至 9 月 15 日，全国污染反弹率仍然高达 10% 左右（中国环境报，2002.9.17）。这说明我国的绿色制度还存在许多不合理或执行不力等问题。具体表现在以下几个方面：

1. 制度本身还不够完善

首先，绿色标准比较低。我国的绿色制度普遍存在标准过低的现象，如我国的"绿色食品"的标准远低于国际上的"有机食品"的标准；又如，我国所收取的环境污染费用也远低于污染造成的环境损失，甚至低于企业环境治理设施的运行费用，属于"超欠量收费"。SO_2 治理费每吨只收取 0.2 元，还不到处理成本的 1/5。结果是多数企业宁愿被罚款，也不愿意采取治理措施。因为在这样的制度下，企业选择"污染"比选择"治理"在经济上是更"合算"的。

其次，绿色标准的所覆盖的范围较小。一方面是相对于污染的种类来说，已经制定具体的绿色标准，并有相应制约制度的只有几种，如水、大气等，其覆盖的范围较小；另一方面是绿色标准涉及的行业范围也相对较少。这就容易造成环境污染的转移，如国家经贸委 2001 年 4、5 月份的关于禁止使用一次性发泡塑料餐具的两个通知，仅分别对生产企业停止生产和餐饮企业停止使用做了要求，但对流通领域没有做出禁止销售的规定，导致了白色污染向流通领域转移。

第三，绿色制度的标准不明确，操作较困难。如国家经贸委三令五申禁止生产使用一次性发泡塑料餐具，但北京仍有 40.9% 的企业在使用，究其原因，主要是政府虽规定餐饮企业禁止使用，至于如何贯彻落实，却没有做出具体规定，给有关行政管理部门在监督管理、行政处罚上带来一定困难（科技日报，2002.1.1）。

2. 绿色制度体系不健全

绿色制度是为了从根本上解决人类生产与自然环境之间的矛盾而建立的，它的目标是促进市场主体的行为向绿色化转变，以达到促进绿色经济的发展的目的。而影响市场主体行为绿色化的因素是多方面的，这就要求各种绿色制度之间要互相配合，形成一个制度体系，才能收到较好的效果。从国内绿色制度体系来看，目前还不够完善。

首先，绿色制度的目标会受到制度科学性的制约，因为绿色制度制定者的有限理性及有限而非对称的信息会影响制度的科学性，使制度的实施效果受到一定的影响。

其次，环境执法以及对执法者进行再监督是绿色制度体系的重要组成部分，甚至是最重要的环节。但恰好在这些重要的环节上，绿色制度还存在缺陷。如一些拥有绿色监督权的行政部门，其业务经费和人员工资都应当有稳定的来源和严格的管理，从而保证其执法的权威性。然而，现实的情况是，由于许多行政管理机构臃肿，有一部分人员工资及业务费用不足，需要靠其罚款的"业务收入"来解决，影响了执法的严肃性，更有甚者，有的部门为了自身的利益，放任企业的污染行为，罚后不管，以便以后再罚，使得绿色监督工作变了味，并走向它的反面。目前还没有其他部门对绿色监督部门的工作进行再监督，这也是现导致环境污染与环境罚款同时上升现象的重要原因。这样的绿色监督不是制止而是鼓励了环境污染的产生。

3. 绿色制度与其他制度之间不配套

绿色制度需要有其他制度的支持与配合，才能充分发挥其绿色导向的作用，然而，我国绿色制度与其他制度之间存在许多不配套的地方，严重影响了绿色制度效用的发挥。由于长期以来受计划经济思想的影响，行政部门总是习惯于采用行政手段和搞运动的形式来推动绿色经济的发展，搞自上而下，层层达标。事实上，这些指标在执行过程会受到政府官员个人或小团体利益的影响而扭曲。如有些地区的官员为了能使自己在任期内达到上级的要求，强制企业购买一些很可能与企业的生产能力根本不匹配的环境保护设备，以应付上级的检查，而在检查之后就弃之不用。又如，国家已经明确环境保护是我国的基本国策，但对地方政府的考核还是以国民生产总值为标准，地方官员往往为了促进地方经济的发展，不惜以牺牲环境为代价，这在某种程度上是鼓励了环境的污染。

4. 绿色制度对企业的约束性较差

企业是绿色制度的主要实施对象，但它也是一个能动的行为主体，有着自己的利益取向，会根据制度来调整自身行为，有的甚至为了企业的利益而钻制度的空子。因而绿色制度的制定一定要考虑到企业的反应，否则可能会加大制度的执行成本，甚至可能会适得其反。如对于污染企业的约束大多限于行政的手段和运动式的检查、罚款处理，其他手段运用得不够，日常的监督管理不力，缺乏有效的威慑力。又如国家对于建造控制污染设施采用直接补贴手段，这在某种程度上是助长了末端治理行为而不利于清洁生产的推广。

5. 绿色制度本身的可持续性还存在一定问题

绿色制度一般都具有积极的意义，如退耕还林配套补偿制度是一项功在千秋的具有长远意义的政策。但这一长远性的制度，它的可持续性就是一个值得关注的问题。1998 年退耕还林政策规定：每退 1 亩陡坡耕地（25°以上），政府每年补贴 100 千克粮食，50 元的树种和草籽钱，20 元的生活费。这种补偿比农民自己种粮还要合算，因而得到了农民的积极响应，到 2001 年 8 月底全国已退 1 500 万亩耕地。但据专家的估计，我国至少应该有 1 亿亩耕地需还林。那么按这种补偿办法，每年就需要投入 70 亿元资金和 1 000 万吨的粮食。从长远看，这可能是国家的财力、特别是粮食供应能力所难以长期维持的政策。

第十七章

绿色制度的创新

绿色经济作为一种新的经济发展模式，是由原来的发展模式转变过来的，这样的转变需要有制度的创新作保障。因此经济发展模式的转变过程实际上也是制度创新的过程。而制度的创新是需要有成本的，制度变迁的方式受到制度创新成本的约束，制度变迁方式的选择实际上是对制度创新的成本与效益的比较与权衡的过程。制度本身是一种公共品，在绿色制度的变迁中政府有着不可替代的作用。

一、绿色制度创新的重要力量——政府

国家（政府）在制度变迁理论中历来占有较为重要的地位。正如诺思所说的"理解制度结构的两个主要理论基石是国家理论和产权理论。因为国家界定产权结构，因而国家理论是根本性的。"（道格拉斯·诺思，1994）

1. 绿色制度的创新需要有政府的支持

绿色制度创新中的主要问题是解决资源与环境的外部性问题。自然资源与环境的公共性较强，加上制度创新本身也具有很强的公共品性质，因而绿色制度创新是一个公共品的供给问题。

绿色经济取代传统经济是历史的必然，但由于信息和交易费用的存在，不能保证一个制度失衡会引发向新均衡结构的立刻移动。"制度变迁发生在何时，在什么条件下，以及达到何种程度，是集体行动理论所提出的问题"（林毅夫，2000）。企业在这种制度转变过程中，存在着较大的"搭便车"与转移绿色制度创新成本诱因，自发情况下，绿色制度的供给将远远小于社会的最优需求量（曼瑟尔·奥尔森，1995）。

国家具有"暴力潜能"，政府这一特殊的组织有两大显著特性：①政府是一个对全体社会成员具有普遍性的组织；②政府拥有其他经济组织所不具备的强制力（约瑟夫·E·斯蒂格利茨，1998）。政府可以很好地降低由组织费用、搭便车行为、不完善信息市场及逆向选择等引起的交易成本。因而政府在绿色制度变迁中，具有很大的优势，以至于有的学者提出了"经济靠市场，环保靠政府"的观点（王明远、马骧聪，1998）。

在绿色制度变迁中，政府的影响力表现在两个方面：一是影响制度转变速度的快慢，二是影响制度变迁的交易成本的大小。制度变迁的交易成本是非常之大的，按照制度经济学家道格拉斯·诺思的说法，制度耗费了大量的资本，在发达国家中，这一成本约占GNP的一半。

2. 政府与市场的关系——诺思悖论

在制度建设与转变中，没有政府的支持是不行的。但政府也不是唯一的力量。早在20世纪70年代，制度经济学家就发现了这里存在了一个"悖论"：政府具有强大行政干预能力，可以减轻因市场不完善和扭曲所造成的影响，但政府干预市场又造成了更多的市场不完善和市场扭曲，这就是"诺思悖论"。政府在绿色制度的创新与变迁过程中，也存在这样的矛盾。

首先，政府作为一个实体，有其自身的利益。按照马克思的观点，政府是特定集团或阶层的代理人，它的功能就是保证统治阶层的利益。中国是一个社会主义国家，从实质上说政府是全体劳动人民利益的忠实代表，它的利益是与社会总效用一致的。但由于中央政府并不能全盘地参与所有事务，绝大多数职能是由多个地方政府去实施的。地方政府可能出于本地的利益考虑，使得社会的总效用受到影响，这是国内地方保护主义根本原因的经济学解释。

其次，委托代理关系的存在，可能会扭曲政府的职能。政府只是一个抽象的实体，本身不能参与有关法规政策的管理。它只能通过政府工作人员去执行自己的职能，存在着一个委托——代理关系。作为代理人的政府官员也是理性的，也会从自己的利益出发，而他个人的利益可能与社会利益很不一致，官僚腐败，不正之风盛行说明了这一问题的普遍性与严重性。这两种情况都会导致政府职能的失效（从社会效用最大化角度来看），有关改革的试验调查也充分证实了这一点。在许多地方，乡镇企业股份制改革的最大困难，并非来源于企业本身（产权无法界定，财务技术问题等），而是来源于乡镇和村两级干部或明或暗的阻力（温铁军，1994）。

最后，统治者自行其是的权力、意识形态的僵化、利益集团的冲突和社会知识的局限等也会使政府在绿色制度创新中的作用失效，美国退出《气候公约》就是迫于国内企业的压力（林毅夫，2000）。

3. 政府在绿色制度创新中的作用

（1）政府在绿色制度需求方面有以下作用。

第一，政府可以通过影响一些要素及产品的价格来刺激企业对绿色转变的需求。首先，政府掌握了大量的传媒与舆论阵地，还具有进行道德教育的优势。它可以加强对企业绿色变迁的宣传，影响人们的消费模式，扩大对绿色产品的消费需求，进而促进绿色产品价格上升，这样使得实行绿色变迁有利可图，这会刺激企业对于绿色化制度的需求。政府加强对节约型的消费模式的宣传，也可以减缓对资源的消耗的增长速度。其次，通过资源与环境税收的征收势必会使这一部分生产要素价格上升，导致使用这种要素的生产成本相对提高，这就降低了这种产品的市场竞争能力，就会迫使企业产生对绿色制度的需求。

第二，政府可以制定法令规则，确保绿色制度需求的顺利产生。如政府可以加强市场体系的管理与监督，打击假冒伪劣的绿色产品。这样，一方面可以使人们能放心地进行绿色消费；另一方面也使企业的绿色转变的利益得到保障，降低市场信息不完全性的不利影响。如ISO14000环境系列认证是将那些有能力进行绿色生产的企业与其他企业区分开来，在国际贸易中给以优惠的政策，使这种绿色转变的外加成本得到补偿和保证。在这类政策与规则的作用下，绿色转变的利益不确定性将会大大减少，企业进行绿色化转变的需求也会随之增加。

（2）政府在绿色制度供给方面的作用。

第一，政府可以利用自己的优势，降低绿色制度供给的成本，拓宽可供选择的制度范围，以增加绿色制度的供给，从而解决绿色制度供给持续性不足问题（高萍，2000）。

第二，政府可以直接提供绿色制度供给，降低供给成本。如循环经济实施的关键是掌握有关各种产品、废弃物的容量的信息，以保证产品生产的连续性。由企业自己去搜集信息，寻找合作伙伴，并进行谈判，各种事前成本比较大。国家可以利用其所拥有的丰富的市场信息和财政税收特权、城镇规划等有利条件进行生态园区建设，将相关企业吸引过来，使得有效信息的范围相对集中，以减少各种成本，这本身就是一种绿色制度的供给。另外，城市垃圾的集中处理，污水的处理设施的建设等也是绿色制度的直接供给。

第三，政府可以促进相应科学技术的发展，增强绿色制度的供给能力。技术与制度究竟哪一种更重要，这个问题一直是制度经济学争论的热点，在这里我们不必对这个问题加以深究，但有一点是可以肯定的：技术对制度的创新有重大的影响。绿色制度创新也是建立在一定科学技术基础之上的，如环境污染的定量化描述是与一定的监测与评定技术直接相联系的，如果技术上能很方便的进行测量与定量化描述，那么环境问题就不会像现在这样复杂了。可以说，在某种程度上，实现环境与经济的可持续发展的关键是大力发展环境科学技术（高体玉，1996）。目前，中国的 R&D/GDP 远远小于发达国家，环保方面的 R&D 就更少了，这就从技术方面制约了绿色制度创新能力的提高（马驰，1995）。而在目前，是政府主导了科研投资的方向，如果政府能将科技政策向环境与资源领域倾斜，无疑会对这一领域的技术发展起到重要的促进作用，从而提高绿色制度的供给能力。

4. 政府在绿色制度创新中的角色定位

前面对绿色制度创新的特性及政府的特性的分析中可以看到，政府的定位对于绿色制度创新的方向、速度、路径都有很大的作用。正如胡汝银先生在研究中国改革所发现的那样：改革的方向、速度、路径等在很大程度上取决于拥有最高决策权的核心领导者的偏好及其效用最大化，改革过程中社会效益的增进是以核心领导者能获得更多的效用为前提的（胡汝银，1992）。因此，在制度变迁的不同阶段，政府的正确定位将会起到事半功倍的效果，政府应当成为绿色制度变迁的倡导者、服务者和监督维护者。而不能经常以直接指挥和行政命令等手段干预企业的生产经营活动，否则企业的绿色创新和转变的积极性就会大大降低，"寻租行为"将会大量发生。

（1）倡导者。绿色化是一种更为先进的生产方式，但由于"路径依赖"的存在，这种生产方式必须以传统的生产方式为制度转变为起点，而传统生产方式的利益既得者会阻止新的生产方式的产生。另外只有当单个制度安排的累积变迁达到一定的临界点，一个制度结构的基本特征才会变化，而且制度变迁的过程也是逐步演化的（Alchian A. A.，1950）。现实的情况是，国内企业的信息水平与人力资本等都比较低，有的企业（特别是一些乡镇企业）对这种新的生产方式还不很了解，加上传统意识形态的刚性约束，进行这种转变的激励力度不足。这就要求政府利用自身的优势，进行教育宣传，倡导这种生产模式，并制定一些政策进行引导。这一角色主要体现在制度创新的初期。

（2）服务者。当企业产生这种转变需求时，政府就应当尽可能地给予及时的信息咨询，进行绿色转换所需要的人力资源培训，制定配套的制度等，为新旧制度的转换提供必要的服务，当好服务者。如许多企业对ISO14000认证的程序并不太熟悉，这时政府就应提供一个方便快捷的服务。目前，高昂的认证费用和繁杂的认证手续将很多想进行绿色认证的企业拒之门外。

（3）监督与维护者。制度的有效实行是与监督、管理分不开的，这就需要一个公正的绿色制度转换的监督与维护者。政府天然具有监督的公正性，而企业利益千差万别，当企业从自身的利益出发而可能危害社会利益时，作为社会利益代表的政府就应对其进行相应的惩罚，以确保整个制度转变的顺利进行。当制度创新体系逐渐完善，企业绿色转变步入正常轨道时，政府则应考虑到自身的知识限制，退出直接的创新，让地方和企业成为创新的主体，而自己则根据各地的创新绩效进行法官式的裁决（周业安，2000）。

当然，制度创新的各个阶段并不是截然分开的，政府的角色也应是一个综合体，即在同一时间段，政府应是倡导者、服务者、监督与维护者的三位统一体。

二、绿色制度的判断标准

绿色制度创新的目标就是选择设计合理的绿色制度，促使企业以最小成本（包括经济、社会、生态三大成本）实现绿色化变迁。这一目标包括二层含义：首先，这种绿色制度能使经济绿色化变迁顺利进行，即绿色变迁能够实现。第二，变迁的净收益最大化。绿色变迁的方式可能有多个选择项，但不同的方式所带来的收益以及所用成本是不相同的，即变迁的净收益会有很大不同。影响绿色制度实施效果，主要有公平、效率、可操作性，因此应当以这三个标准来判断绿色制度的优劣。

1. 公平性

绿色制度的负外部性大，一般说来制度的实施会使企业的成本增加。由于企业是自主经营的经济主体，彼此之间的竞争激烈。因而绿色制度的公平就显得非常重要。它不但会影响到制度本身的实施，还会影响到社会经济的发展。特别是在中国，传统的"大锅饭"思想及"中庸之道""不患贫而患不均"的思想已经严重影响了公平思想的普及，因而公平性是绿色制度的灵魂。绿色制度的公平性主要表现在两个方面：代内公平和代际公平。

代内公平主要是各国或地区之间、各种行业、不同的企业之间的利益均衡问题，这是绿色制度需要解决的重要问题：

第一，环境是全球共有的，特别像大气、海洋等流动性较强的环境与资源，其影响的范围不仅在国内，而且会影响到国外，酸雨可以在世界范围内造成危害就是一个典型的例子。为了保护或减轻对本国环境的污染，各个国家都制定了相应的政策，发达国家则普遍实施了"碳侵略"的战略：他们鼓励资源消耗大、污染严重的企业转移到一些发展中国家。日本已将60%以上的高污染产业转移到东南亚和拉美国家，美国也将39%以上的高污染、高消耗的产业转移到其他国家。1984年12月美国联合碳化物公司在印度的博柏尔农药厂发生毒气泄漏事故，导致50万人中毒，20万人受到严重伤害，2 500多人死亡。它是发达国家的企业向发展中国家转移污染的一个典型例证。

我国作为发展中的大国，也不可避免地要受到他们的"碳侵略"。据统计，1991 年外商在我国设立的生产企业中，污染密集企业占总数的 29.12%，占总投资额的 36.80%；在 1995 年来华投资的 3.2 万家企业中，高污染企业达 39%（夏友富，1999）。另外，环境问题的产生是一个历史积累的过程，发达国家的迅速工业化是以世界资源与环境的自净能力大量消耗为代价的，如何让他们为自己的过去负责任，也是全球绿色制度的一个重要内容。

第二，国内各地区之间的公平也是绿色制度公平性的一个重要方面，特别是环境联系较为紧密的大江大河的上游和下游地区之间的利益均衡问题尤为突出。因为这直接关系到一个地区的发展权与环境使用权的问题，地方保护主义使得这一问题更加复杂化。在这一方面不公平的制度将导致区域间的公共环境资源的过度使用和无人维护。

第三，共用某一环境的不同企业之间的公平是企业绿色制度公平性的主要体现，"污染者治理，使用者付费"则是这一公平原则的反映。这一原则的实施情况会直接影响到一个区域内产业的调整与发展，目前国内绿色制度实施中所产生的法律纠纷也大多出现在这一方面。这里最主要的是产权的界定问题，虽然科斯通过研究得出，在交易成本为零的情况下，产权的初始界定与社会效率无关，但这一定理的前提是交易成本为零的假定。显然，这种情况在现实中几乎是不存在的。因此这些企业间的公平实质上也是产权界定的公平性问题。

第四，同一产业链上不同企业之间的公平性也是重要的方面。现代经济是通过一个个长长的产业链连在一起的，相互之间的联系非常紧密。本来应当由某一企业承担的环境成本可能转移到它的下游企业（Paul Calcott、Margret Walls，2000），有的还最终会转移到消费者身上，而且会使穷人负担得更多（曹京华，1996）。因而绿色制度能否解决这种公平问题也是很重要的。国外的有些学者专门对税收在整个产业链中所起作用的一致性进行了研究，以力求解决这一问题（Laura Marsiliani、Thomas I. Renström，2000）。

代际公平是当代的发展与后代人的发展条件之间的公平问题。这是一个总体的概念，当代人既有发展的权利，也有维护环境和资源，为后代人留下一个良好的发展环境的义务。

解决绿色制度的公平性问题主要是通过制度的制定与执行环节来保证的。在绿色制度的制定时，应当让每个利益相关者都有机会参与讨论，并依他们的意见来确定制度的内容，这样制定出来的制度才会是相对公平的。当然要做到这一点是困难的，甚至是不可能的。因为绿色制度涉及的企及社会成员的数量众多，其利益得失差异很大。因此制度产生的外部决策成本虽然为零，但决策的时间成本可能无穷大（丹尼斯·缪勒，1992）。所以在一般情况下，绿色制度的制定是按多数原则来通过的，这多数的比例越大，它的公平性也越高。

2. 效率性

除了制度的公平性外，还应考虑绿色制度的成本与收益，即效率性问题。效率性是绿色制度的生命力，反映了一个制度能给社会带来多大的效益，需要多大的成本。一人一票制的多数通过规则虽然较好地协调了公平与时间效率之间的矛盾，但由此而选择的制度并不一定是社会效用最大化的选择。如甲、乙、丙三个企业参与对 A、B 两种污染治理方案进行选择：A 方案为由丙企业进行污染的治理与维护，B 方案为由甲、乙两企业合作起来治理污染；在 A 方案下甲企业可得 30 个单位效用，乙企业可以获得 40 个单位效用，丙企业可得 10 个单位效用，B 方案下甲企业可得 10 个单位效用，乙企业可以获得 5 个单位效用，丙企业可得 100 个单位效用，若按社会效用最大化的标准来看，B 方案较好，可得 115 个单位效用，A 方案次之，只能得到 80 个单位效用。但如果甲、乙、丙三者之间进行协调的成本大于 35，三者之间的合作便不可能，这就使社会总效用受到损失。在本文中绿色制度的效率是以社会总效用最大化来评价的。

3. 可操作性

可操作性是指制度在目前的技术条件与社会环境下，是否容易地得到执行。由于环境的效用难以评价，环境污染的危害性难以准确测定，使得绿色制度的操作性显得尤为重要。再好的制度，难以操作就等于零。如我国早在 1984 年就决定要对污水排放征收费用，但到底收多少一直到 1990 年才定下来，使得这一制度在很长时间内不能得到有效执行。除了绿色制度本身的制约因素外，影响其可操作性的还有本地的技术条件和社会环境等，一些在国外效果很好的绿色制度到了中国就变了样，主要也是因为这些制度是针对国外的情况来制定的，与国内相关的因素不大配套，就影响了它的可操作性。因此只有结合我国的实际来制定的绿色制度才具有可操作性。

三、绿色制度变迁的成本分析

成本是制度变迁中重要的内容。就像任何交易都有成本一样，任何制度创新也都是有成本的，小到起草新制度所用的一张白纸，大到由于制度创新引起了各种利益格局剧烈变动，导致时局动荡，甚至推翻国家政权等等。绿色制度创新也需要成本，这种成本是影响变迁方式、速度快慢以及变迁途径的重要因素。

经济制度之所以发生创新是因为社会成员（个人或集团）认为这种变迁是有利可图的，期望从新制度的实施中能获得一些在旧制度中所不可能得到的利益（丹尼尔·布罗姆利，1996）。只有当新制度的收益大于进行这种制度转换的成本时，制度变迁才可能进行（诺思，1994）。这一规律对于参与制度变迁每一层成员（政府——包括中央政府与地方政府、企业、个人）来说，都是成立的。能够达到这一条件的变迁方式可能有很多，每一参与者都是理性的，都会选择给自己带来最大净效用的那种变迁途径，追求 $M_{ax}(W_G - C_G)$。

这一条件可以表示为：$W_G - C_T > W_0$，其中 W_G 为实现绿色转变后的总效用；C_T 为实施绿色变迁的总成本；W_0 为在旧制度下的净收益。我们可以将 W_0 作为实施绿色转变后一种机会成本损失，那么不等式可以表示为 $W_G - C_G > 0$（其中 $C_G = W_0 + C_T$）。

1. 两个假定

其一，假定 $W_G > C_G$ 是成立。因为可持续发展已经成为世界发展的必然趋势，那么经济绿色化也是一种必然的趋势。代表广大人民利益的政府，必然也必须从长远发展的角度，从后代人的利益、从生态、经济、社会的综合效益出发来支持绿色转变。因此绿色制度创新的关键问题就是追求 $M_{ax}(W_G - C_G)$。

其次，为了研究的方便，我们还假定实施绿色制度所带来的收益不变，即 W_G 固定。当然，各种绿色变迁的程度可能并不一样，但这一假定不影响研究的结论。

在这样的假定下，制度创新的问题就是如何使成本最小化了。

2. 三种成本

绿色制度创新（或变迁）的成本包括机会成本、直接成本和间接成本。

机会成本 C_0。在原有的制度安排下所获得的收益就构成了制度创新的机会成本。对政府来说，制度的收益内容是多方面的，有政治和社会的，有时还包括政府工作人员的小团体的利益；而企业的收益一般是以利润为主要计量标准的。如果机会成本越小，制度创新的风险就越小，获益的可能性就越大。由此可见，如果企业本身的盈利情况较差，寻求绿色制度创新的积极性就较大，而政府实施绿色制度的机会成本就小，双方都会有进行制度转变的积极性，达成绿色转变契约的可能性就更大，转换的速度更快，程度更高。

直接成本 C_D。就是在实施绿色转变过程中，收集信息、积累社会知识、建立相关配套制度、购置有关设备等所要投入的成本，以及企业对新制度不适应、市场暂时的不稳定等造成的损失。经济向绿色化转变的过程实际上是各行为主体相互之间不断地进行博弈和签约的过程。

博弈与签约过程是有成本的，而且次数越多，重复签约或偏离既定目标的可能就越大，所以很多学者主张要"速战速决，一步到位"，以节约成本。正如樊纲在研究体制改革时所说的"由于旧体制是缺乏效率的，如果由它出发向新体制过渡，采取'分步走'的方法，每走一步都是在一种'次优'的无效率状态之中，而且每一步的结果很可能离效率最优状态不是更近，而是更远，而且每一次小的调整不必然使下一步的改革更容易……从而使改革付出的成本更大"（樊纲，1993）。当然这是在信息、技术、资金、人力资源等条件较好的情况下，才是可行的，盲目的"一步到位"可能会造成更大损失。这种关系可用最简单的图形来表示：

图中某一个体要从 A 状态转变到 B 状态，设所走路线的长度代表所需成本。如果在相关条件信息比较充足的情况下，由 A 直接到 B 应为成本最小的方式，AB ＜ AC ＋ CB；但如果由于信息不完全，或其他条件影响，A 直接向 B 转变的方向有所偏离，偏到 B'，当条件成熟时，发现与既定目标有所差异，进行纠正（由 B'转移到 B），那么这种"一步到位"而又未真正到位的方式的成本，可能比分步法更大，即 AB' ＋ B'B 可能会大于 AC ＋ CB。这表明在信息充分的情况下，转变的激进程度与直接成本成反比。这给我们很好的启示：虽然国外有些绿色制度很好，但目前我们对自身情况还不甚了解，进行"一步到位"的转变可能会比较危险，因而大多采用"分步法"，也表明对信息等条件的搜寻与创造也应成为我们进行绿色制度转变的工作重点。如在循环经济中，信息对产业链的通畅十分重要。

间接成本 C_I。由前面的分析可以知道，大多数绿色转变是一种"非帕累托改进"，政府择优标准与企业择优标准是不一致的。如果政府（或社会）利益侵犯了企业的利益，势必会使一些企业损失一部分既得利益，或相对利益变少。这部分企业就会对绿色转变进行各种各样的阻碍，有时甚至会迫使政府放弃这种转变。正是在许多企业集团的压力下，美国政府退出了《气候变化框架公约》，这就是一个典型的例子。而间接成本与变迁的激进程度有着直接的关系，一般情况下，分步式的变迁，即较为缓和的变迁方式，变迁的每一步造成的利益调整的幅度都比较小，因而间接成本会较小。绿色转变的间接成本与激进程度之间是成正比的，而且在总成本中占有较大的份额。

综合上面的分析，在 $C_G = W_0 + C_D + C_I$ 中，W_0 虽对企业进行绿色转变的决策与方式选择有一定影响，但它主要是传统制度下的获利可能性，可以看作是一个常量；而 C_D 与 C_I 是受绿色转变的激进程度直接影响，可以看作激进程度的因变量。若要求 Min（C_G），则 $C_G' = W_0' + C_D' + C_I' = 0$；而 W_0 为常量，则 $W_0' = 0$；所以 $C_D' + C_I' = 0$。由于绿色制度变迁的特殊性：信息搜寻成本较高；总效用的难以计量性；社会效用标准与企业效用不一致，引起的利益格局变化大等，导致间接成本的激进程度弹性系数要比直接成本的激进程度弹性系数大；因而在绿色制度变迁过程中，一般更倾向于渐进式的变迁。

3. 企业的生产成本与绿色制度选择

（1）企业生产成本的种类。对不同的企业采取不同的绿色制度才会收到较好的效果，这是由相关成本决定的。为了能更清楚地了解应对某一企业实施何种绿色制度，我们将企业生产的成本分为两部分：代内成本与代际成本。

代内成本是指在现时的技术水平及认识条件下，企业所消耗的一切资源（包括自然资源、环境、人力、物质资本等），是在当代人公平交易的基础上确定的，而不考虑其对后代人的影响，它包括显性成本与隐性成本两种。显性成本是指当时可以直接进行计量的生产成本，它一般是按照当时的资源价格水平及环境污染收费等水平来计算的。隐性成本指的是有些被企业消耗了的但按当时的水平还没有显现出来的（如资源产品的税收过低，价格偏低；环境污染收费水平低，不足以支付治理环境的费用等）以及企业通过某种特殊的关系或途径将相关成本转移出去，没有反映在成本计量中的成本。这一成本一般被隐藏得较紧密，难以发现，而且有时因政府的介入使得强制性法律制度的约束与执行受到限制，形成一种软约束（李新春，2000）。但它确实存在，并对企业的生产行为产生了较大的影响。

代际成本是指将后代人消费与发展的权利计算在内，对相关的自然资源与环境重新评价后所得的成本。它是受人的价值观念及生态伦理观影响较深，难以计量。但可以明确是：当后代人也拥有发展权利时，而且在计算相关资源与环境成本时将之考虑在其中，当代人所能使用的资源与环境势必会减少。因为一定时期资源与环境的总量是一定的，而我们现在所用的资源与环境也包括后代人使用的那一部分。如此一来，资源与环境的稀缺性将会更大，按市场经济的基本规律，同一种商品越稀缺时价格越高（若能将之合理定价的话）。那么势必会导致企业生产的总成本上升。

（2）不同企业的绿色制度选择。假定企业的收益一定时，比较企业这几种成本与收益的大小就可以很清楚地发现绿色制度的重点放在什么地方：

当企业的收益小于其显性成本时，应施以强制措施，勒令其立即改正或让其停产或转产。因为在当时的资源与环境价格下，这一企业所消耗的比其所产出的还多，这类企业对社会是无益的，"五小"企业就是这一类的。

　　当企业的收益大于显性成本，但小于显性成本与隐性成本之和时，应采取相应的激励措施，将隐性成本显性化，促使其进行绿色转变。这类企业占现有企业的大部分。它们按现时价格政策还能勉强经营，但这可能是由于环境税收征得过低或是在政府官员的保护下，将成本转嫁到社会或其他企业头上等形成了大量的隐性成本的缘故。如企业实际污染 100 吨，但凭其与某某的关系，只缴了 60 吨污染的治理费用，剩下的 40 吨只能作为隐性成本了。对于这种情况，政府应将重点放在将隐性成本显性上，如提高资源税，提高资源的价格，执行绿色会计核算，进行绿色 GDP 考核，加大环境税收的比例等。

　　当企业的收益，大于代内成本但小于代际成本时，也就是在保证资源与环境治理的同时，还有盈利。这类企业在当时的社会水平及意识形态范围内是达到了绿色企业的标准，但绿色企业标准是不断发展的，受人的意识形态特别是生态伦理观影响较大。若考虑到后代人的使用权时，相关资源与环境的成本可能会上升，进而可能会导致这种企业进入不可持续的行列。那么对这类企业来说，征过高的税，可能不太公平，也不能收到较好的效果。较好的选择是进行相关的伦理与道德教育，树立较高的生态文明观，影响其经营理念，进而促使其向更高层次的绿色转化。

四、绿色制度变迁的方式

　　绿色制度变迁的方式多种多样，不同的变迁方式的侧重点有所不同，从不同的角度可以有不同的分法。国内许多学者对我国的改革方式进行研究，并据此提出了多种制度变迁分类方法。①林毅夫从"需求—供给"的角度将制度变迁方式分为："诱致性变迁"与"强制性变迁"（林毅夫，1994），但这一理论并不能解释绿色变迁中那些既非政府强制执行的，也不纯粹由企业自我设立的绿色制度变迁形式，如 ISO14000 环境系列认证制度。②杨瑞龙从改革倡导的主体不同将制度变迁分成三部分：供给主导型、中间扩散型和需求诱致型

（杨瑞龙，1998），提出了地方政府具有制度创新的主体优势的"中间扩散型"制度变迁方式理论假说（杨瑞龙）。③黄少安对此假说提出批评，认为"中国制度变迁的过程及不同制度变迁主体的角色及其转换远非'三阶段论'那么简单和分明，基本上不存在所谓的'三阶段论'"也并不存在一个相对独立的"中间扩散型制度变迁"阶段。他根据不同主体对制度的支持程度，提出了"制度变迁主体角色转换说"（黄少安，1999）。但这一理论主要侧重于区域制度变迁的研究，并且没有提出一个一致的制度变迁方式划分标准。④金祥荣等在总结"温州模式"及浙江改革经验的基础上，提出了"多种制度变迁方式并存和渐进转换假说"，把制度变迁分为供给主导型、准需求诱致型和需求诱致型三种，主张就走多种制度变迁方式并存和渐进转换的改革道路，把思想等意识形态的摩擦成本引入了制度分析（金祥荣，2000）。史晋川等人在此基础上，提出了"制度创新均衡价格"假说，将化分进一步细化（史晋川、沈国兵，2002）。但他把意识形态摩擦成本与经济利益摩擦成本截然开是值得商榷的。

　　由于绿色制度变迁中，国家将自身的意识形态标准和价值标准传递给企业，传递过程的最大区别就在于国家和企业在这一转变过程所起的作用以及两者之间的关系不同。我们按照这一最大的差别将绿色制度变迁方式分为三种：强制性供给型、政府导向型（或企业自愿型）和需求诱致型。在这三种方式中政府的强制力依次减弱，而企业的主动性依次增加。

1. 强制供给型绿色制度变迁

　　这种制度变迁方式是由政府进行制度创新、实验，在取得一定经验时，强行推向社会，勒令企业接受。这种方式主要是考虑到分散的企业个体进行制度创新应用的成本过大，且生态效用的自然内部化需要很长时间，政府进行强制执行的社会成本更低。但由于这种方式由政府强制推行，会导致利益格局变动较大，所受到的阻力也很大，加上政府受"诺斯悖论"的约束，可能对社会的整体利益不利。因而，大多数情况下，政府是采取"渐进式"的方式，并通过多次的"集体选择"（听证会，人大讨论等形式），有的是在一部分地区进行试点，使绿色制度本身尽量公平和符合当时的实际情况，以便减小社会阻力的影响。如征收资源税、环境污染治理费用等，都是先通过多方面的讨论，进行试点，然后逐步推广和提高征收水平。现排污权交易市场的绿色化方式，依然处在局部地区试点阶段。但也有采取激进式的，如取缔"五小"企业等。

2. 政府导向型绿色制度变迁

在这种方式下，政府制定一定的制度，使由自然资源与环境引起的外部性问题内化到一个较小的范围内，纠正范围内的市场扭曲，形成一种"俱乐部"的形式来引导企业绿色化，对企业并不采取强制措施，由其根据自身的需要来决定参与还是不参与。这种方式实际上是强制供给型与需求诱致型两种变迁方式的折中与结合，很好地解决了"诺斯悖论"与"搭便车"之间的矛盾。但它只有在一定的条件下才能做到这一点：①这种"俱乐部"对企业要有一定的吸引力；②这种"俱乐部"可以很好地排外，即排外成本较低。如结合入世后有利于发展对外贸易和国际贸易中绿色壁垒问题严重的特殊情况，进行 ISO14000 环境系列认证对企业的绿色发展具有很大的促动作用。在这种方式下，企业可以自由选择，不会引起企业多大的反感。一般来说，企业都想进行这种认证，但各自的实际情况不一样，有的可能在目前来说认证并不十分合算，那么它就可以先不进行认证，但认证后的利益会驱使它逐渐改善自身的条件，等条件成熟后再进行认证。现有些地方准备进行"绿色食品"专卖市场的建立采用的也是这种制度变迁模式。

3. 需求诱致型绿色制度变迁

这种绿色制度变迁方式是指由于存在着在原有的生产制度下不可获得的额外利润，而且这种额外利润不用政府的干预也一样存在，对企业的吸引力较大。在利益的诱使下，企业主动调整自身的行为方式，来获得取这种额外利润，同时也改善了环境。可以说，这种绿色变迁方式是企业追寻经济利润的副产品。它和政府导向型绿色制度变迁方式的主要区别是没有政府的引导或维护。一般说来，这种制度变迁的组织协调成本小，不用政府的干预，企业自身的制度变迁收益就会大于其变迁成本。如在一定条件下，企业发现对其生产的废物或下脚料进行利用可以获得较大的利润，那么它就会进行投资，将这种原本作为垃圾的污染物作为原料来进行生产，在获得利润的同时减少了垃圾。

另外，这种绿色变迁方式，还有一种很重要表现形式——循环经济。在两个或两个以上企业中，一个企业的废弃物与其他企业的原料是互补的，这几个企业就可协商联合起来生产，组成一条较为完整的生产链，各方都可以获得利益，又减少了环境污染或资源消耗。

大多数企业对这种变迁方式都很感兴趣，它不但使企业的污染减少，又可以降低企业的生产成本，增加企业的竞争能力。按这种方式进行绿色变迁的社会阻力很小，有的学者认为实现可持续发展最为根本的举措这种方式，即实现循环经济。然而，一条较为完善的产业的畅通信息搜寻成本可能很大，而且产业链越长，涉及的企业越多，由此导致的组织协调成本越大。另外，各种废弃物的利用是以一定的技术水平为基础的。在目前的技术条件下，有的废弃无法利用或利用的成本非常大，甚至大于收益，使得这种绿色制度变迁方式的应用受到了一定限制。发展绿色科技和促进企业之间的信息沟通是政府对这种方式的一种很好的补充和帮助。

这三种绿色制度变迁方式各有优缺点，互为补充。它们并非按时间序列进行排列的，可以同时存在，同时作用于同一个企业，而且在一定条件可以相互转化。如生态工业园区的建立就是使企业的绿色变迁方式由需求诱致型转成了政府导向型。只有根据企业的实际情况，综合应用这三种绿色变迁方式，才能收到事半功倍的效果。

第十八章

绿色评价与核算制度

可持续发展是社会、经济与自然环境的协调发展，是物质资本、人力资本和自然生态资本的持续、协调发展。英国经济学家沃夫德曾指出：一个国家如果只有物质资本增加而环境资本在减少，总体资本就可能是零甚至是负值，发展就是不可持续的。因而，只有对一国的物质资本和自然生态资本分别进行核算，才能准确判断该国的发展是否是可持续的，也才能为可持续发展的决策提供更加科学的依据。"绿色核算"应运而生，显然，这样的核算体系是建立在"可持续发展"理念的基础上，是发展绿色经济所需要的评价与核算制度。绿色核算把资源、环境资本纳入国民经济统计和会计科目中，用以反映社会财富的真实变化和资源环境状况，它能为国家和企业提供准确的绿色经济信息，包括"绿色 GDP（宏观）""绿色会计（微观）""绿色审计（再监督）"、环境评价。

一、绿色 GDP

长期以来，国内生产总值（GDP）成为国际社会及各个国家衡量其经济活动总量的重要指标，也成为评判一个国家经济与社会进步的最重要标准之一。然而，就在各国 GDP 不断增长的同时，资源日益匮乏、生态环境恶化，生态危机频繁发生，严重影响了人类的生存与发展，使人们意识到仅用 GDP 来衡量一个国家或地区的发展具有明显的缺陷，还应当考虑到影响人们现在与将来生活和发展的其他重要的因素——资源与环境，要考虑到单位 GDP 的获得所耗费的资源与环境的成本，这样才能真实地反映财富的积累状况，于是就提出了绿色 GDP 的概念。

1. 传统 GDP 的缺陷

目前国民经济核算基本上是按照联合国制订的 SNA（the System of National Accounts）体系进行的。这种核算体系虽然已经过长期的运作，但近年来随着可持续发展思想的深入人心，人们发现这一体系还存在着不完善的地方：大量的非市场的经济成分没有被考虑进去，如资源环境价值、人力资本投资以及非报酬的劳务、闲暇时间价值等。而且，这样的核算体系已经对各国经济发展起了一定的误导作用，尤其是把资源与环境的核算排除在体系之外，这给绿色经济的发展带来极为不利的影响。因为 SNA 体系是单一的投入产出核算体系，以 GDP 为核心，市场交换为基础，用市场化的产出来衡量经济增长，物品和劳务都以其交易的货币价值来计算。如在典型的产出法中，GDP = C（个人消费支出）＋I（个人投资）＋G（政府采购）＋NX（净出口），只对有市场表现形式的生产活动进行统计。而资源消耗和环境污染因没有相应的市场表现形式就不可能在这一体系中得到体现。而资源与环境资本的持续性是社会、经济可持续发展的基础。传统 GDP 体系有以下不足：

（1）自然资源的真实成本没有得到反映。传统的 SNA 体系是对生产结果的核算而不考虑生产的具体过程，因此对各种生产成本并没有加以具体的区分。在这一体系中没有反映生产消耗的自然资源的项目和指标。这样的体系是以"资源无价论"为理论基础的。实际上，资源本身是有价值的，而且由于资源的日益短缺，它的价格是不断上涨的，尤其是不可再生的资源。现有的 SNA 不反映自然资源的消耗情况，这可能产生了两方面的后果：一方面是它助长了资源的浪费和破坏，影响了可持续发展的能力。因为自然资源是人类生存与发展的宝贵财富，过量消耗不仅影响到当代人的生存与发展，而且影响到后代的利益，必将对以后的发展能力有较大的影响。传统 GDP 不能反映当期自然资源消耗的情况，也就不能如实反映当期发展对后期发展的影响，不利于资源的集约化经营和可持续发展。另一方面是，由于不计算自然资源本身的价值，自然资源的大量消耗本来是对社会财富的扣除，是负数，现在却当作正数，当作国民财富的增加，在 GDP 中体现了出来，这就夸大了国民财富的增长速度。

（2）这一体系没有反映社会经济活动对于环境的影响情况。

首先，人类正常的生活和生产活动都需要一定的环境作为支撑条件，但环境的容量是有限的，这个容量是人类共有的财产，也是当代人和后代人共同拥有的财产。一部分人的生产活动对环境造成了严重的污染和破坏，实际上就是占有了属于其他人和后代人的环境容量，是对未来生产环境的透支。而传统 GDP 体系就没有能够反映出这种透支行为，会造成了不必要的环境浪费，不利于可持续发展。

其次，这样的体系会夸大当期的经济增长率。由于不计算环境损失，会增加以后的生产成本，如当期工业生产造成的水污染导致了水处理成本上升、可利用水资源减少、水价格上涨，进而致使后期的生产成本增加，但这部分影响并没有从当期的 GDP 中扣除或体现出来。又如因水土流失，耕地贫瘠化而增加了大量的成本，并没有从 GDP 中反映出来。有研究表明，我国每年因水土流失所造成的养分流失量相当于 4 500 万吨化肥，这相当于目前化肥使用量的一半。而如果能防止水土流失，一年就可以节约化肥成本 450 亿元，而传统的国民经济核算体系就无法起到这样的作用。

其三，这一体系没有反映出资源和环境债务的情况，影响了决策。任何一项正确的决策都是以充分的信息为基础的。而传统 GDP 中没有将因自然资源消耗与环境退化引起的环境债务情况反映出来，没有较为准确的数据作为基础，就很难制定出合理的环境保护政策；另一方面，由于生态环境的恶化程度不能定量地反映出来，社会群体和个体就不能对环境的退化程度有清醒的认识，难以形成一致意见，增加了环境保护政策实施与执行的困难，降低了相关政策的可操作性。

（3）传统 GDP 助长了地方政府片面追求经济增长而忽视环境保护。传统 GDP 只对最终产品或劳务进行核算，并不考虑产生这些产品或劳务的原因以及它们所造成的后果。它不仅不能反映生态环境的恶化状况，反而还把因为环境污染所引起的劳务支出，当作国民经济的一部分计入 GDP，这样的核算体系实际上起着诱导人们进行环境污染的作用。如工厂的污水流入河中，导致河鱼大量死亡，这种因污染造成的损失并没有计入 GDP 中，而打捞死鱼的人工费用却作为劳务支出计入了 GDP，结果 GDP 的总值增加了。因此，在这样的核算体系中，环境污染成了促进 GDP 增长的因素，不仅无过，而且有功。这种 GDP 体系客观上起着诱使人们片面追求经济增长并加剧环境污染的误导作用。

这样的核算体系，加上我国地方政府官员的任期一般较短，为了求得任期内的政绩，首先必须考虑达到国家考核指标要求，更助长了片面追求 GDP 的增长而不顾自然资源的消耗和环境的破坏。因为，既然 GDP 是政府考核官员的最重要的一个指标，那么 GDP 增长快或慢，就有可能直接影响到官员个人的职务升迁。这样的核算与考核制度必然促进政府官员为了自己的短期政绩，而不顾地方环境的负债经营。因为 GDP 增长的政绩和因此得到的好处是属于自己的，地方环境的负债是留给下一任官员的，在这样的制度下，就会形成严重的"经济至上主义"。

由此可见，在传统的经济核算体系中，没有考虑到自然资源与环境的因子，而这两个因子对于经济的绿色化增长具有特别重要的意义。要实施可持续发展战略，要推进一个国家或地区的绿色化发展，就必须改革传统的经济核算体系，用"绿色 GDP"取代传统 GDP，以有效地约束各种经济主体的非绿行为，这不仅可以加快经济增长方式的转变，也可以从制度上引导经济朝着可持续的方向发展。

2. 绿色 GDP 的发展过程

（1）国际上有关绿色 GDP 的研究进展情况。早在 20 世纪 70 年代，一些国际组织、各国政府以及专家学者就对如何改进传统的 GDP，建立绿色国民经济核算体系——绿色 GDP，进行了大量的研究：

1971 年，美国麻省理工学院首次提出"生态需求指标"（ERI）的概念，利用该指标定量测算与反映经济增长对于资源环境的压力，以修正当时美国明显偏高的 GDP 数值。

1972 年托宾和诺德豪斯提出净经济福利指标（Net Economic Welfare），将污染的社会成本从 GDP 中扣除，结果发现，美国从 1940～1968 年每年的净经济福利所得几乎只有 GDP 的一半，1968 年以后还不到一半。

1973 年日本提出了净国民福利指标（Net National Welfare），制定每一项污染限定标准，将超过标准环境污染的改善费用从 GDP 中扣除。发现日本 GDP 增长为 8.5%，而扣除治污费用后，事实上只取得 5.8% 的增长率（牛文元，2002）。

1987 年联合国统计局和世界银行明确指出了传统国民经济核算体系（SNA）的重大缺陷——未能包括环境资源因素，并联合开展了《环境与经济综合核算研究》（曾五一，1999）。

1989 年 Rober Repetoo 提出净国内生产指标（Net Domestic Product，NDP），将自然资源的损耗从 GDP 中扣除。他以印度尼西亚为对象进行核算，发现从 1971 年到 1984 年，印度尼西亚的 GDP 年增长率为 7.1%，而 NDP 的年增长率只为 4.8%。

1990 年世界银行的 Herman Daly 和 John B. Cobb 提出可持续经济福利指标（Index of Sustainable Welfare）。该指标将因社会因素造成的成本损失（如失业率、犯罪率、财富分配不公平、医疗支出等）从 GDP 中扣除，得出澳大利亚从 1950~1986 年间，实际增长率只有 GDP 增长率的 70%。

1993 年联合国提出了环境经济综合核算附属体系框架（SEEA），将自然资源和环境作为资本使用的一部分（Brent R. Moulton，2000）。

1995 年世界银行在题为《监督环境进展——关于工作进展的报告》中，提出了一套新的国民财富的指标体系。它将一国的财富分为四个部分：创造的财富、人力资源、自然资产和社会资产，将发展过程中自然资源与环境的总价值消耗从总财富中扣除。并于 1997 年首次提出真实国内储蓄的概念和计算方法（扣除了自然资源特别是不可再生资源枯竭以及环境污染损失后国家的真实储蓄率）。这种方法在世界上影响较大，用它进行核算时，如果是通过掠夺性地开发资源或忽视环境保护来发展国民经济的，不管其国民经济的增长速度有多大，其总财富的增加都是比较缓慢的，有时还可能出现负值。具体的计算方法如下：

$$G = GNP - C - \delta k - n(R - g) - 6(e - d) + m$$

G：真实国民储蓄   GNP：国民生产总值

C：居民消费 δk：生产性资产折旧

R：可利用资源   g：资源的开采量

n：净边际资产租金率   e：污染排放累积量

d：污染净化量　　　　　　δ：污染的边际社会成本

m：人力资本投资　　　　　$GNP - C - \delta k$：传统的国民储蓄

1997 年 Constanza 和 Lubchenco 提出生态服务指标体系（Ecology Service Index，ESI），将全球自然环境为人类所提供服务的价值与全球 GDP 相比较，发现 ESI/GDP 为 1/1.18（张东光，2001）。

（2）国内有关绿色 GDP 的研究情况。我国自 20 世纪 90 年代起，就开始了对"绿色 GDP"的研究。多年来，许多专家的研究表明，我国过去 20 年的 GDP 中至少有 18% 是依靠资源和生态环境的"透支"而获得的。我国 GDP 制度的发展过程可以分为四个阶段（中国科学院可持续发展研究组，2000）：

第一阶段：1951～1981 年，我国实行的是计划经济体制下的物质产品平衡表体系，即 MPS 的核算制度；

第二阶段：1982～1991 年，是计划经济向市场经济转型阶段，在核算体系上是 MPS 与 SNA 体系并存；

第三阶段：1992～1995 年，在确定了市场化的改革目标后，在核算体系上，我国也正式启用市场经济核算体系（SNA），这虽与国际统计口径相一致，但它还不能全面反映经济、社会、科技和资源环境状况；

第四阶段：1995 年至今，对"绿色 GDP"这一新的国民经济核算体系进行探索的阶段。

1998 年北京进行了"建立首都绿色国民经济核算体系"的专题研究，提出了一套国民经济中资源与环境方面的核算体系。试运算得出 1997 年北京的绿色 GDP 只占原值的 72.3%，并且还有许多资源与环境问题没有考虑进去，说明传统的国民经济评价指标掩盖了这一严重事实，国民经济增长有很大一部分只是虚假的增长［王树林等（课题组），1999］。

2000 年国家环保总局环境与经济政策研究中心、北京大学、清华大学根据中国的国情，将世界银行提出的"真实储蓄"这一针对国家一级的核算方法扩展到城市一级，细化了资源损耗和污染损失的计算，充分考虑了域外影响，提出了"有效投资"的概念，并对福建省三明市和山东省烟台市进行了真实储蓄和真实投资的具体计算。

2001 年胡鞍钢采用世行真实国民储蓄的方法，对中国 1978 ~
1998 年数据进行计算，发现中国在过去 20 多年经济的发展经历了
"先破坏，后保护；先污染，后治理；先耗竭，后节约；先砍林，后
种树。"的过程，造成了真实国民财富的巨大损失。并测得 1985 年我
国自然资产损失接近 GDP 的 20%，直到 20 世纪 90 年代以来，经过
大规模的经济结构调整特别是能源结构调整，才将这一比例降了下
来，1998 年这一比重下降为 4.5%。成绩是巨大的，但仍高于日、
美、欧等发达国家 1.8% 左右的水平（胡鞍钢，2001）。

（3）我国在绿色国民经济核算体系研究中存在的问题。

首先，理论与实践相脱节。绝大多数的研究都从理论方面对绿色
国民经济核算体系进行阐述，从理论上提出指标，指标多而杂，并没
有考虑到我国现有的统计制度和经济特色，有些指标在目前的制度下
是无法获得的，缺乏现实操作性。

其次，数据严重不足。现有的统计数据既不齐全，也不准确，具
有相当大的水分，影响了分析结果的准确性。此外，不同历史时期、
不同部门之间的统计口径不一致，这也给研究工作带来了很大的困难
（曹凤中、田锦尘，2002）。

最后，实例研究比较少，且分布不均匀。系统地进行绿色国民经
济核算的案例只有几个，大多数实例集中在发达地区和城市，而我国
区域之间的差异很大，研究结果难以推广到其他地区。

3. 建立绿色 GDP 的思路与设想

将自然资源与生态环境因素纳入国民经济核算体系，可以更加真
实地反映国民经济活动的实际收入，从宏观上为可持续发展提供更可
靠的依据，促进绿色经济的发展。但由于资源与环境核算相当复杂，
尚有许多关键性问题没有得到解决，要在短期内建立一套十分科学的
核算体系还是比较困难的。所以，现实的途径是，对现有的国民经济
核算体系进行适当的改进，可以有以下三个方面的措施：

（1）为自然资源单独建立账户，作为传统国民经济统计的附录。
对自然资源单独建账，可以从中看出国民经济的实际增长情况，又能
帮助决策者了解现行经济运行条件下自然资源的变动情况，了解经济
增长对自然资源的消耗程度。以森林资源为例，用年初林木蓄积量，

加上由原有林木的生长和造林形成的年度增加蓄积量，减去因砍伐、树木死亡和其他原因引起的耗减量，得到年终库存量。通过以上数据还可以计算出本年度的森林净增加或减少量。这只是森林资源的实物量，还需要将实物存量转换为价值存量进行核算。

（2）用环境价值的变化对 GDP 进行修正。这是在保留现有统计指标体系的基础上，用环境价值的变化对 GDP 和国内生产总值 GNP 进行调整，将国民经济发展的环境成本体现在国民经济核算中，形成 GNP、GDP 的改良型指标，将传统的"灰色"GNP 等一系列指标转化为"绿色"的。近年来出现的 EDP、EDI、NNW、NEW、绿色 GNP 等都是根据这样的思路而提出来的。这种方法是对原有的核算指标体系进行适当的改动，具有较强的现实性。目前，其他国家也都在这一方面进行着积极的探讨，并取得了一定的成果。

（3）对某种污染特别严重的指标单独进行定量考核。上面两种方法都需要有大量的统计数据作为支持，在一些较小的城镇，系统的数据难以获得。另外，不同的地方所具有的环境问题的种类并不完全相同。为了使核算指标体系能够同各地的实际情况结合起来，具有一定的灵活性，可以考虑对某一地区特有的环境或自然资源设立单列的指标进行考核，作为该地区国民经济核算的补充说明，以避免地方政府为了短期的经济发展或政绩而忽视了自然资源与生态环境，做出错误的决策（戴星翼，1998）。

二、绿色会计

环境的污染物大约有 80% 来自企业，因此如何把自然环境的消耗纳入企业这一微观层次的核算体系中，既是建立"绿色 GDP"宏观核算体系的需要，也是企业实施绿色经营、发展绿色经济的需要。因而，不管是从国家实施可持续发展战略的角度，还是从企业自身发展的角度，对企业的核算体系进行研究，提出与"绿色 GDP"相适应的核算体系——"绿色会计"制度，都是十分必要的。

"绿色会计"又称"环境会计"，是由会计学、环境科学、现代经济理论和可持续发展理论等多门学科相互渗透相互结合而形成的新兴的交叉学科。它运用了会计学的基本方法，以货币为计量单位对企业在生产中所消耗的自然资源、人力资源和生态环境等资本的成本价值进行记录和核算，从而达到全面反映企业生产的社会效益（孙兴华、王维平，2000）。绿色会计的实质是对与自然资源和环境状况有关的信息进行确认、计量，纳入会计成本，以会计特有的方法，核算企业生产经营的成果和社会效益，并向企业外部或内部的利益相关者进行报告，以促使企业有效地开展环保工作，与自然保持和谐的关系，实现可持续发展。

1. 传统会计报告的弊端及其影响

（1）传统会计报告的弊端。根据可持续发展的理念，企业不仅是一个经济责任主体，还是一个环境责任主体，应承担一定的生态环境的社会责任。但传统财务报告中存在的最大问题就是侧重于反映企业的经济受托责任，而忽视了企业的环境受托责任，环境信息严重不足。具体表现为：没有在会计报表中单独列示出与自然资源消耗、环境污染和治理有关的费用、成本支出以及收益；普遍存在着低估环境负债的现象；也没有在会计报表附注中披露环境责任方面的信息等等。由于企业没有在会计报告中反映出有关环境的信息，实际上就没有反映出企业所应承担的全部社会责任。现在，随着可持续发展战略的实施，企业的环境受托责任将会得到强制执行，那么由于会计报表没有能够反映出与企业经营有关的环境信息，实际上就掩盖了这方面的真实情况，掩盖了企业可能负有的潜在的环境债务，结果会使财务报告的使用者也因为不了解信息而做出错误的决策。

（2）传统会计制度不利于促进资源的优化配置。由于传统会计制度不反映企业的环境信息，这不利于促进社会资源的优化配置。可持续发展要求企业以"效益优先""资源节约""环境友好"等绿色要求为导向，转变传统的经济增长方式，实现产业结构调整，促进社会资源的优化配置。会计报告中环境信息的缺乏，就会掩盖企业存在的环境污染严重或资源消耗严重的问题，使投资者可能因无法了解企业的环境信息，而将资金等社会资源投入到污染严重的行业，这样就加重了环境污染，从而会误导社会资源的流向。另外，当国家制定出更加严格的环保政策时，这些企业就可能因不符合环保要求而关闭，给投资者造成巨大的损失，也扰乱了社会资源配置的秩序。

（3）传统会计制度不利于实施可持续发展战略。

首先，传统会计制度不利于环境问题的社会监督。企业在承担一定的环境受托责任时，一般都需要一定的费用支出，在会计报表上反映为企业一定的负债或利益流出。这是对企业自身利益的一种扣除，因此在没有外部社会监督的情况下，企业必然会从自身的经济利益出发，尽量逃避环境责任。实施可持续发展战略就要求社会要制定相关的制度，并加强对企业应负的环境受托责任的社会监督。但这种社会监督是以一定的信息为基础的。财务报告是企业向外公布信息的主要载体，环境信息的缺乏，造成了社会监督的困难，为企业利用环境信息不对称来逃避环境责任提供了机会。另外，没有大量的信息支持，政府所制定的政策可能会出现差错，这不利于社会可持续发展的顺利进行。

其次，传统会计制度也不利于企业的可持续发展。会计报告中没有将企业的资源与环境信息单独加以反映，使企业的管理者不可能清楚的了解企业的环境成本支出与收益，增加了生产决策的盲目性。而企业的环境成本最终是必须由企业来支付的，因为国家已经制定了可持续发展的战略，环境保护法规和环境标准已日趋完善，这些潜在的环境问题迟早会显现出来，并将对企业的发展产生长期的影响，甚至可能会危及企业的生存。而如果企业的决策者能够获得有关环境的充分信息，就有可能采用事前规划法来优化企业的环境成本管理，进而达到一个双赢模式，既可以防治污染，又可以降低成本（王跃堂、赵子夜，2001）。因此，环境信息的缺乏必将影响企业长期的持续发展。

2. 绿色会计研究进程

（1）国际绿色会计研究及实施情况。国际上绿色会计的研究开始于20世纪70年代，它是由"绿色GDP"的研究而引起的。以1971年F. A. Beams的《控制污染的社会成本转换研究》和1973年J. T. Marlin的《污染的会计问题》的发表为标志（朱学义，1999）。

20世纪90年代是绿色会计得到较快发展的时期，并逐渐发展成为一门独立的学科。

1993 年联合国对跨国公司的环境管理进行了调查，结果表明就总体而言，被调查的跨国公司在公布环境资料方面采取了低调的态度，这引起了世界的关注。

1995 年，有关"国际会计和报告标准"的政府间专家会议胜利召开，围绕着"对各国环境会计法律法规情况调查""有利和有碍于跨国公司采纳可持续发展概念的因素""跨国公司年度报告中对环境事项的披露""跨国公司环境绩效指标与财务资料的结合"等环境会计专题进行讨论。该会议的召开标志着环境会计的国际间合作与研究已经开始。

1999 年，在美国华盛顿召开了第一届环境会计的国际会议，有 15 个国家和国际机构的代表参加，会议讨论了环境成本计量、确认、报告等问题。1998 年联合国讨论通过了《环境会计和报告的立场公告》，形成了系统完整的国际环境会计与报告指南。

在绿色会计的实施方面，日本走在各国的前面。2001 年 2 月，日本环境省发布了"环境报告书准则（2000 年度版）——环境报告书制作手册"，率先制定了统一的环境报告规范和标准（刘明辉、樊子君，2002）。

目前，许多国家也相继制定了各种不同的环境会计政策：如美国证交会要求公开发行股票的公司提示其所有的环境负债；挪威要求在会计年报中必须揭示企业对环境造成的影响及企业所采取的措施；荷兰则提出可以将与环保措施有关的一切费用从应税收益中扣除；巴西建议企业报告环保投资，对企业无法解决而又影响较大的环境问题应作为负债处理等。

（2）我国绿色会计研究与实施情况。我国对于绿色会计的研究起步较晚，基本上是同"绿色 GDP"的研究同步，目前尚停留在介绍和学习西方绿色会计制度的阶段上，还没有建立起一套符合中国国情的企业绿色会计理论与方法体系。

理论上如此，在实务上就更是如此了，到目前为止还没有一项统一的绿色会计准则和环境信息披露的规定。在没有相关制度约束的情况下，企业主动报告自身环境信息的就非常之少，少数主动进行报告的企业对环境信息的披露也不充分，并缺乏可比性。例如，上市公司本来是属于信息比较公开和透明的企业，但在 1995 年以前，那些明显属于污染类的上市公司，他们在招股说明书中很少披露环境污染的信息。在 1995 年以后，随着群众环保意识的增强，这类上市公司才开始在招股说明书中增加了"环保因素制约"的条文，向投资者提示公司所存在的环保风险。如：1998 年上市的兰花科创（600123. SH）在其招股说明书中就明示，公司生产煤炭时产生严重污染环境的煤泥水、矸石、煤尘等废物，并公布了公司前三年的治污费用，同时提示投资者，公司存在着"不能保证政府颁布更严格的排污标准"的投资风险；在 1999 年上市的兴发集团（600141. SH）的招股说明书中也提示了："国内某些地区禁止使用含磷洗涤用品"，这对公司的产品销售造成了负面的影响。

在实施可持续发展战略的今天，在加入 WTO 之后，绿色已经成为企业发展的必然选择。为了建立绿色经营系统，也为了与国际绿色会计接轨，财政部已经于 2001 年 3 月成立了中国会计学会环境会计专业委员会，并于 2001 年 11 月召开了首次学术讨论会，以促进绿色会计研究的深入，推动这一制度的建设。

（3）加快推进我国绿色会计制度建设。目前我国的绿色会计制度尚处于研究阶段，绝大部分企业仍使用着传统会计制度。这一新制度的建设需要政府的大力推进。

目前，我国大多数企业的环境管理观念淡薄，社会上其他信息使用者对环境管理信息的了解和使用也不多。调查资料提供了这样的佐证，如向企业调查是否了解 ISO14001 认证这一同环境管理直接相关的制度时，结果如下：30% 的企业知道一些，48% 的企业听说过，22% 的企业不清楚；又如对不同类型的外部信息使用者调查他们是否使用环境信息时，结果显示，使用环境信息的人员占的比重分别为：政府管理机关 52%，金融 23%，投资者 29%，雇员 13%，财务分析人员 9%，顾客 18%，新闻媒介 15%，社会公众 9%，其他 35%（李建发、肖华，2002）。这表明：大多数外部信息使用者仍没有使用企业环境信息的习惯或需求，较多使用企业环境信息的是政府机构，其次是金融机构和投资者。

由此可见，目前企业对于绿色会计制度的需求不足，这就决定了由市场进行自发的制度变迁的可能性不大，要依靠如此微弱的推动力来促进绿色会计制度的形成，需要相当长的时间。而时不我待，我国已经制定了可持续发展战略，加入 WTO 也要求我们尽快与国际接轨，其中包括会计准则的接轨，因此必须加快推进绿色会计制度的实施。这一方面要求政府要选择强制性的方式来推进制度变迁，以政府的行政力量为主来推动绿色会计制度建设，并分步实施。在目前可以明确规定企业必须披露环境信息，为实施绿色会计制度提供必要的基础。

另一方面，则是必须超前进行理论研究，建立一套更加合理的又可操作的会计制度体系，为绿色会计取代传统会计提供理论支持。因为到目前为止，我国还没有形成系统的环境会计框架体系，没有一套适合我国国情的绿色会计理论。在我国现有的企业会计准则中，几乎还没有有关"绿色"的规定，这样的会计制度显然已经落后于环保法规。我国的《环境保护法》《水污染防治法》《大气污染防治法》《海洋环境保护法》《固体废弃物污染环境防治法》《环境噪声污染防治法》《征收排污费暂行办法》和《污染源治理专项基金有偿使用暂行办法》等法规都要求企业为自身所造成的污染支付一定的费用，而《工业企业财务制度》却规定可以将排污费计入"管理费用"，把两种性质不同的费用相混淆。

因而，结合我国国情，加强企业绿色会计理论研究，建立一套与其他环保法规相配套的会计制度，来规范企业绿色会计的格式等，这对于绿色会计制度的建设与推广，都具有十分重要的意义。

3. 绿色会计体系

（1）应遵循的基本原则。绿色会计是通过会计核算来反映企业的资源消耗和环境污染的状况，并由此来约束和强化企业的环保责任。建立绿色会计制度应遵循以下原则：

循序渐进的原则：建立一套完整的绿色会计体系是一个十分复杂的过程，目前还有许多理论问题尚未解决，而且它的推广更是涉及多方面利益的调整，因此这必然是一个长期而又复杂的过程。应当遵循循序渐进的原则，先易后难，通过试点积累经验，然后逐步推广和深化。

多赢原则：绿色会计体系的建立会涉及许多利益调整，因而在建立的过程中不但应兼顾经济、环境与社会的利益，还要注意保护各个相关主体的利益，争取达到多赢的目的，这样才能减少绿色会计制度建立过程中的阻力。

边界推进原则：绿色会计的体系复杂，每个科目之间的关系复杂，关联性比较大，如果处理不当，很容易造成混乱。所以应当从相对明确和简单的科目入手，逐步推进，最终达到彻底改造传统会计系统的目的。

强制与自愿结合原则：各个会计主体的情况不同，各地的发展水平及资源与环境情况也不一样，因而在建立和实施绿色会计制度时，应有一定的灵活性，在会计科目的设计和实施中，可以分类进行，采取强制性项目与自愿性项目相结合的原则，即"双轨制"。对一些影响重大的，需要统一实施的披露项目可以强制执行；其他的可以采取激励措施，让企业自愿进行相关的信息处理，这样才能保证全国会计数据的可比性，也可以照顾到一些特殊情况（孟凡利，1999）。

（2）绿色会计假设。会计假设是进行会计核算的前提。绿色会计具有和传统会计不同的假设，除了具有会计分期、持续经营、会计主体（有的学者认为，绿色会计的主体是政府或企业与政府两个）外，还应有可持续发展及多重计量假设。

可持续发展假设是指进行绿色会计核算时，必须以企业进行可持续发展为基本前提，也就是企业要以可持续发展的标准来要求自己，而不是单纯追求经济利润的最大化。在这样的假定下，会计主体不但要考虑经济责任，还要考虑资源责任和环境责任，以经济、环境、社会三种效益总和最大化为企业经营目标。

多重计量假设是指企业进行会计核算时可以同时采用货币和实物、达标等非货币形式进行价值计量。由于对资源与环境的价值进行货币化计量目前还存在许多困难，企业对环境所造成的污染损失也难以用货币进行准确的计算，在这种情况下，可以采取实物的计量方法，对污染的排放量、产品中某种物质的含量及是否超过国家标准等信息在报表上反映。

（3）绿色会计的对象。绿色会计的对象应包括自然资源及生态环境两个方面（张百玲，2002）。只要与企业经营活动有关的自然资源、生态环境都应成为绿色会计的对象。它包括两部分：企业自然资源行为或环境行为能够影响到的自然资源与生态环境；能够对企业自身的生产经营活动产生影响的自然资源与生态环境。自然资源行为与环境行为均包括直接的与间接的行为，以及故意的和非故意的行为。

（4）绿色会计计量。由于绿色会计的对象是自然资源与环境，准确计量它们的价值是绿色会计的重要内容。但它们的价值计量在目前还是理论难点，这也是绿色会计的难点所在。在资源与环境价值的理论问题还没有彻底解决以前，可以借鉴其他学科的成果。一般说来，绿色会计计量不能仅以政府政策性的定价作为核算基础，而是首先必须确定自然资源与环境价值的标准，然后参考这一标准，采用环境经济学的评估理论来制定绿色会计的计量方法，再用这样的计量方法来确定市场经济条件下的自然资源与环境价值（孙兴华、王兆蕊，2002）。绿色会计计量方法有直接市场法、替代市场法和假想市场法三种。常用的直接市场法具体有生产率法、人力资本法、防护费用法、重置成本或恢复费用法等；常用的替代市场法具体有旅行费用法、资产价值法；常见的假想市场法具体有意愿调查法等。各种计量方法都有自身的优缺点，在实际运用中，应根据自然资源、环境的特点以及该项计量的目的选用适当的方法（朱小平、徐泓，1999）。

（5）绿色会计报告的编制。绿色会计报告是企业对外公布绿色会计核算成果的载体，它关系到能否将企业的资源环境信息全面准确地传达给它的使用者。鉴于自然资源和环境行为的特点，可以从以下两个方面对传统会计报告加以改进，形成绿色会计报告：对能够准确计量价值的环境资产、负债、费用收益、利润等，可以增加会计科目进行单独的核算；而对于难以确定其影响的信息，可以从会计报表附注中加以披露。绿色会计报表包括的主要内容见表18-1、表18-2。

表18-1 绿色资产负债表增加项目

资产	年初数	期末数	负债及所有者权益	年初数	期末数
待摊费用 其中：待摊环境费用固定资产 其中：环保设施 无形资产			其他应付款 其中：环保负债 环境恢复负债 其中：水 土壤		

（续）

资产	年初数	期末数	负债及所有者权益	年初数	期末数
其中：排污权			大气		
环境资产			放射性物质		
其中：水			其他环境负债		
土壤			预提费用		
大气			其中：环境污染准备		
放射性物质			长期负债		
其他环境资产			其中：环境负债		
自然资源资产			资源资本金		
资产总计			负债及所有者权益总计		

表 18-2　绿色利润表增加项目

项目	本月数	本年累计数
一、主营业务收入		
减：主营业务成本		
其中：绿色成本（资源、环境）		
主营业务税金及附加		
二、主营业务绿色利润（亏损以"－"号填列）		
加：其他业务利润（亏损以"－"号填列）		
减：营业费用		
其中：绿色营业费用		
管理费用		
其中：绿色管理费用		
财务费用		
三、绿色营业利润（亏损以"－"号填列）		
加：投资收益（亏损以"－"号填列）		
补贴收入		
其中：绿色补贴		
营业外收入		
其中：接受绿色捐款		
减：营业外支出		
其中：绿色环保罚款支出		
环保事故非常损失		
四、绿色利润（亏损以"－"号填列）		
减：所得税		
五、绿色净利润（净亏损以"－"号填列）		

绿色会计报表附注

企业必须披露以下内容：

（1）企业的绿色会计政策

（2）企业的资源管理系统

（3）企业主要的污染物及其处理措施

（4）企业主要消耗的自然资源

（5）企业自然资源消耗的变更及其影响

（6）企业采用的环境标准及其变化对数据的影响

（7）绿色会计价值计量方法及其变化影响

（8）环境监测制度及监测技术

（9）重大环境事故的说明

（10）重要环境项目的说明

（11）企业实施绿色会计审计的情况

（12）绿色会计重要的或有事项

（13）其他需要说明的情况

三、绿色审计

1. 绿色审计及其发展

为确保"绿色会计制度"的顺利实施，保证"绿色会计"的质量，检验它的科学性，需要对"绿色会计"过程进行再监督，即"绿色审计"。所谓"绿色审计"是指对被审计单位的绿色会计报表及其相关资料进行独立审查并发表意见，对企业是否如实披露其资源、环境情况及环境经济责任进行鉴别，用以证实其真实性、合法性的特殊审计。

绿色审计是针对绿色会计而建立的制度，它是随着绿色会计的发展而发展的。由于绿色会计制度还没有在世界范围内全面推广，因而各国的绿色审计都还处于起步阶段，其审计的范围狭小，主要集中于环境污染方面，而且主要是对会计报表附注中的披露信息进行相关的审查，着重要检查其是否有遗漏重大环境信息的现象。据悉，我国有可能在 2002 年底在国内启动"绿色审计"，审计的对象是一些强污染性行业的上市公司（如冶金、化工、煤炭、电力、建材、造纸、制药、酿造和纺织等）（中国经营报，2002.7.31），但目前审计所依据的准则尚未确定。

2. 建立绿色审计制度的必要性

建立绿色审计制度是十分必要的，这将对与审计活动相关的利益群体——企业、外部会计信息使用者、审计机构等产生积极的影响。

（1）为外部会计信息的使用者提供更加真实、合法的资源与环境信息。绿色审计是一种社会公证活动，它是按照一定的审计程序对企业的资源与环境状况进行调查，并对绿色会计报表中的环境信息进行比较，以验证其完整性、公正性和合法性。这样，一方面有利于促进企业真实地披露其环境信息，另一方面也能够帮助企业修正信息，为会计信息的使用者提供更加可靠的环境信息。

（2）规范企业的资源环境信息披露。实施了绿色审计制度，实际上就明确了企业对环境信息的披露所具有的社会义务和责任，进而可以规范企业的环境行为，可以扭转目前企业在环保风险信息披露上的随意性现象。"绿色审计"将制定有关"绿色会计信息披露的会计准则"等，以规范环境信息披露的形式、范围以及会计报表的具体处理方法，这必将促使资源环境信息披露的规范与统一，也便于检查和比较。

（3）促进审计工作的发展。自"安然事件"后，世界范围内的审计业受到了巨大的冲击，绿色审计制度的实施将会为审计业务提供更大的发展空间。因为就业务内容上看，绿色审计与传统审计是有很大不同的，首先是绿色审计的业务量相对较大，对环境信息的调查与验证需要花费大量的时间。如果要求每个上市公司都提供绿色审计报告的话，这将形成巨大的审计需求，为审计行业的发展提供更加广阔的市场和一个不可多得的机遇。

然而，机遇往往与风险是并存的。首先，绿色审计中涉及的资源、环境价值难以计量，各种环境事故的影响更加难以测定，而且这种计量并非审计专业就可以确定的，有时会涉及资源与环境经济学、生态、化学、工程等领域。这使得绿色审计业务要更多地依赖于估计数据，更多地依赖于其他专家的测评，因此而造成审计风险加大。如在确认和预提企业的治污费用时,对有关凭证的审计将耗费大量的人力,而对"预计负债"的估算则非一般审计人员所能完成的,且在这一估算中,必然产生相应的审计风险。此外,对企业环保投入所产生的收益的确认工作也是艰难的,因为环保收益一般不能在当期取得,且收益的具体数额也很难界定。其次,生态规律十分复杂,可能会有一些潜在的生态环境问题难以发现,进而形成审计风险。

四、环境评价

1. 环境评价是绿色核算的基础

绿色 GDP、绿色会计、绿色审计都是将环境(包括自然资源)视为一项重要的社会资源进行计算,并将它纳入核算体系。对资源和环境进行价值评价,是建立绿色核算体系的基础。如绿色 GDP 中自然资源的耗减、环境污染的损失、环境改良的价值、环境投入的收益等项目;绿色会计中的自然资源成本、环境污染的损失、环保投入的环境收益、环境或有负债等项目;绿色审计中的各种环境预提费用合理性的验证、环保投入收益的估算、资源环境工程的盈利预测等项目都需要计算出环境资源价值。不能够对资源与环境进行合理、科学的评价,绿色核算只能停留在定性层次上,既缺乏说服力又没有多大实际指导意义。

2. 环境评价的特点

自然资源与环境有其自身的特点,要进行精确的定价是非常困难的:

(1)环境价值的多样性,有一些价值是难以用经济衡量的。大多数人认为,自然资源与环境的价值包括经济价值、生态价值和社会文化价值。经济价值还比较好计量,目前能够在经济指标体系中得到体现的主要是自然资源与环境的经济价值。而其他的价值就难以计量了,如生态价值,作为一个生态因子的自然资源或环境,它的存在就具有其生态的价值,这是无法衡量的。我们可以通过很多方法来估算一片森林的经济价值,如伐木,加工出林木产品去卖所得到的价值,或以此为中心建设一个森林旅游娱乐场,根据其预期的收益来计算,也可以用重新营造这样的林地需多少费用来估算。但森林所包含的生物多样性和作为一个独特的生态系统的价值，就无法用经济尺度来衡量。但这种生态的价值又是独立于经济价值之外的、是客观存在的。自然资源与环境的文化价值也是如此，某些自然资源或环境因子是与一个民族或区域的历史文化紧密结合在一起，是随着历史的发展而变化，有些自然资源和环境因子甚至是一定文化的载体。这种与特定的历史背景联系在一起的文化的价值，也是无法用经济尺度来衡量的，如山东曲阜的孔子庙及其周围的环境作为一个文化系统，是中华民族的无价之宝，也是无法用经济价值来计算的。

（2）环境的价值难以通过市场形成。就一般的商品而言，它的价格是通过市场，由供求双方在竞争中形成的，这样的价格不但可以降低主观评价之间的差异，还能防止政府或中介机构硬性参与定价造成的"寻租"行为。但市场交换是以明确的产权为前提的，此外还需要有保障产权的配套制度。而环境具有公共品的性质，它的产权界定较为困难，如我们无法确定我们周围的空气是属于哪一个人的。因此就难以建立相应的市场，也就无法通过交易来形成环境价值。退一步说，即使环境的产权可以明确，但这种产权的保护也是非常困难的，环境产权的交易成本是非常之高的。如你很难阻止行人观看路边森林美景所得到的享受，更不用说阻止他呼吸森林光合作用释放出来的氧气了。如果有人想通过建造围墙来防止行人的观看或阻止别人享用森林放出的氧气，在经济上必然是得不偿失的。这些特点使环境价值的评价极为困难。通过市场来给自然资源和环境定价，目前还只是处在试验阶段，且只停留在对资源与环境的经济利用范围内的评价。

（3）环境价值的实现具有长期性的特点。环境价值的实现具有长期性的特点，因为环境不仅是当代人的公共财产，而且还是后代人的财产。这种长期性与人类生产活动有效预期的短期性之间，存在着矛盾，这增加了环境价值测定的困难。

理性的预期更多地受到时间长短的影响，预期的时间越长，收获的不确定性就越大，对未来收获的期望价值就越小，它的真实价值同期望价值相背离的可能性就越大，那么，要测定真实的价值就越困难。生态价值的实现期长达几十年、几百年甚至几千年，这就使人们对它的预期价值不可能很高，使得贴现理论在环境价值评估中的应用受到限制。如人们预测到保护某一块水资源在 100 年后可以得到 100 万元的收入，年贴现率为 5%，则用贴现的办法算出其现值为 0.7604 万元。然而得到这 100 万元的报酬毕竟要经过 100 年，到时得到 100 万元的可能性有多大，由谁来获得，是否会受到物价等因素的影响没人能说清楚，因而由此算出的 0.7604 万元的现值也只是一个理论上的虚拟数值，难以真正起到指导生产决策的作用。

3. 环境评价的方法

环境价值的上述特点决定了对它进行评价的困难性，为了推进这一工作，目前是采取一些变通的方法来进行间接的评价，即通过一些与环境价值有一定联系的、又可以直接观测的变量，间接地算出环境的价值。这些方法大体上可以分为三类：直接市场法，替代市场法，假想市场法。

（1）直接市场法。环境的变动可能会引起一些市场价格变动，如果这些价格反映了资源和环境的稀缺性，则可以用这种市场价格直接算出资源与环境的价值。

生产变动法或市场价值法：当环境质量的变化会影响相应商品的产出水平时，就可以通过这种商品的市场价值来衡量环境价值。如，由于营造了防护林使农业生产的环境得到了改善，受益地区的农业增产，农产品的品质也提高了，因此单位产量由 Q_0 提高到 Q_1，价格由 P_0 提高到 P_1，而且价格是在市场机制充分发挥作用的情况下形成的，那么就可以由此计算出这一项环境改善的价值为：$V = P_1 Q_1 - P_0 Q_0$。若将 P_0 定义为标准环境质量（此种质量的环境价值为零）下的价格，Q_0 为标准环境下的产量，则 V 表示了现有质量下的环境价值，可能为正也可能为负。当然若市场机制的作用受到一定影响而不能充分发挥，则需要对市场价格进行调整，以抵消这种影响。

如在菲律宾帕拉万岛上，与砍伐树林有关的三种产业是：伐木、手工捕鱼及与其相联系的海滨旅游业。伐木产生的泥水流到海湾里，损坏了珊瑚礁，影响了生态环境和鱼类的食物链，进而影响到捕鱼和旅游业。继续伐木和禁止伐木对三种产业的影响如下（由于缺乏三种产业的成本资料，不能进行成本效益分析，只进行了收入的比较，估算期为 10 年，贴现率为 10%）。

表 18-3 三种产业在两种方案下的总收入与其现值

收入项目	方案 1：继续伐木	方案 2：禁止伐木	方案 1 – 方案 2
总收入	33 907	75 485	– 41 578
捕鱼业	12 844	28 070	– 15 226
旅游业	8 178	47 415	– 39 237
伐木业	12 885	0	12 885
现值（贴现率 10%）	25 157	42 729	– 17 572
捕鱼业	9 108	17 248	– 8 140
旅游业	6 280	25 481	– 19 201
伐木业	9 769	0	9 769

由上面的数据分析可以看出选择方案 2 是一种更为合理的决策，禁止伐木的损失可由旅游和捕鱼增加的收入来弥补（Dixon，1994）。

人力资本法或疾病成本法：环境状况的变动可能会影响到人类的身心健康，这种影响表现为因环境变化导致了医疗费开支的变动以及劳动者死亡的提前或推迟而引起的收入的变动。

医疗费开支的变动可以按以下公式计算：

$$C_n = \sum \left[P\left(L_i - L_{0i}\right) T_i + Y_i \left(L_i - L_{0i}\right) + P\left(L_i - L_{0i}\right) H_i \right] M$$

其中：P 为人力资本（人均年净产值），元/年人；M 为污染覆盖区内的人口数，人/10 万人；T_i 为第 i 种疾病患者耽误的劳动时间（年）；H_i 为第 i 种疾病患者陪床人员平均误工时间，年；Y_i 为第 i 种疾病患者平均医疗护理费（元/人）；L_i、L_{0i} 分别为评估区和环境标准区第 i 种疾病发病率（人/10 万人）。

一个在正常情况下可以活到 D 年、由于环境变动而于 T 年过早死亡的人所损失的劳动力价值为：

$$L_T = \sum_{t=T}^{D} Y_t P_T^t \left(1 + r\right)^{-(t-T)}$$

其中：Y_t 为预期个人在第 t 年内所得到的总收入扣除他拥有的非人力资本的收入；P_T^t 为个人在第 T 年活到第 t 年的概率，r 为预计到第 t 年有效的社会贴现率。这里假设活着就有能力和机会工作（张帆，1998）。

机会成本法：在无市场价格的情况下，资源使用的成本可以用所牺牲的替代用途的收入来估算。如为了计算水资源的价值，不是直接地计算保护水资源的收益有多大，而是计算为了保护水资源而放弃的最大收入。

防护费用法：当某种活动可能会导致环境污染时，可以用预防或治理这种污染所需的费用来评估环境的价值，即防护费用法，这也是人们为了避免环境危害而采取的预防性措施的最低成本。如对于水污染，人们可以采取多种方法来预防：购买污水处理设施来使水质量达到规定的标准；也可从别处引水来替代等，这些都可以避免水污染对自己的影响，那么因此而支付的最低费用，即是采用防护费用法得到的环境价值。

恢复费用法或置换成本法：这种方法是用因环境危害而损坏的生产性物资的重新购置费用或恢复受损的环境所需的费用，来估算消除这一环境危害所带来的收益。如某工厂的机器受酸雨侵蚀而无法正常工作，则此工厂可以用此机器的重新购置费用来估算因酸雨所造成的损失，由此计算出环境的价值。

（2）替代市场法。当环境或资源所影响到的对象本身没有市场价格，这时要评价环境的价值就可以采用替代市场法了，这就是寻找一种替代物的市场价格来间接地评价环境的价值。当然，这些替代物的市场价格变化可能不只是受到环境变动的影响，所以它只能近似地反映出人们对环境质量的评价。因此用它来进行环境价值评价时，应尽量排除其他因素对替代物市场价格的影响。

旅行费用法：是指用旅行费用作为替代物来评价人们对旅游资源的评价。旅游资源价值计算公式为：

$$W = \sum_i \int_{p_0}^{\infty} f(p_i, Z) \, dp_i$$

其中：W 为某一景点的价值；p_0 是门票价格；$f(p_i, Z)$ 是消费者 i 对景点的需求函数，表示消费者 i 在费用为 p_i（门票加路上的费用）并达到一定社会经济条件 Z 时愿意旅游的次数。

资产价值法：通过与环境密切相关的资产价值变动，来间接评价环境的价值。如可以用同一个房产在环境治理前后的价值变动来评价此项环境变动的价值，也可以用两个所处环境不同而其他条件相似的房产的价格差异来评价两者的环境价值之差。

（3）假想市场法。在无法采用上述两种方法的情况下，还可以考虑采用假想市场法来对环境价值进行评价。常用的假想市场法主要是意愿调查法，即是通过对一组被调查对象进行直接的询问，了解他们对减少环境污染的各种选择所愿意支付的价值，然后根据这种价值来进行环境价值评价。这种做法是让被调查者在一个想像的市场中做出选择，人们的想法与实际支付会有一定的出入，因而采用这种方法来评价的环境价值，其可信度较低。

一般来说，采用直接市场法、替代市场法和假想市场法在这三种不同的方法来评价环境价值，其可信度是依次逐渐降低的。因此在实际操作中，应当根据实际情况，选择适当的方法。如果从评价结果可信度的角度看，能使用直接市场法的就尽量不用其他的方法，能够采用替代市场法的就不采用假想市场法。当然在选择适当的方法的时候，还要考虑到各种信息的可获得程度，以及他们与环境价值之间关系的密切程度，同时要注意剔除那些关系不大的影响因素。

五、关于绿色 GDP 的案例

为了说明问题，这里引用了《建立首都绿色国民经济核算体系》一文中有关北京市对绿色 GDP 进行试运算的资料。文章中根据北京市有关部门和单位提供的数据资料，对全市 1997 年的环境资源成本和环境资源保护服务费用进行了试算，并据此对当年的国内生产总值进行了调整，生成了绿色 GDP。

1. 环境资源成本的核算

环境资源成本由环境质量退化成本和资源因素耗减成本构成。

（1）环境质量退化成本的核算。这项核算包括水、空气和固体废弃物三项。

北京市 1998～2002 年采取各种防治措施的总资金投入预计需要488.72 亿元。为了研究的方便把全市 1998～2002 年三项环境要素污染治理所需的全部费用作为环境损失的价值，同时把 1997 年当年的环境投资作为当年恢复的环境收益。

根据有关资料填制的环境质量核算账户如下：

环境质量核算账户	单位：亿元
环境收益	39.83
直接收益	39.83
（1）水（地表水及地下水）	9.72
（2）空气	23.37
（3）土壤侵蚀	
（4）固体废弃物	6.74
（5）噪音、光化学污染及微波污染	
间接收益	
环境损失	528.55
直接损失	528.55
（1）水（地表水及地下水）	110.28
（2）空气	396.71
（3）土壤侵蚀	
（4）固体废弃物	21.56
（5）噪音、光化学污染及微波污染	
间接损失	
环境损益	-488.72

1997 年北京市环境退化成本为 488.72 亿元。

（2）资源要素耗减成本的核算。一个地区的资源种类较多，富贫资源的种类也不一样，对该地区的国民经济发展所起的作用也不一样。在短时间内难以对其全部价值进行估算，加上某些统计数据较难获得，在此只选择了四种对北京国民经济发展影响较大的资源：水资源、煤炭资源、铁矿砂资源、森林资源，对其单位价值及当年储量增减变化的价值进行了估算。计算结果如下：

资源要素核算账户

水资源

项 目	地表水资源		地下水资源	
计量单位	亿立方米	亿元	亿立方米	亿元
折算标准	1.03 元/立方米		1.03 元/立方米	
期初存量	32.51	33.49	-45.00	-46.35
本期增加量	14.91	15.35	24.50	25.24

其中：

自然生长

新增储量	14.91	15.35	24.50	25.24
本期减少量	15.01	15.46	25.85	26.63

其中：

开采使用	15.01	25.46	25.85	26.63

灾害损失

本期调整量	−0.10	−0.11	−1.35	−1.39
期末存量	32.41	33.38	−46.35	−47.74

森林资源

项　目	林木蓄积量	
计量单位	万立方米	亿元
折算标准	2 981.82 元/立方米	
期初存量	854.80	254.886
本期增加量	25.65	7.648

其中：

自然生长	25.65	7.648

新增储量

本期减少量

其中：

开采使用

灾害损失

本期调整量	25.65	7.648
期末存量	880.45	262.534

煤炭及铁矿砂资源

项　目	煤炭		铁矿砂		合计
计量单位	亿吨	亿元	亿吨	亿元	亿元
折算标准	181.33 元/吨		64.76 元/吨		
期初存量	23.8754	4 329.33	3.89501	252.24	4 823.60
本期增加量					48.24

其中：

自然生长

新增储量

本期减少量	0.0552	10.01	0.00589	0.38	52.48

其中：				
开采使用	0.0399	7.24	0.00562	0.36
灾害损失	0.0153	2.77	0.00027	0.02
本期调整量	−0.0425	−7.71		−7.71
期末存量	23.7777	4311.61	3.88912	251.86	4 811.65

通过上述核算，可得出：

当年增加的资源总价值：$15.35 + 25.24 + 7.648 = 48.24$ 亿元；

当年减少的资源总价值：$15.46 + 26.63 + 10.01 + 0.38 = 52.48$ 亿元；

当年资源要素耗减成本：$52.48 − 48.24 = 4.24$ 亿元；

环境资源成本总量为 $U = 488.72 + 4.24 = 492.96$ 亿元。

2. 环境资源保护支出的核算

环境资源保护支出由环境保护与治理支出和资源补偿金支出构成。

（1）环境保护与治理支出的核算。环境保护与治理的核算，应首先确定其收支的范围和核算口径，然后由各有关部门和单位按核算要求列报。目前各个系统还没有开展这方面的统计工作，这里根据北京市环保局提供的 1997 年的数据，对环境保护与治理账户进行了核算：

环境保护与治理账户	单位：亿元
环境保护与治理收入：	49.17
①政府投入	31.48
②企业投入	6.51
③居民投入	0.87
④外资投入	1.31
⑤银行借款	9.00
环境保护与治理支出：	49.17
①城市环境保护基础设施投资	39.40
其中：	
污水处理	8.77
集中供热	10.76
气化工程	6.32

园林绿化	2. 39
生活垃圾处理	6. 70
其他	4. 45
②工业污染源治理投资	6. 32
③环境管理服务支出	1. 00
④基本建设"三同时"环保投资	1. 58
⑤居民环保支出	0. 87

上述环境保护投入中，企业投入的部分已记入企业的成本费用，应从投入的总量中扣除。政府投入的部分中固定资产投资部分大约占70%，最终消费部分大约占30%。投资部分已形成各种城市基础设施，也应从总量中扣除。

计算的结果，环境保护与治理支出为（49.17 – 6.51）×（1 – 70%）=12.80 亿元。

（2）资源补偿金支出的核算。资源补偿资金，从理论上说应由资源开采和使用单位及个人，按照开采和使用资源数量的多少及收费标准进行交纳。但从实际情况来看，北京市目前资源补偿金收缴工作还处于起步阶段。收取的项目不多，收取的资金也很有限。

根据北京市有关部门提供的资料填制的资源补偿资金账户如下：

资源补偿资金账户　　　　　　　　单位：亿元

资源补偿资金收入		资源补偿资金支出	
①政府投入	0. 186	①密云水库上游水资源保护	0. 03
②企业投入	0. 372	②密云水库库区水资源保护	0. 18
③居民投入	0. 312	③地下水资源养蓄	0. 60
		④地下矿藏开采资源补偿	0. 06
资源补偿费收入总额	0. 87	资源补偿资金支出总额	0. 87

企业投入的资源补偿资金已纳入企业的成本费用中，因而予以扣除。

计算结果：资源补偿服务为 0.87 – 0.372 = 0.498 亿元。

（3）环境资源保护支出的总量为 S = 12.80 + 0.498 = 13.298 亿元。

3. 对经济总量指标的调整

（1）总量指标的调整：　　　　　　　　　　　　单位：亿元

	序号	调整前	序号	调整后
总产出	1	5 839.15	1	5 839.15
中间消耗	2	4 029.06	2 = 2 + 3 + 4	4 535.32
环境资源	3		3	492.96
环境资源保护服务	4		4	13.30
国内生产总值	5 = 1 - 2	1 810.09	5 = 1 - 2	1 303.83

（2）总量指标的比较：　　　　　　　　　　　　单位：亿元

	调整前	调整后	调整后占调整前%
总产出	5 839.15	5 839.15	100.00%
中间消耗	4 029.06	4 535.32	112.57%
国内生产总值	1 810.09	1 303.83	72.03%

　　从上面的计算结果可以看出，北京市1997年在扣除当年的环境、资源成本（其中环境退化成本应视为环境欠账）和环境、资源保护支出之后的绿色GDP只占GDP的72.03%。这一数据接近德国20世纪90年代初的测算值：绿色NDP（国内生产净值）占NDP的73.5%。但北京的这次测算只考虑了几种主要的资源情况，环境损失也只是以政府投入支出的大类数据为准，反映的环境问题也只是一些已经明显化，且程度相当严重的问题，还有许多难以发现和测定的环境问题，没有在这套体系中体现出来。

　　从上述的粗略测算中就可以清楚地看到，我国的经济发展对于资源与环境的依赖程度很大，这说明了建立和实施较完善的国民经济核算体系，对于促进我国的经济绿色化进程有着极为重要的意义，也大有潜力可挖。另外还应当看到，由于难以获得各种数据，加大了绿色经济指标体系的推广难度，因此建立环境资源的数据收集系统显得十分重要，建立微观绿色核算体系——绿色会计是实施绿色GDP的基础，应当加快这方面的研究。

第十九章

非正式的制度

——绿色文化

　　任何社会的生产都是人类有意识有目的的活动。社会经济的发展不仅受到法律法规和集体的各种规定等正式制度的约束，而且还受到一定文化的制约。如人们的世界观、价值观念、伦理道德观念等。这些熔融在人们思想深层的意识，成为一定文化的理念，引导、规范着人们的行为，作为非正式制度影响着经济发展模式的选择，也制约了正式制度的形成。同正式制度对于人们行为的强制的、外在的约束相比，这些以道德为基础的非正式的制度，对于人们的影响与约束是不具有强制性的，但它是一种内在的，也是更为稳定的软约束。由于是内在的约束，它对于人们的社会活动和经济的发展的影响是巨大的。绿色经济的发展也不例外地要受到这种非正式制度的影响，它需要绿色文化的有力支撑。

一、绿色文化的兴起

　　绿色文化是绿色文明时代的意识形态。人类的文明经过了从灰色文明到黑色文明到绿色文明的发展过程。

1. 从灰色文明、黑色文明到绿色文明

　　一部文明史，是人类借助科学、技术等手段来改造客观世界，通过法律等制度来协调群体关系，借助宗教、艺术等形式来调节自身情感，最大限度地满足人类基本需要，不断促进人的全面发展的历史。这既是人与人关系发展的历史，也是人与自然关系发展与变化的历史，所以衡量文明的综合尺度应当是生产力和生产关系、经济基础和

上层建筑。当然也可以从不同的角度来理解文明的历史进程。一方面从人与人的关系看，人类文明的历史可以分为原始文明、封建文明、资本主义文明和社会主义文明；而如果从人与自然关系的角度来理解，人类的文明历史则可以区分为灰色文明、黑色文明和绿色文明。

（1）农业革命与"灰色文明"。绿色的自然界哺育了人类，而学会使用和制造工具的人类便开始了对绿色的自然世界进行改造的历史。农业革命是人类发展史上的第一次具有历史性意义的伟大革命，它大大地提高了人类改造自然的能力。但它同时也对人与自然的关系产生了重要的影响，对自然生态系统造成了一定程度的破坏，被称为是"灰色文明"。因为当人类能够制造工具进行农业生产的时候，人们就开始了毁林的历史，陆地上最大的生态系统因此而遭到破坏。玛亚文明的消失和丝绸之路的荒漠化就是这一段历史的见证。从历史上看，农业革命在促进生产发展和社会进步的同时，对自然生态系统也进行了一定的改造。当然由于这时人类的生产能力还不是很高，所以它对自然改造力度不大，所造成的破坏还是相对有限的，因此它只使人类初期的绿色世界变成了灰色的世界。

（2）工业革命和"黑色文明"。18世纪以蒸汽机发明和使用为起点的工业革命，是人类历史上的又一次伟大的革命。它极大地提高了生产力，使人类能够把更多的自然物质纳入社会经济系统的周转中，特别是从根本上改变了能源的结构。而当石油、煤炭等新能源为工业的大规模发展奠定了物质基础的同时，它也以惊人的速度改变了自然的面貌。以追求高额经济利润为目标的工业社会，是以大量自然物质的消耗为代价的，创造了前所未有的物质财富，物质文明的程度得以大大的提高。但工业文明的另一个产物是资源的枯竭和生态环境的恶化，生机勃勃的地球变得满目疮痍。结果是大自然以越来越频繁，越来越严重的生态灾害报复了人类。我国西北、华北地区的沙尘暴天气，几十年来愈演愈烈。20世纪60年代出现8次，70年代13次，90年代至今20多次，2000年三四月间，连续发生了12次，其中8次袭击了首都北京。在工业革命的基础上形成的工业文明极大地破坏了人类与自然的关系，产生了生态危机。遭受到人类大规模的掠夺和严重污染的自然世界，已经由原来的灰色变成了黑色，工业文因此被称为是"黑色文明"。

（3）绿色革命与绿色文明。20世纪的人类在遭受生态危机的惩罚之后，不得不对工业文明的二重后果进行深深的反思。人们终于发现，过去的人类在为自己创造物质财富的同时，把自然的世界改造得面目全非。而毁了自然的世界，就最终是毁了人类自己。痛定思痛，人类开始把注意力集中到调整自己的行为上来，并认识到只有这样，才能重新建立起人与自然的和谐关系，也才能在与自然的和谐共处中发展。到20世纪90年代，人类在这方面的认识产生了质的飞跃，1992年联合国环境与发展大会是这一飞跃的标志。因为在这次会上各国政府达成了共识，并采取了共同的行动：实施可持续发展战略。之后，在全球范围内掀起了绿色革命浪潮。绿色的理念逐渐深入到社会生活的各个方面，它不仅影响着人类的经济活动，而且也冲击着人们传统的价值观念，改变着人们的行为模式。世纪之交的绿色革命，必将产生一种新的文明形式——绿色文明。

2. 绿色意识的形成与发展

绿色意识是绿色文明时代的实践的思想反映，它是在社会经济日益绿色化的进程中产生和形成的。20世纪上半叶以来，频繁发生的生态环境灾害逐渐唤醒了人们的绿色意识，人们开始重新审视人与自然的真实关系，重新思索自身的行为与未来的发展。从美国蕾切尔·卡逊夫人的《寂静的春天》的出版到各国政府积极采取各种措施来减轻环境污染，各种绿色社会团体纷纷成立，再到席卷全球的绿色革命，绿色意识的发展大约经过三个阶段：

第一阶段：20世纪60～70年代初的萌芽时期。这一时期以《寂静的春天》的出版为起点，以1968年联合国环境规划署和"罗马俱乐部"以及1971年"绿色和平组织"的成立为标志。一些有识之士已经意识到了环境问题的严重性，并为之奔走和宣传；一些发达国家的政府也开始意识到这一问题，并采取了一些治理环境污染的措施。但这种观点还没有为大多数国家和大多数民众所知晓和接受。

第二阶段：20世纪70～90年代初的国际化发展时期。1972年斯德哥尔摩会议召开，大多数国家已经意识到环境问题与非绿色的经济发展方式密切相关；1985年《保护臭氧层维也纳公约》及1987年

《关于消耗臭氧层物质的蒙特利尔议定书》相继签订，表明各个国家都已经清楚地意识到生态环境问题将危及人类的生存和发展，并开始了全球统一的行动。在这个阶段，各种形式的环保组织纷纷成立，公众的绿色意识逐渐增强，但环保问题仍被认为是政府的职责。

第三阶段：20世纪90年代以后的绿色革命时期。以1992年在巴西召开的联合国环境与发展大会为起点，可持续发展理论在全球范围内取得了共识。世界各国和地区相继成立了可持续发展理事会或相应机构来专门研究并推动可持续发展战略。在这个时期，绿色理念已深入日常生活，环保被认为是大家共同的责任。

3. 绿色文化的兴起

作为意识形态的文化是历史过程的积淀。《辞海》中对"文化"的定义有广义和狭义之分。广义的"文化"是指人类在历史实践中所创造的物质财富和精神财富的总和。而狭义的文化指的是社会意识形态，以及与之相适应的制度和组织机构。这里用的是狭义"文化"的概念，它是人们有目的地创造的、以观念形态存在的各种知识体系的综合体。

绿色文化是绿色文明时代的精神产物，它的核心内容是对黑色文明时代人与自然关系的种种片面和错误理念的拨乱反正。因此它不仅是表层地反映那些直接威胁到人类生存的严重的生态环境危机，不仅是一种忧患意识，而且是对产生这些危机的根源进行深层次思考，是人们对于传统的世界观、价值观和生存方式等观念形态的知识体系进行深刻检讨的产物。从观念体系来看，它包括了绿色的哲学观、价值观、绿色的伦理道德等意识形态。

绿色文化的兴起同生态学这一学科的发展有很密切的关系。生态学是一门古老的学科，它属于自然科学。但在20世纪的60~70年代后，生态学与环境革命同步，并在环境革命中创新和发展，超越了作为纯粹自然科学的生态学，现代生态学逐渐成为一门受到自然科学和社会科学共同关注的、并相互结合的学科。在这样的过程中，人文社会科学的各个学科广泛吸收了现代生态学和其他一些相关学科的最新成果。这一方面促进了生态学的现代化；另一方面也推动了这些学科的绿色化进程，形成了一些新的交叉分支学科，如生态哲学、生态伦理学、生态美学、生态文学等，构成了绿色意识形态的各个层面，形成了倡导生态精神的绿色文化。

在绿色文化这一观念形态的复合体中，对绿色经济发展起着内在软约束作用的意识形态主要有绿色的哲学观、价值观、伦理道德观、审美观等，它们反映了绿色的理论和观念，体现了绿色时代精神的绿色理念。

二、绿色哲学观

1. 绿色哲学观："整体观"对"二元论"的突破

绿色哲学观是在对传统哲学的世界观和方法论的理论突破中形成的，是"整体观"对"二元论"的突破，是生态学的方法对于传统的机械方法的突破。这种突破是同生态哲学这一新的学科分支的产生分不开的。生态哲学是生态学和哲学相互融合而形成的交叉学科。"二元论"是近代哲学的世界观，它是由笛卡儿、黑格尔创立的。无论是在笛卡儿唯物论中还是在黑格尔的唯心论中，现实的世界都是二元的。在人同自然的关系上，他们都坚持了"主体性"原则和"主-客关系"的思维方式。生态哲学则吸收了生态学的基本观点：人类与自然虽然是人类生态系统的两个单元，但作为一个系统，整体性才是其最本质的特征，因此世界是一个由人类和自然构成的整体。对于整体性世界的分析方法，应当是系统的方法。虽然人类与自然是系统的两个相对独立的单元，是有本质区别的不同的"类"，但作为一个系统，它们之间的联系是更为本质的关系。因此这种系统分析的思维方式是对传统哲学的"主体性"原则和"主-客关系"思维方式的突破。

传统哲学的"二元论"和"主体性"原则、"主-客关系"的思维方式，确立了"人类中心主义"的基本立场。作为世界主体的人乃是万物的中心，而人以外的他物都是为人类所支配，都是人类统治的对象，因此人与物之间是统治和被统治、支配和被支配的关系。"人类中心论"因此成为西方哲学的一个专门的术语。

"人类中心主义"是黑色文明时代的哲学立场，是二元世界观和主体论、"主-客思维"的逻辑结果。既然只有人类才是自然界的主人，而自然不过是为了人类的需要而存在的，它当然就只有服从和被统治被征服的权利。因此，为了满足人类的需要，特别是人类无限膨胀的物质需要，人类就可以随意征服自然，甚至掠夺自然，牺牲自然。正是在这样肆无忌惮的掠夺中，自然资源逐渐被耗竭，自然界也成了大垃圾场，结果致使自然生态系统遭到破坏而严重失衡。在这样的哲学理念下，人的价值观视野中只有人类自己，根本无视自然的存在，人与自然之间不仅不是平等的，而且还是严重对抗的。

2. 绿色哲学观是绿色文明时代的哲学观

绿色哲学观是与绿色文明相适应的哲学观，是一种全面反映人与自然之间的真实关系的哲学观。在这种观念中，人与自然既然都是人类生态系统这一共同体的不同单元，他们之间就存在着相互依存的关系，是唇齿相依的伙伴关系，自然存则人类兴，自然灭则人类亡。人类不再是征服一切的统治者，而是和自然一样处于平等的地位上；自然不再是一个被征服的对象或客体，也不仅仅是供人类使用的工具或手段，而且是与人类生存和发展休戚相关的"伙伴"和"同行者"，应该作为自身要素纳入到人类发展的内涵中来。自然的意义与价值不再只属于人类，它们也具有自己内在的价值，具有生存的权利。良好的生态环境是人类实践活动的产物，是人类文明的凝聚和体现，反过来又构成了促进人类全面发展所不可缺少的外部自然条件。因此人与自然必须和谐相处，在协调中发展，并且也只有在协调中才能共同发展。在实践上，这种哲学观要求人类保护地球上所有形式的生命及其存在的环境，保护文化的多样性和自然的多样性，在保护人类权利的同时，也要保护其他生命形式和自然界存在的权利，而不是以人的尺度来任意处置自然。

另一方面，共同属于同一个系统整体的人类与自然也不是绝对平等的关系。在这一点上，实际上存在着两种极端的哲学观点："人类中心主义"和"人类与自然的绝对平等论"，后者否认了人类是一种特别的生命形式。这种"特别"就在于人类所具有的文化。人是有意识有道德的，并且通过教育使这种文化代代相传，人类历史是通过生物基因的遗传而延续与发展的历史，同时也是通过文化基因的遗传而不断进步的历史。文化影响着人们的行为，也影响着自然。与自然界的各种生物之间的"自然选择"不同，人类与自然之间进行的是"文化选择"。人类不是去消极地适应自然，而是能够充分发挥人类的主观能动性，遵循自然规律，影响自然，调控自然的发展方向，创造性地与自然和谐相处，共同发展。因此在人与自然的共同体中，人类不但是自然的依存者，而且是自然的调控者。人类将凭借着智慧、科学技术的力量，深入到自然之中，以一种与自然共生的博大胸襟，感悟自然、认识自然、尊重自然和改造自然、和谐相处、共生共荣。

3. 我国古代的绿色哲学思想

值得我们自豪的是，与西方的近代哲学不同，东方的古代哲学思想更接近于现代哲学观，我们拥有更为厚实的文化遗产。我国古代哲人的"天人合一"和"理一分殊"就包含了上述两个方面的内容。一方面是认识到人与自然之间相互依存的统一的关系。"万物一体""天人合一"是古代哲人一脉相传的思想，是中国传统哲学的基础。张载的"民胞物与"不仅强调人与人之间是同胞，而且强调人与物之间也是同伴的关系。王阳明的"一体之仁"体现了和"民胞物与"同样的思想。另一方面，古代哲人还进一步论述了人与自然之间的区别，以及人与物之间的真正关系。如荀子就有这样的论述："水火有气而无生，草木有生而无知，禽兽有知而无义，人有气有生有知亦有义，故最为天下贵"。又如程朱理学"理一分殊"也指出了人与自然的高低之分，朱子说："天之生物，有有血气知觉者，人兽是也；有无血气知觉者，草木是也；有生气已绝但有形质臭味者，枯槁是也。是虽其分之殊，而其理则未偿不同；但以其分之殊，则其理之在是者不能不异。故人为最灵……"可见，我国古代哲学"万物一体"和"理一分殊"的思想是整体性世界观的体现。因为是"一体"，所以人类和其他生物是一样神圣的；又因为是"分殊"，所以人和其他生物之间毕竟是有所不同的。人类应当充分发挥自己的智慧、才能等主观能动性，更加善待自然，从而为人类的生存与发展创造一个更好的环境。

我国古代的绿色哲学思想还表现在传统的风俗习惯上。风俗与习惯是一个民族或一个地方的居民在长期的生活中逐渐形成的，它体现了一个民族和地方居民朴素的哲学思想。如古代的图腾崇拜，实际上就体现了一种崇尚自然的思想。特别是那些居住在深山老林中的居民，他们同自然之间的关系更为融洽，反映在意识上，就表现为更加绿色的风俗习惯。如哈萨克族这一个以游牧为生的民族，把广阔的天地、辽阔的草原和茂盛的森林作为自己生息繁衍的物质基础。他们亲近自然，爱护自然，与自然融为一体，形成了许多独特的风俗和习惯。古老的哈萨克族人认为，世界上没有多余的生物，大千世界生存的万物都有他们不可替代的作用，而且每一个部分之间都是互相依存的。所以他们认为保护大自然中的一切生物如同保护自己的子孙后代一样，对万物施以博爱是人道主义的象征。如果在该拆的房子里有燕子窝，他们就不拆房子，或者等小燕子长大飞走后再拆；禁止猎杀动物也是哈萨克族人一直遵守的当然习俗，即使是有害的动物也不能伤害它们，如当毒蛇出现在毡房时，他们是先在蛇的身上滴一点奶，然后撵走它。此外，他们还认为天鹅、雪鸡、猫头鹰、燕子、羚羊等动物都是大自然的宠物，他们以这些动物的名称来为儿女起名，像爱护自己的儿女一样来呵护这些动物。这个民族还有许多传统的说法，如在路旁栽树，或沙漠边打井，或在河上架桥，老天爷就会保佑你；不要拔嫩草，因为你的生命像嫩草；如果你打坏了鸟蛋，你的脸上就会长雀斑；如果你伤害了青蛙，你的脸上就会长黑斑；不要碰坏鸟窝、蚂蚁窝，否则它们会咀嚼你；不要砍伐单独生长的树，不然你会当一辈子光棍。

三、绿色伦理道德观

1. 绿色伦理观的形成

绿色伦理观是现代伦理学的重要内容，体现了伦理学的最新进展。随着绿色时代的到来，伦理学也在进行着绿色化的变革。现代的伦理学正在进行着几个方面的大转变：从德性伦理到制度伦理，从国家伦理到社群伦理，从权利伦理到公益伦理，从对抗伦理到共生伦理（康健，2001）。显然，伦理学的这种变革方向，是与环境革命和生态学的发展密切相关的，或者说是吸收了绿色哲学、环境科学和现代生态学等学科发展的最新成果，形成了具有绿色理念的伦理观。实际上，伦理学正在与环境科学和现代生态学相结合，形成了环境伦理学和生态伦理学等新的学科分支。

生态伦理学是 20 世纪上半叶由西方学者首先提出来的。1923年，法国思想家施韦兹在《文化与伦理学》一书中，从文化的角度研究了人与自然的关系，并提出了要建立尊重生命的伦理学，提出了道德的基本原则：善就是维护和发展生命，恶就是毁坏和妨碍生命。1933 年美国生态学家莱奥波尔德发表了《大地伦理》的论文，提出了他的伦理观念：人的道德规范要从调节人与人、人与社会之间的关系，扩展到调节人与大地（自然界）之间的关系；需要重新确定人在自然界的地位，人应当由自然的征服者转变为普通的成员；重新确定伦理的价值的尺度，只用经济学的尺度来对自然界进行价值评价和采取自然保护措施是远远不够的，应当限制私利的膨胀（康云海，1999）。

在现代伦理观念的形成与发展的过程中，由挪威著名的哲学家阿恩·纳斯（Arne Naess）创立的"深生态学"起了非常重要的作用，被认为是"西方众多环境伦理学思潮中一种最令人瞩目的新思想，而且已经成为当代西方环境运动中起先导作用的环境价值理念"（王正平，2000）。深生态学是整体主义的环境伦理学，它是在西方的环境运动由原来具体的保护转向整体性的保护和对于影响环境问题的各种因素（政治、经济、社会、伦理等）进行整体性考虑的转折时期产生的。纳斯在 1975 年和 1985 年分别发表了《浅层与深层：一个长序的生态运动》和《生态智慧：深层和浅层生态学》阐述了深生态学的基本观点：没有生物之间的联系，有机体不能生存，应把人的利益同其他物种、同生态系统的整体联系在一起；生物圈平等原则，反对等级的态度；多样性和共生原则，维护生态系统的多样性对于维护生态系统动态平衡有重要的意义；自然界的多样性具有自身的内在价值等。这些观点，基本上包含了现代伦理观的主要内容。

可见，伦理学的现代化过程，实际上也是绿色伦理观念的形成过程。绿色伦理观同绿色哲学观是一脉相承的，它是从整体性的世界观出发，以相互依存的系统方法为思维方式。伦理学把道德共同体的范围扩大到整个生态系统，把研究人与自然的伦理关系纳入到研究的视野中，生成了新的伦理道德观念，在深层次的意识上来调整国际间、代际间以及人与自然之间的利益关系。在现代伦理理念中，人与自然的对抗伦理已经转变为共生伦理；以个人权利神圣不可侵犯为核心的权利伦理也已转变为公益伦理，那些过去被认为是无主无价的自然资源与环境，现在被认为是人类赖以生存的整体性财产，是现代人和后代人共有的财产，他们都享有平等的权利。因此，现代伦理观是以保护整个生态系统的完整性、实现整体化为目标来约束、规范人类自己的行为，重新确立人类对于自然的责任、道德、义务和新的价值判断标准。

2. 绿色道德观

在传统的伦理学里，道德仅限于人类共同体。只有人才是道德的主体和客体，人的利益是道德原则唯一依据，人是道德的唯一代理人，也是唯一有资格得到道德关怀的客体。总之，传统的道德观把其他生命排除在道德范畴之外，人类对于自然，对于其他物种和生命不承担任何道德的责任和义务。绿色的道德观把道德共同体的范围扩大到整个系统，把自然和其他的生命纳入了道德关怀的对象中。人类作为整个生态系统中唯一有意识有思想的个体，对整个生态系统负有道义上的责任。绿色道德观克服了两个极端的观点：一是把自然和其他生命排除在道德范畴之外，这是传统道德的观念；二是把其他的生命同人类相提并论，认为其他的物种也应当和人类一样负有同等的道德义务，即绝对平等观。

绿色道德观既要求人类对于自然和其他生命承担起应有的道德责任和义务，同时又反对把人类降低到和其他物种同样的水准上。人类作为地球上最高级的生命形式，具有主观能动性，应当负有更加重要的道德义务。当然，人类需要和自然界进行物质、信息、能量的交换，但这种交换是为了满足人类的生存和发展所必要的，而不是为了满足一些人的虚荣心，更不是为了满足那些毫无责任心的浪费。人类从自然界中获取物质、能量、信息，从而得到发展和进步；同时又从人类社会发展进步的成果中取出一部分反哺于自然界，使自然也得到发展。这样就形成一种良性循环，人类和自然界就能长期互惠互利，共生共荣，共同发展。这也就是平等、公正原则在人与自然关系中的具体体现。这里，充分发挥人的主观能动性是重要的桥梁。

3. 绿色义责观

绿色义责观实际上也属于绿色道德观的范畴，为了阐述的方便，这里把它单列。

传统的伦理观只是把责任的范围局限于人类社会，责任的主体和客体都是人。对于人类最基本的生产和消费活动，也只强调其经济责任，而不考虑其生态环境责任。

黑色文明的生产方式是把自然资源与环境作为一个纯粹免费的公共物品，可以免费享用，无需维护。因此就可以牺牲自然资源与生态环境来换取利润的高速增长，高消耗、高污染、数量型增长是这一生产方式的主要特征。与绿色文明相适应的责任观则不同，它不仅强调生产的经济责任，更加重视它的生态环境责任。企业的生产活动不仅有获得经济收益的权利，也有不影响其他企业生产和社会成员正常活动的义务。环境虽是公共物品，但它并非取之不尽，用之不竭。每个企业都有权使用它，但又不能侵犯其他企业和社会成员的环境使用权，因而每个企业都应有保护它的责任。这里的权利与责任是对等的。企业必须将其使用的资源与环境作为一项资产进行管理，纳入企业的核算范围，进而进行循环利用、清洁生产。

在消费行为上，那种以个人为中心，追求个人感观上的物质刺激，对消费中产生的污染熟视无睹的人们，实际上把消费看成是一个纯粹的个人权利行为，而忽略了其他人的环境权利。这种极端的个人享乐主义是与传统的道德观念相适应的，是黑色文明时代的消费方式，同绿色文明观是不相容的。绿色文化的消费方式是多样化的集体享用主义。它认为消费既是一种权利也是一种义务；既是个人行为，也是社会行为；享用的方式有多种，除了有社会需求以外，还有强烈的生态需求；除了有物质享受还有精神享受。因而，这种消费方式表现为以节约为荣、适度消费、不污染环境和多样化的绿色消费。

4. 绿色价值观

绿色价值观与黑色文明的价值观的主要区别在于对自然存在价值以及对于人类行为的评价上。

在对自然存在价值的评价上，首先应当肯定自然界的任何生命都是生态系统的有机组成部分，是不可或缺的，都有它自身的内在价值。这种内在的价值并不能由人类的主观评价来决定。因为人们对于自然物的价值判断会受到一定时期科学技术水平的制约，人们还不可能完全理解和掌握自然生态系统的内在规律性，因此也不可能完全认识每一种生命对于整个系统的重要作用，就不可能完全认识它们的内在价值。如对蚯蚓的认识就经历过这样的一个过程。在1881年以前，蚯蚓被认为是一种有剧毒的害虫，达尔文开创了对蚯蚓研究的先河，他在研究中发现，蚯蚓促进了蔬菜的生长，它在土壤的形成中起着不可替代的作用。如果没有蚯蚓，靠自然的风化过程，形成2厘米的土壤需要经过100年，有了蚯蚓的参与，只需要5年就可以完成，蚯蚓因此被称为是泥土的伟大创造者。而在达尔文之后的120年中，人们对蚯蚓的认识又有了进一步的发展：人们的研究发现，蚯蚓不但是土壤的创造者，而且还是土壤的治理者，它能够深入到土壤的底层进行土壤的修复。此外，蚯蚓同现代生态毒理学有很密切的联系，由于蚯蚓对大多数农药、除草剂都有反应，因此可以成为检验土壤毒性和质量的重要指标。

在对人类行为的评价上，绿色价值观同黑色文明的价值观也有不同的标准。传统的价值观是以单一的经济标准为评价依据的，并且是以近期经济利益最大化为价值判断标准。在这样的价值取向下，为了满足当代人日益膨胀的物欲追求就可以不惜牺牲自然和环境。绿色价值观对人的行为的评价标准是多层次的，它以经济、生态、社会的综合效用最大化和均衡持续发展为价值判断标准，经济只是这一判断标准中一个组成部分。判断某一项社会活动的价值有三个层次的标准：①这项活动是否有利于经济、生态、社会的长期持续发展；②是否有利于促进三者之间的协调与均衡；③在此基础上能否达到综合效用最大化。在这样的价值观念中，资源与环境都是有价值的资本，都应作为成本或收益纳入社会活动的核算。而且这里的价值是经济价值、生态价值和社会价值的统一。这种观念是把生态价值和人的价值置于不可分割的地位上，有着同等重要的作用，并且是在人的价值与生态价值良性互馈机制中促使自然和社会、经济的和谐以及人口、资源与环境的协调发展的。另外，这种观念把后代人的生存权利也纳入了价值标准的范围内，以这样的标准来判断当代人之间、当代人与后代人之间的关系，进而促使人类的各种社会活动变得更加理性化，使人与自然之间的关系变得更加和谐。

四、绿色审美观

1. 绿色审美观念的形成

体现绿色文明时代精神的文化，并升华为引导、规范和约束人们行为，影响人们对发展模式选择的绿色理念，除了绿色哲学观、价值观、伦理道德观以外，还有绿色审美观。法国的社会学家 J·M·费里于 1985 年就预言："未来环境整体化不能靠应用科学和政治知识来实现"，"我们周围的环境可能有一天会由于'美学革命'而发生翻天覆地的变化……生态学以及与之有关的一切，预言着一种受美学理论支配的现代化新浪潮的出现"。这种现代化新浪潮出现的标志就是指生态美学的诞生（李西建，2002）。生态美学是生态学的理论同美学的有机结合，它运用生态学的理论和方法来研究美学，将生态学的重要观点吸收到美学之中，从而形成一种崭新的美学理论形态（曾繁仁，2002）。作为美学这一门学科的最新进展，它提供了绿色新时代的审美理念。

生态美学观是在 20 世纪 80 年代中期才逐步形成的。它是时代的产物，当生态环境的危机已直接威胁到人类生存的时候，所有的学科都不能回避这一严重的社会问题。美学也不例外地对审美观进行重新的调整。生态美学观的发展也是同生态学的发展密切相关的。当生态学已经超越了纯粹自然科学的自我，便进入社会科学各个学科的视野，并与其他学科相结合，生态美学也是它与美学的结合物。另外，生态美学观的产生还同这个时期西方各国的"文化转向"有关，由原来侧重于对文学艺术内在的、形式的与审美的特性的探讨，转向对当前政治、社会、经济、制度、文化等的探讨。在这样的文化转向中，人与自然的关系、严重的环境问题等就必然地进入了各个学科的研究领域。我国学者是在 1994 年前后提出了生态美学的论题，并于

2000 年出版了《生态美学》的专著（曾繁仁，2002）。

2. 绿色审美观同传统审美观的区别

绿色审美观是以绿色哲学为指导，以整体论的世界观和生态系统的思维方法来重新审视世界的美与非美问题，探索人与自然、人与社会、人类自身的审美关系的。它所体现的是合乎生态规律的审美状态，是生态存在美学观。在这样的哲学观的指导下，体现系统的基本特征的整体美、和谐美就成了生态美学的基本观点。

生态美学观同传统的美学观相比，存在着许多不同的地方。由于生态美学是以整体论的世界观为指导的，同时也吸收了生态学的最新研究成果，把一系列的生态原则和规律与美学理论结合起来，因此它的理论和视角都不同于传统美学。这种不同首先表现在存在美内涵的扩大上，这个内涵由传统美学的人扩大到自然，扩大到整个人类生态系统。其次表现在对于"存在"的内部关系的不同理解上。在传统的理论中，美学中"存在"的是孤立的个人，这些个人之间的关系是对立的。生态美学观则以整体性为基本出发点，认为不仅在人与人之间，而且在人与自然之间都是一种和谐的关系。其三是在审美价值上的区别。传统的美学是以二元论和主体论的世界观为指导的，把人与自然割裂开来，认为只有主体的人才具有独立的审美价值，自然界的美是由人评价和决定的，因此是没有独立的审美价值的。而生态美学则认为，作为人类生态系统重要组成部分的自然界，系统中的每一个单元和物种，都有他们内在的价值，具有独立的审美价值。

五、绿色经济的发展需要绿色文化的支撑

现代的人类已经认识到：人们赖以生存的地球只有一个，这个地球是我们从上代人手里继承下来的，也是我们从下代人手里借来的。我们不能把上一代人留下的、属于后代的自然与环境资源消耗殆尽，否则即使经济发展了，我们也还是历史的罪人。所以我们应当走可持续发展的道路，发展绿色经济是必然的选择。

1. 绿色经济取代传统经济模式需要绿色文化的支持

从传统经济到绿色经济发展模式的转换，是人们进行无数次选择

的过程。这种选择不仅是基于经济的选择，也是文化的选择，是认识了规律的人们的理性选择，是受到绿色文化引导、影响、制约的选择。马克思主义的基本原理告诉我们，意识形态虽然是由经济基础决定的，但意识形态一旦形成，就具有相对的独立性，它的发展有它自己的规律，在一定的条件下，它还可以领先于经济基础进入更高的层次，并且会成为一种精神力量，对经济基础发挥巨大的作用。社会主义的发展历史就证明了这一点。同样，绿色文化也参与并影响着经济发展模式的选择：

首先，绿色理念作为一种内在的意识，会成为影响着企业经营方式选择的内在力量。同其他企业管理者相比，具有绿色理念的企业管理者更能够全面认识企业的经济和环境的责任与义务，因此他们在制定企业的发展战略和经营策略时，将可能选择更加有利资源与环境发展的经营模式，使得企业的经营行为与自然环境更加协调，进而促进绿色经济的发展。

其次，公众绿色意识的增强是推动企业绿色化进程的市场力量。市场需求是企业生产的起点，而绿色需求是随着社会公众绿色意识的增强而扩大的。社会对绿色产品需求的增加。将会有力地拉动绿色经济的发展，促进企业进行绿色化转变。有关的调查数据表明：65%的被调查者愿意为了环保购买比一般价格贵20%的商品，28%的人打算以消费有利于环境的物品来支持环境保护（光明日报，2001.5.27）。这表明，绿色需求将创造巨大的绿色商机。

其三，社会公众绿色意识的增强是促进企业进行绿色化转变的外部力量。随着绿色意识的增强，越来越多的人开始关心环境问题，并付之于行动，特别是当企业损害了他们的环境利益时，许多人会拿起法律的武器，把企业告上法庭。因此，民众绿色意识的增强，将汇成一股巨大的社会力量，对企业的环境责任实施有效的监督。现在南京市就有越来越多的市民参与环保事故举报活动，从而从外部促使企业进行绿色化转变。

2. 绿色文化有利于降低绿色经济模式的推进成本

绿色经济取代传统经济模式的过程是一个渐进的过程，而在渐进的过程中，绿色文化所起的作用是巨大的，而且是不可替代的。制度变迁的必要条件是制度变迁的收益要大于制度变迁的成本，但这是对于社会整体利益而言的。对于个体来说，是利益的调整过程。绿色经济作为一种新的发展模式，它的实质是内化社会主体行为的资源与环境的外部性，这实际上是如何协调社会利益与个体利益、长远利益与近期利益之间关系的过程。这个过程是艰难的，因为对于某一社会主体的单元来说，经济利益是他们主要的利益，进行模式转换可能会造成某些个体经济利益的损失，因此可能会受到这些利益主体的抵制。在这样的情况下，由于路径依赖的作用，如果单纯通过正式的制度去强制推行绿色经济新模式，必然要更多地采取经济手段，如以罚款等形式，使那些不进行转变的企业增加经济成本。但自身的经济利益会诱导企业逃避这种额外的成本，因此需要有充分的监督。由此而产生的"绿色"替代成本是巨大的，甚至会引起社会的不稳定。所以渐进推进是必然的选择。这里的"渐进"也就是在一定的正式制度存在并发挥作用的情况下，通过绿色文化的引导，使更多的人们接受绿色的理念，逐渐有更多的人不是被迫，而是自觉地选择绿色的生产方式和生活方式。可见，渐进的过程，是绿色文化自身不断发展的过程，同时也是绿色文化不断发挥作用的过程，是绿色的世界观、价值观、伦理道德观引导着人们进行绿色转化的过程。

3. 绿色文化有利于促进绿色科技的发展和应用

绿色经济的发展需要绿色科技的支撑，但科技是由人创造发明的，科技的应用也受到人们社会意识的制约，所以科技也是一把双刃剑。绿色文化，尤其是绿色的世界观、方法论，绿色的伦理道德观对绿色科技的发展和应用有着极其重要的作用。绿色文化将有利于推动科技的绿色化进程，能为绿色经济的发展提供强有力的科技支撑。

4. 绿色文化有利于促进社会生活方式的绿色化转变

生活习惯和生存方式是一定文化的表现形式，绿色的文化将有利于引导人们逐渐改变传统的不良生活习惯和生存方式，促进社会的绿色化进程。如，已经成为灾难的白色污染，实际上是同人们的不良生活习惯有关。随着社会公众绿色意识的增强，这些环境问题就可能得到较好的解决。意识是影响生活方式的重要因素，绿色道德观念等绿色意识对人民生活方式的影响。有时比正式的制度更能有效地约束人们的消费行为。如许多人在用野生动物宴请那些来自发达国家的客人时，遇到的往往是尴尬的抵制，因为在绿色文明程度比较高的发达国家，人们自觉地用自己的实际行动来保护野生动物。我国的情况则是恰恰相反，许多人以穿上珍禽异兽的毛皮、吃到山珍野味为荣，越是保护的动植物，就越有人去偷猎和偷食，导致了猎杀野生保护动物的行为屡禁不止。而近年来，随着人们的绿色意识的增强，人们的道德观念也有了一些转变。正如《人民日报》（2001.3.3）所报道的："原先有着吃野味习惯的海南，这几年发生了很大转折。老百姓的觉悟明显提高了，以前餐馆公开销售野味，现在很少看到了，并且一经发现，普通消费者立即举报。"如2001年海南养生堂的野生龟鳖丸广告在北京屡受市民指责，致使该产品的市场萎缩，龟鳖丸的生产面临被迫停产的威胁。可见，公众的绿色意识对于绿色经济的发展具有巨大的作用，它成了非绿色的行为和经济的"无形约束"。提高全民族的绿色意识，建设和发展绿色文化，是促进绿色经济发展的重要途径。

六、我国绿色文化的发展现状

很长一段时期内，我国处于短缺经济和计划经济中，人们的需求基本上停留在低层次的生存需要水平上，环境保护工作也属于政府统包的内容，缺乏产生绿色意识的客观基础，因此大多数人的绿色意识淡薄。到20世纪90年代，人们的物质生活已经摆脱了贫穷，进入了小康，有能力追求更高层次的需求。另外，随着可持续发展战略的实施，我国民众的绿色意识开始升温，绿色文化的建设也加快了步伐。

1. 群众的绿色意识逐渐增强

社会调查资料提供了这样的证明。至目前为止，全国大规模的公众环境意识调查活动有三次：1998～1999年由国家环保总局和教育部联合组织的全国首次大规模公众环境意识调查活动；2001年由中国环境新闻工作者协会主办，联合利华（中国）有限公司协办，北京大学中国国情研究中心设计完成的"联合利华杯公众环境意识调查"；2002年上半年由新快报组织的"中国公众环保意识调查"活

动。三次调查结果表明我国的公众环境意识是逐步上升的:

(1) 人与自然的关系方面:对"人与自然应当保持什么样的关系"这一问题上,在 1998~1999 年,有近 1/4 的人非常同意或大体同意"人应该征服自然来谋求幸福"的观点;而到了 2002 年,上海环境热线的调查则表明:有 88% 的公众认为"人类是大自然的破坏者"。这说明,在几年内,公众对于这一问题的认识有了很大的提高。

(2) 参与环保活动方面:1998~1999 年,表示能低度参与比例为 65.9%,高度参与的仅占 8.3%;到 2001 年,98% 的人有时会谈论环境保护的问题,而且大多数人去年还参加过环境保护活动;31% 的人表示愿意积极参与环境保护活动。从对比中可以发现,随着公众绿色意识的提高,越来越多的人愿意参加环保活动。

另外,地区性的历史统计数据也表明:上海人的环保意识有所增强,不仅对与自己生活密切相关的环境问题高度关注,且对远离自己生活的环境问题也转变为有相当程度的关心,如对"森林砍伐""大气臭氧层的破坏"的关心程度均比 10 年前提高了 30%。

(3) 对环境污染的认识:65% 的被调查者认为环境污染是当今世界面临的所有严重问题中的重中之重;多数人认为环保是我国面临的第五大社会问题,仅次于社会治安、教育、人口、就业;86% 的城市人认为空气污染为目前最严重的环境污染,83% 的城市人认为水污染是最重要的污染源之一;而农村人则认为水污染是最严重的环境污染。

(4) 对于造成污染的原因:据 2001 年的调查,41% 的被调查者认为是"公众环境意识差"造成的,15% 的人认为是企业只注重经济效益而忽视环境保护造成,15% 的人认为是政府环保执法不严造成的。

(5) 在环境治理中的作用问题:按重要程度,被调查者的回答依次是公民个人、地方政府、中央政府、企业和民间环保组织。这表明相当一部分被调查者认为,在环境治理工作上,对政府的依赖性逐渐减弱,这对于提高公众自觉参与环保活动具有重要的意义 [人民日报海外版,2001.9.2 (9)]。

(6) 当被问及个人愿意采取那一种环保行动时:68% 的被调查

者愿意交纳环境保护税；65%的被调查者愿意购买比一般商品价格贵20%的绿色商品；28%的人打算以消费绿色的物品来支持环境保护；48%的人认为使用非绿色产品是一种污染环境的行为，92%的人会优先购买绿色产品；98%的人会因为一家企业的绿色行为而对它产生好印象，反之，95%的人会因为企业的非绿色行为而产生恶劣印象。

（7）对于"你认为最需的环保对策是什么"的问题：70%的人认为是"加强环保执法力度"，62%的人认为是"强化环保教育"。

（8）对于"环保与经济关系的问题"：76%的人认为环保与经济是"密切相关"的，没有一个人认为环保与经济是"毫无关联"的；85%的人认为，环保对于一个国家或城市的可持续发展十分重要。

（9）对于环保的"投入产出"问题：有八成多的人乐观认为，环保的庞大投入是可以回收的；但其中超过半数的人也预期，"环保投入是一项长期投资，短期难以收回"；只有18%的人抱有"环保投入能收回，并能达到收支平衡"的态度；8%的人称"环保投入能收回一部分，但总体是没有多大收益的"；而另外8%的人更悲观地预期，"环保是一种净投入"，根本不可能回收。

（10）对于"环境信息来源"问题：84%的公众获取环保信息的来源是报纸，而72%的人来自于电视；35%的人从环保书籍中获取环保信息，而近三成的人则乐于参加各种环保讲座和论坛。

在调查中还发现有几个带规律性的现象：人们的环境意识同个人的文化程度呈正相关：文化程度越高，环境知识水平越高，参与环保活动的程度越高，环保意识越强；城市人的环境意识明显高于农村：被调查的城市的环保知识水平、环保活动的参与程度、环保意识都高于小城镇和农村被调查者；越是年轻人，他们的环境知识水平就越高，参与环保活动的程度越高，环境意识越强；收入越高环境意识越强。

2. 绿色文化活动逐渐丰富

目前，各种绿色文化活动形式多样，内容丰富。一是以节日的形式开展绿色活动。如义务植树周活动，这是从中央到地方的领导带头参加的绿色行动，并以此来带动全民的义务植树活动，既弘扬了绿色文化，又促进了绿化。又如中国爱鸟节活动。二是开展了以一部分人为主体的各种主题活动，如影响比较大的有保护母亲河行动、环保世纪行活动，还有绿色校园活动、环保志愿者行动等，这也成为绿色文化活动的一个重要组成部分。三是商业性的绿色活动，如环保公益广告等，也成为绿色文化宣传的一个内容。

3. 非政府绿色组织的快速发展

非政府绿色组织是政府之外的重要力量，它的发展是绿色文明进步的重要标志。我国的各种非政府的环保组织发展起步很晚，但进展还比较快。在 1993 年，当我们申办 2000 年奥运会的时候，我们还没有绿色的民间组织，所以当国际奥委会官员问到中国有无民间环保组织时，我方代表团不知如何作答。但到 2001 年底，我国正式登记在册的民间环保组织已有 2000 多家，可见其发展之迅速（人民日报，2001. 12. 7）。

4. 仍然存在的不足之处

首先，我国绿色知识水平层次较低，绿色法治意识淡薄。公众的环保知识水平还处于较低层次，这同我国公民的文化素质不高，科技水平较低的情况是相一致的。根据世界经济论坛 2002～2003 年全球竞争力报告，我国经济增长的竞争力由去年的第 39 位上升到第 33 位，提升了 6 位，而科技竞争力下降了 10 位，由去年的第 53 位降到第 63 位，在技术水平指标上还落后于印度和巴西。相应地，绿色文化的知识水平也比较低。在 1999 年国家环保总局举办的环保知识测试中，总分 13 分的题目，人均得分仅 2.8 分；另外，绿色法治意识淡薄，当环境污染侵害到个人利益时，选择投诉的不足 4%。

其次，绿色意识层次低。我国大多数群众的绿色意识，尚处于比较低的层次上，就是政府着力推进的精神文明建设，许多地方也仍然是停留在环境卫生等低层次上。大多数群众仍处于"只关心身边的环境卫生与植树造林"等"日常生活型"的比较浅的层次上，对直接影响自己生活的环境污染问题最为关注，如城市居民最关注影响自己生活质量的空气、噪音以及工业污染等，而农村居民则更关注水污染、土壤污染等。而对远离自己生活的生态环境问题关注不够，如"生物多样性""水资源匮乏""气候变暖"等问题，认知程度很低。

七、建设绿色文化促进绿色经济的发展

　　我国的绿色经济尚处于初级发展阶段，它需要厚实的绿色文化为它的发展提供良好的社会环境。这样才能够广泛动员社会成员参与绿色运动，并推动其向更高的层次发展。目前，需要进一步加强绿色文化建设，培育绿色文明。

　　1. 绿色教育先行

　　这包括公众教育和正规的系统教育。因为公众的绿色意识影响着绿色消费选择，影响着大众识别绿色产品的能力，所以需要在全社会范围内开展绿色教育，特别是在农村，普及绿色文化与生态科学知识，培养社会成员的绿色意识，以提高绿色科学文化素质。在正规的系统教育中，我国已经在中、小学教材中增加了有关生态环境保护的内容，但还需要进一步扩大生态教育的覆盖面和深度。

　　2. 加强绿色宣传

　　在绿色经济发展的初始阶段上，加强绿色宣传是重要和必要的。只有让更多的人和企业接受绿色文化，并身体力行，才能有效地促进绿色经济的发展。近几年来，我国的绿色宣传工作有了很大进步，公众也比较满意。但仍然需要提高层次和深度，要充分利用电视、广播、报纸等媒介，开辟更多的宣传渠道，通过多方位多形式的绿色宣传，来引导绿色消费，倡导绿色生活方式，通过提高全社会对绿色文明的认同程度来形成弘扬绿色伦理文化的良好氛围；并通过不断扩大绿色信息的公开范围，定期公布污染企业的信息，促使企业注重自身的绿色形象，以形成社会积极参与监督的风气，使绿色文化真正起到软约束的作用。

　　3. 积极开展各种形式的绿色文明创建活动

　　绿色文明创建活动是弘扬绿色文化的重要载体，它可以使群众亲身体验到绿色文化的内涵。目前许多地方开展绿色小区、绿色社区、绿色学校、绿色园区、绿色城市的创建活动，提高了公众参与绿色文明建设的积极性，使更多的人受到绿色的教育，有利于形成全民参与绿色行动的社会风气。

4. 充分发挥民间绿色组织的作用

非政府绿色组织是社会公众自发组织起来的自愿进行绿色文化传播和宣传活动的群众性组织。由于民间绿色组织直接从群众中来，具有便于同更多群众直接沟通的优势。所以应当吸收民间绿色组织参与绿色政策的讨论、制定过程，增加绿色制度的社会认可程度。同时也可发挥其所具有的群众基础好的优势，宣传绿色文化，支持绿色制度的实施。另外，一些专业性的民间绿色组织，还具有很强的技术优势。

非政府环保组织的发展、壮大，可以将零散的绿色力量聚集起来，成为一股与非绿色行为相抗衡的社会力量，这对于促进绿色经济的发展是有积极意义的。在这方面，国外的经验是值得我们学习的。在国外，非政府组织在环境保护方面起着非常重要的作用，它们同政府、专家和公众一样是一支不可忽视的力量，并且是互为补充的力量。如美国的环境保护基金协会（EDF），成立于1967年，最初只有10个人，现在已经有30万会员，150位全职人员，其中一半是科学家、律师、经济学家等专业人员。他们从反对使用DDT开始保护环境的行动，并最终迫使政府于1972年在全国禁止使用DDT。他们同麦当劳的成功合作也是经典的一例：他们要求麦当劳改革塑料包装盒，双方共同研究解决问题的办法，最后确定使用一种薄纸包装，这种包装不但保温性能好，存储方便，而且减少了漂白。这一改进既有利于企业，也有利于环境保护。

在美国属于第三类机构的"非赢利部门"组织，种类繁多，包括慈善、教育、文化、艺术、环保、宗教、工会等等，都称为非政府组织，总数已经超过200万个，经费总数超过5 000亿，工作人员超过900万人。其中慈善、宗教、教育、环保类的约为55万个。环保组织在开展公众教育、参与环境保护和治理、促进立法、协调跨部门、跨地区的环境问题等许多方面发挥了重要作用。目前，美国一些大学开设了这一类的管理和法律课程，许多青年人从大学毕业后，也愿意到这些组织做几年非功利的工作，以回报和服务社会。

非政府组织的经济来源主要是依靠社会及私人的捐赠，这就有赖于该组织的社会基础。美国政府制定了有利于他们发展的税收政策，如属于捐赠部分的收入可以抵税。除了经济上的捐赠外，还包括捐赠自己的时间：做义务工作（义工）。据 1996 年的调查，18 岁以上的美国人，49% 的人在上一年做过义务工作，即达到 9 300 万人，平均每周为 4.2 小时，相当于 2 000 亿的价值，这是相当可观的。而且是青少年占了 59%，比成年人还多。在一些学校，还将社区服务列为必修学分。有的绿色组织已经发展成为世界性的，如世界野生动物基金会（WWF），在全球几十个国家就有其 1 000 万会员，仅在美国就有 120 万会员。该组织已在北京设有分部，支持和组织各种与绿色有关的活动。

参考文献

一、英文版

1. Alchian, A. A.. Uncertainty, Evolution, and Economic Theory [J]. Journal of Political Economy, 1950, vol. 58: 211~222,

2. Brent R. Moulton. "Getting the 21st-century GDP Right: What's Underway?" [J]. American Economic Review, 2000, 90 (2): 253~259

3. Cote E. P. and J. Hall. Industrial Parks as Ecosystems [J]. Journal of Cleaner Production, 1995 (3): 41~46

4. Desimone, Livio D. and Frank Popoff. Eco-efficiency: The Business Link to Sustainable Development [M]. The MIT Press, 1997: 32~42

5. Dixon J. A., Scura L. F., Carpenter R. A., P. B. Sherman. Economic Analysis of Environmental Impacts [M]., London: Earthscan, 1994

6. E. A. Lowe, J. L. Warren and S. R. Moran. Discovering Industrial Ecology: An Executive Briefing and Sourcebook [M]. Battelle Press, 1997

7. Graekel K and Allenby BR.. Industrial Ecology [M]. Prentice Hall. 1995

8. John R. Commons. Institutional Economics [J]. American Economic Review, 1931, vol. 21: 648~657

9. Laura Marsiliani and Thomas I. Renstr? m. Time Inconsistency In Environmental Policy: Tax Earmarking As A Commitment Solution [J]. The Economic Journal, 2000. 3: 123~138

10. Martin, Sheila A., Aarti Sharma and Richard C. Lindrooth. Technologies Supporting Eco-Industrial Parks. Presented at Designing, Financing and Building the Industrial Park of the Future Workshop, San Diego, 1995: 1

11. OECD, Eco-efficiency [M]. Paris: France, 1998.

12. OECD, Agriculture and the Environment: Issues and Policies [M]. Paris, 1998.

13. Paul Calcott and Margret Walls. Can downstream waste disposal policies encourage upstream "design for environment" [J]. American Economic Review, 2000, 90 (2): 233~237

14. Robert U. Ayres and Leslie W. Ayres. Industrial Ecology：Towards Closing the Materials Cycle ［M］. Edward Elgar Pub. , 1996

15. Tieterberg. T. , Environmental Economics and policy ［M］. New York：Harper Collins, 1994：197～199

16. Tung C, Krutill K, Boyed R. Incentives for advanced Pollution Abatement Technology at the Industry Level：An Evaluation of Policy Alternatives ［J］. , Environment Economic management , 1996（3）：95～111

17. Weitzman M. . The Ratchet Price Sensitivity and Assortment Plan ［J］. Journal of Comparative Economics, 1980：7～63

18. William D. Nordhaus. New Directions in National Economic Accounting ［J］. American Economic Review 2000 , 90（2）：259～263

二、中译本

19.［美］芭芭拉·沃德, 勒内·杜博斯著.《国外公害丛书》委员会译校. 只有一个地球 ［M］. 长春：吉林人民出版社, 1997

20.［美］丹尼斯·米都斯等著. 李宝恒译. 增长的极限 ［M］. 长春：吉林人民出版社, 1997

21.［美］赫尔曼·F·格林·托马斯·柏励的 "生态纪" ［J］. 新华文摘, 2002（9）：165～169

22.［美］蕾切尔·卡逊著. 吕瑞烂, 李长生译. 寂静的春天 ［M］. 长春：吉林人民出版社, 1997

23. Claudia H. Deutsch. 使废物变得有利可图 ［J］. 产业与环境（中文版）, 2000, 22（1）：41～42

24. Edward Cohen Rosenthal. 设计生态工业园：美国经验 ［J］. 产业与环境（中文版）, 1997, 19（4）：14～19

25. H·T·奥德姆. 系统生态学 ［M］. 北京：科学出版社, 1993

26. Suren Erkman. 工业生态学：怎样实施超工业化社会的可持续发展 ［M］. 北京：经济日报出版社, 1999：5～12

27. Wilfrid Legg. 经合组织的可持续农业思路 ［J］. 产业与环境（中文版）, 2000, 22（2, 3）：70～71

28. 巴里·康芒纳著. 侯文蕙译. 封闭的循环 ［M］. 长春：吉林人民出版社, 1997

29. 戴维斯, 诺斯. 制度变迁的理论：概念与原因 ［A］. 选自, 财产权利与制度变迁 ［C］. 上海：上海三联书店、上海人民出版社, 1994

30. 丹尼尔·布罗姆利. 陈郁等译. 经济利益与经济制度 – 公共政策的理论

基础 ［M］. 上海：上海三联书店，上海人民出版社，1996

31. 丹尼斯·缪勒. 王诚译. 公共选择 ［M］. 北京：商务印书馆，1992

32. 道格拉斯·诺思. 交易成本、制度和经济史 ［A］. 埃瑞克·G·菲吕博顿，鲁道夫·瑞切特，新制度经济学 ［C］. 上海：上海财经大学出版社，1998

33. 道格拉斯·诺思. 经济史中的结构与变迁 ［M］. 上海：上海三联书店，1994

34. 海因茨·沃尔夫岗·阿恩特. 经济发展思想史 ［M］. 北京：商务印书馆，1997

35. 曼瑟尔·奥尔森. 陈郁，郭宇峰，李崇新译. 集体行动的逻辑 ［M］. 上海：上海三联书店、上海人民出版社，1995

36. 世界环境与发展委员会著. 王之佳，柯金良译. 我们共同的未来 ［M］. 长春：吉林人民出版社，1997

37. 斯韦托扎尔·平乔维奇，蒋琳琦译. 产权经济学 ［M］. 北京：经济科学出版社，1999

38. 土界屋太一（日），金泰相译. 知识价值革命 ［M］. 沈阳：沈阳出版社，1999

39. 约瑟夫·E·斯蒂格利茨等著. 政府为什么干预经济 ［M］. 北京：中国物资出版社，1998

三、中文版

40. 白培英（台）. 永续发展与企业竞争力，http：//www. bcsd. org. tw/china/p-talk. htm，2002. 11. 1

41. 包亚钧. 中国农村城市化的道路选择 ［J］. 中州学刊，2001（2）：25～30

42. 毕伟强. 中国公众环保意识调查：半数视环保长线投资 ［N］. 金羊网·新快报，2002. 6. 4

43. 曹凤中，田锦尘. 加强指标体系研究，促进可持续发展战略的实施 ［J］. 宏观经济管理，2002（1）：27～29

44. 曹凤中. 绿色冲击 ［M］. 北京：中国环境科学出版社，1998

45. 曹京华. 环境税收：改善全球环境的良策 ［J］. 中国人口、资源与环境，1996，6（4）：85～86

46. 曹利军. 可持续发展评价理论与方法 ［M］. 北京：科学出版社，1999

47. 常建坤. 对我国企业发展绿色营销的深层次思考 ［J］. 南京经济学院学报，2000（6）：49～51

48. 陈秋萍，萧聚武，陆建飞. 人与自然关系及可持续发展 ［J］. 环境导报，

1998（1）：6～8

49. 陈文明. 论清洁生产与工业企业管理 ［J］. 环境科学进展，1997，5（3）：11～14

50. 陈锡文. 环境问题与中国农村发展 ［J］. 管理世界，2002（1）：5～8

51. 陈炎. "文明"与"文化"［J］. 新华文摘，2002（6）：131～133

52. 陈玉祥，陈国权. 可持续发展与企业未来 ［J］. 管理科学学报，1999，2（3）：6～14

53. 崔如波. 绿色市场经济发展论，林业经济，2002（4）：35～37

54. 戴星翼. 走向绿色的发展 ［M］. 上海：复旦大学出版社，1998

55. 邓欣，郑颂阳. 绿色营销：理想抑或现实 ［J］. 商业研究，1998（7）：57～59

56. 段宁. 清洁生产、生态工业和循环经济，中加清洁生产研讨会论文（2001. 8），http：//www. chinacp. org. cn，2002. 10. 10

57. 樊纲. 两种改革成本与两种改革方式 ［J］. 经济研究，1993（1）：3～15

58. 方世南. 生态环境与人的全面发展 ［J］. 哲学研究，2002（2）：14～17

59. 傅伯杰，陈利顶，刘国华. 中国生态区划的目的、任务及特点 ［J］. 生态学报，1999，19（5）：591～595

60. 高海燕. 制度的选择与改革——张五常产权经济思想简介 ［J］. 经济社会体制比较，1995（3）：6～14

61. 高萍. 新制度经济学的国家理论及其启示 ［J］. 中南财经大学学报，2000（6）：26～30

62. 高体玉. 试论实现环境与经济可持续发展的关键 ［J］. 中国人口、资源与环境，1996，6（1）：62～67

63. 耿建新，焦若静. 上市公司环境会计信息披露初探 ［J］. 会计研究，2002（1）：43～47

64. 郭培育，杨荫凯. 树立系统的资源观：实施可持续发展的前提和关键 ［J］. 中国人口、资源与环境，2001，11（4）：8～11

65. 贺庆棠. 森林环境学 ［M］. 北京：高等教育出版社，1999

66. 胡鞍钢. 我国真实国民储蓄与自然资产损失 ［J］. 北京大学学报（哲学社会科学版），2001，38（4）：49～56

67. 胡拉森·毛提汗. 哈萨克族风俗中的环保意识 ［J］. 新疆环境保护，2000（3）：192

68. 胡启恒. 科学的责任与道德 ［J］. 科学对社会的影响，2000（1）：42～

46

69. 胡汝银. 中国改革的政治经济学 [J]. 经济发展研究, 1992 (4)

70. 胡圣浩. 跨越绿色壁垒 实施绿色营销, 营销传播网, http: // www. emkt. com. cn, 2001.12.4

71. 胡延华. 绿色营销与中国企业的绿色化 [J]. 中共中央党校学报, 2001 (2): 29~33

72. 黄鼎成等著. 人与自然关系导论 [M]. 长沙: 湖北科技出版社, 1997

73. 黄沛. 绿色营销理论与政策 [J]. 上海交通大学学报 (社会科学版), 1999 (6): 50~53

74. 黄少安. 制度变迁主体角色转换假说及其对中国制度变革的解释 [J]. 经济研究, 1999 (1): 66~72

75. 季昆森. 建设良好生态型城市 [J]. 生态经济, 2002 (8): 41~43

76. 姜太平, 晏智杰. 企业绿色制度创新初探, 中国软科学研究会学术论文, 2002.3.25 虚拟中华管理学院

77. 解振华. 建设生态工业园区, 推进环保产业发展 [J]. 中国环保产业, 2002 (1.2): 28~29

78. 金祥荣. 多种制度变迁方式并存和渐进转换的改革道路 [J]. 浙江大学学报 (人文社会科学版), 2000, 30 (4): 138~145

79. 康福禄. 发展环保产业, 推进"绿色文明"建设 [J]. 中国质量万里行, 2000 (10): 34~35

80. 康健. 现时代伦理大变局的若干基本方面 [J]. 新华文摘, 2001 (6)

81. 康乐. 生态学与环境科学研究热点. 前进论坛, 1998 (6): 22~23

82. 康云海. 泸沽湖生态旅游研究 [M]. 昆明: 云南人民出版社, 1999

83. 课题组. 社会发展进程步入全新的开发阶段 (2001~2002年): 中国社会形势分析与预测总报告 [J]. 管理世界, 2002 (1): 17~26

84. 孔泾源. 市场化与产权制度: 变迁过程的理论分析 [J]. 经济研究, 1994 (6): 72~79

85. 雷长群, 顾培亮. 可持续发展价值学论纲 [J]. 北京大学学报 (哲学社会科学版), 2001 (5): 125~129

86. 李爱贞, 何佳梅. 生态示范区建设规划研究 [M]. 济南: 山东地图出版社, 1999

87. 李爱贞. 建设生态示范区, 促进区域可持续发展 [J]. 城市环境与城市生态, 2000, 13 (4): 20~22

88. 李承贵. 传统文化的四层次 [J]. 中华文化论坛, 1999 (1): 12~13

89. 李国津. 企业导向经济学述评 [J]. 经济学动态, 1996 (1): 69~72

90. 李建发, 肖华. 我国企业环境报告: 现状、需求与未来 [J]. 会计研究, 2002 (4): 42~50

91. 李建华, 傅立. 现代系统科学与管理, 北京: 科学技术文献出版社, 1996

92. 李健, 顾培亮. 面向循环经济的制造系统运行模式 [J]. 中国机械工程, 2001, 12 (11): 1280~1285

93. 李全胜, 王兆骞. 论生态农业试点县建设中的若干关系 [J]. 农村生态与环境, 1997, 13 (1): 53~54

94. 李绍荣. 西方经济学最优解概念新思考 [J]. 经济学动态, 2000 (9): 61~64

95. 李西建. 美学的生态学时代: 问题与意义 [J]. 新华文摘, 2002 (9): 108~110

96. 李新春. 转型时期的混合式契约制度与多重交易成本 [J]. 学术研究, 2000 (4): 5~13

97. 李有润, 沈静珠, 胡山鹰等. 生态工业及生态工业园区的研究与进展 [J]. 化工学报, 2001, 52 (3): 189~192

98. 李周. 生态产业初探 [J]. 中国农村经济, 1998 (7): 4~9

99. 廖福霖, 张春霞. 确立建设生态省的科学指导思想 [J]. 林业经济问题, 2002, 22 (2): 97~100

100. 廖福霖. 城市森林生态网络工程建设中的几个理论和技术问题 [J]. 福建农业大学学报, 2000, 29 (2): 157~160

101. 廖福霖. 城市生态建设的质量研究 [J]. 福建林业科技, 2001, 28 (2): 1~4

102. 廖福霖. 建设生态文明 [J]. 生态经济, 2001 (8): 82~84

103. 廖福霖. 绿色经济: 可持续发展的微观基础和实现形式 [J]. 林业经济, 2001 (5): 37~40

104. 廖福霖. 生态文明观与全面发展教育 [M]. 哈尔滨: 东北林业大学出版社, 2002

105. 廖福霖. 生态文明建设的理论与实践 [M]. 北京: 中国林业出版社, 2001

106. 林淼. 可持续发展时代企业的制胜之道 [J]. 管理现代化, 1999 (2): 34~37

107. 林毅夫. 关于制度变迁的经济学理论: 诱致性变迁与强制性变迁 [A].

选自，财产权利与制度变迁［C］．上海：上海三联书店，上海人民出版社，1994 年版

108．林毅夫．再论制度、技术与中国农业发展［M］．北京：北京大学出版社，2000

109．刘翠祥．城市经济发展的深层控力：生态建设［J］．东岳论丛，2001，22（1）：67～70

110．刘大椿．可持续发展教育的新创意［N］．光明日报，2001.3.19

111．刘明辉，樊子君．日本会计研究［J］．会计研究，2002（3）：58～62

112．刘世锦．经济体制创新的条件、过程和成本［J］．经济研究，1993（3）：52～59

113．刘思华．创建五次产业分类法，推动 21 世纪中国产业结构的战略性调整［J］．生态经济，2000（6）：5～13

114．刘思华．对可持续发展经济的理论思考［J］．经济研究，1997（3）：46～54

115．刘思华．可持续发展经济学［M］．武汉：湖北人民出版社，1997

116．刘思华．可持续发展经济学企业范式论［J］．当代财经，2001（3）：16～21

117．刘思华，徐志辉．再论生态经济学在中国的发展与展望［J］．生态经济，2000（8）：1～3

118．刘思华主编．绿色经济论：经济发展理论变革与中国经济再造［M］．北京：中国财政经济出版社，2001

119．刘永涛．从绿色管理思想的兴起看企业可持续发展［J］．科学管理研究，1997，15（6）：9～12

120．卢现祥．现代产权经济学［M］．北京：中国发展出版社，1996

121．卢新德．论全球绿色浪潮与我国绿色产品的出口［J］．世界经济与政治论坛，2000（2）：5～10

122．马驰．科技政策需要向环境领域倾斜［J］．中国人口、资源与环境，1995，5（2）：75～77

123．马传栋．生态经济学［M］．济南：山东人民出版社，1986

124．马凤金．浅谈发展质量效益生态农业环境保护之对策［J］．现代化农业，2000（5）：2～3

125．马洪，孙尚清主编．经济与管理大辞典［M］．北京：中国社会科学出版社，1985

126．马瑞婧．绿色营销的现代经济学基础分析［J］．中国流通经济 2000

（3）：17~20

127. 毛志锋，王奇. 论人与自然的和谐［J］. 北京大学学报，2000（3）：19~27

128. 毛志锋，叶文虎. 论可持续发展要求下的人类文明［J］. 地域研究与开发，2000（2）：1~7

129. 孟凡利. 环境会计研究［M］. 大连：东北财经大学出版社，1999

130. 孟凡利. 论企业会计信息披露及其相关的问题［J］. 会计研究，1999（4）：16~25

131. 孟庆琳. 中国的选择：生产力发展的绿色道路［J］. 生产力研究，2002（1）：6~9

132. 苗东升. 系统科学精要［M］. 北京：中国人民大学出版社，1998

133. 牛文元. 绿色 GDP 与中国环境会计制度［J］. 会计研究，2002（2）：40~42

134. 潘家华. 可持续发展途径的经济学分析［M］. 北京：中国人民大学出版社，1997

135. 钱易，唐孝炎. 环境保护与可持续发展［M］. 北京：高等教育出版社，2000

136. 曲格平. 发展循环经济是 21 世纪的大趋势［J］. 中国环保产业，2001 年增刊：6~7

137. 曲格平. 环境保护知识读本［M］. 北京：红旗出版社，1999

138. 任建兰. 建设生态示范区——推动区域可持续发展的实践模式［J］. 人文地理，1999，14（2）：30~33

139. 山仑，黄占斌，张岁岐. 节水农业［M］. 广州：暨南大学出版社，北京：清华大学出版社，2000

140. 尚杰，于德稳. 生态文明、生态产业与西部大开发［J］. 生态经济，2001（9）：5~7

141. 尚玉昌，蔡晓明. 普通生态学［M］. 北京：北京大学出版社，2000

142. 沈颖. 21 世纪工业的希望之星——生态工业园区［J］. 生态经济，1999（5）：76~77

143. 盛洪. 局部均衡、一般均衡与制度分析［J］. 经济研究，1997（2）：74~80

144. 石田. 评西方生态经济学研究［J］. 生态经济，2002（1）：46~48

145. 史晋川，沈国兵. 论制度变迁理论与制度变迁方式划分标准［J］. 经济学家，2002（1）：41~46

146. 舒辉. 绿色：国际贸易发展的新趋势 [J]. 标准化报道，2000（5）：13～15

147. 苏懋康. 系统动力学 [M]. 上海：上海交通大学出版社，1988

148. 苏时鹏，张春霞，杨建洲. 生态开发福建非木质森林资源 [J]. 资源开发与市场，2002，18（5）：40～42

149. 孙炳彦. 建设生态示范区，实现生态脱贫 [J]. 能源基地建设，2000（1）：56～58

150. 孙浩泉. 绿色购买行为模型与应用 [J]. 商业研究，1999（9）：27～29

151. 孙兴华，王维平. 关于在中国实行绿色会计的探讨 [J]. 会计研究，2000（5）：59～61

152. 孙兴华，王兆蕊. 绿色会计的计量与报告研究 [J]. 会计研究，2002（3）：54～57

153. 万后芬. 顺应时代新潮流树立绿色营销观，http：// www. jscj. com/ jscjqygl/scyx/0003. htm，2002. 11. 2

154. 汪丁丁. 从"交易费用"到博弈均衡 [J]. 经济研究，1995（9）：72～80

155. 汪丁丁. 制度创新的一般理论 [J]. 经济研究，1992（5）：69～80

156. 汪涛，叶元煦. 政府激励企业环境技术创新的初步研究 [J]. 中国人口、资源与环境，1998，8（1）：77～80

157. 王健民. 我国乡镇企业的发展、环境问题及其对策研究 [J]. 环境科学，1993，14（4）：24～33

158. 王金南. 发展生态工业是解决工业污染的重要途径 [N]. 中国环境报，2001. 12. 21

159. 王明远，马骧聪. 论我国可持续发展的环境经济法律制度 [J]. 中国人口、资源与环境，1998（4）：61～66

160. 王其藩. 系统动力学 [M]. 北京：清华大学出版社，1988

161. 王奇，叶文虎. 三提高－实现可持续发展的基本途径 [J]. 重庆环境科学，2002（1）：20～24

162. 王前. 技术进步能否天人和谐 [J]. 科学对社会的影响，1999（4）：47～51

163. 王如松，杨建新. 产业生态学与生态产业转型 [J]. 世界科技研究与发展，2000，22（5）：24～32

164. 王如松. 论复合生态系统与生态示范区 [J]. 科技导报，2000（6）：

6～9

165. 王树林等（课题组）. 建立首都绿色国民经济核算体系［J］. 北京行政学院学报, 1999（3）: 49～53

166. 王向阳. 绿色消费的心理分析及对营销沟通的启示［J］. 商业研究, 1998（10）: 2～4

167. 王跃堂, 赵子夜. 环境成本管理: 事前规划法及其对我国的启示［J］. 会计研究, 2001（1）: 54～57

168. 王正平. 深生态学: 一种新的环境价值理念［J］. 新华文摘, 2001（4）: 179～182

169. 温铁军. 改革试验区的既往教训与今后深化改革的重点［J］. 农村经济与社会, 1994（3）

170. 吴彤, 廖建桥. 论绿色企业在我国的实现途径［J］. 工业工程, 1999, 2（3）: 6～9

171. 吴玉萍, 董锁成. 环境经济学与生态经济学学科体系比较［J］. 生态经济, 2001（9）: 7～10

172. 席德立. 清洁生产［M］. 重庆: 重庆大学出版社, 1995

173. 夏龙池. 姜堰市生态示范区建设的经济经验［J］. 生态经济, 2000（8）: 38～40

174. 夏龙池. 生态示范区建设实践与思考［J］. 环境导报, 2000（3）: 37～39

175. 夏友富. 外商投资中国污染密集产业现状、后果及对策研究［J］. 管理世界, 1999（2）: 109～123

176. 香山科学会议办公室. 可持续发展对科学的挑战［J］. 科学对社会的影响, 1998（1）: 50～54

177. 谢焕瑛, 王立杰. 略论我国煤炭资源税的改革［J］. 中国人口、资源与环境, 1997, 7（1）: 59～62

178. 熊毅. "绿色营销" 理论溯源、实践分析及策略探［J］. 商业研究, 1999（6）: 21～23

179. 许涤新. 生态经济学［M］. 杭州: 浙江人民出版社, 1987

180. 阎艳. 建构21世纪绿色科技观［J］. 道德与文明, 1999（1）: 32～33

181. 杨东平. 环境意识: 认知、态度和行为之间［N］. 中国环境报 1999. 5. 15.（3）

182. 杨建新. 论清洁生产向工业生态学的转变［J］. 环境科学进展, 1998, 6（5）: 82～88

183. 杨梅. 绿色营销的魅力 [J]. 生态经济, 2000 (4): 41~45

184. 杨瑞龙. "中间扩散型"的制度变迁方式与地方政府的创新行为 [J]. 北京天则经济研究所内部论文稿系列, 总第11期

185. 杨瑞龙. 我国制度变迁方式转换的三阶段论 [J]. 经济研究, 1998 (1): 3~10

186. 杨文举, 孙海宁. 发展生态工业探析 [J]. 生态经济, 2002 (2): 56~59

187. 杨咏. 生态工业园区述评 [J]. 经济地理, 2000, 20 (4): 31~35

188. 杨云彦. 人口、资源与环境经济学 [M]. 北京: 中国经济出版社, 1999

189. 叶卫平等著. 资源、环境问题与可持续发展对策 [M]. 福州: 福建人民出版社, 1997年版

190. 余谋昌. 生态哲学: 可持续发展的哲学诠释 [J]. 中国人口、资源与环境, 2001, 11 (1): 1~5

191. 俞宪忠. 略论企业经济系统 [J]. 济南大学学报, 1999, 9 (1): 33~37

192. 曾繁仁. 生态美学: 后现代语境下崭新的生态存在美学观 [J]. 新华文摘, 2002 (9): 105~108

193. 曾庭英, 宋心琦. 化学家应是"环境"的朋友 [J]. 大学化学, 1995 (6): 25~26

194. 曾五一. 统计学与可持续发展, 福建日报 [N]. 1999.11.19

195. 曾珍香. 顾培亮, 张闽, 可持续发展的概念及内涵的研究 [J]. 管理世界, 1998 (2): 209~210

196. 张百玲. 当前环境会计研究中的两个问题 [J]. 会计研究, 2002 (4): 51~52

197. 张春霞, 许文兴, 蔡剑辉. 社会林业——实现林业可持续发展的制度 [J]. 林业经济问题, 2000, 20 (1): 5~8

198. 张春霞, 朱永杰. 林产品贸易学 [M]. 北京: 中国林业出版社, 2000

199. 张春霞. 发展绿色经济, 应对绿色壁垒 [J]. 福建农业大学学报 (社会科学版), 2001, 4 (2): 9~13

200. 张春霞. 绿色经济: 经济发展模式的根本性转变 [J]. 福建农业大学学报 (社会科学版), 2001, 4 (4): 28~32

201. 张春霞. 生态省建设的内涵和实质 [J]. 福建农村发展, 2002 (2)

202. 张春霞等著. 林业经济体制转变研究 [M]. 北京: 中国林业出版社,

1998

203. 张春霞等著. 闽西社会林业发展研究 ［M］. 北京：中国林业出版社，1998

204. 张纯元. 可持续发展理论在人类认识史上引起的七大变化 ［J］. 中国人口、资源与环境，2001，11（3）：6~9

205. 张东光. 环境经济综合核算体系及借鉴意义 ［J］. 中国软科学，2001（8）：106~111

206. 张帆. 环境与自然资源经济学 ［M］. 上海：上海人民出版社，1998

207. 张海源. 生产实践与生态文明 ［M］. 北京：农业出版社，1992

208. 张坤民，王灿. 中国科技能力现状 ［N］. 中国乡镇企业报，2002.4.17

209. 张坤民. 可持续发展论 ［M］. 北京：中国环境科学出版社，1997

210. 张壬午. 论生态示范区建设与生态农业产业化 ［J］. 农村生态与环境，2000，16（2）：31~34

211. 张世英. 人类中心论与民胞与说 ［J］. 新华文摘，2002（1）

212. 张曙光. 制度·主体·行为——传统社会主义经济学反思 ［M］. 北京：中国财政经济出版社，1999

213. 张象枢. 关于可持续发展研究的系统思考 ［J］. 中国人口、资源与环境，2001，11（2）：6~9

214. 张小蒂，张铁军. "绿色营销"：值得重视的国际商务新 ［J］. 浙江大学学报（人文社会科学版），1999（12）：114~118

215. 张新国，涂红. 我国绿色产品市场的无序化及原因分析 ［J］. 中南财经大学学报，2001（3）

216. 张叶. 绿色经济问题初探，生态经济，2002（3）：59~61

217. 张梓太，朱卫生. 我国排污收费制度的立法缺陷及完善对策刍议 ［J］. 中国人口、资源与环境，1995（2）：34~39

218. 周宏春. 论企业参与可持续发展 ［J］. 中国人口、资源与环境，1998（1）：15~19

219. 周小飞. 海南生态省建设中人文因素的影响 ［J］. 农村环境与产业，2000，17（2）：30~31

220. 周晓峰主编. 中国森林与生态环境 ［M］. 北京：中国林业出版社，1995

221. 周业安. 中国制度变迁的演进论解释 ［J］. 经济研究，2000（5）：3~12

222. 祝光耀. 有益的探索，可喜的进展——关于海南省开展生态省建设的

调查 [N]. 中国环境报, 2002. 10. 22 (1)

223. 朱清时. 绿色化学与可持续发展 [J]. 中国科学院院刊, 1997 (6): 415~420

224. 朱小平, 徐泓. 自然资源耗减费用核算模式的研究 [J]. 财会通讯, 1999 (7): 10~12

225. 朱学义. 我国环境会计初探 [J]. 会计研究, 1999 (4): 26~30

226. 诸大建. 促进上海工商企业实施可持续发展的研究 [J]. 科技导报, 1999 (8): 43~46

227. 海南生态省建设规划纲要 [N]. 海南日报, 1999. 8. 3

228. 吉林省生态省建设总体规划纲要, www. jl. xinhua. org, 2002. 11. 2

229. 中国科学院可持续发展研究组. 2000 年中国可持续发展战略报告 [M]. 北京: 科学出版社, 2000

230. 中华人民共和国科学技术部. 2000 年全国 R&D 资源清查主要数据统计公报

231. 陈奇榕. 福建圣农集团生物质产业发展的实践与启示 [J]. 福建农业科技, 2008, (3): 82~83.

232. 程华波, 吴兆林. 闽江源头访循环经济: 武夷山畔探圣农模式 [J]. 中国禽业导刊, 2007, 24 (7): 2~6.

233. 屈波. 从零废弃物生产体系看农业龙头企业节能减排 [J]. 中国品牌, 2007, (7): 10~14.

234. 严志业, 刘建成. 循环农业: 原理与实践——以福建圣农集团为例 [J]. 福建论坛 (人文社会科学版), 2005, (10): 112~114.

235. 周宇. 大陆应禁止稀土出口. 凤凰周刊, 2008. 31: 21~25.